チョウの分布拡大：口絵

口絵① 北海道・東北地方で分布を拡大しているチョウ〔Ⅰ⓬，Ⅱ❶，Ⅱ❷，Ⅲ❺を参照〕
a オオモンシロチョウ〈田中〉，b カラフトセセリ〈島谷〉，c ゴマシジミ北日本亜種〈黒田〉，d ツマキチョウ〈井上〉

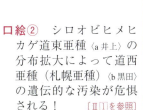

口絵② シロオビヒメヒカゲ道東亜種〈a 井上〉の分布拡大によって道西亜種（札幌亜種）〈b 黒田〉の遺伝的な汚染が危惧される！〔Ⅱ❶を参照〕

口絵③ 関東・北陸・東海地方で分布拡大しているチョウ〔Ⅱ❸，Ⅱ❺，Ⅱ❻などを参照〕
a アカシジミ，b ウラナミアカシジミ，c ウラギンヒョウモン，d ヒサマツミドリシジミ，e サツマシジミ 〈a〜e 井上〉

Ⅰ

チョウの分布拡大：口絵

口絵④ 近畿・中国・四国地方で分布拡大しているチョウ　〔Ⅰ①, Ⅱ⑧, Ⅱ⑨, Ⅱ⑩などを参照〕
a イシガケチョウ〈井上〉, b クロセセリ幼虫〈bce 窪田〉, c クロヒカゲ, d ミカドアゲハ〈長田〉,
e オオチャバネセセリ, f ヤクシマルリシジミ〈林弘〉

口絵⑤ 九州・南西諸島で分布拡大しているチョウ　〔Ⅱ⑩, Ⅲ②を参照〕
a ウスキシロチョウ〈a〜c・ef 金井〉, b クロボシセセリ, c クロボシセセリ幼虫, d タテハ
モドキ〈井上〉, e ツマムラサキマダラ, f ベニモンアゲハ

チョウの分布拡大：口絵

口絵⑥　アオタテハモドキ後翅の色彩変異（a）と後翅裏面の眼状紋数（b）〈ともに平井〉
〔Ⅰ⑨を参照〕

口絵⑦　勢力を伸ばす南方系のチョウ
〔Ⅰ⑥，Ⅰ⑦，Ⅰ⑪などを参照〕
aクロコノマチョウ，bクロマダラソテツシジミ，cツマグロヒョウモン，dナガサキアゲハ〈a～d井上〉

口絵⑧　北方系・山地性のチョウも負けてはいない！　〔Ⅰ②，Ⅰ③，Ⅰ④，Ⅰ⑤，Ⅰ⑧などを参照〕
aウスバシロチョウ（ウスバアゲハ）〈清〉，bスギタニルリシジミ〈井上〉，cコムラサキ〈針谷〉

Ⅲ

チョウの分布拡大：口絵

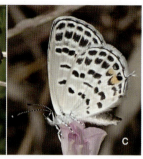

口絵⑨　意図的・非意図的に持ち込まれる外来種
〔Ⅲ3，Ⅲ4などを参照〕
a 外来種アカボシゴマダラ（上）と在来種ゴマダラチョウ（下）〈ab 井上〉，b ホソオチョウ，c ムシャクロツバメシジミ 〈間野〉

口絵⑩　外来植物を利用する絶滅危惧種
〔Ⅲ6，Ⅲ7，Ⅲ8を参照〕
a ミヤマシジミ〈江田〉，b シルビアシジミ〈坂本〉，c ツマグロキチョウ〈井上〉

口絵⑪　在来種の放チョウによる分布拡大
〔Ⅰ4，Ⅲ10などを参照〕
a オオムラサキ〈ac 井上〉，b ギフチョウ（イエローバンド型）〈鶴藤敏和〉，
c チョウセンアカシジミ

IV

環境 Eco 選書 12

チョウの分布拡大

編集：井上大成（森林総合研究所多摩森林科学園）
　　　石井　実（大阪府立大学大学院生命環境科学研究科）

北隆館

Range expansion of butterflies

Edited by

Dr. TAKENARI INOUE
Team Leader, Tama Forest Science Garden,
Forestry and Forest Products Research Institute

Dr. MINORU ISHII
Professor, Graduate School of Life and Environmental Sciences,
Osaka Prefecture University

Published by

The HOKURYUKAN CO.,LTD. Tokyo, Japan : 2016

はじめに

　中学生の時に、日浦勇さんの名著「海をわたる蝶」（蒼樹書房）を手にした。そこには日本に輸出するために東南アジアの森林が伐採されてチョウの生息適地となるオープンランドが拡大し、日本に飛来する迷チョウが増えたのではないかという仮説が述べられていた。迷チョウが新しく発見されたり増えたりするのは良いことだと思い込んでいた昆虫少年に、この本は強い衝撃を与え、将来を決定する大きなきっかけとなった。

　気候温暖化が顕著になり、農業が近代化され、山村では林業が衰退し、国内外の物流が多様化し、チョウの分布は、それを取り巻く人為的・非人為的な環境の変貌とともに、この30年余りで大きく変わってきた。

　日本は世界でもまれな虫愛ずる国である。特にチョウの愛好者は多く、各地の昆虫同好会には過去からの膨大な分布資料が蓄積されている。チョウの分布拡大については、雑誌「昆虫と自然」（ニューサイエンス社）でもこれまで何度も特集が組まれ、日本昆虫学会でも3回にわたってこのテーマで小集会が開催された。急速に分布拡大した種はマスコミにも取り上げられ、その原因が注目の的になる。しかし、研究者・愛好者以外の一般の人の目にも触れる単行書としてこれらをまとめたものは、出版されたことがなかった。本書では、「昆虫と自然」の著者や昆虫学会での演者を中心に全国から執筆者を集め、チョウの分布拡大の経緯と現状を、種ごと、地域ごと、そして他の生物とのかかわりなどの多くの観点から解説していただいた。昆虫の分布は常に動いている。恐らく5年を経ずして本書の内容は古くなるだろう。研究者・愛好者には今後も継続してデータを蓄積し、それをまとめる努力を続けて欲しい。一般の人にも、身近な環境の変化を、生き物を通して見つめることの大切さに気付いて欲しい。本書がそれらのきっかけになれば編者としてそれ以上の喜びはない。

　最後に、多忙な中、本書の企画に賛同し原稿を寄せて下さった執筆者の方々と、煩雑な編集実務の労をとっていただいた北隆館の角谷裕通氏に厚く御礼を申し上げる。

2016年9月

編者を代表して　井上大成

目 次

チョウの分布拡大：口絵 ………………………………………… Ⅰ～Ⅳ

はじめに（井上大成 Takenari Inoue）………………………………… 1
目　次 ……………………………………………………………… 2～6
執筆者 ……………………………………………………………… 7

総論①：様々な要因によるチョウの分布拡大
Range expansion of butterflies due to various factors
（井上大成 Takenari Inoue）………………………………… 8～32

Ⅰ．注目される種の分布拡大の経緯と現状
Range expansion of butterflies in Japan: Backgrounds and present statuses in several remarkable species ……………………………………………… 33～156

①ミカドアゲハの分布拡大と遺伝的分化
Range expansion and geographic differentiation of *Graphium doson albidum* (Lepidoptera, Papilionidae) in Japan
（長田庸平 Yohei Osada）…………………………………… 34～43

②茨城県周辺におけるウスバシロチョウの分布拡大
Range expansion of *Parnassius citrinarius* in and around Ibaraki Prefecture
（佐々木泰弘 Yasuhiro Sasaki）…………………………… 44～52

③愛知県矢作川流域のウスバシロチョウの動態
Distribution dynamics of *Parnassius citrinarius* in Yahagi River basin of Aichi Prefecture（間野隆裕 Takahiro Mano）………………… 53～62

④富士山麓におけるウスバシロチョウとオオムラサキの分布拡大
Range expansion of *Parnassius citrinarius* and *Sasakia charonda* in the foothills of Mt. Fuji（清　邦彦 Kunihiko Sei）……………… 63～70

⑤神奈川県におけるスギタニルリシジミの分布拡大
The expansion of distribution of *Celastrina sugitanii* in Kanagawa Prefecture（岩野秀俊 Hidetoshi Iwano）…………………… 71～81

6 クロマダラソテツシジミの爆発的分布拡大
Sudden distributional expansion of the cycad blue butterfly, *Chilades pandava*, in Japan（平井規央 Norio Hirai）……………… 82 〜 92

7 ツマグロヒョウモンはなぜ北上したのか
Why does the Indian Fritillary, *Argyreus hyperbius* Linnaeus（Lepidoptera, Nymphalidae）spread recently throughout the northern areas of Japan?
（津吹 卓 Takashi Tsubuki）……………………… 93 〜 103

8 神奈川県におけるコムラサキの分布拡大
Range expansion of *Apatura metis* in Kanagawa Prefecture
（針谷 毅 Takeshi Hariya）……………………… 104 〜 115

9 アオタテハモドキの分布拡大
Distributional expansion of the blue pansy butterfly, *Junonia orithya*, in Japan（平井規央 Norio Hirai）……………………… 116 〜 123

10 ホシミスジの分布拡大と化性
The distributional expansion and voltinism of *Neptis pryeri*
（福田晴男 Haruo Fukúda・美ノ谷憲久 Norihisa Minotani）… 124 〜 136

11 長野県におけるクロコノマチョウの分布拡大
Expansion of distribution on *Melanitis phedima* in Nagano Prefecture
（中村寛志 Hiroshi Nakamura・井原道夫 Michio Ihara・江田慧子 Keiko Koda）
……………………………………………… 137 〜 147

12 カラフトセセリの侵入と分布拡大
Invasion and range expansion of *Thymelicus lineola* in Hokkkaido
（島谷光二 Koji Shimaya）……………………… 148 〜 156

II．各地で何が起こっているのか？
Range expansion of butterflies in Japan: Local studies ……………… 157 〜 314

1 北海道におけるチョウの分布拡大
Range expansion of butterflies in Hokkaido
（黒田 哲 Satoshi Kuroda）……………………… 158 〜 173

目 次

2 東北地方におけるチョウの分布拡大
   Range expansion of butterflies in Tohoku district
   （阿部　剛 Tsuyoshi Abe） ·· 174 〜 182

3 南関東におけるチョウの分布拡大
   Range expansion of butterflies in South Kanto
   （久保田繁男 Shigeo Kubota） ·· 183 〜 200

4 長野県におけるチョウの分布拡大
   Range expansion of butterflies in Nagano Prefecture
   （田下昌志 Masashi Tashita） ·· 201 〜 215

5 静岡県におけるチョウの分布拡大
   Range expansion of butterflies in Shizuoka Prefecture
   （諏訪哲夫 Tetsuo Suwa） ·· 216 〜 230

6 石川県におけるチョウの分布拡大
   Range expansion of butterflies in Ishikawa Prefecture
   （松井正人 Masato Matsui） ·· 231 〜 242

7 近畿地方におけるチョウの分布拡大
   Range expansion of butterflies in Kinki district
   （森地重博 Shigehiro Morichi） ··· 243 〜 259

8 四国地方におけるチョウの分布拡大
   Range expansion of butterflies in Shikoku district
   （窪田聖一 Seiichi Kubota） ·· 260 〜 271

9 中国地方におけるチョウの分布拡大
   Range expansion of butterflies in Chugoku district
   （淀江賢一郎 Kenichiro Yodoe・後藤和夫 Kazuo Gotoh・
   難波通孝 Michitaka Nanba） ··· 272 〜 292

10 九州及び南西諸島におけるチョウの分布拡大
   Range expansion of southerly butterflies in Kyushu and Nansei Islands
   （金井賢一 Kenichi Kanai） ··· 293 〜 314

III. 様々な視点からチョウの分布拡大を捉える
Range expansion of butterflies: Statuses of foreign countries and studies from special viewpoints ·· 315 〜 433

① 熱帯におけるチョウ類の分布拡大と人為のかかわり
Range expansion of tropical butterflies and its relevance to human activity
（松本和馬 Kazuma Matsumoto）················· 316 〜 330

② 九州におけるタテハモドキの分布拡大とコンピューターシミュレーションによる今後の予測
Northward range expansion by *Junonia almanac* in Kyushu and simulation of possible distribution range by computer
（紙谷聡志 Satoshi Kamitani）················· 331 〜 340

③ 大陸産アカボシゴマダラの移入・拡散による在来種ゴマダラチョウへの影響
Dispersal of an introduced population of *Hestina assimilis* and its impact on a resident population of *Hestina persimilis* in Japan
（松井安俊 Yasutoshi Matsui）················· 341 〜 352

④ 名古屋市におけるムシャクロツバメシジミの発生と駆除活動
Occurrence and extermination activity of an alien species, *Tongeia filicaudis* in Nagoya city（間野隆裕 Takahiro Mano）················· 353 〜 365

⑤ オオモンシロチョウの分布拡大と天敵寄生蜂の関係
The impact of indigenous parasitoid wasps to the distribution of invasive large white butterfly（田中晋吾 Shingo Tanaka）················· 366 〜 378

⑥ 外来植物を利用する希少種Ⅰ—ミヤマシジミ—
Endangered species using alien plants — Host plant preference of *Plebejus argyrognomon* —
（江田慧子 Keiko Koda・中村寛志 Hiroshi Nakamura）··· 379 〜 392

⑦ 外来植物を利用する希少種Ⅱ—シルビアシジミ—
Endangered species using alien plants — *Zizina emelina* —
（坂本佳子 Yoshiko Sakamoto）················· 393 〜 398

目 次

⑧ 外来植物を利用する希少種Ⅲ—ツマグロキチョウ—
Endangered species using alien plants — Range expansion and ecology of *Eurema laeta* in Nagoya —（高橋匡司 Masashi Takahashi）…… 399 〜 408

⑨ 海外におけるチョウの分布拡大と動態
Expansion and dynamics of the distribution of butterflies in the world
（北原正彦 Masahiko Kitahara）………………………………… 409 〜 421

⑩ 在来種の放チョウによる分布拡大
Range expansion of native butterfly species by releases in Japan
（矢後勝也 Masaya Yago）………………………………………… 422 〜 433

総論②：分布型と生活史特性からみたチョウ類の分布変化
Recent change in distribution of Japanese butterflies from the perspective of distribution pattern and life-cycle traits in each species
（石井 実 Minoru Ishii）……………………………………… 434 〜 448

索引 ……………………………………………………………………… 449 〜 457
　チョウ種名索引 ……………………………………………… 449 〜 452
　その他の生物名索引 ………………………………………… 453 〜 457

本書に登場するチョウの学名は，以下に準拠した．日本に分布しない種については任意としたが，日本に分布する種と同属とみなされる場合は，この書籍で採用されている属名を使用した．

猪又敏男・植村好延・矢後勝也・神保宇嗣・上田恭一郎（2013）日本昆虫目録　第7巻 鱗翅目（第1号 セセリチョウ上科 — アゲハチョウ上科）．日本昆虫目録編集委員会（編），日本昆虫学会（発行）．櫂歌書房（販売）．

▼執筆者（五十音順）
阿部　剛（日本鱗翅学会）
石井　実（大阪府立大学大学院生命環境科学研究科）
井上大成（森林総合研究所多摩森林科学園）
井原道夫（日本鱗翅学会）
岩野秀俊（日本大学生物資源科学部応用昆虫科学研究室）
長田庸平（九州大学大学院農学研究院）
金井賢一（鹿児島昆虫同好会）
紙谷聡志（九州大学大学院農学研究院）
北原正彦（山梨県富士山科学研究所）
久保田繁男（西多摩昆虫同好会）
窪田聖一（愛蝶会）
黒田　哲（十勝蝶の会）
江田慧子（帝京科学大学こども学部）
後藤和夫（山口むしの会）
坂本佳子（国立研究開発法人 国立環境研究所）
佐々木泰弘（茨城県立太田第一高等学校）
島谷光二（北海道昆虫同好会）
諏訪哲夫（静岡昆虫同好会）
清　邦彦（静岡昆虫同好会）
高橋匡司（名古屋昆虫同好会）
田下昌志（日本鱗翅学会）
田中晋吾（北海道大学大学力強化推進本部 URA ステーション）
津吹　卓（元・十文字学園女子大学人間生活学部教授）
中村寛志（信州大学名誉教授）
難波通孝（日本鱗翅学会）
針谷　毅（相模の蝶を語る会）
平井規央（大阪府立大学大学院生命環境科学研究科）
福田晴男（日本鱗翅学会）
松井正人（百万石蝶談会）
松井安俊（元・産業技術総合研究所）
松本和馬（国際環境研究協会）
間野隆裕（日本鱗翅学会）
美ノ谷憲久（日本鱗翅学会）
森地重博（NPO 法人 日本チョウ類保全協会）
矢後勝也（東京大学総合研究博物館）
淀江賢一郎（山陰むしの会）

総論①：様々な要因によるチョウの分布拡大

■ チョウの分布拡大の主要因は温暖化か？

　南方系の昆虫が日本列島を北上して分布を拡大しているという話を，多くの人が聞いたことがあるだろう。吉尾（2002）は，日本で北上傾向が見られるチョウとして30種余りを挙げているが，それらには顕著に北上している種もあれば，ある地方でのわずかな分布拡大にとどまっている種もある。日本を含め地球の気温は上昇している。そして変温動物である昆虫の分布や生活史に，温度は当然影響を与える（積木，2011）。欧米でも温暖化によるチョウの分布拡大を指摘する研究例が多いことは，本書の各論Ⅲ－⑨で詳述されている。チョウの北上（高緯度への分布拡大）は，みな気候の温暖化で起こっているのだろうか？

　私は1996～2008年まで，茨城県つくば市に住んでいた。そこで，ムラサキツバメ *Arhopala bazalus*，ツマグロヒョウモン *Argyreus hyperbius*，ナガサキアゲハ *Papilio memnon* などの暖地性のチョウたちが侵入し，定着していく過程を目の当たりにしてきた（井上，2005a；久松・井上，2007；井上ほか，2008b）。これらの種はみな，侵入後2～3年で普通種になっていったが，それほどの猛スピードで温暖化が進んでいるとは考えられない。冬が厳しかった翌シーズンには，これらの種の発生時期が遅れたり個体数が減少したりすることはあるが，完全にいなくなるようなことは，これまでのところ起こっていない。

　ナガサキアゲハの西日本各地の個体群では，蛹の休眠性や耐寒性には地理的な差がなく，生理的性質に変化がないまま分布拡大していることが明らかにされた（Yoshio & Ishii, 1998, 2001；吉尾・石井，2001；吉尾，2010）。北原ほか（2001）は，気温と各時代の分布北限域の緯度との間に相関があり，最寒月の平均気温が約4.5℃，年平均気温が約15.5℃が分布の北限となることを見出した。これらの研究でナガサキアゲハは気候温暖化によって分布を北上させたと結論づけられ，マスコミにも注目された。しかし，日本のチョウの中で，信ぴょう性のある実験データに基づいて，気候温暖化が要因で分

布拡大していると結論づけられた種は，ナガサキアゲハ以外にはない。それだけ証明が難しい現象であることを示している。

■ 暖地性種の分布拡大

(1) 増加した餌資源：ムラサキツバメ

　ムラサキツバメは1980年代までは近畿地方以西に分布していた。東日本では1996年に神奈川県で記録されて以降，98年に静岡県・群馬県，99年に千葉県・愛知県，2000年に東京都・埼玉県・茨城県，2001年に栃木・山梨県・福島県に分布を広げ，2004年には内陸の岐阜県・長野県，2005年には北陸の石川県へも勢力を拡大した（井上，2011a）。ナガサキアゲハは1940年代から徐々に日本列島を北上した。本州の西端から関東まで来るのに約60年，近畿からでも約20年かかったが（吉尾，2010），ムラサキツバメは，10年で近畿から東北南部・北陸までを手中にした。

　ムラサキツバメは，茨城県では2000年秋に発見された（田中・井上，2000）。井上（2005a）はその年から5年間，茨城県全域での分布の変化を調べた。2000年に20市町村だった発生地は，2002年には栃木県境付近を除く73市町村になった。2003年は冷夏で分布拡大は停滞したが，2004年には再び広がり，96％にあたる82市町村に達した（図1）。

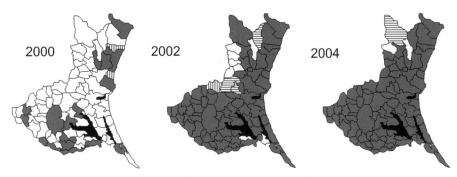

図1　茨城県におけるムラサキツバメの分布拡大
薄い塗りつぶしは筆者の調査でその年に確認された市町村，縦縞模様は他者の調査でその年に確認された市町村，横縞模様は前年までに確認されていたがその年には確認されなかった市町村。市町村は2000年秋の調査開始時に基づく。黒い塗りつぶしは湖沼。井上（2005a）から改写。

総論①：様々な要因によるチョウの分布拡大

表1　1980年前後と2000年前後の各地の月平均気温（10年間の平均値；井上，2005aに基づく）

1975-1984	1月	2月	3月	4月	5月	6月	7月	8月	9月	10月	11月	12月
高知	5.22	6.34	10.16	15.32	19.01	22.72	26.02	26.97	23.89	18.61	13.32	7.80
和歌山	5.19	5.41	8.82	14.36	18.71	22.74	26.32	27.36	23.69	18.14	12.97	7.99
静岡	5.83	6.42	9.61	14.45	18.62	22.14	25.21	26.42	23.50	18.48	13.73	8.47
館山	5.72	5.99	8.92	13.71	17.99	21.29	24.28	25.60	22.75	17.70	13.13	8.26
千葉	4.64	4.87	7.98	13.14	17.80	21.05	24.16	25.74	22.42	17.30	12.26	7.45

1995-2004	1月	2月	3月	4月	5月	6月	7月	8月	9月	10月	11月	12月
高知	6.39	7.56	11.18	15.80	20.15	23.07	27.01	27.70	24.80	19.55	14.01	8.86
和歌山	6.11	6.46	9.97	15.29	20.04	23.24	27.31	28.35	24.96	19.13	13.75	8.63
静岡	6.70	7.26	10.56	15.28	19.24	22.31	26.18	27.15	24.26	19.12	14.18	9.10
館山	6.46	6.63	9.92	14.61	18.58	21.48	25.29	26.41	23.49	18.41	13.62	8.73
千葉	6.01	6.38	9.47	14.66	18.70	21.70	25.74	26.74	23.53	18.36	13.29	8.39
つくば	3.01	3.88	7.53	13.06	17.28	20.49	24.69	25.48	22.04	16.17	10.34	5.00

　このチョウが近畿地方を北限としていた1980年前後と，分布拡大が顕著になった2000年前後の各地の気温を比較した（表1）。高知と和歌山は80年代以前からの分布地，静岡は以前には分布していなかったけれども分布地に近かった場所，館山と千葉は現在では越冬している場所，つくばは越冬できない年とできる年がある変動域である。80年頃の静岡・館山の冬の気温は，高知・和歌山よりもやや高く，千葉ではそれらよりも低かった。2000年頃の千葉では，80年頃の静岡や高知と同程度以上になったが，2000年頃のつくばの冬はそれらよりもまだかなり寒かった。冬の気温だけをみれば，以前から本種は静岡や館山にすめたはずである。館山は従来の分布地とは地理的に離れているが，静岡にいなかった理由を冬の気温で説明することは難しい。

　発育零点と有効積算温度から推定した結果，本種は茨城県南部では年間3〜4世代発生すると考えられる（麻生ほか，2006）。幼虫はマテバシイまたはシリブカガシの新芽や新葉しか食べないため，春だけでなく夏にも新芽が出続けなければ世代をつなぐことはできない。

　本州や四国のマテバシイが自然分布かどうかには諸説あるが，関東では主要道路の緑化木として2002年時点では7番目に多い木で，2002年には1987年の1.6倍の本数が植栽されている（松江・武田，2008）。大木になったマテバシイは交通や日照の妨げとなり，都市部では刈り込みや枝おろしが頻繁に行われ，その補償作用で新芽が出る。自然林の中では，夏から秋に沢山の新芽が連続して出るということはあまりないが，都市の街路や公園では新芽が秋まで継続して発生している（小山・井上，2004）。このことは餌の制限をなくして個体数を増加させ，分布拡大に大きく貢献していると考えられる。

総論①：様々な要因によるチョウの分布拡大

また，マテバシイはこのように緑化樹として植えられるため，卵や幼虫が着いたまま運ばれる可能性もある。80年代以前にも埼玉県（櫻井，1978）や千葉県（福島，1984）で散発的な成虫の記録があったが，それらの中には人為的な移動によるものが含まれていたかもしれない。

(2) 著しく北上した2種：ナガサキアゲハとツマグロヒョウモン

　ナガサキアゲハの北上分布拡大は，上記のように気候の温暖化が要因とされている。北関東では他の暖地性種と同様に，侵入後短期間で普通種になった。茨城県では成虫の初記録が2003年であったが，2006年頃には記録が急増した（井上ほか，2008b）。また栃木県では2002年以降に散発的に確認されるようになり，2009年に急増した（青木，2010）。しかし，本種は本来，九州以北には分布していなかった可能性がある。食樹は，いわゆる柑橘類（ミカン属，キンカン属，カラタチ属）にほぼ限られている（福田ほか，1982）。南西諸島にはヒラミレモン（シイクワシャー）が広く分布しているため，本種の古くからの土着地であった可能性が高いと考えられるが，九州以北に古くから自生する柑橘は，タチバナとコウライタチバナだけである。コウライタチバナは日本では山口県萩市にしかない絶滅危惧IA類の植物である（環境省，2015b）。タチバナ（準絶滅危惧）も静岡県，愛知県，和歌山県や，四国，九州などに点々と自生しているだけで，天然記念物指定されている場所もある（北村・村田，1971；高橋・勝山，2000）。四国や九州では，ナガサキアゲハは過去にはこのように不連続で少ない植物に依存していたのであろうか？　北原ほか（2001）も，ミカン類の栽培が本種の分布拡大に影響したと考えられることを認めているが，本州だけでなく四国や九州でも，柑橘栽培とともに広がった可能性が高いと思われる。このことは福田ほか（1982）も既に指摘している。

　ツマグロヒョウモンの茨城県内での発生は，2004年に水戸市で初めて報告され，2006年頃には県南部を中心に記録が飛躍的に増えた（久松・井上，2007）。栃木県では2006年頃に侵入し，2007年には記録が急増した（青木，2008など）。近年では水戸市（高橋，2005，2006）や，長野県伊那市（北原，2008）でも越冬している。北原（2008）は，近代的な家屋等の周辺で局地的に温度が高い場所の存在が寒冷地での越冬を可能にしたと考察している。水

■ 総論①：様々な要因によるチョウの分布拡大

戸市の観察地は墓地で（高橋, 2005, 2006），建物等はない。墓石周辺などが局地的に高温になる可能性はあるが，このような環境は過去にも存在した。越冬幼虫はスミレ類の枯れ葉も食べることが報じられているが（北原, 2008），冬の間も餌が存在することは，本種が定着する上で不可欠の条件である。

　1975年頃には愛知県〜静岡県付近が太平洋側の土着北限とされていたが（藤岡, 1975），それ以北でも本種はたびたび採集されてきた。静岡県でも記録が増加するのは，1990年代になってからであったことが，各論Ⅱ-⑤で詳述されている。京浜昆虫同好会（1975）の「新しい昆虫採集案内」には，東京の陣馬山で「年によってツマグロヒョウモンがとれる」と記されている。この本は1971年初版なので，60年代頃の調査観察に基づいていると思われる。筑波山でも，1970年頃に新鮮な個体がかなり見られた（石島, 1982）。静岡県でも60年代に記録数の小ピークが見られたことが，各論Ⅱ-⑤で報告されている。この時代に小規模な北進が始まっていた可能性はあるが，定着はできなかったと考えられる。

　本種の分布拡大には，パンジーなどの栽培種のスミレの増加が重要な役割を果たしたことは間違いないであろう（津吹, 2012；田下, 2012；各論Ⅰ-⑦，

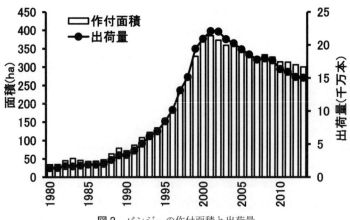

図2　パンジーの作付面積と出荷量
農林水産省の「花き生産出荷統計」に基づいて作成。

Ⅱ-④)。野生のスミレ類は冬には東日本の内陸ではほとんど枯れてしまうが，パンジーは冬でも緑の葉をつけている。近年その栽培は増え続け，本種の分布拡大が目立つようになった1990〜2000年頃にかけて激増する（図2）。2004年の花壇用苗ものに占めるパンジーの割合は，作付面積で21%，出荷量で24%であった。現在の都市の冬の花壇では，正にパンジーが主役である。パンジーは従来，秋に播種して早春に出荷するものであったが，1990年代以降には，高温期に播種して秋に出荷する作型が主要になってきた（池田，2002）。この作型の変化は，ツマグロヒョウモンが秋にパンジーに産卵する機会を作りだしたと言える。

ナガサキアゲハもムラサキツバメも，房総半島に定着して，それから2〜3年後に茨城県，その2〜3年後に栃木県で定着・多発するという順を踏んで北上した。房総半島は昔から温暖だったのに暖地性の種がいなかった理由は，彼らのかつての分布地とは地理的に離れていたからであるとも考えられるが，近年の暖地性種の急速な北上は，温暖化が鈍化（この点については，各論Ⅲ-②で解説されている）しても止まることはなかった。

(3) 一方的でない北上：クロコノマチョウとムラサキシジミ

クロコノマチョウ *Melanitis phedima* の分布拡大の様子は，各論Ⅰ-⑪，Ⅱ-③，Ⅱ-⑤，Ⅱ-⑦，Ⅱ-⑩でも取り上げられている。本種は関東地方では1990年代から多く記録されるようになったため，近年分布を拡大したと思われがちである。しかし，静岡県では1950年代以降，徐々に分布を広げていたことが，各論Ⅱ-⑤で詳述されている。静岡県を横断して関東地方に入るのに約40年を要した。本種の南西諸島におけるかつての分布は屋久島・種子島までで，奄美・沖縄諸島には70〜80年代に分布を広げて定着していった（図3；福田ほか，1984b）。このように，南北両方向への分布拡大が同じ時期に起こっていたことは，気候の温暖化だけでは説明できない。本種の食草はススキなどで，また生息場所が特殊なわけでもないため，分布拡大の要因を推定するのは難しい。

ムラサキシジミ *Arhopala japonica* は，東北地方南部以南に分布し，幼虫はカシ・ナラ類の新芽・新葉を食べ，関東地方では年3回程度発生する（福田ほか，1984a）。従来は分布していなかった（極めてまれだった）北関東や東

■ 総論①：様々な要因によるチョウの分布拡大

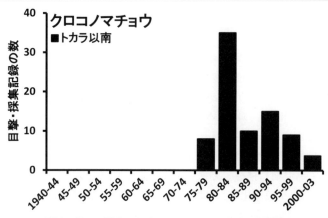

図3 トカラ以南におけるクロコノマチョウの記録数
白水（2005a, 2006a）に基づいて作成：2000～2003年は4年間の記録数を5年間に補正した値。

北地方の内陸部などでも確認されるようになってきたが（高橋，1998；長谷川，2004；西山，2010），本種も一方的に北上した種ではない。東京，神奈川，埼玉などの関東の低地では，1960年代前半までは普通種だったが，60年代後半から70年代にかけての10年間ほど，ほぼ完全に記録されなかった。そして80年代頃から復活し，90年代以降にはどこでも見られる普通種となる（市川・原，1978；星野ほか，1998；西多摩昆虫同好会，2012；各論Ⅱ－[3]）。

60年代までは都市近郊でも薪や炭をつくるために，雑木林が定期的に伐採されていた。ムラサキシジミも，夏に新芽がないと世代がつながらない。本種は，低い位置から出た枝葉に多く産卵する（福田ほか，1984a）。切り株から出た萌芽は好適な発生源になるが，70年代になると雑木林の手入れは放棄されて伐採されなくなるので，夏の新芽が非常に少なくなった可能性がある。その後，80年代になると都市部の開発によって住宅地の垣根や街路に，カシ類が多用されるようになる。例えばシラカシは，主要道路の緑化木としては高木樹種の中で，全国で13番目に多く植えられ，1987年にはカシ類全体で約13万本だったものが，97年にはシラカシだけで約18万本に増加した（松江・武田，2008）。刈り込みや枝おろしによって夏～秋にも新芽が連続的に供給されるようになり，これがムラサキシジミの復活と増加をもたらしたのではないだろうか。さらに，以前にはシラカシは本種にとって不適な植物と考えられていたが（福田ほか，1984a），最近の関東ではシラカシで普通に発生しているため（井上，2012a），寄主植物の選好性にも変化が起

こっているかもしれない。しかし、薪炭林施業の衰退だけで約10年間のブランクを説明できるとは思われない。本種と近縁なルーミスシジミ *Arhopala ganesa* にも，数十年単位の個体数変動がある可能性が高いが（井上，2013），このような長期的な増減が起こる理由は必ずしも明らかになっていない。

■ 北上ではない分布拡大

(1) 南下分布拡大：スギタニルリシジミ

スギタニルリシジミ *Celastrina sugitanii* は，かつては東京付近では奥多摩などに行かなければ出会えない奥山のチョウだったが，近年，神奈川県などの平地近くでも採集されるようになってきた（岩野ほか，2006；各論Ⅰ-⑤）。年1化で，早春に成虫が出現し，幼虫はトチノキなどの蕾や花を食べて育つ（福田ほか，1984a）。本種は，茨城県では1990年代前半までは北端の北茨城市の山間部で3例しか記録のない珍種だった。97年に北茨城市で多産地が見つかり，2001年以降，記録地は徐々に拡大して，2013年までに城里町まで南下した（図4）。特に2005～2007年頃から顕著に分布拡大したと思われる（佐々木，2010, 2013）。北茨城市北部，大子町北部，常陸太田市の一部（旧里美村）にはトチノキがあるが，北茨城市南部と高萩市より南にはトチノキは自然分布していない。これらの産地はいずれも茨城県の同好者が頻繁に訪れてきた場所で，過去に見落とされていた可能性は低い。現在の記録の南端である城里町は，元からの分布地であると考えられる県の北部からは40～50kmほど離れている。スギタニルリシジミは，6～8年程度の間にこの距離を分布拡大したと推定される。関東地方周辺では，本種は静岡県でも分布拡大している可能性があり（諏訪，1997），最近でも新しい産地が発見されている（諏訪・鈴木，2014）。

トチノキのない産地では，神奈川県ではヤマフジ，ハリエンジュ，ミズキ，キハダを（岩野ほか，2006；各論Ⅰ-⑤），茨城県ではキハダを（有賀ほか，2014）食樹としていることが報告されている。トチノキ以外の植物に寄生範囲を広げたとする考えもあるが（岩野ほか，2006），ミズキやキハダは地域によっては食樹になることが以前から知られていたことから（福田ほか，1984a），関東などでも低い頻度で利用されてきたのかもしれない。北茨

■ 総論①:様々な要因によるチョウの分布拡大

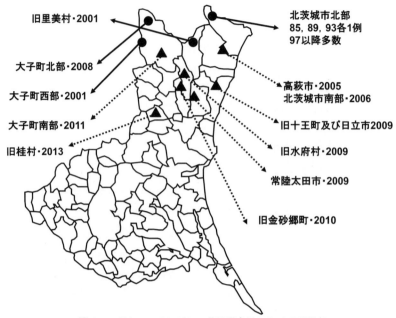

図4 スギタニルリシジミの茨城県各地における記録年
丸印はトチノキがある(過去にあった)産地,三角印はトチノキがない産地。

城市北部では,個体数にも増加傾向が見られる(井上,未発表)。"トチの実"は,かつて救荒食料として重要であったため,大木が各地に残されているが,近年はその残された木の次世代も成長して開花するようになってきた。森林に人手が入らなくなった結果,本種が生息地として好む原生林的な環境が増え,トチノキや,その他の潜在的な食樹が大木化して多くの花をつけるようになったのではないだろうか。近年の気候変化で開花時期がずれて,トチノキ以外の食樹の開花時期とチョウの産卵時期との同調性が生まれている可能性も考えられる。

(2) 都市部で復活:コムラサキとツマキチョウ

コムラサキ *Apatura metis* も,南関東の平地ではかつては珍しかった種である。神奈川県では丹沢山地などに点々と記録がある程度で,東京都では1960年代までは広く分布していたがその後は衰退していた。しかし近年,東京都のほぼ全域や神奈川県の横浜市,相模原市などの市街地にも現れるようになり,その要因として河川敷の食樹の大木化や緑地の増加・整備が指摘

されている（西多摩昆虫同好会，2012；この点については，各論Ⅰ-⑧で解説されている）。

　品川区と目黒区にまたがる「林試の森公園」では，現在ツマキチョウ Anthocharis scolymus は普通に見られる（西多摩昆虫同好会，2012）。同所では，本種は戦前には普通に採集されていたのに，1970年代頃には見られなくなっていた（農林省林業試験場，1975）。本種の60〜70年代の減少と80年代以降の復活は，東京都の区部全体で起こった現象で，復活の要因として，食草となるショカッサイ（オオアラセイトウ）や，生息地となる空き地がバブル期に増加したことが指摘されている（川上，2013）。しかし，同様に半日陰を生息地とし，オオアラセイトウを食草として好むスジグロシロチョウ Pieris melete は，東京都では70〜80年代に増加した後，90年代から減少し（小汐ほか，2008），市街地では再び少ない種になった（西多摩昆虫同好会，2012）。

　コムラサキはヤナギ類を食樹とする森林のチョウで，ツマキチョウはアブラナ科を食草とする草原のチョウである（福田ほか，1982，1983）。生息環境が異なる2種が都市部で分布を拡大している要因は異なっていると思われるが，70〜80年代の都市開発から時間が経過し，都会の自然がある程度安定化してきたのかもしれない。なお，ツマキチョウの生息地の拡大は東北地方の農村部でも見られることが各論Ⅱ-②で報告されているため，都市特有の現象ではない。

(3) 郊外で復活：クロミドリシジミとウラギンヒョウモン

　クロミドリシジミ Favonius yuasai は，戦前にはごく少数しか採集されていない珍種だった（中村，2009）。山梨県や長野県には多産地もあるが，戦後になっても関東では多い種ではなかった。しかし近年，茨城県や埼玉県などで新しい産地が見つかるようになり，筑波研究学園都市や秩父の人工的な公園などでも記録されている（松本ほか，1999；石塚，2004，2006；井上ほか，2009b）。本種は中国地方でも近年新産地の発見が相次いでいる（淀江・中井，2010）。

　ウラギンヒョウモン Fabriciana adippe は筑波山や茨城県南部・西部の平野部では1960年代以前には少なからず記録されていたものの，80〜90年代に

総論①：様々な要因によるチョウの分布拡大

はほとんど記録がなくなった。しかし，2000年代以降，これらの場所で再び記録が増加してきた（井上ほか，2008a；井上 2011b，2015）。本種は，南関東でもかつては東京の区部を含む広い範囲で記録されていたが（東京都杉並区立高円寺中学校生物部，1962），1970年代以降にはほとんど記録がなくなっていた（星野ほか，1998）。しかし，神奈川県，埼玉県，千葉県，東京都などで近年記録が増加してきた（川嶋，2006；原，2010；井形，2011；萩原，2014；宮田，2014，2015；中村，2014；城田，2014；鈴木，2014；次田・中町，2014；山口・山口，2015；中川，2015；宇式，2015；髙橋，2015；矢後・木村，2015）。髙橋（2015）は，本種の個体数が回復しているかどうかを判断するためには長期間の定量的な調査が必要であるとし，慎重な立場をとっている。1997年以降のチョウの定量データがある茨城県つくば市の森林総合研究所では，本種は2010年に初めて1匹が確認されたが，2015年には年間11匹に増加した。また，かすみがうら市の同研究所千代田苗畑では2007年からデータがあるが，2010年に初めて3匹が記録され，2015年には13匹に増加した（井上，未発表データ）。

　クロミドリシジミやウラギンヒョウモンの近年の記録地には，筑波山のようにかつてから詳細な調査が行われてきた場所も含まれる。少なくとも一時期，確認が困難な程度に減少していて，近年何らかの要因で個体数が増加してきた（または分布が拡大している）と考えられる。クロミドリシジミはクヌギやアベマキの高齢木で発生する（福田ほか，1984）。伐採されなくなった薪炭林でクヌギが大木化し，生息に適した環境が増加している可能性がある（井上ほか，2009b）。ウラギンヒョウモンの増加の要因は必ずしも明らかでないが，植林地の草刈り管理，河川敷などの増水による撹乱，スミレ類の多いシバ畑の増加などが指摘されている（井上ほか，2008a）。なお，日本産ウラギンヒョウモンには少なくとも2種が含まれることが確実視されるようになったが（北原・伊藤，2015），現在分布を広げている種と過去に平地で記録されていた種が同一種であるかどうか，今後研究を進める必要がある。

■日本の環境の変化

　温暖化が注目されるずっと以前から，日本の環境は変化し続けてきた。日本の森林面積は江戸時代末からほとんど変わっていないが，戦後，拡大造林

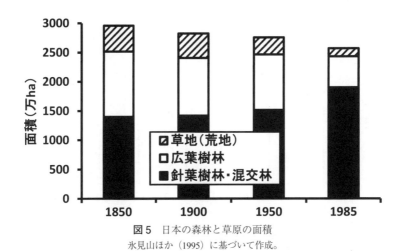

図5　日本の森林と草原の面積
氷見山ほか (1995) に基づいて作成。

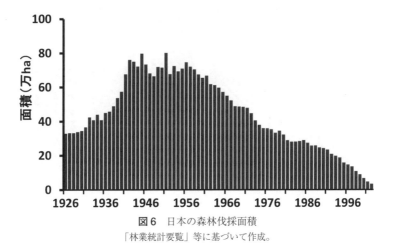

図6　日本の森林伐採面積
「林業統計要覧」等に基づいて作成。

政策によって広葉樹林が伐採され，スギやヒノキなどの針葉樹林に置き換わってきた。草原は時代の進行とともに減少し，現在ではごくわずかになった（図5）。林業が衰退したため森林は伐採されなくなり（図6），年々高齢化している（図7）。戦後のピーク時には，日本全体の2%にも相当する面積の森林が毎年きられていた。伐採跡地や若い植林地は，草原性昆虫の生息地として重要な役割を果たす（井上，2005b）。

■ 総論①：様々な要因によるチョウの分布拡大

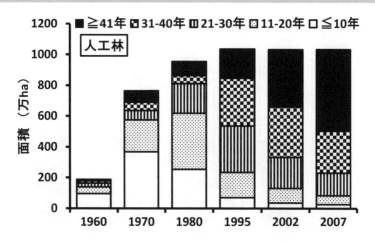

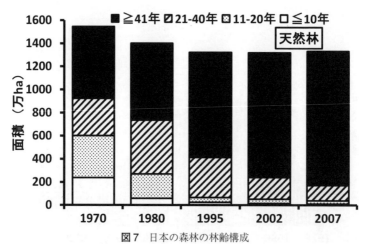

図7　日本の森林の林齢構成
「林業統計要覧」等に基づいて作成。

　燃料革命によって，薪や炭の生産量は，1960年代に激減する（図8）。牛や馬にも農耕・運搬などの需要がなくなり，放牧地も減少した。家屋の建築材料を採取するための茅場がなくなり，家畜には成長の早い外来種の牧草が与えられるようになって採草地も消えていった（図9）。
　森林や原野だけでなく，農地も変貌してきた。養蚕業の衰退によって桑畑が放棄され，果実の輸入増加などにともなって，果樹園も70年代以降減ってきた（図10）。ウスバシロチョウ（ウスバアゲハ）*Parnassius citrinarius*

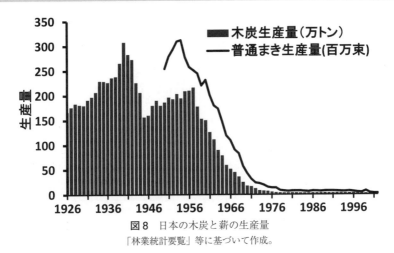

図8 日本の木炭と薪の生産量
「林業統計要覧」等に基づいて作成。

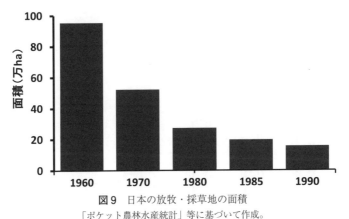

図9 日本の放牧・採草地の面積
「ポケット農林水産統計」等に基づいて作成。

は，かつては山里のチョウだった。富士山麓などでは1970年代頃から分布が広がった（清，1988；各論Ⅰ-④）。最近では北関東から東北地方（葛谷，2008），中部・四国・近畿・中国地方の一部などでも分布を広げていることが，各論Ⅰ-②，Ⅰ-③，Ⅱ-②，Ⅱ-⑦，Ⅱ-⑧，Ⅱ-⑨で報告されている。本州では，主に山間部の林縁からそれに続く草地に生息する（福田ほか，1982）。すなわち完全な草地ではなく，適度な日陰があるような疎らな林が適している。食草のムラサキケマンが豊富に生える果樹園や桑畑などの放棄地は，本種の好適な生息地になる。全国には滋賀県の面積に匹敵する約

■ 総論①:様々な要因によるチョウの分布拡大

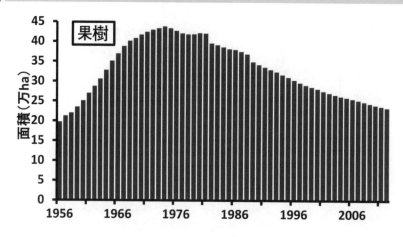

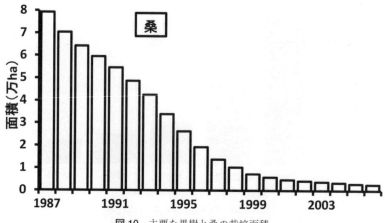

図10 主要な果樹と桑の栽培面積
農林水産省の「耕地及び作付面積統計」等に基づいて作成。

40万 ha の耕作放棄地があり,関東での放棄地の割合は全国平均よりも高い(図11)。ウスバシロチョウは,このような場所の拡大にともなって勢力を伸ばしたのかもしれない。ウラギンシジミ *Curetis acuta* も関東の平地では以前は少なかった種で,東京都では70年代後半から記録が増えている(倉地, 2006)。近年は東北地方での分布拡大も見られる(高橋, 1998)。本種の増加(分布拡大)も,晩夏の主要食草であるクズが繁茂する耕作放棄地などの増加と無関係ではないだろう。本種の増加要因としてのクズの繁茂については,長

総論①：様々な要因によるチョウの分布拡大

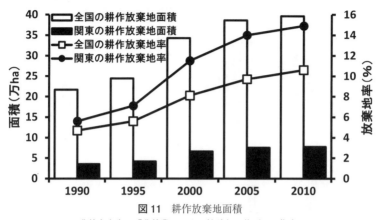

図11　耕作放棄地面積
農林水産省の「農林業センサス統計」に基づいて作成。

谷川（2004）も指摘している。

名著「海をわたる蝶」と迷チョウの記録の消長

　ある地域で、毎年冬を越して長期的に定着している種を「土着種」と呼ぶ。これに対して、偶然他所から飛んできたり、何世代か発生を繰り返しても冬は越せなかったりするようなチョウが「迷チョウ」である。報告の多い5種の迷チョウについて、年代ごとに記録数をまとめた（図12）。タテハモドキ *Junonia almana*、アオタテハモドキ *J. orithya*、メスアカムラサキ *Hypolimnas misippus* の3種には、1950年代頃から記録されるようになり、60年代後半から70年代前半に特に増加した後に減少して、80年代以降に再び増えるという共通点がある。ウスキシロチョウ *Catopsilia pomona* とリュウキュウムラサキ *Hypolimnas bolina* では、一山型に近い形になっているが、50年代から記録が出始め60〜70年代にかけて増加することは前の3種と一致している。タテハモドキとアオタテハモドキについては、各論Ⅰ-⑨でも同様に分析されていて、記録地や記録の増加パターンの違いが指摘されている。いずれにしても、多くの迷チョウが何故、1950年代から増加したのだろうか？

　迷チョウになるのは、森林の内部ではなく、草原などのオープンランドにすむチョウである。南方系の迷チョウの出発点である東南アジアの熱帯では、1950年代頃から森林の伐採が進み、オープンランドが拡大した（松本、2012）。40年代後半と70年代とを比べると、タイで4割、フィリピンで3割

■ 総論①:様々な要因によるチョウの分布拡大

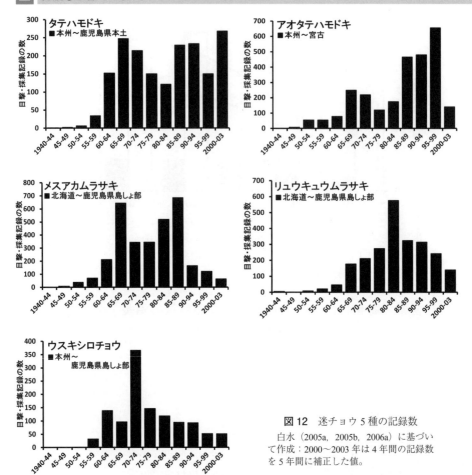

図12 迷チョウ5種の記録数
白水(2005a, 2005b, 2006a)に基づいて作成:2000〜2003年は4年間の記録数を5年間に補正した値。

の森林が減少している(図13)。日本の南洋材の輸入量は50年代から増え始め,60年代終わりから70年代にピークに達する(図14)。熱帯の森林伐採の目的は木材生産だけではないが,1950年代から70年代にかけて,日本などに輸出するために多くの森林が伐採されたのは,紛れもない事実である。

日浦(1973)の「海をわたる蝶」は,今でも日本の研究者に引用され続けている名著である。その一節に,フィリピンなど東南アジアの熱帯林が,日本に木材を輸出するために伐採されてオープンランドが増えたことが,日本で迷チョウが増えた要因ではないかという仮説が述べられている。減反が始

総論①：様々な要因によるチョウの分布拡大

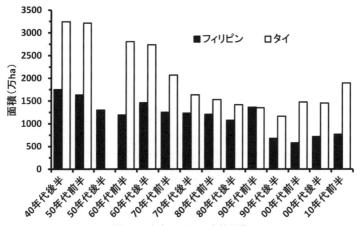

図13　東南アジアの森林面積
「林業統計要覧」等に基づいて作成。

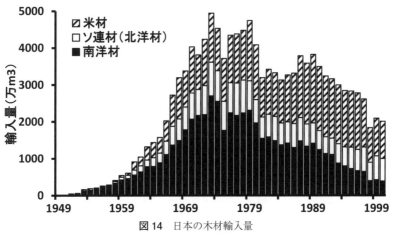

図14　日本の木材輸入量
「林業統計要覧」等に基づいて作成。

まったのも1970年代で，オープンランド性のチョウの発生地となる水田の休耕地などの環境が日本に増えてくる過程とも一致している。40年前の日浦さんの仮説は，長期にわたる迷チョウの記録と林野統計からも支持される。

タテハモドキなどの記録には二つの山が認められたが，1960年代頃の山は熱帯で増えたオープンランド性の種が飛んできた過程で，1980年代以降の山はそれが日本に適応して定着していく過程だったと考えることができ

総論①：様々な要因によるチョウの分布拡大

る。日本国内でのチョウの分布拡大は，国外で起こっている環境変化をも反映している現象なのである。

■ 様々な要因によるチョウの分布拡大

チョウの分布拡大は，様々な人為的・非人為的要因が関係して起こっている（図15）。ある種の分布拡大には，一つではなく複数の要因がかかわっている場合の方が実際には多いだろう。

人為的要因の筆頭は，意図的な放チョウである。外来種ホソオチョウ *Sericinus montela*（井上ほか，2009a；岩野，2010；各論Ⅱ-③），外来亜種アカボシゴマダラ *Hestina assimilis assimilis*（岩野，2010；各論Ⅲ-③）はもとより，国内でもチョウセンアカシジミ *Coreana raphaelis* やギフチョウ *Luehdorfia japonica*，ツマベニチョウ *Hebomoia glaucippe* などで他地域産の個体を放っている（またはその疑いが濃い）例は少なくない（福田，1993；この点については各論Ⅲ-⑩で詳述されている）。カラフトセセリも二次的に放チョウ

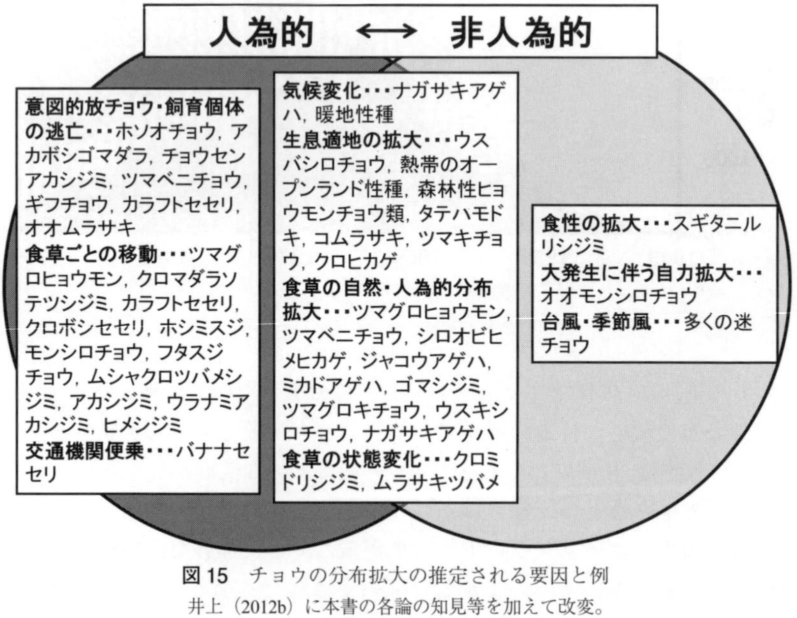

人為的 ⇔ 非人為的

- 意図的放チョウ・飼育個体の逃亡…ホソオチョウ，アカボシゴマダラ，チョウセンアカシジミ，ツマベニチョウ，ギフチョウ，カラフトセセリ，オオムラサキ
- 食草ごとの移動…ツマグロヒョウモン，クロマダラソテツシジミ，カラフトセセリ，クロボシセセリ，ホシミスジ，モンシロチョウ，フタスジチョウ，ムシャクロツバメシジミ，アカシジミ，ウラナミアカシジミ，ヒメシジミ
- 交通機関便乗…バナナセセリ

- 気候変化…ナガサキアゲハ，暖地性種
- 生息適地の拡大…ウスバシロチョウ，熱帯のオープンランド性種，森林性ヒョウモンチョウ類，タテハモドキ，コムラサキ，ツマキチョウ，クロヒカゲ
- 食草の自然・人為的分布拡大…ツマグロヒョウモン，ツマベニチョウ，シロオビヒメカゲ，ジャコウアゲハ，ミカドアゲハ，ゴマシジミ，ツマグロキチョウ，ウスキシロチョウ，ナガサキアゲハ
- 食草の状態変化…クロミドリシジミ，ムラサキツバメ

- 食性の拡大…スギタニルリシジミ
- 大発生に伴う自力拡大…オオモンシロチョウ
- 台風・季節風…多くの迷チョウ

図15　チョウの分布拡大の推定される要因と例
井上（2012b）に本書の各論の知見等を加えて改変。

されている疑いがあることが，各論Ⅰ-12で報告されている。二,三十年前までは，自然観察公園で"国チョウ"を見たいという安易な考えで，他地域産のオオムラサキ *Sasakia charonda* を放つ例もあった。本種の放チョウについては，各論でも取り上げられている（Ⅰ-4）。飼育個体が逃亡して大規模に定着した例はまだ知られていないと思われるが，特に昆虫園などの大量飼育施設や，個人でも食樹に網掛け飼育する際などには，厳重な管理が必要である。

　栽培植物に付着・混入して移動する例は多いと思われる。クロマダラソテツシジミ *Chilades pandava*（平井ほか，2008）や，クロボシセセリ *Suastus gremius*，ホシミスジ *Neptis pryeri*（西多摩昆虫同好会，2012）は，食樹とともに国内で移動している可能性があることは，各論Ⅰ-6，Ⅰ-10，Ⅱ-3，Ⅱ-10，Ⅲ-1でも指摘されている。さらに，石川県ではヒメシジミ *Plebejus argus*，東京都内ではアカシジミ *Japonica lutea* やウラナミアカシジミ *J. saepestriata* でもその疑いがあることが各論Ⅱ-6，Ⅱ-3で報告されている。外来種のムシャクロツバメシジミ *Tongeia filicaudis* は国外から持ち込まれた食草に着いてきた可能性が高く（中橋・横地，2014；各論Ⅲ-4），カラフトセセリ *Thymelicus lineola* は北米から牧草と共に侵入したとされる（白水，2006b；矢田，2007；各論Ⅰ-12）。モンシロチョウ *Pieris rapae* も琉球列島には20世紀前半には土着していなかった種で，北米やオーストラリアなどでも侵入種である（日浦，1973）。本種は自力での移動能力も高いが，人為的に（アブラナ科蔬菜とともに）各地に移動した可能性が高い（福田ほか，1982）。

　交通機関への便乗例としてはバナナセセリ *Erionota torus* が挙げられる。本種はベトナム戦争当時，航空機などによって沖縄本島に侵入したと考えられており，ハワイやマリアナ諸島などのベトナム戦争と密接な関係がある他の地域へも，同じ時期に侵入した（川副・若林，1976）。

　非人為的なものとして，スギタニルリシジミで推定されている寄主植物の幅の拡大が挙げられるが，これはまだあまり知られていない例であろう。1996年頃から北海道で発生し始めたオオモンシロチョウ *Pieris brassicae* は，大陸で発生した後に，自力で飛来してきたと考えられている（白水，2006b；各論Ⅲ-5）。南方系の迷チョウは台風などによって運ばれる場合も

総論①：様々な要因によるチョウの分布拡大

多いと考えられる。

　人為的要因と非人為的要因の中間的・複合的なものもある。温度は人間活動と自然の両方の要因に左右される。生息適地の拡大には，攪乱と安定化という逆方向の変化がある。攪乱には自然災害によるものや，人間による開発・環境改変もある。森林の伐採は森林性種の生息地を奪うが，草原性種の生息地を作る。すなわち，ある種にとって減少・衰亡の要因になる変化が，別の種の繁栄・分布拡大をもたらすこともある。日本の森林環境は現在では安定化しつつあるため，今後クロミドリシジミのようなかつて珍しかった森林性の種が勢力を伸ばすかもしれない。

　食草の分布拡大によるものとしては，ギョボクの植栽による南九州でのツマベニチョウの分布拡大の例が知られ（福田，1993），ミカドアゲハ *Graphium dorson* やウスキシロチョウ *Catopsilia pomona* でも食樹の植栽が要因となった可能性が高いことが各論Ⅰ-1，Ⅱ-9，Ⅱ-10で指摘されている。またシロオビヒメヒカゲ道東亜種 *Coenonympha hero latifasciata* は道路工事の緑化に使われた食草（ナガハグサ）によって道路沿いに分布を拡大したと考えられることが各論Ⅱ-1で詳述されている。クロミドリシジミでは食樹の大木化，ムラサキツバメでは都市部などで新芽が常時供給されるようになったことが，分布拡大に貢献していると思われる。

　ミヤマシジミ *Plebejus argyrognomon*（各論Ⅲ-6），シルビアシジミ *Zizina emelina*（Ishii *et al.*, 2008；美ノ谷，2015；各論Ⅲ-7），ツマグロキチョウ *Eurema laeta*（上山，2009，2015；髙橋，2012；各論Ⅲ-8）は，すべて国のレッドリストで絶滅危惧ⅠB類（環境省，2015a）にランクされているが，近年ではこのような希少種が外来植物を利用してその個体群を維持している例も報告されている。これらのうち分布拡大や個体数増加に顕著にかかわっている可能性が高いのは今のところツマグロキチョウだけであると思われるが，今後，私たちが思いもよらなかったような種が，予想もしなかった理由で分布を拡大しないとも限らない。

〔引用文献〕

青木好明 (2008) 2007 年，栃木県小山市とその周辺のツマグロヒョウモン．インセクト，58: 115-118.

青木好明 (2010) 2009 年，栃木県小山市でナガサキアゲハが急増．インセクト，60:

109-112.

有賀俊司・中田迅彦・内山孔貴 (2014) 阿武隈山地において分布拡大したスギタニルリシジミの食樹について．るりぼし，(43): 87.

麻生秀徳・井上大成・小山達夫 (2006) ムラサキツバメの発育に対する温度周期の影響．日本応用動物昆虫学会誌，50: 241-246.

藤岡知夫 (1975) 日本産蝶類大図鑑．講談社．

福田晴夫 (1993) 薩摩半島におけるツマベニチョウの食樹植栽と放蝶による分布拡大．日本産蝶類の衰亡と保護第2集，105-110.

福田晴夫・浜栄一・葛谷健・高橋昭・高橋真弓・田中蕃・田中洋・若林守男・渡辺康之 (1982, 1983, 1984a, 1984b) 原色日本蝶類生態図鑑 I，II，III，IV. 保育社，大阪．

福島務 (1984) 千葉県館山市でムラサキツバメを採集．月刊むし，(166): 45.

萩原昇 (2014) 埼玉県東部で目撃したヒョウモン類4種の記録．寄せ蛾記，(156): 16-17.

原聖樹 (2010) 埼玉県川島町でウラギンヒョウモンを発見．寄せ蛾記，(137): 47.

長谷川順一 (2004) 宇都宮市のムラサキシジミの増加．インセクト，55: 1-2.

氷見山幸夫・新井正・太田勇・久保幸夫・田村俊和・野上道男・村山祐司・寄藤昴 (1995) アトラス日本列島の環境変化．朝倉書店，東京．

平井規央・森地重博・山本治・石井実 (2008) 最近分布を拡大したチョウとガ—クロマダラソテツシジミとイチジクヒトリモドキ—. 昆虫と自然，43(12): 13-16.

久松正樹・井上大成 (2007) 茨城県南西部におけるツマグロヒョウモン（チョウ目：タテハチョウ科）のいくつかの記録．茨城県自然博物館研究報告，10: 13-15.

日浦勇 (1973) 海をわたる蝶．蒼樹書房，東京．

星野正博・碓井徹・巣瀬司・森中定治 (1998) 埼玉県の鱗翅目（蝶類）．埼玉県昆虫誌I: 287-386.

市川和夫・原聖樹 (1978) 埼玉県の蝶類．埼玉県動物誌: 259-298.

井形啓一郎 (2011) 神奈川県横浜市でウラギンヒョウモンを目撃．月刊むし，(490): 29.

池田幸弘 (2002) 生育と生理・生態（パンジー，ビオラ）．農業技術体系花卉編第8巻1・2年草: 255-257，農山漁村文化協会，東京．

井上大成 (2005a) ムラサキツバメの茨城県における分布拡大．蝶と蛾，56: 287-296.

井上大成 (2005b) 日本のチョウ類の衰亡理由．昆虫（ニューシリーズ），8: 43-64.

井上大成 (2011a) ムラサキツバメの分布拡大と生活史．地球温暖化と南方性害虫（積木久明編）: 72-83, 北隆館，東京．

井上大成 (2011b) 茨城県南部の低地でのウラギンヒョウモンの記録．るりぼし，(40): 50-51.

井上大成 (2012a) 関東地方産ムラサキシジミの幼虫の頭幅．蝶と蛾，63: 94-105.

井上大成 (2012b) チョウの分布拡大の原因は温暖化だけじゃない！. 昆虫と自然，47(6): 2-3.

井上大成 (2013) ルーミスシジミ房総半島個体群の卵，幼虫，蛹の発生消長と発育経過．蝶と蛾，64: 61-74.

井上大成 (2015) 茨城県南部の平野部からのウラギンヒョウモンの追加記録．るりぼし，(44): 109.

井上大成・久松正樹・飯島義克・三浦優子 (2008a) 筑波山および茨城県南部と西部の

総論①:様々な要因によるチョウの分布拡大

平野部におけるウラギンヒョウモン(チョウ目:タテハチョウ科)の採集・目撃記録と分布.茨城県自然博物館研究報告, 11: 1-5.

井上大成・久松正樹・鈴木大河・水戸昆虫研究会・つくば昆虫談話会 (2009a) 強い採集圧をかけたホソオチョウ個体群の4年間の発生状況〜ホソオチョウは採集圧によって減るか?〜.昆虫と自然, 44(5): 31-39.

井上大成・植村好延・久松正樹 (2008b) 茨城県におけるナガサキアゲハ(チョウ目:アゲハチョウ科)の記録.茨城県自然博物館研究報告, 11: 17-20.

井上大成・山本勝利・久松正樹 (2009b) 筑波山塊におけるクロミドリシジミ(チョウ目:シジミチョウ科)の記録.茨城県自然博物館研究報告, 12: 17-19.

Ishii M, Hirai N, Hirowatari T (2008) The occurrence of an endangered lycaenid, *Zizina emelina* (de l'Orza) (Lepidoptera: Lycaenidae), in Osaka International Airport, central Japan. Transactions of the Lepidopterological Society of Japan, 59: 78-82.

石島篤 (1982) 筑波山の蝶類(まとめ).おとしぶみ, (11): 16-20.

石塚正彦 (2004) クロミドリシジミその後.寄せ蛾記, (114): 39-55.

石塚正彦 (2006) 秩父の公園に棲むクロミドリシジミ.寄せ蛾記, (124): 22-29.

岩野秀俊 (2010) 外来チョウ類の分布拡大と在来生態系へのリスク.日本の昆虫の衰亡と保護(石井実監修): 248-258, 北隆館, 東京.

岩野秀俊・山本義彰・梅村三千夫・畠山吉則 (2006) 関東南部産スギタニルリシジミの食餌植物と寄主転換.蝶と蛾, 57: 327-334.

環境省(編) (2015a) レッドデータブック 2014 ―日本の絶滅のおそれのある野生生物― 5 昆虫.ぎょうせい, 東京.

環境省(編) (2015b) レッドデータブック 2014 ―日本の絶滅のおそれのある野生生物― 8 植物Ⅰ(維管束植物).ぎょうせい, 東京.

川上洋一 (2013) 日曜日の自然観察入門.東京堂出版, 東京.

川嶋敬純 (2006) 飯能市でウラギンヒョウモンを採集.寄せ蛾記, (121): 85.

川副昭人・若林守男 (1976) 原色日本蝶類図鑑.保育社, 大阪.

京浜昆虫同好会 (1975) 新しい昆虫採集案内Ⅰ(増補訂正版).内田老鶴圃新社, 東京.

北原曜 (2008) 長野県伊那市におけるツマグロヒョウモンの越冬.Butterflies (S. fujisanus), (47): 57-61.

北原曜・伊藤建夫 (2015) 分子系統により分類されたウラギンヒョウモン2型のケージペアリング実験.蝶と蛾, 66: 83-89.

北原正彦・入來正躬・清水剛 (2001) 日本におけるナガサキアゲハ(*Papilio memnon*)の分布の拡大と気候温暖化の関係.蝶と蛾, 52: 253-264.

北村四郎・村田源 (1971) 原色日本植物図鑑 木本編(Ⅰ).保育社, 大阪.

小汐千春・石井実・藤井恒・倉地正・高見泰興・日高敏隆 (2008) 大都市におけるモンシロチョウとスグロシロチョウの分布の変遷 Ⅰ.東京都の場合.蝶と蛾, 59: 1-17.

小山達夫・井上大成 (2004) 関東地方北部におけるムラサキツバメの発生経過.昆虫 (NS), 7: 143-153.

倉地正 (2006) データに基づく東京都における蝶の盛衰分析.やどりが, (209): 48-52.

葛谷健 (2008) 2005年から2008年までのウスバシロチョウの記録.インセクト, 59: 105-107.

松江正彦・武田ゆうこ (2008) わが国の緑化樹Ⅵ.国土技術総合政策研究所資料, (506):

1-243.

松本和馬 (2012) 熱帯におけるチョウ類の分布拡大と人為の関わり．昆虫と自然, 47(6): 24-27.

松本和馬・井上大成・北原曜・後藤秀章 (1999) つくば市のクロミドリシジミ．やどりが, (183): 35-36.

美ノ谷憲久 (2015) 南房総におけるシルビアシジミの分布と生態．房総の昆虫, (55): 24-29.

宮田昌之 (2014) 西丹沢・中川流域での各種ヒョウモンの記録．相模の記録蝶, (28): 22.

宮田昌之 (2015) 西丹沢・中川流域でのウラギンヒョウモンの記録．相模の記録蝶, (29): 4.

中川利勝 (2015) 埼玉県さいたま市でウラギンヒョウモンを目撃．寄せ蛾記, (158): 30.

中橋徹・横地鋭典 (2014) 名古屋市におけるムシャクロツバメシジミの発生．佳香蝶, (257): 1-13.

中村和夫 (2009) クロミドリシジミ発見当時の逸話．インセクト, 60: 9-12.

中村進一 (2014) 横浜市神奈川区でウラギンヒョウモンを採集する．神奈川虫報, (184): 29-30.

西多摩昆虫同好会(編) (2012) 新版東京都の蝶．けやき出版, 立川.

西山隆 (2010) 暖地性蝶類3種の分布と生態．インセクト, 61: 1-2.

農林省林業試験場 (1975) めぐろの森．日本林業技術協会, 東京.

櫻井孜 (1978) 埼玉県のムラサキツバメ．ちょうちょう, 1(9): 61.

佐々木泰弘 (2010) チョウ目（チョウ類）．茨城県自然博物館総合調査報告書—2009年茨城県の昆虫類およびその他の無脊椎動物の動向—（久松正樹編）: 43-46．ミュージアムパーク茨城県自然博物館, 坂東.

佐々木泰弘 (2013) 城里町御前山でスギタニルリシジミを採集．るりぼし, (42): 59.

清邦彦 (1988) 富士山にすめなかった蝶たち．築地書館, 東京.

城田義友 (2014) 印旛郡栄町で採集された記録の少ないチョウ類—オオチャバネセセリとウラギンヒョウモン—．房総の昆虫, (54): 24-25.

白水隆 (2005a) 日本の迷蝶 I　マダラチョウ科・ジャノメチョウ科．蝶研出版, 大阪.

白水隆 (2005b) 日本の迷蝶 II　セセリチョウ科・テングチョウ科・タテハチョウ科．蝶研出版, 大阪.

白水隆 (2006a) 日本の迷蝶 III　アゲハチョウ科・シロチョウ科・シジミチョウ科．蝶研出版, 大阪.

白水隆 (2006b) 日本産蝶類標準図鑑．学習研究社, 東京.

諏訪哲夫 (1997) 静岡県とその周辺におけるスギタニルリシジミの分布と食性の問題点．やどりが, (171): 35-36.

諏訪哲夫・鈴木英文 (2014) 静岡市におけるスギタニルリシジミの記録．駿河の昆虫, (248): 6816-6817.

鈴木良廣 (2014) 町田市三輪町におけるウラギンヒョウモンの記録とその他ヒョウモン類の観察．相模の記録蝶, (28): 23-25.

高橋学 (2015) 2015年に千葉県北部の3地点でウラギンヒョウモンを採集・目撃 —本種の生息個体数は本当に回復しつつあるのか？—．房総の昆虫, (56): 87-90.

総論①：様々な要因によるチョウの分布拡大

高橋晴彦 (2005) ツマグロヒョウモンが水戸市で越冬．るりぼし，(32): 24-29.
高橋晴彦 (2006) 茨城県に土着？ 3年目のツマグロヒョウモン．るりぼし，(33): 60-62.
高橋秀男・勝山輝男(監修) (2000) 樹に咲く花 離弁花2．山と渓谷社，東京．
高橋匡司 (2012) 名古屋におけるツマグロキチョウの増加．昆虫と自然，47(10): 27-29.
高橋義寛 (1998) 宮城県における暖地性チョウ3種の定着と北上．昆虫と自然，33(14): 4-5.
田中健一・井上大成 (2000) 茨城県南部におけるムラサキツバメの発生．やどりが，(188): 54-57.
田下昌志 (2012) 長野県のチョウの分布拡大状況．昆虫と自然，47(6): 16-19.
東京都杉並区立高円寺中学校生物部 (1962) 南関東の蝶類（6）タテハチョウ科．杉並区立高円寺中学校生物部，東京．
津吹卓 (2012) ツマグロヒョウモンはなぜ北上したのか．昆虫と自然，47(6): 4-7.
次田章・中町華都雄 (2014) 相模原市緑区川尻でウラギンヒョウモンを捕獲・撮影．相模の記録蝶，(28): 25-27.
積木久明(編) (2011) 地球温暖化と南方性害虫．北隆館，東京．
上山智嗣 (2009) アレチケツメイを食べる安倍川のツマグロキチョウ．駿河の昆虫，(228): 6312-6315.
上山智嗣 (2015) 静岡市安倍川河川敷のツマグロキチョウ盛衰．駿河の昆虫，(249): 6833-6834.
宇式和輝 (2015) 狭山丘陵（所沢市）でウラギンヒョウモンを採集．相模の記録蝶, (29): 2-4.
矢後勝也・木村藤香 (2015) 東京都心部でのウラギンヒョウモンとヒオドシチョウの記録．月刊むし，(533): 57-58.
矢田脩(監修) (2007) 新訂 原色昆虫大図鑑第Ⅰ巻（蝶・蛾篇）．北隆館，東京．
山口雅之・山口慧 (2015) 相模原市緑区の5月のウラギンヒョウモンの記録．相模の記録蝶，(29): 1-2.
淀江賢一郎・中井博喜 (2010) 山陰地方における最近の蝶の話題．Butterflies (S. fujisanus), (50): 49-54.
吉尾政信 (2002) チョウの分布拡大と気候温暖化．昆虫と自然，37(1): 4-7.
吉尾政信 (2010) 気候温暖化によるチョウ類の分布拡大と絶滅のリスク．日本の昆虫の衰亡と保護：204-213, 北隆館，東京．
Yoshio M, Ishii M (1998) Geographical variation of pupal diapause in the great mormon butterfly, *Papilio memnon* L. (Lepidoptera: Papilionidae), in Western Japan. Applied Entomology and Zoology, 33: 281-288.
Yoshio M, Ishii M (2001) Relationship between cold hardiness and northward invasion in the great mormon butterfly, *Papilio memnon* L. (Lepidoptera: Papilionidae), in Japan. Applied Entomology and Zoology, 36: 329-335.
吉尾政信・石井実 (2001) ナガサキアゲハの北上を生物季節学的に考察する．日本生態学会誌，51: 125-130.

（井上大成）

Ⅰ．注目される種の分布拡大の経緯と現状

I．注目される種の分布拡大の経緯と現状

1 ミカドアゲハの分布拡大と遺伝的分化

■ *Graphium eurypylus* 種群とミカドアゲハ

　アゲハチョウ科アゲハチョウ亜科に属する *Graphium* 属は世界で多くの種が知られ，大型の美麗種を数多く含む分類群である．そのうち，熱帯域の東洋区に分布する *G. doson*, *G arycles*, *G. meyeri*, *G. bathycles*, *G. chironides*, *G. leechi*, *G. eurypylus*, *G. evemon*, *G. procles* の9種が斑紋や交尾器によって，*eurypylus* 種群としてグルーピングされた（三枝ほか，1977；Saigusa et al., 1982）．本種群は，種内での地理的変異が大きく，多数の亜種に分類されている（三枝ほか，1977；Page & Treadaway, 2014）．最近では，交尾器の検討によって *G. eurypylus* と *G. evemon* のそれぞれの1亜種が *G. sallastius* 及び *G. albociliatus* という独立の種に昇格した例があり，現在本種群は11種に整理されている（Page & Treadaway, 2014）．

　本種群にはスラウェシ島固有の *G. meyeri*，ボルネオ島固有の *G. procles*，中国四川省固有の *G. leechi*，そしてマレー半島の一部を分布域の境とし，北側の中国大陸南部に分布する *G. chironides* と南側のインドネシアの島嶼に分布する *G. bathycles* などがあり，多くの異所的な種分化が起こっていると推測されている（三枝，2003）．

　この種群の1種である *G. doson* はスリランカ・インド・マレーシア地域を中心に台湾や西南日本にまで広域に分布し，「ミカドアゲハ」という和名が与えられた．本種は世界的には21亜種が知られる（Page & Treadaway, 2014）．日本では紀伊半島南部・四国南部・山口県西部・対馬・九州・屋久島・種子島・奄美諸島・沖縄島・石垣島・西表島といった温暖な地域に生息し，本州〜沖縄島に分布する本土亜種 *albidum* と八重山諸島に分布する八重山亜種 *perillus* の2亜種が知られている．

■ ミカドアゲハ日本産亜種の分類学的問題点

　かつて沖縄島産は，どちらの亜種に帰属するか意見が分かれ，亜種帰属が長い間明白ではなかった．加えて，対馬の個体群もやや変異があって，独立

の亜種 *tsushimanum* として扱うか，本土亜種に含めるかどうかもはっきりしなかった。そこで，長田ほか（2015）は，台湾産や中国産を含めて斑紋，雌雄交尾器及び DNA バーコード配列の比較を行い，沖縄島及び対馬の個体群の所属について考察を行った。その結果，沖縄島産及び対馬産の斑紋パターンや雌雄交尾器の形態は本土亜種とほぼ一致し，分子解析においても本土亜種のクレードに含まれ，いずれも本土亜種に帰属することが分かった。そして，寄主植物や休眠性など生態的な面でも，亜種間で相違が認められた。

亜種間の形態的及び生態的な相違を表 1 及び図 1〜4 に，分子系統樹を図 5 に示した。

図1 日本産ミカドアゲハの 2 亜種の比較
1. 福岡県産 *albidum*（表面），2. 石垣島産 *perillus*（表面），3. 高知県産 *albidum*（裏面），
4. 石垣島産 *perillus*（裏面）

図2 日本産個体の表面
1. 福岡県産，2. 対馬産，3. 沖縄島産，
4. 石垣島産

図3 日本産個体の裏面
1. 福岡県産，2. 対馬産，3. 沖縄島産，
4. 石垣島産

Ⅰ. 注目される種の分布拡大の経緯と現状

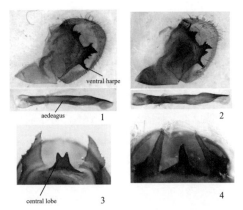

図4 本土亜種と八重山亜種の交尾器
1. 本土亜種♂, 2. 八重山亜種♂, 3. 本土亜種♀, 4. 八重山亜種♀

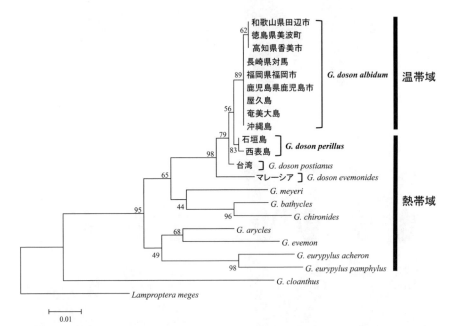

図5 ミトコンドリア DNA の COI 領域 658bp に基づく, *Graphium eurypylus* 種群の分子系統樹 (最尤法, ブートストラップ解析は 1,000 回)

表1 日本産ミカドアゲハ2亜種の生態的及び形態的特徴

	本土亜種 *albidum*	八重山亜種 *perillus*
分布	紀伊半島南部・山口県西部・四国南部・対馬・九州・屋久島・種子島・奄美大島・徳之島・沖縄島	石垣島・西表島
寄主植物	オガタマノキ（自生または植栽）タイワンオガタマノキ・タイサンボク（植栽）	タイワンオガタマノキ（自生）
成虫の発生	多くは春型のみの発生で夏型は部分的に発生	低温期を除けばほぼ周年発生
斑紋パターン（図1-3） 　前翅中室の4つの斑紋（A） 　前翅1b室の亜外縁後方の紋（B） 　後翅裏面の赤色斑（黄色斑）（C）	最上部の紋が下の3つの紋より間隔が空く 発達が弱い 広い（対馬産は例外的に狭い）	ほぼ均等 発達が強い 狭い
交尾器（図4） 　Venral harpe（♂） 　Aedeagus（♂） 　Central lobe（♀）	長い 先端が右方向に曲がる 短い	短い ほぼ直線的 長い

■ 温帯域の照葉樹林に独自のミカドアゲハ本土亜種

　常緑広葉樹林は雨の多い熱帯域に発達している。照葉樹林は，緯度が高く冬の寒さが厳しい温帯域に成立する常緑広葉樹林の一つの型であり，葉がより小さく厚くなる傾向がある。世界的に見ても，照葉樹林は西南日本，台湾，中国大陸南部など限られた場所に発達している（福田ほか，1972）。構成樹木を寄主としているヒマラヤ型分布のムラサキシジミ *Arhopala japonica*，ムラサキツバメ *A. bazalus*，ルーミスシジミ *A. ganesa*，キリシマミドリシジミ *Thermozephyrus ataxus*，ヒサマツミドリシジミ *Chrysozephyrus hisamatsusanus*，サツマシジミ *Udara albocaerulea*，マレー型分布のアオスジアゲハ *Graphium sarpedon*，ミカドアゲハ，ヤクシマルリシジミ *Acytolepis puspa* は，日本の照葉樹林を特徴づける種と考えられる。

　世界的に見ると *eurypylus* 種群は，東洋区の熱帯域に多くの種が認められる中，ミカドアゲハ本土亜種は日本列島の温帯域に限って生息する。このため，本土亜種は温帯の気候に適応して異所的に分化し，日本の照葉樹林に生息の場を確保した特殊な個体群であると考えられる。遺伝子解析の結果からも，本亜種は独自の遺伝子を持っていることが示されている（長田ほか，2015；長田，2015）。

　寄主であるオガタマノキ（モクレン科）は照葉樹林を構成している樹木の

I．注目される種の分布拡大の経緯と現状

一種であるが，優占種ではなく自生数は多くない。そのため，本亜種は決して個体数の多い種ではない。加えて，八重山亜種のように冬季を除けばほぼ年中発生を繰り返すのではなく，1化目の春型の発生数が最も多く，2化目以降の夏型は部分的に羽化するため個体数が少なく，春型の子世代の多くは初夏から翌春にかけて長期間蛹で休眠する。夏型が部分的に羽化する要因は，いまだに分かっていない。

オガタマノキは神社や公園に植栽されることが多く，本種はそのような場所でも発生する。また，公園や住宅で植栽されることがある北米原産のタイサンボク（モクレン科）も寄主となり，市街地近くでも発生することもある。九州本土では植栽されたタイワンオガタマノキ（オガタマノキの八重山諸島以南に自生する変種）で発生している場所もある。

本亜種は地理的な変異に富み，特に後翅裏面の斑紋の変異に以下のような傾向が見られる（白水，2006）。

1) 紀伊半島南部では多くが赤斑型
2) 四国南部では赤斑型と黄斑型の混合
3) 対馬では多くが赤斑型でその紋が狭い
4) 山口県西部・九州本土では多くが黄斑型
5) 屋久島では多くが黄斑型で白い縁取りを有す
6) 奄美大島・沖縄島では全て赤斑型であり，地色の青みが強い

これらの地理的変異も異所的分化の一例であると思われ，同じ亜種内で多様な地理的変異が見られることも本亜種の独自の特徴であると推測される。

ミカドアゲハ本土亜種の分布とその拡大

本州の紀伊半島の三重県伊勢市から和歌山県田辺市，四国地方の徳島県南部，高知県南部及び愛媛県南部の一部，中国地方の山口県萩市から下関市の日本海側が，本来の本亜種の分布の北限・東限である（福田ほか，1982）。なお，紀伊半島における西限を和歌山県太地町とする書籍が複数見受けられるが（藤岡，1975, 1981；福田ほか，1982 など），湯川（1957）及び的場（1997）によれば田辺市・白浜町・すさみ町・串本町・古座川町にも古くから生息している。そのため，紀伊半島における分布西限は正しくは和歌山県田辺市と

1 ミカドアゲハの分布拡大と遺伝的分化

図6　ミカドアゲハ本土亜種の分布

思われる。

　1980年代前半に山口県の山陽側（山口市，防府市，下松市，光市，岩国市）（河原，1998；佐々木，2000），1984年に広島県広島市（青木，1984），1985年に呉市（岸本，1985），1999年に福山市（田川，2008），2000年代より岡山県笠岡市・井原市・倉敷市・総社市・岡山市（難波，2009）など中国地方の瀬戸内海側でも相次いで記録が報告されるようになった。2004年からは山口県宇部市でも報告されるようになった（後藤，2005；岡村，2007）。さらに，1994年より四国地方の香川県でも発生が確認されるようになった（出嶋，2012）。1997年には，紀伊半島東部から離れた愛知県知多半島で確認され（中西，1998），以後発生を続けている。和歌山県北部の和歌山市でも発生が確認されている（和歌山県環境生活部環境生活総務課（編），2001）。本土亜種の分布を図6に示した。

Ⅰ. 注目される種の分布拡大の経緯と現状

　これらの新しい発生地はいずれも，寄主植物のオガタマノキやタイサンボクが植栽されている公園や神社であり，自生しているオガタマノキで発生している例が見られない。中国地方や香川県で発生している個体群は多くが黄斑型であることから九州本土由来，知多半島や和歌山市で発生している個体群は多くが赤斑型であることから紀伊半島南部由来と思われる。

■ 分布域の拡大の要因

　本種は南方系のため，温暖化によって北上しているという説がある（北原，2006）。しかし，気温上昇とともに徐々に分布が広がっている事例は確認できない。そして，いずれの記録も飛び地的で連続的ではない。本種は地理的な変異（分化）が多様であるため移動拡散能力が低いと思われ，自力で飛翔して分布を拡大させたとは考えにくい。そのため，これらの分布拡大は温暖化によるものではなく，寄主植物の植栽もしくは放蝶など人為的な移入が由来であると考えるのが最も妥当と思われる。

　過去には千葉県房総半島（福田ほか，1982），神奈川県横浜市（伊藤，2005），静岡県静岡市（伴野，2004），大阪府能勢町（梅田，2014），京都府京都市（田中，2010），兵庫県淡路島（広畑・近藤，2007）でも偶産の記録があり，いずれも人為的な移入に由来すると思われる。

■ 遺伝的分化と遺伝子交流の懸念

　長田ほか（2015）は，国内各地のミカドアゲハのミトコンドリアDNAのCOI領域を解析し，本土亜種の中でも四国・紀伊半島産と対馬・九州本土・屋久島・奄美大島・沖縄島産で2つのクラスターを確認した（図7）。つまり，COIハプロタイプはわずか1bpの塩基置換といえども，地理的に固有なハプロタイプを有していることが示唆された。そのうえ，1グループの中でも，後翅裏面の赤斑・黄斑などの地理的変異が多様である。

　近年四国地方の香川県で発生している個体群は全て後翅裏面が黄斑型であり（出嶋，2012），赤斑型と黄斑型が混在する四国南部在来の個体群とは異なる個体群である。加えて，全て黄斑型というのは九州本土産や中国地方産の特徴であり，香川県内で発生している個体群はこれらの地域からの移入で

1 ミカドアゲハの分布拡大と遺伝的分化

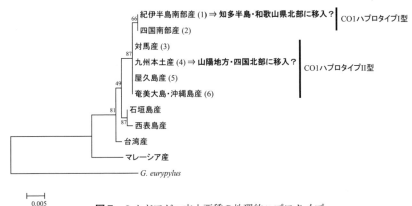

図7　ミカドアゲハ本土亜種の地理的ハプロタイプ

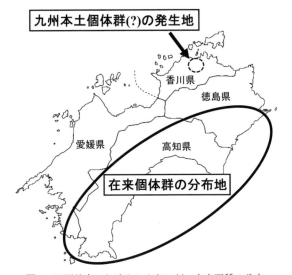

図8　四国地方におけるミカドアゲハ本土亜種の分布

ある可能性が高く，COIハプロタイプも九州本土型であると予想される．移動性の低い本種であるため，自然に分布拡大して在来個体群の分布域に到達するとは考えにくいが，50kmほど陸続きの近距離で別の遺伝子を持つ個体群が発生しているのだから，紙一重状態ともいえる（図8）．もし，九州本土型の個体群が何らかの形で四国南部に運ばれてしまったら，在来個体群と

I. 注目される種の分布拡大の経緯と現状

の遺伝子交雑が生じて，四国南部特有の個体群の遺伝子が攪乱されてしまい，その独自性が失われていく恐れがある。赤斑型と黄斑型の2型が混在するという特徴は四国南部だけで知られる独自の形質である（白水，2006）。

遺伝子攪乱と保全

近年はカブトムシ・クワガタムシにおいて，外来種と在来個体群との交雑による遺伝的攪乱が問題視されている。荒谷・細谷（2010）は，外来個体群による遺伝的攪乱が広がれば，長い歴史によって築かれた地理的な遺伝的固有性が喪失してしまう恐れがあると指摘している。

ミカドアゲハでは，外来個体群が在来個体群の分布地に移入され遺伝的に交流した事例は今のところ確認されていないが，特に四国地方では将来そのような危険性が生じる可能性は否定できない。固有の遺伝子を持つ個体群を保全していくために，むやみな放蝶は当然避けなければならない。ミカドアゲハは珍しい種であるが，本来生息していない場所に分布が広がっていくことは，喜ばしいことではない。

〔引用文献〕
青木暁太郎 (1984) 広島市におけるミカドアゲハの分布．広島虫の会会報，23: 29-33.
荒谷邦雄・細谷忠嗣 (2010) 日本のクワガタムシ・カブトムシ類における多様性喪失の危機的状況．日本の昆虫の衰亡と保護（石井実監修）: 36-52. 北隆館，東京．
伴野正志 (2004) 静岡市におけるミカドアゲハの記録．駿河の昆虫，208: 5799.
出嶋利明 (2012) 香川県におけるミカドアゲハの分布拡大．やどりが，234: 26-27.
藤岡知夫 (1975) 日本産蝶類大図鑑．講談社，東京．
藤岡知夫 (1981) 改訂増補日本産蝶類大図鑑．講談社，東京．
福田晴夫・久保快哉・葛谷健・高橋昭・高橋真弓・田中蕃・若林守男 (1972) 原色日本昆虫生態図鑑（Ⅲ）チョウ編．保育社，大阪．
福田晴夫・浜栄一・葛谷健・高橋昭・高橋真弓・田中蕃・田中洋・若林守男・渡辺康之 (1982) 原色蝶類生態図鑑1．保育社，大阪．
後藤和夫 (2005) ミカドアゲハを楠町で採集．山口のむし，4: 17.
広畑政巳・近藤伸一 (2007) 兵庫県の蝶．自費出版．
伊藤哲夫 (2005) 神奈川県初のミカドアゲハの記録．相模の記録蝶，18: 31.
河原宏幸 (1998) 山陽地方における南方系チョウ数種の分布拡大．昆虫と自然，33(14): 26-27.
岸本修 (1985) 呉市でもミカドアゲハの幼虫を採集．広島虫の会会報，24: 28.
北原正彦 (2006) チョウの分布域北上現象と温暖化の関係．地球環境研究センターニュース，17: 26-27.

的場績 (1997) 和歌山県産蝶類既報の整理．KINOKUNI, 51: 17-43.
中西元男 (1998) 愛知県常滑市のミカドアゲハ．佳香蝶，50: 42.
難波通孝 (2009) 岡山県におけるミカドアゲハの分布拡大〜東進に関する定点調査（1999〜2008年）〜．月刊むし，457: 25-31.
岡村元昭 (2007) 旧楠町と下関市で採集したミカドアゲハ．山口のむし，6: 26.
長田庸平 (2015) ミカドアゲハの日本産亜種の再検討．昆虫と自然，50(12): 21-24.
長田庸平・矢後勝也・矢田脩・広渡俊哉 (2015) 雌雄交尾器とDNAバーコーディングに基づくミカドアゲハ日本産亜種の再検討，特に沖縄島と対馬個体群の所属について．蝶と蛾，66: 26-42.
Page MGP, Treadaway CG (2014) Revisional notes on the *Arisbe eurypylus* species group (Lepidoptera: Papilionoidea: Papilionidae). Stuttgarter Beiträge zur Naturkunde A, Neue Serie, 7: 253–284.
三枝豊平 (2003) アオスジアゲハ属 *Graphium* の系統学と生物地理学．昆虫と自然，38(7): 13-17.
三枝豊平・中西明徳・嶌洪・矢田脩 (1977) *Graphium* 亜属の系統と生物地理．蝶，1: 2-32.
Saigusa T, Nakanishi A, Shima H, Yata O (1982) Phylogeny and geographical distribution of the swallow-tail subgenus *Graphium* (Lepidoptera: Papilioninae). Entomologia Generalis, 8: 59-69.
佐々木克己 (2000) ミカドアゲハ・オガタマノキ・神社．山口の自然，60: 37-38.
白水隆 (2006) 日本産蝶類標準図鑑．学研，東京．
田川研 (2008) 福山市内のミカドアゲハ．びんご昆虫談話会ニュースレター，91.
田中真史 (2010) 京都市左京区吉田山でミカドアゲハを採集．SPINDA, 25: 143.
梅田博久 (2014) 妙見山（大阪府能勢町）でミカドアゲハを目撃．きべりはむし，37: 39.
和歌山県環境生活部環境生活総務課（編）(2001) 保全上重要なわかやまの自然―和歌山県レッドデータブック―．和歌山県環境生活部環境生活総務課，和歌山．
湯川淳一 (1957) 和歌山県産蝶類目録（2）．紀州昆虫，2: 6-13.

（長田庸平）

I. 注目される種の分布拡大の経緯と現状

2 茨城県周辺におけるウスバシロチョウの分布拡大

茨城県におけるウスバシロチョウの記録

　ウスバシロチョウ *Parnassius citrinarius*（アゲハチョウ科）は開翅長が6cm程度で，茨城県北部では4月下旬〜5月下旬に成虫が年1回出現する。食草はジロボウエンゴサク，ムラサキケマンなどで，明るい草地や林縁部分に見られる（白水，2006）。国内では北海道，本州，四国に広く見られ（白水，2006），近年分布拡大していることが話題になっている（小野，2000，2002；新部，2000）。

　茨城県では，このチョウは少し変わった歴史を持っている。1948年に水海道市小貝川河川敷において最初に発見されたが，1951年で消えてしまった（鈴木，1948；鈴木ほか，1981）。その後，1976年に筑波郡伊奈村小貝川河川敷で見つかり（塩田，1976），1987年まで記録されたが，その年を最後に，茨城県からは姿を消してしまった。その後県内から再発見されることがなかったため，2000年の茨城県レッドリスト（茨城県，2000）では絶滅危惧種に指定されていたチョウである。

　しかし，2002年に八溝山付近の茨城県と福島県の県境近くの福島県棚倉町において，本種の生息が確認された（日置，2003）。県境から数キロメートルの地点であったので，茨城県での再発見を期待し何人もの研究者が当地を訪れた。その後，八溝山の栃木側でも記録され（高橋，2003），栃木や福島の八溝山周辺での調査では，分布拡大の様子が見られていたが（佐々木，2011；高橋，2004），茨城県側では10年以上確認できないでいた。

図1　27年ぶりに茨城県で確認されたウスバシロチョウ（2014年5月25日茨城県大子町，佐々木泰弘撮影）

その後ようやく，2014年になって，八溝山の茨城県側で確認された（高橋・高橋，2014）（図1，図2）。その間，八溝山周辺では複数の調査者により細かく調査されてきた（有賀，2014；井上，2003；葛谷，2005；佐々木，2011；高橋，2004；高橋・高橋，2009；渡辺，2005）。

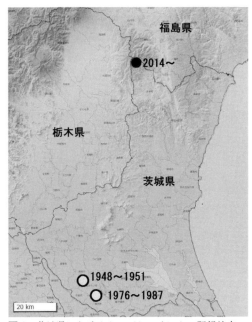

図2　茨城県におけるウスバシロチョウの記録地点
注）　図2，3，4，5は国土地理院マップシートを利用して作成

チョウ類は各地に愛好家が多く，調査記録が同好会誌に多く発表されている。ウスバシロチョウは，大きく目立つ草地の上を飛ぶため見つけやすい。また，本州には紛らわしい別種もいないので分布記録を追いやすい種といえる。茨城県とその近隣県における昆虫同好会誌である，福島県の福島昆虫ファウナ調査グループ「InsecTOHOKU」，福島虫の会「ふくしまの虫」，栃木県のとちぎ昆虫愛好会「インセクト」，茨城県の茨城昆虫同好会「おけら」，水戸昆虫研究会「るりぼし」等には，多くのチョウの報告がある。本稿では，これらに発表された報告等をもとに，阿武隈山地・八溝山地におけるウスバシロチョウの分布変化について紹介したい。

阿武隈山地（福島県）における分布拡大

阿武隈山地は，宮城県南部から茨城県北部まで，南北約170km，東西最大幅50kmの高原状山地である。その福島県部分における分布拡大の様子を図3に示した。筆者が有賀俊司氏，塩田正寛氏と共に阿武隈山地のチョウ

I. 注目される種の分布拡大の経緯と現状

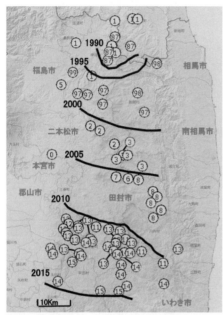

図3 阿武隈山地（福島県内）におけるウスバシロチョウの分布拡大

丸囲み数字は、記録された年を略記したもの（例えば㊼は1987年、⓪は2000年、⑮は2015年）、ラインは5年ごとの大雑把な分布変化を示す。

類相を調査した1985年頃には、ウスバシロチョウは阿武隈山地北端にしか生息していなかった（佐々木ほか，1988）。その後の分布変化については、有賀氏が長期にわたって調査してきた（有賀，2012，2013，2014，2015）。1990年代（福島虫の会「小鳥の森」調査班，1999；三田村，1999；大泉，1997，1998；斉藤，1998）には1年1km程度の速度で南下していたが、2000年代（郡司，2002，2003，2007，2008；小林，2006；三田村，2001；篠木，2005）には1年に2～3kmとなり、2010年代（有賀，2012，2013，2014，2015；渡辺，2014）には年4～5kmと分布拡大の速度を上げていったと思われる。この速さは後述する栃木県内や八溝山地における分布拡大の速度と比べて、速い感じを受ける。阿武隈山地はなだらかな山地で標高300～1000m程度の山がつながった地形である。1985年頃の阿武隈北部や近隣地域の生息地の標高と、新しい生息地の標高とは概ね合致する。食草のムラサキケマン等は開けた草地や道沿いに多く見られ、果樹園や、畑地、休耕地、伐採地に大きな群落がある。現在、阿武隈山地周辺ではそのような場所が増加しているように見られ、特に2011年の震災以後はその傾向が強く見られる。これらのような生息適地が増加したことが、分布拡大速度が増加した要因であるとも考えられる。

栃木県における分布拡大

栃木県では、那須地方などにはウスバシロチョウが多産することが知られ

2 茨城県周辺におけるウスバシロチョウの分布拡大

ていたが、東北本線より東側には分布しないと言われてきた（新部，2000；渡辺，2001）。しかし2000年前あたりから分布拡大と思われる報告が多く出されてきた（青木，2002, 2004, 2011, 2014；長谷川，2001, 2005, 2008a, 2008b；平沢，2012；葛谷，2008；松田，2009；大貫，2009；渡辺，2001）。それをまとめたものが図4である。本種は栃木県では，2000年から2015年にかけて，年に2〜3kmの割合で分布を拡大していったように思われる。あまり明瞭とはいえないが，

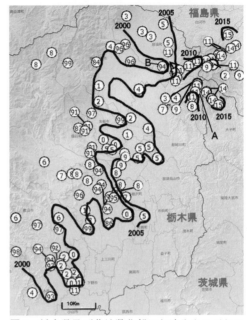

図4　栃木県及び茨城県北部におけるウスバシロチョウの分布拡大
丸囲み数字とラインの意味は、図3に同じ。

川沿いに分布を拡大している傾向があるように思われる。

　ただし，2003年から記録されてきた（高橋，2003）八溝山地西側の大田原市南方地区（図4のA）は，とちぎ昆虫愛好会の調査ではウスバシロチョウが分布しないとされていた地区である（新部，2000；渡辺，2001）。2003年の段階で，最も近かった分布地は那須塩原市寺子付近（図4のB）で，ここから南方地区は約15Km離れている。栃木県内の個体群が分布拡大したと考えるには距離がありすぎるため，2003年に南方地区まで分布を拡大していたとは想定しがたい。八溝山地域に遺存的に残っていた個体群が2003年に発見されたとも考えられる。2010年頃には，栃木県の個体群が八溝山の北側をまわりこむように進んで福島に拡大したと思われる。

八溝山地における分布拡大〜茨城県への進入

　八溝山地周辺における分布については，ウスバシロチョウの茨城県内での

Ⅰ．注目される種の分布拡大の経緯と現状

再発見を望む多数の同好者により熱心に調査されてきた（荒川，2015；有賀，2014，2015；日置，2003；井上，2003；大貫，2009；佐々木，2011；高橋，2004；高橋・高橋，2009，2014）（図5）。まず，2011年に確認された福島県棚倉町戸中の発生地（佐々木，2011）は，栃木県側の発生地とも連続しているため戸中峠を越えて分布を広げてきたと考えられる。また2011年以降も下流の棚倉方面へ向けての分布拡大が確認されている（有賀，2014，2015）。しかし，途中の確認地点の中には1年で確認が途絶えてしまった地点も2，3か所あった。

八溝山地で2002年に発見された（日置，2003），福島県棚倉町中ノ沢の個体群（A地点）が，2000年以前に栃木県那須地区から移動してきたものか，あるいは遺存的に生息していたものかはわからない。中ノ沢個体群も分布拡大を見せたが約12年かけて上流（南の茨城県方向）へ3km進んだところで止まってしまい，尾根を越えて茨城県側に侵入することはなかったと考えられる。しかし，林道沿いにあった釣り堀跡地の開けた草地では多くの個体の発生が見られた（荒川，2015；高橋・高橋，2009）。

茨城県側では，2014年に大子町蛇穴などの6地点で初めて確認されたが（高橋・高橋，2014），これは小貝川個体群が絶滅してから27年ぶりの本県における再発見であった。果たしてこの個体群は，どこから来たのだろうか？最も可能性が高いのは，栃木県大田原市（旧黒羽町）南方であると考えられる。侵入ルートとしては，八溝山頂を通って大子町に至る県道沿い（図5；2013～2014A）と，より南に位置する花瓶山の峠を越えるルート（図5；2013～2014B）のいずれかが考えられる。移動してきた年は2013年から2014年にかけてであろう。この地域は周辺でも最も多くの人が継続して調査してきた場所なので，それ以前に未発見だったということは考えにくい。2013年から2014年にかけては福島県側でも分布に大きな変化が見られた。すなわち，それまでの八溝山周辺での分布拡大の速度は年に1km程度であったものが，いきなり5km以上拡大して久慈川本流近くまできたのである（有賀，2014）。

茨城では，2015年にはさらに分布を拡大し，久慈川下流の大子町市街地方面へ3kmほど進んだ（佐々木，投稿中）。しかし，2014年に確認された6地点のうち，2015年にも確認されたのは蛇穴地区の1地点のみであった。

2 茨城県周辺におけるウスバシロチョウの分布拡大

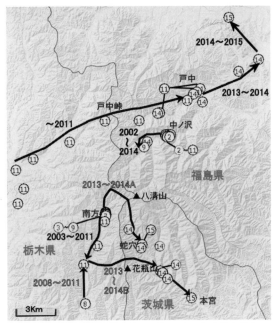

図5 八溝山地におけるウスバシロチョウの分布拡大
丸囲み数字の意味は，図3に同じ。矢印は分布を拡大したと考えられる方向とその年代を示す。

ただし，この地点では前年よりも個体数が増加しており，産卵行動をしている個体も観察できた。また2015年の新確認地点（本宮地区）でも産卵行動を確認している。2014年の6地点での確認個体はすべて雄であり，個体数も1～3個体と少なかった。最初に広く，いろいろなところに移動していくのは雄で，雌が移動して発生が継続する地域は限られることが多いと考えられる。その結果として，発見地点が飛び飛びになることもあるのかもしれない。

まとめ

ウスバシロチョウの分布拡大速度には，地域によって差が見られた。阿武隈山地のように生息適地が広くあるところでは，1年に5km程度分布を拡大したと考えられる場所もあった。栃木県のような山麓部から平野部へと分布を拡大していくところでは年2km程度で，八溝山地の谷部などでは年1km程度と速度はさらに遅かった。ただし，八溝山地の谷部などでも2013～2014年に見られたように，5～6kmと大きく移動する場合もあった。分布拡大の速度は，まず生息適地の多少（数，面積，連続性など）によって左右されていると思われるが，同じ地域の中でも年によって違いがあると考えられる。

I．注目される種の分布拡大の経緯と現状

　細かく経年記録できた福島県棚倉町中ノ沢地区や茨城県内での様子を見ると，同じ場所で発生が継続していくとは限らず，その結果分布が不連続になることもあった。本種の分布域は，単純に拡大していくわけではないようである。

今後の課題

　生物の分布変化様子を追うことは，とても難しいことである。年に数回訪れただけでは，本当にいなかったのかどうかを判断することはできない。一人で広い地域を調査することには限界があるため，他者からも多くの情報を集める必要がある。チョウ類は昆虫類の中では研究者も多く，同好会誌等に多くの記録が発表されてきているので分布拡大を調べる材料として恵まれている。本稿で扱ったウスバシロチョウは，生息地が道路沿いに多く，大きさや飛び方に特徴があるため，見つけやすい種であった。それでも，分布拡大の様子を完全に明らかにできたとは言えず，推定するしかない部分もあった。今後とも，多くの同好者の地道なデータの集積が不可欠である。

　茨城県の八溝山麓に入り込んだ個体群は，今後どのように分布を拡大していくのか，もしくは消えてしまうのだろうか。また，阿武隈山地で福島県内を南下している個体群は，茨城県まで分布域を伸ばすのだろうか。そして，栃木県で分布拡大している個体群は，茨城県西部に侵入するのだろうか。今後とも調査を続け，これらを追跡してゆきたい。

付記
　2016年に茨城県のウスバシロチョウについて下記の2つを入手した。一つは，北茨城市からの記録（井辻，2016）で，2014年に記録された大子町八溝山より東へ30kmほど離れた北茨城市関本町小川で1♂を2014年5月25日に採集したという報告である。
　もう一つは，ミュージアムパーク茨城県自然博物館に，茨城県西部にある常総市豊岡町で2016年5月22日に採集された個体が持ち込まれたというものである（中川裕喜氏，私信）。予想していたことではあるが，八溝山付近以外にも茨城県内でウスバシロチョウが分布拡大していることが示唆され

② 茨城県周辺におけるウスバシロチョウの分布拡大

た重要な報告である。県内の広い地域で見ていく必要性が出て来た。

〔引用文献〕

青木好明 (2002) 栃木県南部平野部におけるウスバシロチョウの新産地．インセクト，53(1): 38.
青木好明 (2004) 栃木県岩舟町小野寺のウスバシロチョウとホソオチョウ．インセクト，55(1): 62.
青木好明 (2011) 栃木県小山市でウスバシロチョウを目撃．インセクト，62(1): 86.
青木好明 (2014) 栃木県下野市でウスバシロチョウを採集．インセクト，65(1): 9.
荒川正 (2015) 虫を追いかけて―2014―．おけら，68: 113-117.
有賀俊司 (2012) 阿武隈のウスバシロチョウ その1―四半世紀で60Kmも南下―．るりぼし，41: 96-99.
有賀俊司 (2013) 阿武隈のウスバシロチョウ その2 ＊耕作放棄地で分布拡大．るりぼし，42: 16-19.
有賀俊司 (2014) 阿武隈のウスバシロチョウ その3 ＊八溝山地から別の個体群の侵入の可能性も．るりぼし，43: 70-71.
有賀俊司 (2015) 2015年，阿武隈山地におけるウスバシロチョウの分布拡大のいくつかの記録．るりぼし，44: 114.
福島虫の会「小鳥の森」調査班 (1999)「福島市小鳥の森」とその周辺地域の昆虫．ふくしまの虫，18: 106.
郡司正文 (2002) 東和町と岩代町でウスバシロチョウを採集．InsecTOHOKU, 2: 4.
郡司正文 (2003) 葛尾村と船引町でウスバシロチョウを採集．InsecTOHOKU, 6: 3.
郡司正文 (2007) 田村市常葉町でウスバシロチョウを採集．InsecTOHOKU, 21: 5.
郡司正文 (2008) 川内村と田村市都路町でウスバシロチョウを採集．InsecTOHOKU, 23: 22.
長谷川順一 (2001) 栃木県宇都宮市の自宅でウスバシロチョウを採集．インセクト，52(1): 66.
長谷川順一 (2005) 栃木県芳賀町でウスバシロチョウを採集．インセクト，56(1): 125.
長谷川順一 (2008a) ウスバシロチョウを宝積寺で観察．インセクト，58(2): 139.
長谷川順一 (2008b) ウスバシロチョウをさくら市上阿久津等で採集．インセクト，59(1): 75.
日置光一 (2003) 福島県棚倉町でウスバシロチョウを採集．るりぼし，28: 35.
平澤雄一 (2012) 栃木県足利市でのウスバシロチョウの記録．インセクト，63(1): 69.
茨城県 (2000) 茨城における絶滅のおそれのある野生生物＜動物編＞茨城県版―レッドデータブック―．茨城県生活環境部環境政策課，茨城県．
井辻一雄 (2016) 茨城県北茨城市でウスバシロチョウを記録．バタフライ・サイエンス，5: 49.
井上大成 (2003) 福島県棚倉町におけるウスバシロチョウの追加記録．るりぼし，30: 67-68.
小林潤一郎 (2006) 阿武隈山地でウスバシロチョウの記録．ふくしまの虫，25: 44.
葛谷健 (2005) 那須地域，八溝地域におけるウスバシロチョウの調査報告．インセクト，56(1): 1-4.

I．注目される種の分布拡大の経緯と現状

葛谷健 (2008) 2005 年から 2008 年までのウスバシロチョウの記録．インセクト，59(2): 105-107.
松田喬 (2009) ウスバシロチョウのさくら市氏家地区での記録について．インセクト，60(1): 96.
三田村敏正 (1999) 飯舘村・相馬市のウスバシロチョウ．ふくしまの虫，18: 135.
三田村敏正 (2001) 桑折町平野部でのウスバシロチョウの記録．ふくしまの虫，20: 22.
新部公亮 (2000) ウスバシロチョウ．新・栃木県の蝶（新・栃木県の蝶編集委員会編）: 97-98，昆虫愛好会，栃木県．
大泉明雄 (1997) 川俣町でウスバシロチョウを採集．ふくしまの虫，15: 31.
大泉明雄 (1998) 川俣町とその周辺での蝶の採集記録．ふくしまの虫，16: 52.
小野克己 (2000) 関東地方のウスバシロチョウ．蝶研フィールド，15(5): 11-22.
小野克己 (2002) 東北地方南部のウスバシロチョウ．蝶研フィールド，17(5): 15-25.
大貫真一 (2009) さくら市におけるウスバシロチョウの記録．インセクト，60(1): 97.
斉藤忠雄 (1998) 川俣町におけるウスバシロチョウの追加記録．ふくしまの虫，16: 52.
佐々木泰弘 (2011) 八溝山のウスバシロチョウ―2011 年新確認地点の記録―．るりぼし，40: 36-38.
佐々木泰弘・有賀俊司・塩田正寛 (1988) 阿武隈山地の蝶（2）アゲハチョウ科．おけら，55: 6-41.
篠木昭夫 (2005) 福島市南向台でウスバシロチョウを目撃．ふくしまの虫，24: 61.
塩田正寛 (1976) ウスバシロチョウを採る．茨城蝶類，13: 1.
白水隆 : (2006): 日本産蝶類標準図鑑．学習研究社，東京．
鈴木成美 (1948) 水海道にウスバシロチョウ産す．虫の国，号外: 1.
鈴木成美・広瀬誠・塩田正寛 (1981) 茨城県産ウスバシロチョウの生態．蝶と蛾，31(3,4): 181-187.
高橋潔 (2003) 栃木県黒羽町でウスバシロチョウを採集．るりぼし，30: 67.
高橋潔 (2004) 八溝山のウスバシロチョウ―茨城県側ではいつ採れる？―．るりぼし，31: 24-28.
高橋潔・高橋晴彦 (2009) 八溝山のウスバシロチョウその後―2005 年より 2009 年までの記録―．るりぼし，38: 57-59.
高橋潔・高橋晴彦 (2014) ウスバシロチョウを八溝山の茨城県側で採集．るりぼし，43: 68-69.
渡辺浩 (2014)「石川地方の蝶類調査記録（2001 年以降）」の追加記録．InsecTOHOKU，35: 17.
渡辺剛 (2001) 栃木県におけるウスバシロチョウの分布．インセクト，52(1): 18-26.
渡辺剛 (2005) 旧喜連川町と南那須町でウスバシロチョウの生息を確認．インセクト，56(1): 5-49.

（佐々木泰弘）

Ⅰ. 注目される種の分布拡大の経緯と現状

③ 愛知県矢作川流域のウスバシロチョウの動態

■ はじめに

　ウスバシロチョウ（別名ウスバアゲハ）*Parnassius citrinarius*（図1）は年1回春～初夏に成虫が発生する（白水，2006）。冬の終わりから早春，食餌植物であるケマンソウ類が芽生えた頃に卵から幼虫が孵化し，食餌植物の地上部が枯れる前（春から初夏）に成虫となり次世代を産卵するという（福田ほか，1972），餌植物の生活史と見事に一致した生活環を持つ。愛知県において本種は，1970年代までは県東部山間地の特産とされていた。長野県南部を源流とし三河地方から三河湾に流れる矢作川流域（図2）では，当時流域東部の豊川に隣接する2地点から記録されているのみで，大きな分布空白地帯となっていた（高橋，1978）。田中（2006）は，調査及び聞き取りで得た163地点343データから，本種が2000年代初頭にかけて矢作川流域の下流域（南方）に分布拡大したことを明らかにした。温暖化が進んでいる現在，南方系昆虫の北方への分布拡大が指摘されているが，北方系種である本種の南方への分布拡大は，それとは逆行する現象である。しかし著者らには，近年それ

図1　ウスバシロチョウ雌成虫

■ Ⅰ．注目される種の分布拡大の経緯と現状

図2　矢作川流域（国土交通省豊橋河川事務所作製の図を改変）

とは逆に矢作川流域で確認個体数が減少しているのではないかと思えた。そこで，田中（1985，1987，2006）の記録以外の過去の情報を追加収集し，分布拡大の状況を踏まえてその要因を探ると共に，あらためて分布の現状を調べた（間野ほか，2013）。本稿ではその結果について紹介したい。

■ 矢作川流域下流（南方）へ分布拡大

　田中（2006）に掲載されている163地点343データと，地元研究者や愛好者から独自の聞き取りで得た過去の追加記録を合計した421データを，あらためて年別に整理した（図3）。

　矢作川上流域では1980年以前には本種の記録が見られなかった。田中（2006）の言うように，1980年以降次第に記録が見られるようになり，1990年代前半に矢作川北東部の上流域から南西の下流側にかけての地域で，一気に記録が増加していた。詳細に見ると，河川に沿って下流に拡大している様子や集落のある川筋・道筋に沿って急速に生息域を拡大し，飛地の形成，近

3 愛知県矢作川流域のウスバシロチョウの動態

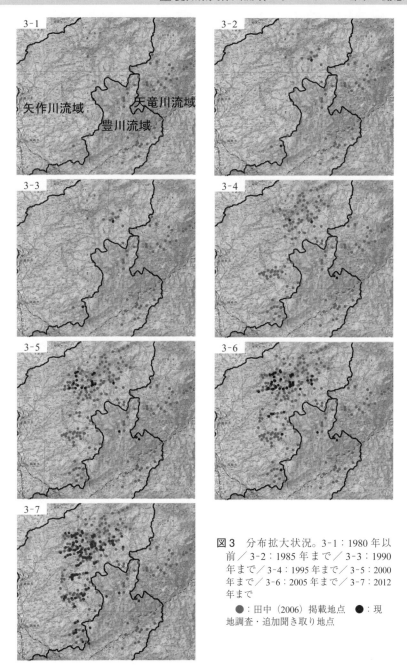

図3　分布拡大状況。3-1：1980年以前／3-2：1985年まで／3-3：1990年まで／3-4：1995年まで／3-5：2000年まで／3-6：2005年まで／3-7：2012年まで

●：田中（2006）掲載地点　●：現地調査・追加聞き取り地点

I．注目される種の分布拡大の経緯と現状

距離小拡散があり，地域によって分散の遅速の差が激しい（田中，2006）ことも再確認できた。また確認できなかった地点は，おおむね河川の下流域の低標高地に広がっていた。なお，成虫の発生時期は，標高が高くなると共に遅くなる傾向が見られた。

■ なぜ，分布拡大が起こったか？

田中（1987）は，「この分布拡大は三河山間部の本種個体群内に何かの要因による分布を拡大するための内部圧力がかかっていることによる現象と見るべきかもしれない，圧力が大きければ分散の範囲がより広くなり，常識的な移動を越えた現象が現れるであろう」と感想を述べ，これを「種内圧力」と表現した。ナガサキアゲハ *Papilio memnon* が近年近畿地方から東海地方を経て関東地方まで分布拡大した。またハマオモトヨトウ *Brithys crini* が分布拡大した時期に新しい食草が明らかになり，それまで分布した地域から北東部に広がった（山下，1985）。これらの例は，田中（1987）の言う「種内圧力」に通じる現象とみることも出来るが，現在の情報からそれを証明するすべはない。

富士山麓では，水利施設による草原の湿性化や農業開拓・放牧による土壌の富栄養化，休耕田などの増加による食草（ムラサキケマン）や吸蜜植物（ハルジオン）の増加などにより生息環境となり得る場所の拡大が本種の分布拡大の原因だという（清，1985）。

矢作川流域で本種が1990年代を中心に分布拡大したのはなぜか？　あらためてその原因を探るために，当時の矢作川上流域において，広域の環境変化を引き起こしたであろう大規模開発，すなわちゴルフ場とダム造成，また林業及び農業関連政策とその動向について調査した。

まずゴルフ場は，本種の拡大地域内において，1976年～1993年の間に8か所，総面積約901万m²が造成されていた（表1）。その造成面積自体は拡大範囲からすると限定的である。次にダム造成事業について見ると，分布拡大地域において貯水量400万m³以上のダム造成が4か所あり，総貯水容量は計11,476.7万m³であった。これらは，1953年～1973年に着工され，1963年～1980年に竣工しており，造成期間は4年～11年であった（表2）。森林・

3 愛知県矢作川流域のウスバシロチョウの動態

表1　矢作川流域のゴルフ場一覧

名称	面積(万m²)	設置場所	営業開始(年)
① 稲武OGMCC	132	愛知県豊田市夏焼町	1993
② メダリオン・ベルグラビアリゾート	142	岐阜県恵那市串原町	1989
③ GC大樹旭コース	160	愛知県豊田市浅谷町	1976
④ パインズGC	111	愛知県豊田市松名町	1989
⑤ 小原CC	120	愛知県豊田市大ヶ蔵連町	1987
⑥ 笹戸CC	86	愛知県豊田市大坪町	1976
⑦ 名倉CC	150	愛知県北設楽郡設楽町東納庫	1989
⑧ 加茂GC	120	愛知県豊田市立岩町	1989
合計	1021		

表2　矢作川流域のダム一覧

名称	総貯水量(万m³)	設置場所	着工-竣工(年)
A 矢作第1ダム	8000.0	愛知県豊田市閑羅瀬町-岐阜県恵那市串原町閑羅瀬	1962-1970
B 矢作第2ダム	435.4	愛知県豊田市時瀬町	1967-1970
C 黒田ダム	1105.0	愛知県豊田市稲武町	1973-1980
D 羽布ダム	1936.3	愛知県豊田市羽布町	1953-1963
合計	11476.7		

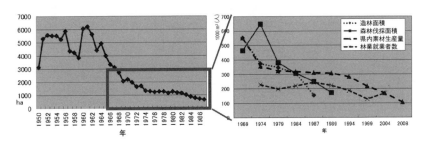

図4　愛知県の造林面積（左）と分布拡大した流域5町村の造林面積，森林伐採面積，林業就業者数と，愛知県内素材生産量の推移（右）
（いずれも林業属地基本調査より）

　林業は本種の生息に大きな影響を与えると考えられるが，矢作川上流域の森林面積は，現在80％に達している（豊田市統計書調べ）。造林事業について，愛知県年別造林面積と分布拡大した流域地域の造林面積，伐採面積，林業就業者数，愛知県内素材生産量の推移を調べた（図4）。それによると，年別造林実施面積は，いわゆる拡大造林が実施された1950年代と60年代前半には多かったが，1960年代後半以降減少した。1970年代には，林業従事者数はあまり変化しなかったものの，造林事業が急激に衰退していた。造成されたゴルフ場やダム自体が本種の生息を直接促すことはないものの，ゴルフ場

Ⅰ．注目される種の分布拡大の経緯と現状

の造成時期は本種の分布拡大時期と一致し，ダム造成時期はそれに先駆けた時期となる。拡大造林と共に，これらの事業にともなって道路整備や周辺地域の樹林伐採が行われ，それによって本種が分布拡大した可能性は十分考えられる。

本種の分布拡大地域とその周辺地域一帯（旧稲武町，旧旭町，旧小原村，旧足助町，旧藤岡町，旧下山村）の年別耕地面積は，少なくとも1960年以降次第に少なくなっており，それにともなって休耕田も多くなっている（図5）。上記の林業の衰退と共に，第一次産業就業人口が70年代から80年代に急速に減少し，その後も徐々に減少していることが原因として挙げられる。この現象は当時全国的な傾向であった。京都府の小野克己氏（私信）は，水田が休耕田になるとおびただしい食草の生育を見たり，山を削って開発した雑草地で本種が多産したりすることがあるという事例から，本種の分布拡大は減反政策と山村過疎化の影響が大きいのではないかと言い，清（1985）と同様，休耕田の存在を重要視している。矢作川上流域においても休耕田増加によって食草や吸蜜植物の繁茂が起こったことは十分考えられ，減反と過疎化は本種の大きな分布拡大要因ではなかったかと推測される。田中（2006）は，矢作川流域では富士山麓とは事情が異なるとした上で，「無農薬栽培の普及が幸いして，個体数膨大化と拡散を引き起こしたのではないか」と推測しているが，その可能性も否定できない。

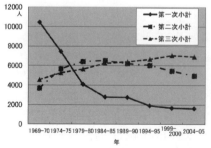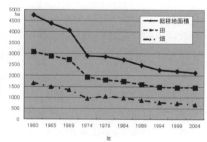

図5　愛知県における産業別就業者数（左）と分布拡大地域周辺の耕地面積（右）の推移（いずれも国勢調査より）

3 愛知県矢作川流域のウスバシロチョウの動態

いずれにしても，本種の分布拡大に農林業政策と第一次産業現場の状況変化が大きく関連していた可能性が高いと考えられる．

■ 2010年代には分布が縮小した！

2011年と翌年の2年間，生息状況を確認するため，矢作川流域の延べ221地点について現地調査を実施した．図6では，矢作川本川地域に限定し，本種の確認地点と未確認地点を示し，図全体を標高別に示した．本種が確認された地点は，概ね標高400m以上に広がっていることがわかった．また分布拡大時期には川に沿って，より下流に分布を拡大している様子もうかがえた

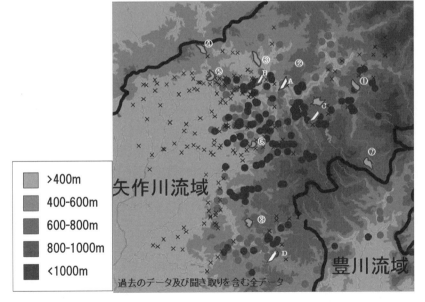

図6 矢作川流域におけるウスバシロチョウの分布記録（矢作川本川地域の拡大）とゴルフ場及びダムの造成位置
　　●：田中（2006）掲載確認地点　●：2011・2012年調査の生息確認地点　×：2011・2012年調査の未確認地点（重複調査か所は一部省略してある）
　　丸囲み数字とアルファベットは，それぞれ表1と表2の各ゴルフ場とダムに対応する

I．注目される種の分布拡大の経緯と現状

が，本種の生息に適した空間が河川周辺に多いことと共に，河畔は周辺地に比べて気温が低いことも，より下流域（南西地域）に分布拡大できた理由ではないかと考えられる。田中（2006）は「分布拡大は上流域ほど活発で，下流域ではほとんど広がらない様子は，温暖化等を含む生息環境選択の結果か」と述べている。今回の一定標高に記録地がとどまっている様相は，まさにその指摘に一致する。ただ2011–2012年の調査結果を詳細に見ると，現地調査で生息が確認された地点は過去の生息地点に比べ，より上流域にとどまる傾向が見られた。さらにこの現地調査では，過去に比べて個体数が減少したことを実感した。より下流域にある分布境界付近の過去の記録地では，分布が後退する様相を呈しており，冷涼気候に適応した本種が，温暖化の影響を受けたことも考えられるが，本種の生息状況と生息地の気温との関係などについては，今後調査する必要があろう。

　かつて多産地であった冷涼な山間地の草地や疎林の開放空間の多くは，近年では密生した樹林となり，草地が残されていても刈られずに放置された高茎草本が目立つなど，植生が単純化していた。そのためか，より上流域における本種のかつての高密度地域の多くは，わずかな個体数が確認されただけにとどまり，全く見ることが出来ない地点もあった。その他の記録地でも確認された個体数は少なく，明らかに密度が低下していた。田中（2006）は「一度確保した生息地をこれまで捨て去ったことがない」と述べているが，当時は今回のような分布縮小傾向は全く見られなかったのであろう。もちろん田中（2006）が「拡散が起こる前の母集団では個体数密度が非常に高くなっている」と考えている点についても，今回のような低密度の生息状況からは判断できなかったことである。

　河川においては，茨城県小貝川では，豪雨による氾濫が下流域において翌年の本種の一時的な発生に繋がったことが指摘されている（鈴木，1989）。矢作川においては，ダム造成後には氾濫回数や流量が減少し，それにともない，次第に流路の細流化と固定化が起こった（小川，2003；田代・辻本，2003）。また岩場や砂地が減少し，タケや雑木からなる河畔林が繁茂するなど（洲崎，2010），現在ではダム造成前と大きく様変わりをしている。矢作川流域においても，このような環境変化の過程が，河川敷とその周辺における本種の分布拡大や縮小に対して影響を及ぼしている可能性についても考慮

3 愛知県矢作川流域のウスバシロチョウの動態

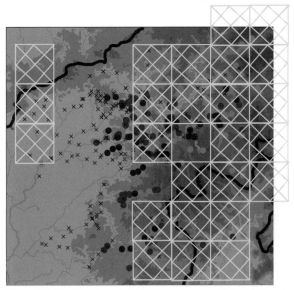

図7 矢作川周辺におけるウスバシロチョウの分布状況とニホンジカ生息状況
◇ 1978-79年の調査では未確認で2000-03年の調査で新たにシカが確認されたエリア（『愛知県（2007）H17愛知県特定鳥獣保護管理計画（ニホンジカ）』より引用改変（出典）「第2回（1978-79年）及び第6回（2000-03年）自然環境保全基礎調査」（環境省））

すべきであろう。

　今回の調査結果で，ウスバシロチョウの分布が縮小傾向を示したことについて，他の要因はないであろうか。近畿地方では近年食草のシカ害などによって，本種が激減（一部絶滅）したという（小野克己氏，私信）。矢作川流域において，シカは昭和50年以前には分布していなかったが，少なくとも平成12年までに分布するようになり，現在では矢作川上流域一帯に分布拡大し，個体数の増加と共に農林業被害も顕著になってきた（図7）。矢作川流域における本種の食草の食害実態については不明であるが，シカの増加は本種の減少傾向の原因の一つであるかもしれない。

今後の課題

　田中（2006）はムラサキケマンが矢作川流域における唯一の食餌植物であろうとしたが，本種の多産地の一つにはジロボウエンゴサクが多数生育し，

Ⅰ．注目される種の分布拡大の経緯と現状

　本種の食餌植物である可能性が高いと考えられた。しかし流域全体で本種が何を食べているのか不明で，食餌植物の分布状況も把握できていない。本種の分布動態を議論するには，食餌植物の分布状況やシカによる食害状況の把握は欠かせない。

　本稿では，本種の分布拡大には，人間活動によるいくつかの要因が複合的にかかわってきたであろうと推測した。一方で，近年では分布縮小傾向もあることから，温暖化との因果関係を明らかにするための本種の生息状況と気温との関係を調べる必要性も指摘した。さらに今後は手入れ不足による草地の森林化などの生息環境の悪化にともなう分布縮小についても注視していかなくてはならないと考えている。

〔引用文献〕

福田晴夫・久保快哉・葛谷健・高橋昭・高橋真弓・田中蕃・若林守男 (1972) 原色日本昆虫生態図鑑（Ⅲ）チョウ編．保育社，大阪．
間野隆裕・山田昌幸・高橋匡司 (2013) 矢作川流域におけるウスバアゲハの分布動態と食性．矢作川研究，17: 127-134．
小川都 (2003) 写真でみる川辺の変化―調査方法および結果の検討．矢作川研究，7: 157-162．
清邦彦 (1985) 富士山に進入したウスバシロチョウ．駿河の昆虫，(132): 3821-3831．
白水隆 (2006) 日本産蝶類標準図鑑．学習研究社，東京．
洲崎燈子 (2010) 矢作川上中流域の河畔植生Ⅱ．矢作川研究，14: 27-33．
鈴木成美 (1989) チョウの自然誌 (17) 低地産ウスバシロチョウについて―茨城県小貝川河川敷の記録．日本の生物，3(5): 61-67．
高橋昭 (1978) 愛知・岐阜・三重県及び長野県南部のウスバシロチョウ．昆虫と自然，13(7): 27-29．
田中蕃 (1985) ウスバシロチョウの矢作川水系における分布の拡大．佳香蝶，37(142): 25-26．
田中蕃 (1987) ウスバシロチョウの矢作川水系における分布の拡大（3）―1986年の調査―．佳香蝶，39(149): 6．
田中蕃 (2006) 東三河地方から矢作川流域に拡散定着したウスバシロチョウ．矢作川研究，10: 51-74．
田代喬・辻本哲郎 (2003) 河床状態の変化に着目した矢作川中流域における河道動態とそれに伴う生息場の変質．矢作川研究，7: 9-24．
山下善平 (1985) ヒガンバナ科の植物に被害を及ぼすハマオモトヨトウの生態．ガーデンライフ，24(1): 31,52-53．

（間野隆裕）

I. 注目される種の分布拡大の経緯と現状

4 富士山麓におけるウスバシロチョウとオオムラサキの分布拡大

■ ウスバシロチョウ

(1) 分布拡大の状況

　ウスバシロチョウ *Parnassius citrinarius* は，静岡県では主に中西部の安倍川，大井川の中流を中心に分布していたチョウで，ギフチョウ *Luehdorfia japonica* と並んで富士・箱根・伊豆地方を欠く分布パターンを持つ種の一つであった（図1）。富士山麓での昆虫調査は以前からよく行われていたが，富士山本体からは1977年まで記録されることはなかった。神奈川県の箱根では，仙石原（1935年），逆川（1939年），甘酒茶屋（1950年頃）で記録されてはいるが，その後は確認されていなかった（原，1970）。伊豆半島からは知られていない。ここでは富士山周辺における本種の分布拡大の様相について，主に（清，1993，1995）に基づいて紹介する。

図1　休耕地のハルジオンで吸蜜するウスバシロチョウ

■ Ⅰ．注目される種の分布拡大の経緯と現状

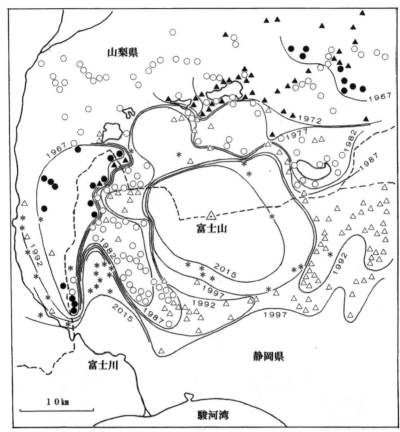

図2　富士山へのウスバシロチョウの分布拡大
● 1953～1967年の記録／▲ 1968～1977年
○ 1978～1987年／△ 1988～1997年／＊ 1998～2015年

《1967年以前》
　富士山周辺では，西側の天子山脈と北東側の桂川流域に分かれて分布し，富士山本体からの記録はなかった（図2）。天子山脈の生息地は，富士宮市猪之頭など天子山脈が富士山麓と接するL字型地形のか所と，富士宮市の稲子川や山梨県身延町下部川など富士川支流の谷地形のか所である。桂川流域では山梨県都留市の大幡川，菅野川までであり，富士吉田市などの富士五湖地方からは知られていなかった。
　本種の幼虫の主な食草であるケシ科のムラサキケマンは伊豆半島を含む各

4 富士山麓におけるウスバシロチョウとオオムラサキの分布拡大

地に分布しているため，本種の分布は，主に気候的・地質的な要因によって制限されていると考えられる。駿河湾・遠州灘沿岸の低地帯に分布しないのは夏の高温が卵の越夏を妨げるためと考えられ（高橋，1967），山梨県の甲府盆地においても，静岡の海岸沿いに劣らない高温が続き，同じことが言える（北條，1970）。また，富士山麓に分布しない理由として（高橋，1967）は火山噴出物の影響としており，それによって本種の生息に適した植生が成立していなかったものと考えられる。

《1968～1977年》

1968～1970年，北麓の山梨県富士吉田市，河口湖周辺で本種の分布が確認されはじめた。これらの地域は元から生息していたが未発見だったという可能性もあるが，1971年に発見された鳴沢村の足和田山南麓や1977年に確認された西湖畔はそれ以前には見られなかった所である。このころ富士山北東側の桂川流域や西側の天子山脈の従来の分布圏内やその周辺においても本種の記録が増加してきており，個体数の増加，分布拡大の兆候が見られている。

《1978～1987年》

1978年は2つの意味で重要な年である。1つは富士五湖の未分布地だった山中湖，精進湖，本栖湖畔で分布が確認されたことで，これによって2つに分かれていた桂川流域と天子山脈の分布圏が一つに繋がった。もう1つは，これまで全く記録のなかった富士山本体から，別々の調査において3地点から発見されたことである。北麓の山梨県鳴沢村の富士桜高原，西南麓の静岡県富士宮市北山地区と山宮地区である。以後年々分布は拡大していった。

ウスバシロチョウの富士山本体への分布拡大は，4つの方向からほぼ"同時多発的"に起こった。①河口湖付近から北麓へ。②東側の道志山地から山中湖周辺へ。③天子山脈隣接の猪之頭付近から人穴，北山，山宮地区へ。④少し遅れて天子山脈東北部から富士丘，富士ヶ嶺地区へ。①，②はレジャー施設や別荘の多い地域，③は農村的地域で耕作地や植林地が混在する地域，④は戦後の入植で開拓された酪農地帯である。

《1988年以後》

1988年には東麓の静岡県小山町に広く分布していることが明らかになり，1989年には御殿場市各地から記録された。神奈川県西部では古くからの生

■ I．注目される種の分布拡大の経緯と現状

息は知られておらず，西丹沢で見られるようになったのが1985年からであることから，これら東麓の個体群は既に1978年には分布していた山中湖周辺から南下したものと推測される。1990年，東麓の個体群は裾野市境まで南下したが東富士演習場のススキ草原に行く手を阻まれ，一方，西麓から広がった個体群も南麓の富士市に達したがヒノキの植林地帯で，どちらも足踏み状態かと思われた。

　1992年に裾野市の十里木，1994年には須山地区からも発見され，これで御殿場市など東麓の分布圏と富士市など南麓の分布圏とがつながり，馬蹄形だった分布圏がドーナツ型になって，富士山麓全域に分布することになった。以後，西南麓の富士宮市上条地区にも広がった他，富士宮口登山道の西臼塚やその西方の大宮林道，須走口登山道の馬返，富士吉田市の滝沢林道，鳴沢村の天神山スキー場といった，より高標高の地点からも記録されるようになる。これまでの最高標高地点は鳴沢村富士林道の1450mであるが，発生地は標高1200mくらいまでであろう。

　周辺地域では，一度は記録が途絶えていた箱根山では仙石原で1988年に見つかって以降，継続して見られるとともに，小田原市などにまで分布を拡大している（金澤，1998）。伊豆半島では1985年に天城山で採集された記録（寺，2015）が唯一で，その後の記録はない。

(2) 分布拡大の要因

　富士山麓は，南麓の海岸地方を除き，気候的には本種の生息には問題はない。本種の分布を妨げていたものは，火山性の土壌とそれによる土地利用，群落構造によるところが大きい。

　本種の成虫は日当たりのよい草地の上を飛翔するが，日が陰ると樹木の葉上で静止していることが多い。幼虫の食草であるムラサキケマンは落葉樹林によく見られ，春先の林床が明るい時期に生育するスプリングエフェメラル的な草本である。そのようなことから，本種は明るい草地と落葉樹林が適度に混在する環境に生息する（清，1995）。富士山麓はススキを主とする半自然草原が広がっていたり，あるいは反対に青木ヶ原樹海のような閉ざされた樹林となっていたりして，本種の生息には適していなかった。

　本種の富士山麓への分布拡大の要因は複合的である。1970年代あたりか

4 富士山麓におけるウスバシロチョウとオオムラサキの分布拡大

ら開発や開拓によって草原の中に植林がなされ，あるいは樹林の中に開けた空間がつくられ，成虫の活動に適した群落構造ができてきた。乾燥していた開拓地には水が引かれ湿潤化し，施肥や家畜によって肥沃化した。耕作地帯においては休耕地が増加，放置されたり果樹園化されたりした。これらの土地には幼虫の食草であるムラサキケマンが育つ，成虫の蜜源となる外来植物のハルジオンが休耕地などに，ハルザキヤマガラシが牧草地周辺などに侵入，増加してきた。こうして本種の生息に適した環境が整えられてきた。これらの要因の中には，富士山麓に限らず全国各地で見られるものも少なくない。各地でウスバシロチョウが分布を拡大してきた背景には，日本全体における産業構造の変化があるのではないだろうか。

■オオムラサキ

(1) 1979年以前の分布

オオムラサキ *Sasakia charonda* は，静岡県では安倍川や大井川の中上流部に分布し，富士山の大部分や伊豆半島には分布していない。山梨県では北西部の北杜市などに高密度に生息し，南部では市川三郷町や身延町に多く見られる。

富士山周辺では，東側の静岡県御殿場市の東山湖，小山町，北麓の山梨県の山中湖畔，河口湖畔，足和田山南麓，本栖湖畔，西側の静岡県富士宮市根原といった，周辺山地に接する所から記録されている。富士山本体では富士吉田市の滝沢林道で目撃記録があるが付近には土着していないと思われ（高橋，1975），それを除けば富士山本体からの記録は全くなく，特に南麓は空白地帯であった。

オオムラサキが駿河湾沿岸の低地に見られないのは夏の日最低気温が高すぎるためなどで（高橋，1975），富士山麓に分布しないのは食樹のエノキを含む広葉樹林が少ないためなどであると考えられる（高橋，2010）。

(2) 1980年以後の分布

静岡県側の富士山周辺からの記録は，1983年天子山脈南部富士川支流の稲子川下稲子及び落合〜入山からが最初である。以後，1984年の富士宮市青木平，1985年の山本の記録を皮切りに，富士市岩本山，富士宮市白尾山，

■ Ⅰ．注目される種の分布拡大の経緯と現状

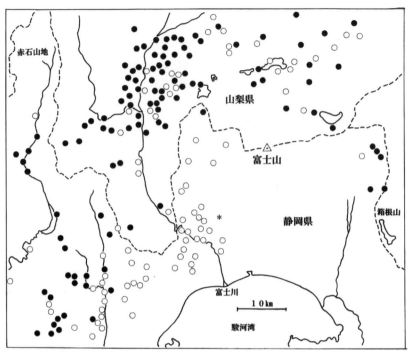

図3　富士山周辺のオオムラサキの分布
●1979年以前／○1980年以後（＊放蝶地点）

稗久保，中里山といった，富士宮市の南から西側の，主に富士山の古い噴出物から成る丘陵地帯からの記録が増加した（図3）。

さらに，1997年には富士宮市上井出林道の標高1000 m付近から，2011年には上井出の大沢右岸と猪之頭～グリーンパークの2か所から記録され，富士山本体からも見られるようになった（図4）。鈴木（2011）は，富士山麓からのオオムラサキの記録の増加は，富士山麓の湿潤化，森林化によりエノキとともに西方の天子山脈より分布を拡大してきたものと考えられるとしながらも，同時に以下の問題を指摘している。

(3) オオムラサキの放蝶問題

実はオオムラサキの富士山麓への分布拡大については，放蝶の影響が考えられるのである。富士宮市の小学校が1982年から毎年のように飼育羽化させた成虫の放蝶を行ってきており（鈴木，2011），2015年も140個体が放さ

4 富士山麓におけるウスバシロチョウとオオムラサキの分布拡大

図4 富士山麓（大沢川）で採集されたオオムラサキ

れている（静岡新聞社, 2015）。富士宮市内の記録は全て1983年以降であり，このうち1983年の稲子川流域については放蝶から間もないことや地理的地形的に自然分布の可能性が高いが，それ以外の記録に関しては放蝶によるものの可能性を否定できない。放蝶地点から4km離れた富士宮市の青木平では，翅に放蝶個体であることを示すと思われる数字が記入された成虫も観察されている（相澤，未発表）。山本，白尾山，稗久保，中里山も放蝶地点から4～4.5kmの距離にあり，成虫が十分移動できる距離と考えられる。放蝶個体は最初に西日本産が放され，その後は山梨県北杜市から導入されたと思われるが，現在は累代飼育しているようで，由来はわからないとのことであった。

　高桑（2012）はこの件について，自然史に混乱をもたらすこと，教育的視点であっても方向性を誤っている，などの問題性を指摘しており，筆者も同感である。

謝辞

　本稿を草するにあたりお世話になった相澤和男，鈴木英文，諏訪哲夫，高橋真弓，谷川久男の諸氏に厚くお礼申し上げる。

〔引用文献〕

原聖樹(1970)箱根火山とウスバシロチョウ．昆虫と自然，5(8): 2-5.

北條篤史(1970)山梨県におけるウスバシロチョウの分布．昆虫と自然，5(8): 6-10.

I. 注目される種の分布拡大の経緯と現状

金澤仁史 (1998) 神奈川県西部のウスバシロチョウの侵入状況．小田原市郷土文化館研究報告，(34): 45-47.
清邦彦 (1993) 富士山麓におけるウスバシロチョウの分布拡大．駿河の昆虫，(164): 4656-4667.
清邦彦 (1995) ウスバシロチョウの富士山麓への分布拡大．昆虫と自然，30(13): 10-13.
静岡新聞社 (2015) オオムラサキ140匹を大空に．静岡新聞6月28日朝刊20面．
鈴木英文 (2011) 大草原の困った謎．ちゃっきりむし，(169): 599-600.
髙橋真弓 (1967) 静岡県とその周辺におけるウスバシロチョウ分布．蝶と蛾，17(1/2): 19-27.
髙橋真弓 (1975) 静岡県および山梨県南部におけるオオムラサキとゴマダラチョウの分布．駿河の昆虫，(92): 2679-2701.
髙橋真弓 (2010) オオムラサキ．しずおか自然史: 226-227，静岡新聞社，静岡．
髙桑正敏 (2012) 日本の昆虫における外来種問題（2）国内外来種問題をめぐって．月刊むし，(499): 29-34.
寺章夫 (2015) ウスバシロチョウの単独記録．Citrina通信，(499): 2925-2926.

（清　邦彦）

I. 注目される種の分布拡大の経緯と現状

5 神奈川県におけるスギタニルリシジミの分布拡大

■ 神奈川県におけるスギタニルリシジミの発見の経緯

　神奈川県におけるスギタニルリシジミ Celastrina sugitanii の古い採集記録は，文献で見るかぎり大変少ない。神奈川県のチョウ相を詳細に報告した伊藤ほか（1981）では，わずかに 1978 年 4 月 26 日に愛甲郡清川村札掛で得られた 1 ♂のみが記載されていて，個体数は極めて少ないと記述されている（図1）。このように，かつて本種は，ギフチョウ Luehdorfia japonica の時期に多くの人が注意していたはずなので，記録がなかったというのは，見落としや調査不足ではなく，当時は県内での産地は極めて限定されていたらしい。実際に 1970 年代頃，筆者は宮ケ瀬湖が完成する前の中津川方面にギフチョウ探索に出かけたが，全く本種の成虫を見た記憶がなく，本種を採集するため

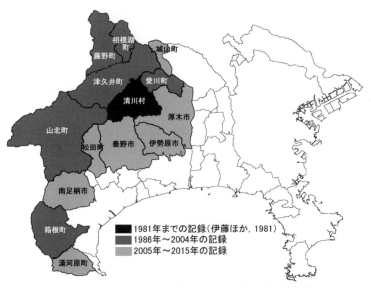

図 1　神奈川県におけるスギタニルリシジミの分布記録地

Ⅰ. 注目される種の分布拡大の経緯と現状

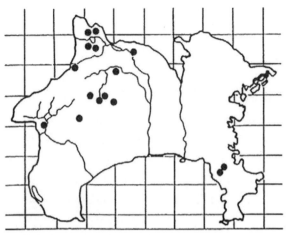

図2 神奈川県におけるトチノキの分布（高桑，1996を一部改変）

には，わざわざ近隣の山梨県方面まで出向く必要があり，神奈川県内では本種は極めて珍品という印象が強かった。

関東地方における本種の食餌植物（食樹あるいは食草）としては，葛谷（1967）がトチノキ（ムクロジ科）であることを発見して以来，スギタニルリシジミ＝トチノキという構図ができあがっていたように思われる。近隣の山梨県の産地には多数のトチノキの大木が自生していて，春に訪れると，沢筋に吸水に訪れたり，キブシの花に吸蜜に来たりする雄成虫を容易に得ることができた。しかし，神奈川県内でのトチノキの分布は極めて限られていて，神奈川県立博物館（1988）によると，成虫が記録されている清川村以外には，厚木市，秦野市，山北町，相模原市緑区（旧津久井郡；以下，旧町名である藤野町，相模湖町，津久井町，城山町と表記する）の一部などの比較的標高が高い場所に限定されている（図2）。

1970年代以前は珍品だった本種は，1980年代から1990年代初頭になると，県内のトチノキ分布域で成虫が散見されるようになった。例えば，1986年4月25日に藤野町中沢で2♂が，1988年に4月6日に山北町浅瀬で1♂が採集された（深沢，1991）。また，1992年5月17日には山北町大又沢で雄（頭数不明）が記録された（脇，1992）。1990年頃以降になると，これまでトチノキの分布も知られておらず，成虫の記録も全くなかった低標高地から，採

5 神奈川県におけるスギタニルリシジミの分布拡大

集・目撃記録が多発するようになった。例えば，岸（1992）は，愛川町樫原で1989年4月9日に1♂を，1991年4月10日に2♂を採集した。また，山本（1996）は，1992年5月5日に津久井町鳥屋の伊勢沢林道で1♀採集，1993年5月6日に早戸川林道で1♂採集，1994年4月24日に大平キャンプ場で1♀採集などの記録を報告し，さらに，山本（2004）は，1996年から2002年にかけて津久井町寺入沢・水沢・伊勢沢などでの成虫の採集記録を報告した（図1）。このように，従来は産地として認識されていなかった県北西部の津久井町の林道や沢筋から多数の記録が報告されるようになったことから，神奈川県内においてスギタニルリシジミはトチノキ以外の食餌植物を利用しながら分布拡大を図っていることが推測された。しかしながら，なぜ本種が分布域を拡大することができたのか，またトチノキの非分布域では食餌植物として一体何を利用しているのかといったことが解明されずに，課題として残されたままとなっていた。さらには，やはりかつては本種が記録されたことのなかった県南西部の箱根町においても，1998年4月16日から20日にかけて，仙石原で多数の個体が目撃・採集され（金澤，1998），箱根北側山麓の矢倉沢（吉川，1998）や箱根町畑宿（露木，1999）でも記録が報告されるようになった（図1）。かつて高桑（1996）は「スギタニルリシジミは本当に箱根にはいないのか？」と問題提起を行ったが，奇しくもその2年後以降，神奈川県では北西部だけでなく南西部においても本種の分布拡大が現実のものとなった（岩野ほか，2006）。

■幼虫はトチノキ以外に何を食べているのか

一般に，スギタニルリシジミの幼虫の食餌植物としては，関東地方ではトチノキだけが知られていたが，九州ではミズキ（ミズキ科）やキハダ（ミカン科）の花・蕾を食べ，北海道ではトチノキの他，ミズキを食餌植物としているとされている（川副・若林，1981）。さらに，長崎（1997）は滋賀県下で母蝶がフジ（マメ科）の蕾に産卵するのを目撃し，採取した卵をフジの花で蛹化するまで飼育したことを報告している（長崎，1998）ので，フジも本種の食餌植物とみて差し支えないであろう。

そこで，神奈川県各地で分布域を拡大させている本種が何を食餌植物とし

■ Ⅰ．注目される種の分布拡大の経緯と現状

図3 ミズキ花穂の採取の様子

ているかを知るために，幼虫期の探索調査を実施することにした。第1の調査地として，トチノキが分布しないにもかかわらず，近年，春先になると成虫の記録が多発していた津久井町鳥屋伊勢沢林道（標高約350～400m）を選んだ。2004年5月8日と5月13日の2日間にわたって，現地でスギタニルリシジミ成虫を初めて発見した友人の山本嘉彰氏と共に林道の沢筋に沿って調査した。この時期に開花していたミズキを主として，他にヤマフジ（マメ科），ヤブデマリ（レンプクソウ科），ミツバウツギ（ミツバウツギ科）などが本種の食餌植物として利用されている可能性が考えられたので，これらの花や花蕾をランダムに多数採取した。ゼフィルス採集用の継ぎ竿を利用した高枝鋏（全長約9m）や剪定鋏を使って，幼虫が花から落下しないように，できるだけ慎重に切り取って（図3），なるべく振動を与えないように配慮しながら，ゴミ袋に植物ごとに入れて持ち帰った。

第2の調査地として，箱根町を選定した。1998年に仙石原で初記録（金澤，1998）されて以来，町内の数か所から成虫の記録が報告されているが，記録地の中でも，発見以来毎年のように安定した成虫の目撃記録（高橋，2002；白土，2003；三川，2005）がある箱根町上湯の台ヶ岳東南麓林道（標高約750m）で，2005年5月15日，5月29日及び6月5日の3回調査した。林道沿いにミズキやミツバウツギなどが散見できたが，標高が高いためか5月での調査時点では，まだミズキは青い蕾からせいぜい2分咲き程度しか咲い

5 神奈川県におけるスギタニルリシジミの分布拡大

図4　スギタニルリシジミ幼虫の探索

ていない状態であった。この調査地では，点在するキハダの大木付近の路上などで吸水している成虫が多く発見されており，雄だけでなく雌も記録されているため，キハダの花蕾は要注意と考えていた。そこで，現地では優先的にミズキとキハダの花や蕾を採取した。

　採取してきた各種植物の花や花蕾などを，翌日大学の研究室に持ち込んで，白い大型ロール紙上に，一つずつ丁寧に並べた。そのまま翌日まで静置して，目視や糞を手掛かりにして幼虫の発見に努めた（図4）。まさに「数打てば当たるだろう大作戦」の開始である。

■ ついに幼虫発見！

　津久井町伊勢沢林道で採取した植物は，ミズキ（ミズキ科），ヤマフジ（マメ科），ヤブデマリ（レンプクソウ科），コツクバネウツギ（リンネソウ科），ハコネウツギ（タニウツギ科），ミツバウツギ（ミツバウツギ科）の6種であったが，これらの中でルリシジミ属幼虫は，ミズキとヤマフジの2種から発見された（表1）。ミズキの花穂から発見できたスギタニルリシジミ幼虫は2頭で，ともに既に赤色を呈した老熟幼虫であった。これらのうちの1頭は発見時には盛んに動き回り，蛹化場所を探していると思われた（図5）。もう1頭は，実験卓から落下して踏みつぶされた状態で発見された。さらにヤマ

Ⅰ. 注目される種の分布拡大の経緯と現状

表1 津久井町及び相模湖町で発見されたスギタニルリシジミと
ルリシジミの幼虫数

採取植物	花穂・小枝数	発見された幼虫数	
		スギタニルリシジミ	ルリシジミ
津久井町：2004年5月8日			
ミズキ(ミズキ科)	−	0	2
ヤマフジ(マメ科)	−	3(1頭は病死)	0
ヤブデマリ(レンプクソウ科)	−	0	0
津久井町：2004年5月13日			
ミズキ(ミズキ科)	225	2(1頭は事故死)	
コツクバネウツギ(リンネソウ科)	53	0	0
ハコネウツギ(タニウツギ科)	48	0	0
ミツバウツギ(ミツバウツギ科)	73	0	0
相模湖町：2004年5月上旬			
ハリエンジュ(マメ科)	−	1	0
計		6(4頭が生存**)	2*

＊：2頭蛹化→2004年5月31日1♂羽化，同年6月4日1♀羽化
＊＊：4頭蛹化→越冬休眠　　　　　　　(岩野ほか，2006を一部改変)

図5 ミズキから発見された老熟幼虫（右下）と幼虫発見時の糞の状況

フジからも落花内に潜んでいたスギタニルリシジミの中齢幼虫3頭を発見した（図6）。これらの幼虫には，ミズキの花蕾を与えて飼育した結果，前蛹時に病死したヤマフジ由来の1頭を除いて，計3頭が無事に蛹化した。また，ミズキの花からはルリシジミ *Celastrina argiolus* の幼虫が2頭発見されたが，この2頭は蛹化し，5〜6月に羽化した。3頭のスギタニルリシジミの蛹は大切に管理して越冬させたが，残念ながら翌春に羽化することはなかった。なお，知人の梅村三千夫氏が同年5月上旬に相模湖町内において採取されたハ

5 神奈川県におけるスギタニルリシジミの分布拡大

図6　ヤマフジから発見された中齢幼虫（矢印）

リエンジュ（＝ニセアカシア）（マメ科）の花穂からも1頭の本種終齢幼虫が発見されたため，さらに食餌植物として1種追加されることになった（表1）。この個体も無事に蛹化して越冬したものの，羽化しなかった。

　箱根町上湯では，5月15日には，ミズキはまだ濃緑色の蕾の状態で，さらにキハダに至っては緑色を呈した花芽が少し膨らんだばかりの幼蕾であった。調査の結果，ミズキからもキハダからも幼虫は発見されなかった（表2）。花（蕾）の状態から判断すれば，スギタニルリシジミは卵かあるいは1齢幼虫である可能性が高く，よほど丁寧に探さなければ発見は困難であると思われた。そこで2週間後に再度幼虫の調査を実施した。しかし，5月29日でも，ミズキはやっと淡黄色の蕾から2分咲き程度の状態で，キハダの幼蕾はやや大きくなったものの，開花していなかった。この日に採取したミズキからは幼虫を得られなかったが，キハダの青い蕾や若葉を食している1～2齢幼虫を10頭発見することができた（表2，図7）。これは神奈川県においてキハダから本種幼虫が発見された初の事例となっ

表2　箱根町で発見されたスギタニルリシジミの幼虫数

採取日 採取植物	花穂・幼蕾数	幼虫数(齢期)
2005年5月15日		
キハダ	133	0
ミズキ	261	0
2005年5月29日		
キハダ	283	10(1～2齢)
ミズキ	228	0
2005年6月 5日		
キハダ	293	1(終齢)
ミズキ	133	0
計	1,331	11

（岩野ほか，2006を改変）

I．注目される種の分布拡大の経緯と現状

図7　キハダから発見された2齢幼虫

図8　キハダ花梗付近に産付された孵化後の卵殻（矢印）

た（岩野，2005）。幼虫の体色はすべて淡黄緑色を呈していて，体長は約2〜4mmであった。また孵化した直後と思われる卵の抜け殻も発見できた（図8）。6月5日には，1頭の終齢幼虫がキハダから発見された。箱根町ではミズキの花や蕾からは残念ながら幼虫が確認できなかったが，2005年4月29日には，現地のキハダと隣接して自生するミズキの樹冠で産卵行動をとっていると思われる雌が目撃されている（波多野連平氏，私信）ことから，箱根

表3 これまでに明らかになったスギタニルリシジミの食餌植物

	川副・若林 (1981)	福田ほか (1984)	仁平* (2004)	本調査
ムクロジ科				
トチノキ	○	○	○	
ミズキ科				
ミズキ	○	○		○（関東初事例）
ミカン科				
キハダ		○	○	○（関東初事例）
マメ科				
フジ			○	
ヤマフジ				○（初事例）
ハリエンジュ				○（初事例）

＊：代用食は除外した　　　　　　（岩野ほか，2006を一部改変）

町でもミズキが食餌植物として利用されている可能性は高いと思われる。キハダの開花期は5〜7月と比較的遅い（北村・村田，1978）が，幼虫は花でなく，まだ固い幼蕾を食して発育すると考えられる。箱根町上湯付近の高標高地では，津久井町伊勢沢林道付近の低標高地に比較して，産卵時期は4月下旬から5月上旬頃と遅くなり，5月上旬から中旬頃に孵化した幼虫は6月上旬頃までに終齢となって，その後蛹期を迎えると考えられた（岩野ほか，2006）。

　今回の結果から，神奈川県ではスギタニルリシジミは食餌植物として，トチノキ以外にもミズキ，ヤマフジ及びハリエンジュを利用していることが判明した。さらにそれらだけでなく，本州では初の事例となるキハダも利用していることが明らかとなった（表3）。スギタニルリシジミは，トチノキが分布しない地域では，これらの植物を幅広く利用することで，新天地への分布拡大に成功したのであろう。

　神奈川県以外では，例えば諏訪（1997）によると，トチノキのない富士山西麓を始めとして静岡県中西部，山梨県南部などでスギタニルリシジミの新産地が発見されているが，食餌植物は不明のままで，11種の植物を用いた飼育で蛹化に至ったのはミズキのみであった。このことから，静岡県下でも少なくともミズキは食餌植物となっている可能性が高いと思われる。また，神奈川県に接する山梨県の富士山北西部にあたる本栖湖北岸からもこれまで記録のなかった本種が記録されている（長田・白井，2015）。神奈川県で見られたトチノキ以外の植物を利用した分布拡大は，神奈川県だけでなく静岡県を始めとした他県でも起こっている現象かもしれない。

I．注目される種の分布拡大の経緯と現状

■ 神奈川県におけるスギタニルリシジミの最近の分布地

　かつて神奈川県下では珍品だったスギタニルリシジミが，1990年代頃からトチノキ以外の各種植物を食餌植物として利用することで，分布を広げていることが判明したが，最後に2015年までにどこまで分布が拡大したのかを調べるために，相模の蝶を語る会の「蝶の記録データベース検索」を使って検索してみた。

　すると，これまで取り上げた清川村，津久井町，藤野町，相模湖町，愛川町，山北町，箱根町以外にも，湯河原町，南足柄市，松田町，秦野市，伊勢原市，厚木市，城山町までの各市町で，幅広く記録されていることがわかった（図1）。これらの市町にも，ミズキやフジ，ヤマフジ，ハリエンジュといった新食餌植物は普通に自生しているはずであり，本種はそれらを利用して分布を拡大したのだろう。本種の本来の生息地は，山地や低山地の林道，渓流付近が主体である（福田ほか，1984）ため，本種が今後，県央部から東南部の平野部まで進出する可能性は低いのではないかと思われる。

謝辞

　本稿を作成するにあたり，現地調査に同行してご協力いただいた故山本嘉彰氏，相模湖町での採取にご協力いただいた梅村三千夫氏，さらには有益なご助言を賜った波多野連平氏並びに作図に関してご支援いただいた川田澄男氏に対して厚く御礼申し上げる。

〔引用文献〕

深沢政晶(1991)神奈川県内における10年の記録．さがみの記録蝶，(3): 49-51.

福田晴夫・浜栄一・葛谷健・高橋昭・高橋真弓・田中蕃・田中洋・若林守男・渡辺康之(1984)原色日本蝶類生態図鑑Ⅲ．保育社，大阪．

伊藤正宏・原聖樹・山内達也・落合弘典(1981)神奈川県の蝶類．神奈川県の動物相．神奈川県昆虫調査報告書（神奈川県教育庁社会教育部文化財保護課編）: 17-99，神奈川県教育委員会，神奈川県．

岩野秀俊(2005)遂に箱根でスギタニルリシジミの幼虫発見！．箱根と蝶，(54): 4.

岩野秀俊・山本嘉彰・梅村三千夫・畠山吉則(2006)関東南部産スギタニルリシジミの食餌植物と寄主転換．蝶と蛾，57(4): 327-334.

神奈川県立博物館(1988)トチノキ科．神奈川県植物誌1988（神奈川県植物誌調査会編）: 904-905，神奈川県立博物館，神奈川県．

金澤仁史(1998)箱根のスギタニルリシジミ．箱根と蝶，(15): 1-2.

川副昭人・若林守男 (1981) 原色日本蝶類図鑑 8 刷．保育社，大阪．
岸一弘 (1992) 神奈川のチョウ―最近の話題．神奈川虫報，(100): 141-147.
北村四郎・村田源 (1978) 原色日本植物図鑑木本編（Ⅰ）．保育社，大阪．
葛谷健 (1967) トチノキの花を食べるチョウ．日本昆虫記 2（岩田久二雄ほか編）: 59-76，講談社，東京．
三川節子 (2005) 4 月例会 箱根のスギタニルリシジミ．箱根と蝶，(54): 2.
長崎二三夫 (1997) スギタニルリシジミがフジの蕾に産卵．蝶研フィールド，(137): 29.
長崎二三夫 (1998) スギタニルリシジミの全幼虫期をフジで飼育．蝶研フィールド，(148): 19.
仁平勲 (2004) 日本産蝶類幼虫食草一覧．自刊．
長田庸平・白井和伸 (2015) 本栖高原における 2004 年のスギタニルリシジミの記録．駿河の昆虫，(251): 6895.
白土信子 (2003) 箱根上湯のスギタニルリシジミ．箱根と蝶，(45): 2-3.
諏訪哲夫 (1997) 静岡県とその周辺におけるスギタニルリシジミの分布と食性の問題点．やどりが，(171): 35-36.
高橋良子 (2002) 箱根のスギタニルリシジミ．箱根と蝶，(39): 1.
高桑正敏 (1996) スギタニルリシジミは本当に箱根にはいないのか？．神奈川虫報，(114): 1-7.
露木太一 (1999) 箱根蝶の会例会報告．箱根と蝶，(22): 6.
脇一郎 (1992) 第二回丹沢「蝶類」調査会 西丹沢で確認された種一覧表．さがみの記録蝶，(6): 109-112.
山本嘉彰 (1996) 県産蝶類数種の記録．さがみの記録蝶，(11): 289-292.
山本嘉彰 (2004) 1999〜2002 年の神奈川県レッドデータ種を中心とした記録．相模の記録蝶，(15): 42-49.
吉川武志 (1998) スギタニルリシジミの吸蜜．箱根と蝶，(18): 9.

（岩野秀俊）

I. 注目される種の分布拡大の経緯と現状

６ クロマダラソテツシジミの爆発的分布拡大

はじめに

　2015年の5月下旬に著者らは沖縄県の石垣島と西表島でクロマダラソテツシジミ *Chilades pandava*（図1）の調査を行った。市街地の植え込みや海岸線に自生するソテツの周りでは本種成虫が乱舞し，痛々しい食痕のついた葉がいたるところで見られた（図1）。出てもすぐに食べられてしまうためか，若い葉はなかなか発見できなかったが，数少ない新芽には雌が群がるよ

図1 南西諸島から九州本土を中心に発生を繰り返すクロマダラソテツシジミ
　　左上：クロマダラソテツシジミ♂成虫（2015年5月27日沖縄県西表島）
　　右上：クロマダラソテツシジミ♀成虫（2015年5月27日沖縄県西表島）
　　左下：ソテツの新芽に産卵する♀成虫（2015年5月26日沖縄県石垣島）
　　右下：幼虫の摂食を受けたソテツ（2015年5月27日沖縄県西表島）

6 クロマダラソテツシジミの爆発的分布拡大

うに産卵し（図1），成葉として展開するのは不可能と思われた。枯れた株や，新芽を長い間出していないと思われる株も多かった。どうやら八重山諸島では，2006年以降毎年このような光景が繰り返されているようである。

このチョウはもともと南アジアから東南アジアの熱帯，亜熱帯に分布するとされていたが（川副，1992など），日本では2006年以降南西諸島を中心に発生を繰り返し，2007年以降には，本州でも多数の目撃・採集記録が報告された（平井ほか，2008；平井，2009a・bなど）。熱帯のチョウが大阪府や兵庫県の市街地を飛びまわる様子はマスコミでも取り上げられ，多くの人々の注目を集めた。本州では，2007年から2008年には主に西日本各地で（平井，2009aなど），2009年と2011年には主に関東地方で発生し（矢後・蟇原，2009；蟇原ほか，2012；岩野・畠山，2013；斉藤ほか，2009など），分布の拡大が見られた。しかし，その後2015年までの間，本州と四国では継続的な発生は見られず，局地的な発生が単発的に起こる程度となっている。本稿では，日本における本種の分布拡大の様子と生活史などの知見について述べる。なお，各地の記録については必ずしも原典にあたれておらず，2009年の「やどりが」220号や毎年掲載される「月刊むし」の「昆虫界をふりかえって 蝶界」から2008〜2016年の記述などを参考にした。

■ クロマダラソテツシジミの分布変化

本種の分布は海外では，インドネシア，マレーシア，フィリピン，インド，中国，台湾などから知られ（川副，1992など），サイパン島，グァム島などでも侵入が報告されている。日本国内では1992年に沖縄本島で初めて確認され（三橋，1992），2001年には与那国島で（竹上，2001；菅原，2001など），国外では，2005年に韓国済州島で記録されたが（Takeuchi，2006），これらはいずれも一時的な発生と考えられている（図2）。しかし，2006年に石垣島（本間，2007；足立，2007など）や西表島（稲垣，2007）で確認された後は，これらの島々から継続的に記録されており，2007年には八重山諸島よりも北の，沖縄本島，奄美大島，種子島，九州本土（鹿児島県，宮崎県，熊本県，長崎県）（福田，2008a）などでも発生が確認された（図2）。南西諸島から九州本土では，分布がほぼ連続的に北へと拡大したため，本種が世代を繰り

I．注目される種の分布拡大の経緯と現状

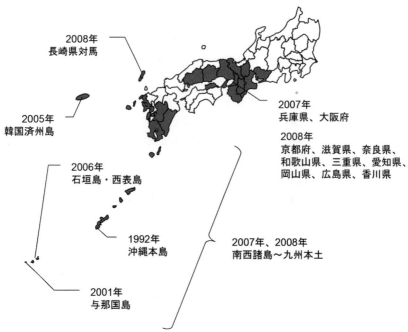

図2 日本と韓国においてクロマダラソテツシジミが確認された地域（府県と島々）．
（平井ほか，2008 を一部改変）

返しながら自らの移動・分散能力によって各地に広がったと考えられている（福田，2008b）．

　一方，同じ 2007 年に九州南部からはかなり離れた兵庫県や大阪府でも本種が確認された（図3）．最初の発見は，2007 年 9 月 21 日の兵庫県宝塚市で（中川，2008），その後，大阪府北部と兵庫県南東部の周辺でも確認情報が相次いだ（平井，2009a・b など）．

　南西諸島でも過去には定着できなかったことから，本州での本種の越冬は難しいと推測されていた．しかし，2008 年には，前年よりも約3 か月早い 7 月 3 日に京都市で発見され，8 月には，大阪府と兵庫県で前年に発生したほとんどの地域で再確認された．9 月以降，確認地域が著しく拡大し，12 月にかけて近畿地方のすべての府県から記録されるようになった．また，京阪神から数百 km 離れた，和歌山県南部や三重県，岡山県でもほぼ同じ時期に本

6 クロマダラソテツシジミの爆発的分布拡大

種の発生が確認されるなど，2008年の本種の確認地域は，西は広島県東部，東は愛知県名古屋市，南は和歌山県串本町，北は滋賀県近江八幡市（または，愛知県名古屋市）に及んだ（図3）．本州以外でも，四国の香川県，離島の淡路島，小豆島などでも確認され，これらを含めた全体の確認地点は600か所を越えた（平井，2009a）．

2008年の発生地域は不連続であり，1か所からではなく，前述の京阪神，和歌山南部，岡山，三重県北部の4，5か所を中心に周辺へと分布を拡大したように思える．このことは，本種が他の地域からこれらの地域に複数回移入したか，最初に入った場所から離れた地域へ飛び火的に分散した可能性を示唆している．

2009年以降には，予想に反して兵庫県，大阪府の記録は極めて少なくなり，代わって2009年と2011年に関東地方で多くの記録が確認された．関東地方での最初の発見は2009年8月19日に東京都で（蓑原・矢後，2009），その2日後には千葉県でも確認された（斉藤ほか，2009）．蓑原ほか（2012）によると，2009年には東京都16か所，千葉県38か所，2011年には，東京都5か所，神奈川県2か所で本種が確認された．岩野・畠山（2013）は，神奈川県から2009年に70件以上，2011年に120件以上の記録（地点の重複あり）を報告し，斉藤ほか（2009）は，2009年に千葉県21か所の記録を報告した．これらの関東地方での発生についても，複数の地点から発生を繰り返しながら次第に周囲に広がる様子が確認されている．

2007年から2015年の分布変化を見ると（図3），宮崎県以南ではほぼ毎年発生が確認され，これまでに記録が出た都府県は28に上った．2007年から2009年の分布図からは，本種が着実に東へ分布を広げているようにも見える．しかし，2010年には，山口県以外の本州では発生は多くなく，東海地方以東では全く記録がなかった．2011年は再び関東，東海地方で発生したものの，近畿地方ではほとんど見られなかった．その後，鳥取県のように2013年に新たに記録が出た県もあったが，本州，四国での発生は局地的で，繁殖にともなう分布の拡大も2008年のような勢いは見られなかった．大阪府ではこの9年間で7年発生が確認されているが，2007年と2008年を除いては，ごく少数の目撃例があるのみで，多発生には至っていない．本州，四国での発生は早くても夏以降で，秋から初冬にかけての記録が多く，翌年の

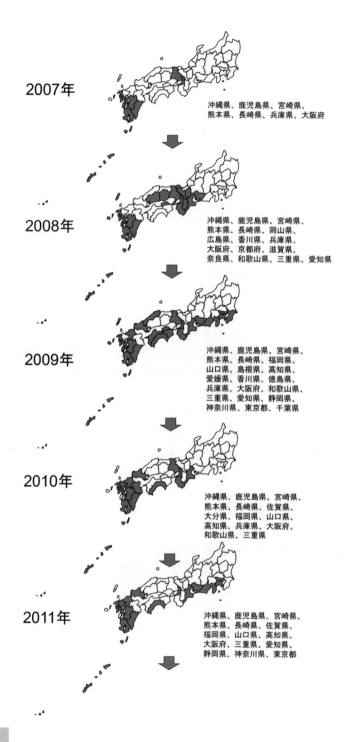

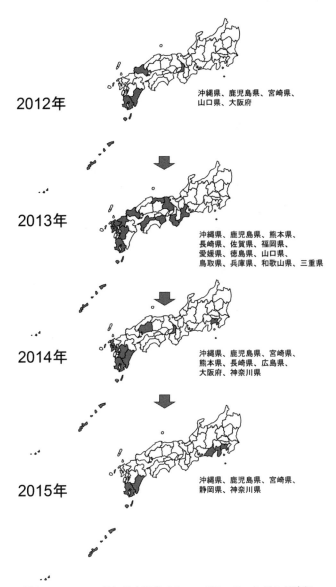

図3 2007〜2015年に日本列島でクロマダラソテツシジミが確認された地域（都府県）．（平井，2010をもとに，福田，2008a；矢後，2011，2012，2013，2014，2015a，2016；吉村，2013；岸本，2014；長田，2015；井上大成氏ほか，未発表などの記録を追加して作成）

I. 注目される種の分布拡大の経緯と現状

1月に生き残りが若干見られることがある程度であることから，屋外で越冬はできていないと考えてよいだろう。

寄主植物との関係

　本種の主な寄主植物はソテツ属（*Cycas*）で，国内ではソテツ *C. revoluta* のほかルンフィー *C. rumphii* などソテツ科の6種が記録されている（福田，2014）。日本に自生するソテツ属はソテツのみで，分布域は九州南部以南であるが，本州や四国でも観賞用として広く用いられており，年平均気温が15℃以上，年降水量が1,500mm以上の地域で栽培される（渡辺・伊藤，2002）。太平洋側では東北地方南部，日本海側では福井県付近まで植栽されている。ソテツは寿命が長く，寺の境内に植えられたものでは樹齢数百年～千年以上と言われるものもある。また，学校や官公庁の玄関前，民家の庭園などでも広く用いられている。史実とのかかわりや分布上の重要性から，ソテツ自体やその自生地が国の天然記念物として指定されている場所も多いが，鹿児島県や宮崎県のソテツ自生地，香川県小豆島の誓願寺，大阪府堺市の妙国寺のソテツなどでも本種の発生が確認された。ソテツの観賞用としての栽培・流通は盛んで，奄美大島などでは苗木の生産にも被害が及んでいる。雌は，ソテツの伸び始めた展開前の新葉に好んで産卵し，幼虫の摂食部位はほとんどの場合で新芽と新葉に限られている。著者が2008年に大阪府堺市で調査したところ，ソテツの主茎から新葉が出る時期は主として6月頃と9～10月の2回あり，6月頃に新芽を出す株が最も多かった。また，5～11月には，脇芽や小型の株から1～数枚の新葉が少ないながらも継続的に確認された。本州では，9～10月に出る新芽と，その後も少ないながら出てくる脇芽で発生する例が多い。ソテツの果実中に幼虫が潜って摂食する例も知られており（春田・春田，2008；福田，2014など），著者も雌花や雄花の一部を食べる幼虫を確認している。本種の蛹は，株の根元の落葉の裏や，幹の隙間，葉裏などでも見られるが，葉の付け根の黄色い綿毛の中に入って蛹化するものが多い。

　幼虫の寄主植物としては，世界ではソテツ属のほか，マメ科8種，ミカン科1種の記録がある（Robinson *et al*., 2001）。Ravuiwasa *et al*. (2011) は，台

湾産本種を飼育し，23，25，28℃での発育期間は約34，21，13日であるが，31℃では高温障害が見られ，約23日と長くなることを報告している。大阪府産を用いた著者らの実験では，産卵数は300個を越える場合もあり，30℃位の高温下では，早いものは産卵から12日で羽化に至ることを確認した（平井，未発表）。短期間で前述のような広範囲に広がった背景にはこのような高い繁殖力があると考えられる。なお，本種と同じ *Chilades* 属では，ソテツシジミ（キヤムラシジミ）*C. mindorus* も南西諸島でソテツに発生した記録があるが，1980年以前の古い記録のみである（白水，2006など）。

　天敵については，寄生性の種ではコマユバチ科のギンケハラボソコマユバチ *Meteorus pulchricornis*（三宅，2010；前薗・荒川，2010）や *Cotesia* sp.（中野，1994），タマゴコバチ科の *Trichogramma* sp.（平井，未発表），アシブトコバチ科の一種（柿本，2009）などが発見されている。また，福田（2014）は，幼虫期の捕食性の天敵として，鳥類の可能性を示している。

分布拡大の経路

　日本での本種の分布拡大の背景には，台湾でのソテツの植栽による1990年頃からの発生拡大が関与しているという指摘がある（Wu *et al.*, 2009, 2010；矢後，2015b）。Wu *et al.* (2010) は，分子系統解析の結果から，台湾南東部の限られた地域に自生する固有のソテツ属 *C. taitungensis* に依存していた本種個体群が，台湾全土のソテツ（*C. revoluta*）の植栽によって分布を拡大したことを明らかにした。さらに，台湾での分布拡大には，大陸個体群移入も関与していると考えられている（Wu *et al.*, 2010；矢後，2015b）。また，岩野・畠山（2013）は，日本国内で採集された個体を用いて分子系統解析を行い，沖縄から関西，関東へ複数個体が侵入した可能性を示した。

　1992年の沖縄本島や2001年の与那国島での発生では，翌年の1，2月には確認されたものの，夏以降に記録がないことから越冬は出来なかったと考えられている。一方，2006年以降石垣島や西表島では継続的に本種が記録され，5月以降個体数が増加することから，八重山諸島では越冬している可能性もある。以前は海外にしかいなかった本種が毎年南西諸島で発生していることから，スタート地点が近くなり，九州本土や本州へも飛来しやすく

I．注目される種の分布拡大の経緯と現状

なったと考えられる．宮崎県では2008年に越冬した蛹が羽化した例も観察されている（岩﨑，2009）．さらに，本種の分布が拡大した大阪府や兵庫県の都市部では，ヒートアイランド現象による気温の上昇によって発育期間が短く，世代数が多くなった可能性が指摘されている（酒木ほか，2008）．では，本州で繰り返される飛び地的な分布はどのようにして生じたのであろうか？著者らは，①気流などを利用して自力でたどり着いた，②ソテツの苗木などについて運ばれた，③愛好家が放した，という3つの可能性を指摘した（平井ほか，2008）．①に関しては，2007，2008年ともに八重山列島から九州本土にかけての発生が離島づたいに南から北へと広がっていることや（福田，2008a），その後も毎年同様の分布拡大が見られることから，自力での分散の可能性は否定できない．②に関しては，2007，2008年に本種が多発した兵庫県南部に造園業が多く，著者らも実際に南西諸島から運ばれた苗木を確認しているので（卵や幼虫は未確認），十分に起こりうると考えられる．③の可能性については，愛好家による「放チョウ」の噂が絶えない．飼育が容易で，インターネットで検索するとブログ等で本種の飼育を紹介している例が非常に多い．少数でも逸出すると瞬く間に周辺のソテツに広がる可能性がある．

■ おわりに

本種の本州における発生については，記録は継続的にあるものの，規模は最近縮小傾向にある．この背景には，ソテツ生産者や造園業者の間で本種の知名度が上がり，薬剤による防除が検討されるようになったことが考えられる（例えば，岩・図師，2010など）．また，本州においては，前年に多発した場所では発生が少なく，新たに進出した場所で繁殖が見られる傾向があることから，一度発生した場所では，前述の天敵の影響が現れる可能性がある．では，九州本土南部から南西諸島では，なぜ毎年多発を繰り返すことができるのだろう？　これは，元々の自生地であることも含めてソテツの密度が高いことによるものなのかもしれない．

〔引用文献〕

足立慎一 (2007) 石垣島でクロマダラソテツシジミを採集．蝶研フィールド，22(2): 27.
福田晴夫 (2008a) 2007年の昆虫界をふりかえって　蝶界．月刊むし，(447): 2-18.

6 クロマダラソテツシジミの爆発的分布拡大

福田晴夫 (2008b) クロマダラソテツシジミとはどんな蝶だろう. Satsuma, 58(138): 1-9.

福田晴夫 (2014) 近年日本列島に飛来・発生するクロマダラソテツシジミの生活史とその特異性. Butterflies (Teinopalpus), (66): 4-21.

川副昭人 (1992) Chilades pandava (Horsfield), (1829)（クロマダラソテツシジミ）について. 蝶研フィールド, 7(12): 10.

春田魁登・春田敏 (2008) 薩摩川内市入来町におけるクロマダラソテツシジミの発見とソテツの実を食べる幼虫. Satsuma, 58(139): 59-60.

平井規央 (2009a) 本州と四国におけるクロマダラソテツシジミの記録. やどりが, (220): 2-20.

平井規央 (2009b) 日本におけるクロマダラソテツシジミの発生と分布拡大. 植物防疫, 63: 365-368.

平井規央 (2010) 海を越えて渡るチョウ. 高翔, (64): 26-29.

平井規央・森地重博・山本治・石井実 (2008) 最近分布を拡大したチョウとガ. 昆虫と自然, 43(12): 13-16.

本間雅史 (2007) 石垣島初記録となるクロマダラソテツシジミを採集. 蝶研フィールド, 22(2): 27.

稲垣亨 (2007) 西表島でクロマダラソテツシジミを撮影. ゆずりは, (32): 26.

岩智洋・図師朋弘 (2010) 鹿児島県奄美大島におけるクロマダラソテツシジミ Chilades pandava によるソテツ Cycas revoluta の被害実態と有効薬剤の検討. 九州森林研究, (63): 20-21.

岩野秀俊・畠山吉則 (2013) 関東において発生したソテツの害虫クロマダラソテツシジミの分布拡大の様相と遺伝子解析. 蝶と蛾, 64: 50-58.

岩﨑郁雄 (2009) 宮崎県におけるクロマダラソテツシジミの分布拡大状況及び越冬等に関する知見について 2007～2008 年. やどりが, (220): 35-46.

柿本英明 (2009) クロマダラソテツシジミの蛹から寄生蜂の羽脱を観察. フィールドサロン, (9): 6.

岸本由美子 (2014) 兵庫県芦屋市でクロマダラソテツシジミを確認. 大昆 Crude, 58: 43.

蓑原茂・矢後勝也 (2009) クロマダラソテツシジミ（鱗翅目，シジミチョウ科）の関東地方における発見. Butterflies (Teinopalpus), (52): 58.

蓑原茂・矢後勝也・田中和夫・森地重博・平井規央 (2012) 関東地方におけるクロマダラソテツシジミの一時発生と分布拡大について. Butterflies (Teinopalpus), (62): 40-56.

前薗剛・荒川良 (2010) クロマダラソテツシジミの寄生蜂の記録. げんせい, 86: 44.

三橋渡 (1992) 日本未記録種クロマダラソテツシジミ Chilades pandava を沖縄本島で採集. 蝶研フィールド, 7(12): 8-9.

三宅誠治 (2010) クロマダラソテツシジミの寄生蜂. 月刊むし, (467): 45.

中川忠則 (2008) クロマダラソテツシジミの本州における正式な記録. ゆずりは, (37): 46.

中野純 (1994) クロマダラソテツシジミの寄生蜂. 蝶研フィールド, 9(3): 23.

長田庸平 (2015) 2013 年に福岡市東区箱崎で発生したクロマダラソテツシジミ. Pulex, (95): 671-672.

Ravuiwasa KT, Tan C-W, Hwang S-Y (2011) Temperature-dependent demography of *Chilades pandava peripatria* (Lepidoptera: Lycaenidae). Journal of Economic Entomology, 104: 1525-1533.

Robinson GS, Ackery PR, Kitching IJ, Beccaloni GW, Hernández LM (2001) Hostplants of the moth and butterfly caterpillars of the Oriental Region. Southdene Sdn Bhd, Kuala Lumpur.

斉藤明子・尾崎煙雄・盛口満 (2009) 千葉県におけるクロマダラソテツシジミの初記録と発生初期の生息域．月刊むし，(464): 28-32.

白水隆 (2006) 日本産蝶類標準図鑑．学習研究社，東京．

酒木敬司・横田靖・山本治・平井規央・石井実 (2008) 大阪府池田市でクロマダラソテツシジミの発生を確認．月刊むし，(444): 2-4.

菅原春良 (2001) 与那国島で発生中のクロマダラソテツシジミ．蝶研フィールド，16(11): 2-3.

竹上敦之 (2001) 与那国島におけるクロマダラソテツシジミについての記録．蝶研フィールド，16(10): 28-29.

Takeuchi T (2006) A new record of *Chilades pandava* (Horsfield) (Lepidoptera, Lycaenidae) from Korea. Transactions of the Lepidopterological Society of Japan, 57: 325-326.

Wu L-W, Lees DC, Hsu Y-F (2009) Tracing theorigin of *Chilades pandava* (Lepidoptera, Lycaenidae) found at Kinmen Island using mitochondrial COI and COII genes. Bioformosa, 44(2): 61–68.

Wu L-W, Yen S-H, Lees DC, Hsu Y-F (2010) Elucidating genetic signatures of native and introduced populations of the cycadblue, *Chilades pandava* to Taiwan: a threat both to Sago Palm and to native *Cycas* populations worldwide. Biological Invasions, 12: 2649–2669.

矢後勝也・蓑原茂 (2009) 温暖化北上種・クロマダラソテツシジミの関東における発見と発生確認．昆虫と自然，44(11): 22-24.

矢後勝也 (2011) 2010年の昆虫界をふりかえって　蝶界．月刊むし，(483): 2-17.

矢後勝也 (2012) 2011年の昆虫界をふりかえって　蝶界．月刊むし，(495): 2-18.

矢後勝也 (2013) 2012年の昆虫界をふりかえって　蝶界．月刊むし，(507): 2-19.

矢後勝也 (2014) 2013年の昆虫界をふりかえって　蝶界．月刊むし，(519): 2-21.

矢後勝也 (2015a) 2014年の昆虫界をふりかえって　蝶界．月刊むし，(531): 2-23.

矢後勝也 (2015b) チョウにみる進化と多様化―DNAによって解明される分化・擬態・共生の世界．遺伝子から解き明かす昆虫の不思議な世界（大場裕一・大澤省三・昆虫DNA研究会編）: 251-310, 悠書館，東京．

矢後勝也 (2016) 2015年の昆虫界をふりかえって　蝶界．月刊むし，(543): 2-18.

吉村輔倫 (2013) クロマダラソテツシジミを久々に有田地方で確認．KINOKUNI, 84: 24.

渡辺照和・伊藤武男 (2002) ソテツ（キカス）．花卉園芸大百科14．花木: 480-482, 農山漁村文化協会，東京．

（平井規央）

I. 注目される種の分布拡大の経緯と現状

7 ツマグロヒョウモンはなぜ北上したのか

■ はじめに

　今では関東をはじめ各地で，モンシロチョウ *Pieris rapae* よりも多く見られることもあるツマグロヒョウモン *Argyreus hyperbius*（図1）だが，東京都日野市では2003年までその姿をほとんど見ることができなかった。当時高校に勤務していた私は，修学旅行の引率で1997年11月に岡山県総社市を訪れた際，草原に飛ぶこのチョウを見つけ本気で追いかけていた。もちろん捕虫網は持参していた。

　ところがその後思いがけなく，このチョウが元々生息していなかった関東（岸，2001；塩田，2006；倉地，2006；原田，2007）や中部・東北地方で次々に見つかり，多くの採集・目撃記録が同好会誌等に報告された。そして今ではもう見向きもされなくなっている。

　一体なぜこのようなことが起きたのであろうか。当時このような南方系の昆虫が北上する現象の理由としては，地球温暖化が原因であると実にまことしやかに言われ，世間もそれで納得していた。新聞記事にも，そのように解説されていた。確かに，地球温暖化が起きていることは事実であり，北の方が温かくなれば南にいる昆虫も北の方で住むことができるようになる。しかし，温暖化だけが原因とは考えにくく，それでチョウの北への移動能力が高

図1　吸蜜中のツマグロヒョウモン（左：雄，右：雌）

I．注目される種の分布拡大の経緯と現状

くなるわけではない。因果関係をきちんと調べなければ，温暖化によると言うことはできない。ここから研究が始まった。

本稿では東京都日野市で，①年を追うごとに本種目撃個体数がどのように増加したのかをまず示し，②南方からのようにして移動してきた可能性があるのかを述べ，③2004年から現在まで継続して生息を続ける理由を考察したい。

■日野市でのチョウの出現・増加の様子

(1) 調査のきっかけ

私はアカトンボ類の発生の状態を知るために，1996年から東京都日野市の里山である百草山の周囲（距離は約2km）を，さらに1999年から浅川の河原（同約0.8km）と多摩川の河原（同約0.9km）に沿った道を加えて，6〜12月に週に1度の割合で現在まで調査をしてきた（図2）。調査の際には，その時の気温と照度を測定し，決まったルートを歩きながらどの種が何頭いるのかを記録した。

2000年11月11日に多摩川の河原に見慣れないチョウがおり，目を疑った。ツマグロヒョウモンの雄であった。翅は一

図2 東京都日野市のツマグロヒョウモンの調査地域

7 ツマグロヒョウモンはなぜ北上したのか

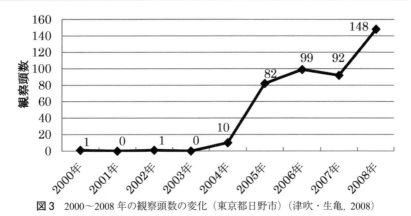

図3 2000～2008年の観察頭数の変化（東京都日野市）（津吹・生亀, 2008）

部が欠けていたが新鮮な個体で，震える手で網を振った。これ以降，特にツマグロヒョウモンも意識して調査を継続した。しかし，2001年には見られず，次に観察したのは2002年10月13日に多摩川の支流の浅川の河原で，地面で日光浴をし，アメリカセンダングサで吸蜜をする雄個体であった。2003年は観察されず，この時点ではまだ偶産蝶のレベルであった。

(2) 観察頭数はどのように増加したのか

そこで2004年以降は調査を1か月早く始め，4～12月上旬に上記のルートを歩きながら，目視できた本種の個体数を雌雄別に記録した。天候や気温を考慮し，できる限りチョウが活動していると思われる時間帯を選んだ。

その結果，2004年には4月に1頭，8月に1頭，9月に1頭，10月に7頭観察され，合計で10頭となり，すべて新鮮な個体であった。観察された場所は主に百草山周辺で，10月の1頭のみが浅川であった。なお，10月に雌（1頭）が初めて百草山で確認された。そして2005年は82頭と急増し，その後2006年は82頭，2007年は99頭，2007年は92頭，さらに2008年は148頭と増加した（図3）。

ツマグロヒョウモンはどのようにして日野市へ移動したのか

本種の幼虫は各種のスミレ類の葉を食べて育つ（白水, 2006）。日野市にはタチツボスミレやケマルバスミレが里山でふつうに見られるが，これらの量が急に増えたとは考えられなかった。北上して分布を広げるには，食草の確保が必要である。

I．注目される種の分布拡大の経緯と現状

　増加の原因として，当時ガーデニングブームのために，食草となるパンジーなどの園芸品種のスミレの仲間の栽培の増加も推測されていた。また，パンジーの流通により，越冬幼虫が運ばれる可能性も指摘されていた（石井，2002）。では，パンジーの増加をどのようにして調べればよいのだろうか。津吹・生亀（2008）をもとに述べてみたい。

(1) 日野市内におけるパンジーの栽培状況

　調査地である百草山周辺の住宅地における栽培状況，公園での植え付け量，日野市内の近年の栽培量の変化を調査した。2005年5月に住宅街を調べると，多くの庭でパンジーやビオラが栽培されていた。庭がなくても，コンテナに植木鉢をいくつも並べて塀に掛けていた。調査ルートでは少なくとも36軒でパンジー等のスミレ類を栽培していた。集合住宅でも，一般家庭と同じ規模でのコンテナによるパンジーの栽植が一部で見られた。そして，パンジーを食べ，株の付近を歩く幼虫も確認された。

　また，調査地域内の多数の公園に植えてあったパンジーは，日野市環境緑化協会が種子から生産したもので，2000～2004年の年間植え付け本数はほぼ5,500株であった。しかし秋に植えて春に花が咲き終えた株は抜いて廃棄していた。つまりチョウの増加にはあまり関与しないと考えられた。

(2) 東京都へのパンジー入荷量の変化

　パンジーの他県から東京都への流通について，東京都中央卸売市場への産地別及び月別花苗入荷量の変化を東京都中央卸売市場年報で調べた。

　その結果は図4（津吹・生亀，2008）に示した通りで，1994年の20.5万箱から徐々に増加して2001年には4倍の83.8万箱となり，2003年まで80万箱以上が維持され，その後2005年まで大きな減少は見られなかった。また，月別の入荷量は10～12月が最も多く各月15万～25万箱ずつで，9月及び1～3月では5万箱前後であった。

(3) ツマグロヒョウモンの生息するどの県のパンジーがいつ東京都へ入荷されるのか

　1999, 2004, 2005, 2006年の東京都中央卸売市場年報（花き編）明細一覧表（月別・産地別・部類別・品目別取扱高）で，次のことが分かった。

⑦ ツマグロヒョウモンはなぜ北上したのか

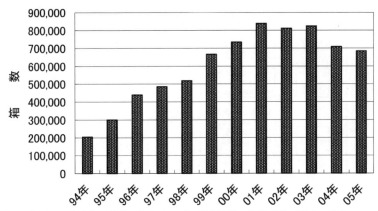

図4 全国から東京都へ入荷されたパンジー花苗箱数の経年変化（津吹・生亀，2008）

2003年に東京都がパンジー花苗を入荷した地域の中で，既にツマグロヒョウモンが定着していた県は愛知・三重・奈良・和歌山・愛媛・福岡であり，その頃になって記録が多数出た県は神奈川・山梨・静岡であった。表1に，2003年におけるこれらの県から東京都への入荷量を県別・月別に示した。また2003年に，東京都に入荷した総箱数に対する各県の総箱数の割合を％で示した。

入荷のある県の中からツマグロヒョウモンの定着地である愛知県と本種の記録の多い神奈川・山梨県を見ると，特に10〜12月の入荷量が多かった。2004，2005年も類似の傾向が見られた。

(4) どの県のパンジーが日野市へ入荷されるのか

次に日野市におけるパンジーの流通経路を知るため，2005年にチョウの調査地を中心に約1.5km以内にある31の販売店（園芸店・生花店・種苗商・ホームセンター・スーパーマーケット等）で仕入れ先を聞き取り調査した結果，次のことが判明した。以下の省略名は次のとおりである。(中)：東京中央卸売市場，(地)：東京都地方卸売市場，(神)：神奈川県の卸売市場。パンジー花苗の仕入れ先は世田谷市場（中）が12件，青梅インターフローラ（地）が5件，相模原園芸地方卸売市場（神）が3件，大田市場（中）・東京都荻窪園芸（地）がそれぞれ2件で，他に立川生花（地）・川崎市中央卸売市場北部市場（神）・埼玉の農家との直接契約・卸売業者と契約（その仕入れ先は世田谷市場・太田市場・青梅インターフローラ・相模原園芸地方卸売市場

■ Ⅰ．注目される種の分布拡大の経緯と現状

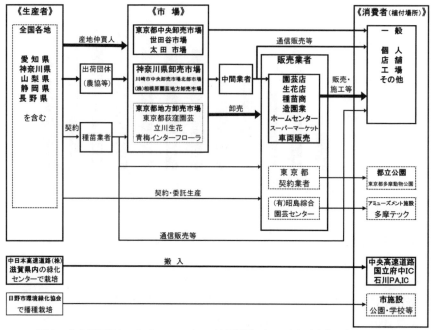

図5 東京都日野市におけるパンジーの流通経路（2005年）（津吹・生亀，2008）
太線で囲んだ部分が卵や若齢幼虫の移動と関係すると考えられる。

の各市場）が各1件，そして不明及び回答せずが7件あった。以上の概要をまとめたものが図5である。これらのうち，世田谷市場と大田市場を含む東京中央卸売市場の仕入れ先は，表1で示されている。

なおこれらの販売店の多くは，パンジーのポット苗をトレーに入れ店舗の表のたたきの上に並べて展示販売をしていた。これは植え付け後に苗がなじむよう販売までの期間外気にさらすためであり，店舗外の展示宣伝と装飾も兼ねていた。

(5) パンジーの栽培方法

パンジーは冬期のガーデニングの代表種で，品種改良により耐寒性や短日条件での開花性が増し，冬でも花付きが保たれるようになった。東京でも秋，冬から初夏まで植栽される。日野市へ入荷されるパンジーは，それに合わせるように各地で育苗される。十分な光が得られるように苗は露地栽培されることが多いが，農家の畑地や建物脇などに建てられた簡素な施設やビニール

表1 ツマグロヒョウモンの定着または近年多くの記録のある県から東京都に出荷された
パンジー花苗の県別・月別箱数（2003年）（津吹・生亀，2008）

月	1	2	3	4	5	6~8	9	10	11	12	合計	%*
愛知県	280	74	218	19	5	0	35	266	611	215	1,723	0.2
三重県	170	0	0	0	0	0	0	0	0	0	170	
奈良県	0	0	0	0	0	0	0	0	31	0	31	
和歌山県	0	0	0	0	0	0	0	10	0	0	10	
愛媛県	0	0	8	0	0	0	0	0	0	0	8	
福岡県	40	100	0	0	0	0	0	0	0	0	140	
神奈川県	11,646	9,557	9,676	2,125	0	0	539	17,771	42,737	25,522	119,573	15.5
山梨県	1,767	1,582	757	377	0	0	6,155	33,028	13,703	3,789	61,158	7.4
静岡県	683	662	896	39	0	0	26	1,094	1,458	1,348	6,206	0.8
合計	14,586	11,975	11,555	2,560	5	0	6,755	52,169	58,540	30,874	189,019	23.9

*全国から東京都へ出荷された総量に対する割合

ハウスが育苗に用いられることもよくある。温度は，鉄骨（ガラス）ハウスでは，換気口の開閉や遮光幕の使用，あるいはこれらと冷暖房との併用で管理されていた。

また，花苗を輸送中のトラックの荷台の覆いが簡素であったり覆いが無かったりする場合もあった。この状態では，栽培・輸送中のパンジーなどのスミレ類に飛来した雌が産卵する可能性は十分に考えられる。事実，神奈川県藤沢市の販売店にあったビオラへの産卵例や横浜市の販売店で3頭の雌によるパンジーへの訪花例（相模の蝶を語る会，2006）が報告されている。

農薬については，当時のパンジーの害虫はハダニやアブラムシ等であり，それらに対して土壌に粒剤を混入させたり，散布して農薬を水とともに植物体内に保持させたりしていた。そのため，鱗翅目昆虫等の幼虫など，体の大きな食葉性害虫にはあまり効果はなかった。

（6）「蝶類年鑑」と各地の同好会誌の記録

当時関東近県ではツマグロヒョウモンは珍しく，各地の同好会誌に多くの記録が載った。そこで，各地の同好会誌の記録及び，蝶研出版の「蝶類年鑑」に報告された日本中の記録をもとに，各県で何頭の記録があるかを調べ，急増したと考えられる年を図6に示した。地形の関係もあり単純ではないが，西から東へチョウが飛翔して順に分布を広げたとは考えられなかった。

（7）まとめ

日野市でツマグロヒョウモンが急増したのは2005年だが，当時ガーデニングブームで各地から東京に入荷されたパンジーの花苗の箱数は急増していた。そして，ツマグロヒョウモンが既に定着していた愛知県や，記録の多かった神奈川・山梨県からも東京都へ，さらに日野市へパンジーが運ばれていた。

Ⅰ. 注目される種の分布拡大の経緯と現状

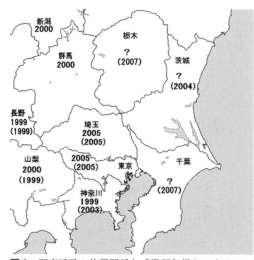

図6 関東近県の位置関係と「蝶類年鑑」によるツマグロヒョウモンが急増した年（津吹, 2009 を改変）
（ ）は地方同好会によるもの。

当時はまだ本種の幼虫はパンジーの主要な害虫ではなく, 卵や重なり合った葉などの隙間に潜む若齢幼虫の検査は行なわれなかった。そして各家庭に植えられたパンジーに対しては, 家族や環境への配慮から薬剤使用は避けられていたであろう。

この結果, 生産地のパンジーに付いた卵や若齢幼虫が人為的に日野市に運ばれ, 現地で葉を摂食して成長・羽化した可能性は十分に考えられた。また, 関東地方における本種の目撃・採集記録から各県の急増年を見ても, 西から東に順に移動したようには考えられなかった。

■ 幼虫の越冬方法と冬期の野生のスミレ類・パンジーの状態

では, 卵や若齢幼虫は日野市で一体どのように越冬しているのであろうか。前述のように, 2004年には4月11日に成虫が確認され日野市での越冬が示唆されたため, 最低気温が低くても越冬できる場所を幼虫が選ぶのではないかと推測した（津吹, 2004）。そして長野県三郷村でも3, 4齢の幼虫が, エアコンの室外機前のノジスミレで見つかっており機械の暖気の影響が考えられた（中田・那須野, 2004）。

そこで日野市において, 冬期におけるタチツボスミレ等の野生のスミレの状態と幼虫の行動を調査した（津吹, 2011）。

(1) 野生のスミレ類・パンジーの状態

日野市の里山で2006〜2009年の冬期を中心に継続調査をしたが, 特に多いタチツボスミレには, 葉は無いかあっても小さかった。これでは幼虫は日

表2 冬期におけるツマグロヒョウモンの3齢と思われる幼虫の行動と体温・環境条件(2006年12月24日, 晴れ)(津吹, 2011 を改変)

時刻	幼虫の位置	幼虫の体温(℃)	幼虫のいた鉢表面(直射日光下)	生の葉(上面)	枯れ葉(上面)	土の表面	*気温(℃)	照度(lx)
5:30	鉢の内側の縁	3.5	3.6	3.2	3.6	5	5	0
7:50	鉢の内側(日陰)	5.3	5.4	5.4	5.4	5.4	7	2000
9:30	同 上	9.5	10	8.6	9.8	7.8	11	60000
11:00	同 上	22	22(30)	22	22	22	21.5	44000
12:00	同 上	24.5	25.8(35.7)	21.7	24.3	24.7	24	51000
13:15	枯れ葉の中	23.4	34(35)	25	23	23.7	25	35000
14:15	鉢の外の縁	17.7	18.4	17	17.3	17.5	22	8300
15:30	同 上	13.3	13.3	13.2	13.4	13.2	13	1500
16:30	同 上	11.3	11.2	11	11.3	10.8	11.7	45
18:20	同 上	10.5	10.4	10	10.8	9.4	11	0
19:30	同 上	10	10	9.5	11	8.5	10.5	0
22:00	同 上	8.5	8.8	8.1	9.4	7.6	9	0

*昼間は日向の温度を測定
(2006年12月23日〜24日の最低気温は4℃)
(2006年12月24日〜25日の最低気温は6℃)

野市に移動できても,生き延びて成長することはできない。それに対してパンジーやビオラは,冬期にも葉を豊富につけており,幼虫にとって十分な餌になる。

(2) 幼虫の行動

　幼虫1個体を追跡調査した1例を示す。2006年12月10日〜2007年2月9日の2か月間に,3齢幼虫はパンジーの鉢で摂食・排糞・脱皮を続けて成長した。1日の中でも,葉の上・巻いた枯れ葉の中・植木鉢の上・パンジーの株の中・パンジーの枯れ葉や茎の上と,よく移動して居場所を変えた(表2)。すなわち,幼虫は高温になりすぎず,そして低温になりすぎない場所に存在したと考えられた。この間の最低気温は−0.1〜7.0℃であった。2010年1月の同様の調査では気温はさらに低く,−5.5℃を1回,−4.5℃を2回記録したが,4〜6齢の8個体の幼虫は生存し活動した。スミレの葉を食べつくした5齢幼虫が直射日光下で平面に直すと4m移動した例もあり,このときはおよそ12cm/5秒の速度であった。また,鉢の野生のスミレの葉がなくなったり気温が低下したりした時には,枯れ葉や受け皿の裏の溝に移動した(図7)。枯れ葉やプラスチックは土や生きた植物よりも温度が下がりにくく,裏側は風もよけられるからであろう。同様に幼虫が低温時に温度の下がりにくい枯れ葉上にいることもしばしば観察された。北原(2008)は長野県伊那市で3月に,幼虫が降水等で柔らかくなった枯れ葉を摂食し黄褐色の糞を排泄したことを観察している。このように幼虫は餌を求め,また日光浴・低温回避等のためにより良い場所を求めて,自由に移動していた。

■ Ⅰ．注目される種の分布拡大の経緯と現状

図7 スミレ類の植木鉢とプランター（左）とプランターの底の裏側に避難した幼虫（右）

（3）越冬後における目撃個体数の季節変化

　日野市における2004〜2006年のツマグロヒョウモンの目撃個体数は，春は少なく夏に少し増加し，秋に最も多くなった。これは，冬期の餌不足や低温を生き延び春に羽化したチョウの子孫が，季節にともない世代を重ね徐々に増えた結果ではないかと考えられた。幼虫は夏期・秋期には，野生のスミレ類だけでなくアメリカスミレサイシンなどの園芸種のスミレ類をよく摂食していた。

（4）まとめ

　幼虫は低温・高温を避け，また餌を求めてかなりの距離を移動する。その幼虫にとって，冬期に葉が極端に少ない野生のスミレ類に代わり，葉が豊富に生育しているパンジーは最適な餌となる。

■ おわりに

　日野市におけるツマグロヒョウモンの調査は，現在も続けている。2015年まで変動はあるものの年間およそ80頭が観察されており，減少する様子はない。幼虫がパンジーに与える影響は大きいため，その後幼虫防除のために出荷前に葉に薬剤が散布されており，幼虫は摂食すると中毒死する。従って，現在は入荷されたパンジーとともに卵や幼虫が移動することはほとんどないであろう。ただ，購入したパンジーを野外に1か月程置いておくと薬剤は雨等で流されるようで，幼虫が食べても大丈夫になることが分かっている（津吹，未発表）。現在いるツマグロヒョウモンは，以前に運ばれてきた卵や幼虫の子孫ではないかと考えられる。

〔引用文献〕

原田一志 (2007) 2005年日野市と八王子市で大発生したツマグロヒョウモン．昆虫と自然，42(14): 33-37.

石井実 (2002) 日本産チョウ類の近年の分布変化．昆虫と自然，37(1): 2-3.

岸一弘 (2001) 南関東における南方系チョウ類の北上について．昆虫と自然，36(4): 40-43.

北原曜 (2008) 長野県伊那市におけるツマグロヒョウモンの越冬．Butterflies（フジミドリシジミ），47: 57-61.

倉地正 (2006) データに基づく東京都におけるチョウの盛衰分布．やどりが，209: 48-52.

中田信好・那須野雅好 (2004) 第7章動物 第2節無脊椎動物（2）チョウの仲間．三郷村誌Ⅱ第Ⅰ巻自然編（三郷村誌編纂委員会編纂）: 378-394，三郷村誌刊行会，長野県三郷村．

相模の蝶を語る会 (2006) 創立20周年記念CD「神奈川の蝶・データ集」．相模の蝶を語る会，相模原．

塩田正寛 (2006) 近年の日本におけるチョウの北上と暖冬現象―2005年までの茨城県の状況―．やどりが，209: 37-47.

白水隆 (2006) 日本産蝶類標準図鑑．336pp.学習研究社，東京．

津吹卓 (2004) 東京都日野市における4月のツマグロヒョウモン *Arugyreus hyperbius* の記録と冬期の最低温度．New Entomologist, 53: 71-74.

津吹卓 (2009) ツマグロヒョウモンの生態から北上を考える．蝶学をめぐる諸問題．タカオゼミナール論文集第3集（小暮翠・松井安俊・寺章夫編）: 143-158, タカオゼミナール，千葉．

津吹卓 (2011) ツマグロヒョウモンの北上の原因を探る（2）幼虫の行動および冬期の野生のスミレの状態．蝶と蛾，62: 127-134.

津吹卓・生亀正照 (2008) ツマグロヒョウモンの北上の原因を探る（1）東京都日野市におけるツマグロヒョウモンの発生消長およびパンジーの入荷量・栽培方法をもとにして．蝶と蛾，59: 154-164.

(津吹　卓)

I．注目される種の分布拡大の経緯と現状

8 神奈川県におけるコムラサキの分布拡大

■ コムラサキは「山の蝶」では？

　神奈川県ではコムラサキ *Apatura metis* は，かつては「山の蝶」のイメージであった。平野部でのコムラサキの記録は 1980 年代から湘南地区で散発的な報告がなされていたものの，その後，約 20 年間にわたって記録がなかった。2000 年代に入ってから，2002 年に平塚市の北西部で（美ノ谷，2003），また 2006 年に藤沢市内辻堂の緑地公園で本種が採集された（大島，2007）。特に後者の藤沢市での発見は，地元，神奈川の蝶好きの同好会である相模の蝶を語る会（以下，当会）の ML（メーリングリスト：後述）に記録として収載されたため，当会のメンバーの間でコムラサキ再発見の機運が高まった。その結果，藤沢での発見の翌月に，神奈川県に隣接する東京都町田市下小山田において，休耕田の谷戸のヤナギ類で樹液を吸汁する個体が確認された（川田，2007）。同時期に，著者らは多摩川の河川敷の川崎市多摩区・中原区や対岸の東京都大田区田園調布のヤナギでもより多くの個体の生息を確認するに至った（針谷・手束，2007；針谷ほか，2007）。

　当時，神奈川県ではコムラサキはヘリグロチャバネセセリ *Thymelicus sylvaticus* やヒメシロチョウ *Leptidea amurensis* などと同等の絶滅危惧ⅠB 類 8 種の中に含まれており，丹沢山塊，特に西丹沢の山中の沢で発生していることが知られていたので（中村ほか，2004），本種の平野部での発見は当会の会員の間で注目されるようになった。

■ 分布拡大の方向性

　筆者は，東京都との県境である多摩川河川敷での 2006 年の複数個体の発見から類推して，東京都での分布状況を把握しておく必要があると考えた。そこで，東京都のコムラサキの分布については当時，日本鱗翅学会評議員であった倉地正氏にご教示いただいた。同氏によるとコムラサキは東京都西部の山地（奥多摩町・檜原村）と都区部東部（葛飾区水元公園等）でのみ生息しているとされており，2002 年までは神奈川県同様に，東京都の絶滅危惧

種であった．しかし，同氏が担当した日本産蝶類の衰亡と保護第 6 集（倉地，2009）の情報収集の際には，立野公園（練馬区），善福寺公園（杉並区），小平市や小金井市内などでの生息が報告されて目撃例も増えたために，その後は絶滅危惧種から除外することに至ったとのことで，2008 年までに本種は都内の市街地緑地を中心に既に生息していたことになる．この東京都平野部での本種の「復活」がどのようなルートや要因で起こったのかについては，神奈川への分布拡大とも関連があると思われるため，簡単に触れてみたい．当会のデータベースに残るのは，神奈川県でコムラサキを探す機運が高まった以降では，2006 年 9 月に練馬区石神井公園で撮影されたのが最初であった（岩田，2011）．この公園は，古くから本種の多産地として知られる荒川の河川敷に広がるさいたま市の秋ヶ瀬公園から直線距離で約 10km の地点にある．東京都平野部での復活がこの荒川流域個体群から拡散してきたかどうかは不明であるが，可能性としては否定できない．荒川流域個体群については，約 30 年以上前にはいなかったことを確認している戸田市内の荒川河川敷で 2007 年に筆者はその生息を確認しており（針谷，2008a），その後，宇式和輝氏によって 2011 年 6～7 月にかけて荒川流域の板橋区，北区，足立区，荒川区都立尾久の原公園などで次々に観察されている（西多摩昆虫同好会，2014）．これらの記録から，荒川流域個体群は，10 年足らずで下流の都区部での生息確認に繋がり，かつてからの産地である葛飾区の水元公園にまであと約 10km に迫ったと考えられる．このことから，本種の分布拡大には，河川流域の環境の変化が関与していることが示唆される．

　さて，本題の神奈川県であるが，2006 年に多摩川河川敷の神奈川県側で発見された個体群は，東京都中央部域の都市公園からもしくは東京都稲城市方面から多摩川下流へ南下したものではないかと考えている．筆者が 2006 年に多摩川流域で観察した際には，場所によっては多くの個体が見られたことから，それ以前に既に生息していた可能性もある．

　多摩川河川敷に続き，翌年には鶴見川河川敷の横浜市青葉区・都筑区から鶴見区方面にかけて点々と産地が存在することが確認された（針谷，2008b）．注目すべきことは，大きな河川の河川敷に繁茂するタチヤナギをホストとして発生しているだけでなく，同年に都筑区中央公園や旭区大池自然公園，緑区四季の森公園，2008 年には戸塚区舞岡公園で観察されたように，

Ⅰ．注目される種の分布拡大の経緯と現状

図1　神奈川県の平野部における 2010 年までのコムラサキの分布

地元の自然保護団体が手入れをしているような市街地緑地のシダレヤナギで発生していることである（針谷，2009）。

2009 年には横浜市栄区の柏尾川上流のいたち川流域で発見され（丸山，2011），これは横浜市内で最も南部での発見となった。そして 2010 年に入り，ついに神奈川県央部の相模川（相模原市，海老名市）（千田，2011；岩野，2011）や引地川流域（藤沢市）（針谷，2011）で本種が発見されるに至った。神奈川県では，本種の分布拡大の方向性は北上種とは逆方向で，神奈川県川崎市東部の多摩川流域から鶴見川を経由して横浜市西南部や県央部方面（相模川流域）へと約 4 年で南西方向に進んだと考えられた。県内を南北に流れる一級河川を繋ぐように東西方向に不連続に点々と存在している市街地緑地のシダレヤナギも分布拡大の中継地点として重要な役割を果たしていると考えられた（口絵⑧ c，図1）。

2010 年度までの本種の分布拡大については前著で報告した（針谷，

[8] 神奈川県におけるコムラサキの分布拡大

2012)。その後は浅野(2013)が鎌倉市中央公園において2011年から継続的に生息を確認しており,また同年に茅ヶ崎市(岸,2012),2012年には小田原市(山口,2013),2014年には平塚市や大磯町(會田,2015)での記録が報告され,湘南海岸に面した相模湾沿いの地域で観察されるようになった。なお,相模川河川敷(千田,2011;岩野,2011)や小田原市(山口,2013)などは,当会の観察者が手薄な地域でもあり,あまり本種に注意して観察を継続していた地区ではなかったため,丹沢個体群が分布域を拡大した可能性も考えられる。湘南地区には観察者が多いが,横浜市南部や鎌倉市よりも後に記録が出始めたことから,この地区へは,県東部の多摩川方面から分布を拡大した可能性が高いと思われる(図2)。

ナガサキアゲハ *Papilio memnon* などの「北上」とは全く逆に,本種は「な

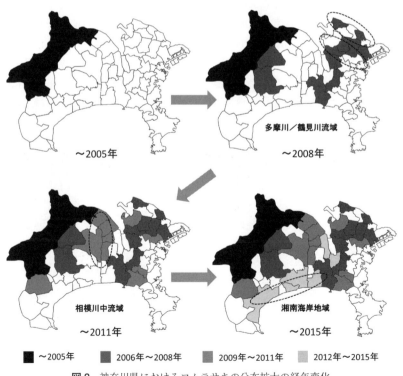

図2 神奈川県におけるコムラサキの分布拡大の経年変化

I．注目される種の分布拡大の経緯と現状

ぜ」，「南下」分布拡大したのかという理由は全く未解明であるが，非常に興味深い．

■ コムラサキ分布域に共通する生息環境

　これまでの観察から，筆者は都市部における本種の生息には三つの要素が必要であると考えている．それらは，①幼虫の食樹であるヤナギ類の存在，②河川または池・せせらぎがあること，③ヤナギの周りにある程度の規模の緑地が存在することで，以上の三つの要素を満たすところでは発生を繰り返している傾向にある．これらのポイントを考慮して探索を行えば，今後さらに新生息地が発見できると思われる．一度絶滅したと考えられていた多摩川や鶴見川流域，湘南地域では，近年，護岸のコンクリート化の見直しなどによって，タチヤナギなど本来の河川敷の樹木が増加，大木化してきている傾向にあるが，このことも本種の個体数増加に寄与している可能性がある（図3，4）．また，市街地緑地（市民の森など）には市民の憩いの場として池が存在し，シダレヤナギが植栽されていることが多い．これら緑地は，県内を南北に流れる一級河川をつなぐ中継地となり，西南部方向への分布拡大に大きく寄与したと考えられる．神奈川県の市町村立の都市公園の面積は，近年

図3　河川敷のタチヤナギで発見されたコムラサキ越冬幼虫
（2007年2月，川崎市多摩区宿河原）
越冬幼虫はタチヤナギの幹の割れ目では比較的容易に発見できるが，シダレヤナギでは慣れないと発見が難しい．

8 神奈川県におけるコムラサキの分布拡大

着実に増加している（図5）。また横浜市では2009年4月から緑化地域制度を施行して，緑が不足している市街地などにおいて，敷地面積が一定規模以上の建築物の新築や増築を行う場合に，敷地面積の一定割合以上の緑化を義務づけている。2007年に本種を発見した横浜

図4　河川敷の状況（川崎市中原区等々力）
護岸が自然状態で残されており，中州にヤナギ類が存在する。

市都筑区の都筑中央公園は，港北ニュータウンの中心部に位置している。駅前にデパートやマンションが立ち並ぶ街並みの眼の前にありながら，従来の雑木林や水場を残し，シダレヤナギの大木も残されている（図6）。さらに近年，横浜市では市民ボランティアによる緑地保全活動も盛んに行われている（横浜市，2015）。このような行政の施策と地域住民の活動も，本種の分布拡大に影響しているかもしれない。

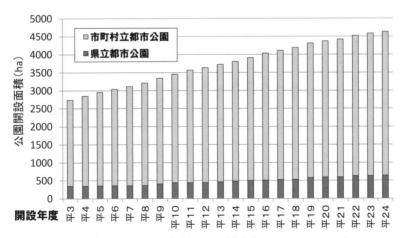

図5　神奈川県における都市公園の面積変化　（神奈川県HPより）

I. 注目される種の分布拡大の経緯と現状

■ コムラサキが「分布拡大」した理由

　さて，チョウの分布拡大には，本書の別項のツマグロヒョウモン *Argyreus hyperbius* のように，人為的な要因が影響していると考えられるケースがある。コムラサキの神奈川での分布拡大については，本種が自力で生息範囲を拡大したのか，それとも人為的な要因によっているのかを検討する必要がある。

　ここでは，まず前者の可能性について考察したい。当会では県内に多くの会員がいるが，2006年の藤沢市での発見以降，会員各氏に本種の再発見の可能性があるために各自の観察場所でヤナギ類には注意をするように，MLを使って呼びかけていたので，それ以降の本種の「見逃し」は少なくとも平野部や市街地では考えにくい。筆者も含めた会員各氏の記録をまとめたのが表1である。筆者は港北ニュータウン内の市街地公園（都筑中央公園）にある水路とシダレヤナギに着目し（図6），2006〜2007年には頻繁に調査を行った。その結果，2006年には発見できなかったが，多摩川で発見された2007年には，予想どおり同地で発見することに成功した。戸塚区舞岡公園では2008年以降，栄区いたち川流域では2009年以降，本種が継続的に観察されるようになった。これらの場所はそれ以前には生息が確認されなかった場所である。鎌倉中央公園でも，2011年の発見以降は継続的に観察されている。このように，チョウの観察者が年間を通じて熱心に記録をしてきた地点で2006年時点では生息していなかった本種は，2007〜2011年ごろから，継続的な生息が確認されるようになった。またこの間，特に公園に本種の

表1　コムラサキの経年観察地での記録の推移

継続調査地	2006	2007	2008	2009	2010	2011	2012-2015
横浜市都筑区　都筑中央公園	×	○	○	○	○	○	○
横浜市戸塚区　舞岡公園	×	×	○	○	○	○	○
横浜市栄区上郷町　いたち川流域	×	×	×	○	○	○	○
鎌倉市山崎　鎌倉中央公園	×	×	×	×	×	○	○

故井上孝美氏，故菅井忠雄氏，塩昭夫氏，丸山充夫氏，浅野勝司氏らの観察データを基に作成。
○印は成虫の観察記録があったことを示す。

8 神奈川県におけるコムラサキの分布拡大

食樹であるヤナギが他の土地から移植されるようなことはなかった。これらのことから，本種は自力で「分布拡大」した可能性が高いと考えるのが妥当であろう。前述したように，東京都では2000年代以降に記録が多くなり，現在でも分布を拡大する傾向にある（西多摩昆虫同好会，2012）。また，神奈川への分布拡大と時期を同じくして，千葉県でも船橋市や千葉市中央区のような市街地で本種が増え始めていたという（大塚市郎氏，私信）。

図6 市街地緑地の生息地（都筑中央公園）

さらに，前述したように埼玉県と東京都の都県境を流れる荒川個体群は，南進していると考えられる。これらのことから，本種は南関東各地で分布を拡大（または個体数を増加）させている可能性が高いと考えられる。

矢後ほか（2014）は，皇居においてチョウの多様性が高い理由は，周辺にパッチ状に存在する緑地帯がサテライトエリアとなって，皇居内のコア個体群を支えていることであると考察している。近年の河川敷の安定化は，ヤナギの大木化に繋がり，また，河川敷が公園として整備されるような場合でも，ヤナギの大きな木は残される傾向がある。神奈川において，南北に流れる大きな河川敷では，コムラサキは個体数を増加させてコア個体群ができる可能性が高い。そして，市街地緑地が，河川と河川を繋ぐ東西方向の回廊（コリドー）としての役割を果たしサテライトエリアとして機能しているのではないだろうか。このようなコアとサテライトがうまく機能すれば，都市部でのコムラサキ個体群は長く維持されるだろう。上記したように，市街地緑地では水辺の整備も推進されており，ヤナギ類が植栽されたり保護されたりしている。このような人為的な要因も，本種の分布拡大に好影響を及ぼしていると考えられる。

I．注目される種の分布拡大の経緯と現状

■ コムラサキ以外の種でも異変か？

　一昔前までは神奈川県では山地に行かないと会えなかったテングチョウ *Libythea lepita* や，里山にしか生息していなかったツマキチョウ *Anthocharis scolymus* やヒオドシチョウ *Nymphalis xanthomelas* などが，最近，筆者の住む横浜市の市街地緑地で観察できるようになった（相模の蝶を語る会，2011）。30年ほど前の神奈川県昆虫調査報告書ではテングチョウは県東部での記録がなく，津久井及び丹沢山麓部に生息する「山の蝶」であった（伊藤ほか，1981）。

　エノキの実を好んで食べるムクドリの増加により，エノキの木が増加したことが，テングチョウの増加理由の一要因として考えられるかもしれない。ゴマダラチョウ *Hestina persimilis* や移入種のアカボシゴマダラ *Hestina assimilis* の生息域が近年拡大したことも，このことと関係している可能性がある。またツマキチョウでは，セイヨウカラシナなどの外来植物の移入による食草の多様化などが分布拡大の要因の一つかもしれない。最近，ミヤマカラスアゲハ *Papilio maackii* や，ミドリヒョウモン *Argynnis paphia*，オオウラギンスジヒョウモン *Argyronome ruslana*，ヒオドシチョウ等の新生個体が横浜市の中北部域で記録されるようになってきたこと（相模の蝶を語る会，2011）は特筆に値し，これらの種の増加には，里山環境の維持活動などが関与しているかもしれない。

■「観察できなかった」という記録の大切さ

　神奈川県内で目撃・採集したチョウを，MLを活用して記録していくシステムが当会の川田澄男氏と橋本栄利氏のご尽力により開発され，会員諸氏の情報共有とチョウ相の経年変化を知るために活用されている（相模の蝶を語る会，2011）。今では，蓄積されたデータベースを元にして各種の年度ごとの記録数や個体数などを検索する機能に加え，県内の行政区分マップに分布の多寡を色の濃淡（ヒートマップ）で表示させたり，確認場所を地図上にポイントしたりするシステムへと進化している。会員が，日々の記録を一定の記録様式に合わせてMLにアップすると記録が蓄積されていくという画期的なシステムである。このシステムを用いて検索すると，コムラサキは2000

8 神奈川県におけるコムラサキの分布拡大

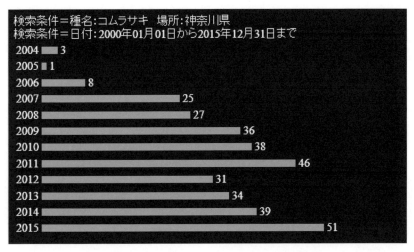

図7　神奈川県におけるコムラサキの記録数の経年変化
神奈川県内で 2000～2015 年までに，339 回・739 個体のコムラサキが記録された。
2006 年以降，記録数が増えていることがわかる。

年1月1日より 2005 年 12 月 31 日までの 6 年間で，県内ではわずか 2004 年と 2005 年の 4 記録・8 個体が県西部の山北町と現在の相模原市緑区内のみで記録されたにすぎず，絶滅危惧種に指定されて当然の状況であった。しかし，藤沢市での 2006 年の再発見以降，2015 年 12 月 31 日までで検索すると，なんと 739 個体が 29 市区町村で確認されていることを瞬時に検索することができる（図7）。東京都方面から南下侵入したと思われる本種は，わずか約4年で県央の相模川流域にまで達したことを，客観的な数値で裏付けることができる。

　今回の分布拡大の可能性を結論づけるに至ったのは，当会の多くの会員による日々のデータの蓄積によるところが大きい。自然環境や生態系の変化をチョウ類の盛衰の視点から考察することは重要であり，当会のような地方同好会は趣味の会ではあるが，会員の地道な活動記録をまとめることは，学術的にも大きな意義を持っている。

　チョウ類の分布拡大を考える際，「いなかった」という記録は非常に大切である。近年では，キリシマミドリシジミ *Thermozephyrus ataxus* が西丹沢か

I．注目される種の分布拡大の経緯と現状

ら東進し（久保田, 2015），ついに裏丹沢（相模原市緑区）でも採卵されて（小林文夫氏，私信）生息域を拡大させているのではないかという話題も興味深いが，過去の調査不足の可能性と区別するためにも「いつまではいなかった」という記録を，絶滅危惧種の「いつからいなくなった」という記録と共にしっかり残しておくことが重要であると感じている。

本稿を終えるにあたり，多くの貴重なデータを活用させていただいた当会会員の皆様に深くお礼を申し上げる次第である。

〔引用文献〕

會田重道 (2015) 2014年大磯町と平塚市におけるコムラサキの記録. 相模の記録蝶, (29): 156-157.
浅野勝司 (2013) 鎌倉市の蝶　5年間（2008年～2012年）の記録. 相模の記録蝶, (27): 64-71.
針谷毅 (2008a) 埼玉県戸田市のコムラサキと *Hestina* 属に関する一考察. 相模の記録蝶, (22): 69.
針谷毅 (2008b) 横浜市都筑区・鶴見区および川崎市でのコムラサキ探索記録. 相模の記録蝶, (22): 66-67.
針谷毅 (2009) 2008年神奈川県東部におけるコムラサキの分布について. 相模の記録蝶, (23): 150-152.
針谷毅 (2011) 種別リスト　コムラサキ. 相模の蝶を語る会創立25周年記念CD「神奈川の蝶・データ集Ⅱ」: 1571, 相模の蝶を語る会, 相模原.
針谷毅 (2012) 神奈川県のコムラサキの分布拡大. 昆虫と自然, 47(6): 12-15.
針谷毅・大塚康司・川田澄男 (2007) 町田市中央部丘陵域（多摩丘陵）でコムラサキの生息を確認. 昆虫と自然, 42(2): 44.
針谷毅・手束喜洋 (2007) 川崎市中原区でコムラサキを採集. 相模の記録蝶, (21): 5-6.
伊藤正宏・原聖樹・山内達也・落合弘典 (1981) 神奈川県の蝶類. 神奈川県昆虫調査報告書（神奈川県教育庁社会教育部文化財保護課編集）: 73-74, 神奈川県教育委員会, 神奈川県.
岩野秀俊 (2011) 相模川河川敷におけるコムラサキの探索報告. 相模の記録蝶, (25): 116-117.
岩田一彦 (2011) 種別リスト　コムラサキ. 相模の蝶を語る会創立25周年記念CD「神奈川の蝶・データ集Ⅱ」: 1567, 相模の蝶を語る会, 相模原.
川田澄男 (2007) 町田市でコムラサキの成虫と幼虫を確認. 相模の記録蝶, (21): 2.
岸一弘 (2012) 湘南地域のコムラサキの記録. 神奈川虫報, (177): 27-29.
久保田瑛子 (2015) キリシマミドリシジミの厚木市，伊勢原市からの記録. やどりが, (244): 33-34.
倉地正 (2009) 日本産蝶類県別レッドリスト（三訂版）13. 東京都. 日本産蝶類の衰亡と保護第6集（間野隆裕・藤井恒編）: 144-149, 日本鱗翅学会, 八王子.
丸山充夫 (2011) 横浜栄区のコムラサキ（2010年）. 相模の記録蝶, (25): 118.

美ノ谷憲久 (2003) 平塚市にてコムラサキを採集．神奈川虫報，(13): 15.
中村進一・芦田孝雄・原聖樹・岩野秀俊・美ノ谷憲久 (2004) チョウ目（チョウ類）．神奈川県昆虫誌Ⅲ（神奈川昆虫談話会編）: 1159-1228，神奈川昆虫談話会，小田原．
西多摩昆虫同好会 (2012) 新版東京都の蝶．けやき出版，立川．
西多摩昆虫同好会 (2014) 東京都蝶類データ集 2014 「新版 東京都の蝶」資料編（倉地正・久保田繁男編）: 231, 244, 249, 251, 西多摩昆虫同好会，青梅．
大島猛 (2007) 藤沢市でコムラサキを採集．相模の記録蝶，(21): 1.
相模の蝶を語る会 (2011) 相模の蝶を語る会創立 25 周年記念 CD「神奈川の蝶・データ集Ⅱ」．相模の蝶を語る会，相模原．
千田政裕 (2011) 相模川で記録したコムラサキ．相模の記録蝶，(25): 117.
矢後勝也・久保田繁男・須田真一・神保宇嗣・岸田泰則・大和田守 (2014) 皇居の蝶類 (2009–2013)．国立科博専報，(50): 239-271.
山口慧 (2013) 小田原市でコムラサキを記録．相模の記録蝶，(27): 13.
横浜市 (2015) 平成 27 年度事業目標及び進捗状況（平成 27 年 11 月末時点）．横浜みどりアップ計画（計画期間：平成 26-30 年度），1-6.http://www.city.yokohama.lg.jp/kankyo/midoriup/

（針谷　毅）

Ⅰ．注目される種の分布拡大の経緯と現状

9 アオタテハモドキの分布拡大

はじめに

　アオタテハモドキ *Junonia orithya* には 18 もの亜種が知られ，広く世界の熱帯，亜熱帯に分布する（塚田，1985）。亜種を含めた分布域は，アフリカ，マダガスカル（*J. o. madagascariensis*），トルコ，アラビア半島（*J. o. here*），インド南部，スリランカ（*J. o. patenas*），インド北部からタイ，マレー半島（*J. o. ocyale*），中国，台湾（*J. o. orithya*），東南アジア，ニューギニアの島々（12 亜種），オーストラリア北部（*J. o. albicincta*）に及ぶ（塚田，1985）。日本で見られる本種は，中国，台湾と同じ亜種 *J. o. orithya* とされ，主として南西諸島に分布し，沖縄県の南西部では越冬すると考えられている（上杉，1998；白水，2006 など）。本種は，九州，四国，本州でも比較的広範囲で記録され（図 1），近年は特に九州において，南方からの移動個体に由来する発生が増加傾向にあるといわれている。越冬北限や土着地については様々な見解があるが，継続的に定着しているのは八重山諸島の石垣島と西表島のみで，沖縄島，沖永良部島，徳之島などでは数年にわたって発生が継続することがあると考えられている（福田ほか，1983；手代木，1990；白水，2006；矢田，2007 など）。福田ほか（1983）は，沖縄島では 1936～1938 年には普通に見られたものの，その後ほとんど見られない時期があり，沖永良部島や徳之島でも 1960 年前後に数年間定着したとしている。

　まず，本種の分布拡大の様子を知るために，白水（2005）を参考に本種の九州以北の記録数の推移を調査した（図 1, 2）。その結果，101 件以上の記録があったのは，鹿児島県，宮崎県，長崎県で，11～100 件が静岡県から四国にかけての太平洋側と福岡県，佐賀県，熊本県であった。また，少ないながらも新潟県，石川県や，鳥取県以西の日本海側でも記録が見られた（図 1）。比較のために同様の調査を近縁のタテハモドキ *J. almana* についても行ったところ，九州での記録はアオタテハモドキよりも多い傾向があり，鹿児島県，宮崎県，熊本県，長崎県，佐賀県で 101 件以上であったが，四国の記録は少なく，高知県の 14 件が最も多かった。本州では，千葉県から和歌山県まで

9 アオタテハモドキの分布拡大

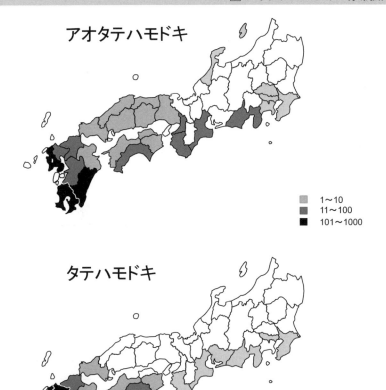

図1 白水（2005）をもとに集計したアオタテハモドキ（上）とタテハモドキ（下）の九州，四国，本州における都府県別の確認記録数
薄い灰色が1〜10件，濃い灰色が11〜100件，黒色が101件以上をそれぞれ示す。
アオタテハモドキの新潟県の記録は佐渡島のみ。

の太平洋側の都県で数例ずつ記録されていたが，日本海側からは記録されていなかった。このように，タテハモドキと異なりアオタテハモドキは太平洋岸のみではなく，日本海側でも記録される点が特徴であるといえる。年代別にみると，九州では1950年代から1990年代にかけて本種の記録がほぼ継続的に増加し，この間に約10倍となっていた（図2）。これに対して，本州では，1990年代に130件以上と急激に増加したが，その93%は和歌山，三重，静岡の3県であった。四国では意外なことに1960年以降は記録が10年ごと

I. 注目される種の分布拡大の経緯と現状

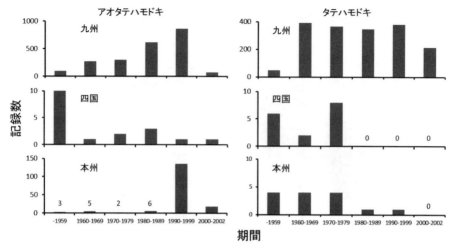

図2　白水 (2005) をもとに集計したアオタテハモドキ (左) とタテハモドキ (右) の九州，四国，本州における確認記録数の推移
　鹿児島県の離島は含まない。縦軸の目盛が各グラフで異なることと，右端のカラムは3年分であることに注意。

に数例しかなく，全体でもわずか18件にとどまっていた。タテハモドキは，九州では1960年代以降，継続して多数の記録が見られたが，四国，本州では極めて少なく，1980年以降はほとんど記録されていなかった。このようにアオタテハモドキは，九州で継続的に増加し，本州でも増加しはじめているが，タテハモドキは九州では以前から多数が見られているものの本州，四国へはほとんど進出していない。しかし，アオタテハモドキも必ずしも北東へ着実に分布を広げている訳ではなさそうである。本稿では，本種の温度・日長反応と耐寒性 (Hirai *et al.*, 2011) について紹介し，本種の分布拡大とのかかわりを考察した。

■ 温度日長反応

　著者らは，本種の発育と季節多型に対する日長と温度の影響について明らかにするために，室内で飼育実験を行った (Hirai *et al.*, 2011)。飼育は，30℃ 16L-8D (明期16時間：暗期8時間，以下同様) 及び25℃，20℃の16L-8D，12L-12Dの計5条件でキツネノマゴの乾燥葉粉末を添加した人工飼料を用いて行った。その結果，幼虫，蛹の期間は高温ほど短く，30℃では幼虫期が約12日，蛹期が約6日であった。20℃では，幼虫期と蛹期が短日 (明期12時間：暗期12時間) よりも長日 (明期16時間：暗期8時間) で数

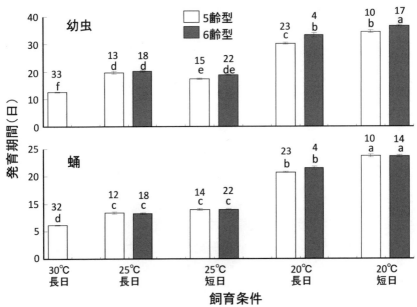

図3 アオタテハモドキの温度・日長別の幼虫,蛹の発育期間
各カラムの上の数字は個体数を示す。同じグラフの同じアルファベットを付した発育期間にはTukey-Kramer testによる有意差は無い($P>0.05$)。Hirai *et al.* (2011) をもとに作成。

日短かったが,休眠とみなせるほどの発育の遅延は見られなかった(図3)。なお,幼虫は30℃ではすべて5齢を経過後蛹化したが,25℃と20℃では5齢型と6齢型が見られた。長日で飼育した個体の発育期間から有効積算温度と発育零点を算出したところ,幼虫期は13.7℃,208.3日度,蛹期が13.7℃,99.0日度となった。羽化した雌成虫は,10%砂糖水を与えて0から14日後に解剖し,成熟卵の有無を確認した(表1)。雌成虫は,羽化当日にはどの条件でも成熟卵を有していなかったが,25℃では3日目から成熟卵を持つ個体が見られ,20,25℃の長日条件ではすべての個体が7日目以降には成熟卵を有していた。

表1 羽化後0,3,7,14日後に成熟卵を有していた個体の割合(%)〈カッコ内はサンプル数〉

条件		羽化後の日数			
		0	3	7	14
25℃	16L-8D	0 (1)	20.0 (5)	100 (2)	-
	12L-12D	0 (1)	33.3 (6)	16.7 (6)	-
20℃	16L-8D	0 (1)	0 (6)	100 (2)	-
	12L-12D	0 (1)	0 (4)	0 (4)	0 (2)

Hirai *et al.* (2011) を一部改変。

Ⅰ. 注目される種の分布拡大の経緯と現状

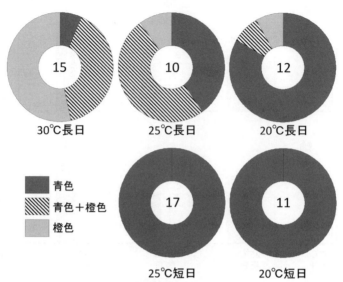

図4 様々な温度・日長条件下で飼育したアオタテハモドキ雌の後翅表面の各色彩変異の割合
円内の数字は個体数を示す。Hirai *et al.*（2011）をもとに作成。

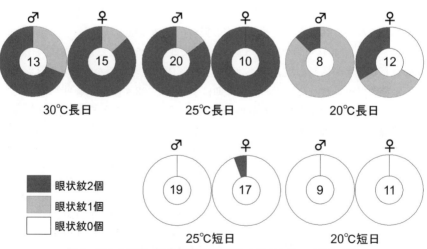

図5 様々な温度・日長条件下で飼育したアオタテハモドキの後翅裏面の眼状紋数の割合
Hirai *et al.*（2011）をもとに作成。

20℃短日では14日後も成熟卵を持つ個体は見られなかった。以上のことから，発育期間はわずかではあるものの20℃短日では長日と比較して遅延し，成虫の卵形成が抑制されることが明らかになった。得られた発育零点と有効積算温度から，高温期には本州においても数世代を繰り返すことが可能であるが，発育零点は温帯のチョウ類と比較して高めの値と考えられ，晩秋には早い時期に発育できなくなると考えられた。

本種は野外において顕著な季節型を示すことも知られている（たとえば，野林，2002）。Hirai et al. (2011) では，成虫の季節型には温度と日長の影響が認められ，雌の後翅表面の色彩については，短日条件では，すべて青色であったが，長日条件では高温ほど橙色が混じる個体の割合が増加した（口絵⑥a，図4，）。雌雄の後翅裏面の眼状紋は，長日条件では20℃の数個体を除いて一つまたは二つの眼状紋が認められたのに対し，短日では眼状紋を持つ個体はほとんど認められなかった（口絵⑥b，図5）。以上のことから，高温長日では，眼状紋が2個で雌は橙色を帯びる傾向が，低温と高温の短日では眼状紋がなく，雌は青色となる傾向が明らかとなった（表2）。

このように，本種雌雄の後翅裏面の眼状紋や雌の後翅表面の色彩について主として日長による変化が認められた。本種の季節型については，これまでにも様々な研究において記述されており，ここで見られた長日型と短日型は従来の記述では雨季型と乾季型（中西ほか，1975），あるいは高温期型と低温期型（塚田，1985; 野林，2002），夏型と秋型（福田，2004）にそれぞれ対応する。ウスキシロチョウ *Catopsilia pomona* では，季節型と移動性が関連していることが知られているが（Yata & Tanaka, 1979），本種についても今後，各地で季節型の情報も併せて記録されれば，分布拡大の様子を知る上で参考となると考えられる。

表2 異なる温度日長条件下のアオタテハモドキの斑紋と色彩の変異

温度	斑紋・色彩	日長 長日	日長 短日
高	眼状紋の数[1]	2個	0個
	青色部[2]	無しまたは小	大
	橙色部[2]	大	無し
低	眼状紋の数	0〜2個	0個
	青色部	大	大
	橙色部	無しまたは小	無し

1) 雌雄後翅裏面の眼状紋数，2) 雌の後翅表面の色彩
Hirai et al. (2011)を一部改変。

I. 注目される種の分布拡大の経緯と現状

表3 アオタテハモドキの各ステージ期間における過冷却点（℃）の平均値（±標準偏差）

条件	幼虫	個体数	蛹	個体数	成虫	個体数
25℃ 長日	−11.5 ± 0.78	10	−16.9 ± 0.36	10	−19.0 ± 0.34	6
20℃ 短日	−12.8 ± 0.61	10	−17.7 ± 0.28	10	−19.3 ± 0.45	7
	N.S.		N.S.		N.S.	

N.S.: t-test により，5％レベルで有意差がないことを示す。
Hirai et al. (2011) を一部改変。

耐寒性

本種の耐寒性の指標として，虫体が凍結をはじめる温度（過冷却点 Super cooling point: SCP）（詳しくは, Sømme, 1982 などを参照）を測定した。各ステージの個体の体表に温度センサーを密着させ，温度を記録しながら−30℃の冷凍庫でゆっくりと冷却する方法で測定した（Yoshio & Ishii, 2001 を参照）。その結果，幼虫−12℃，蛹−17℃，成虫−20℃となり，成虫が最も低かった（表3）。どのステージにおいても長日と短日による差は認められなかったが，短日で平均値が低い傾向が認められた。

おわりに

上杉（1998）は，本種の定着北限は従来八重山諸島までであったが，1990年以降は沖縄島付近であるとしている。中上（1998）は，鹿児島県で1987，1991，1996年に本種が見られたが，いずれも越冬できなかったとしている。一方，福田（2004）は，2002年から2003年に鹿児島市の野外条件で本種を飼育し，幼虫で越冬した個体の一部が4～5月に羽化したことを報告している。Hirai et al. (2011) の卵成熟や耐寒性の結果からは，越冬は成虫期に短日で卵成熟が遅延した状態で行うのが最も適していると考えられたが，越冬北限に近い鹿児島市付近では，秋季に産卵が見られていたことから（福田，2004），必ずしも卵巣休眠に入らず，幼虫など様々なステージで冬季を迎えることが予想される。また，福田（2008）は，鹿児島県の徳之島，沖永良部島では近年越冬に成功していることを報告している。これらの報告と Hirai et al. (2011) の結果から，本種の越冬北限は北上しているものの，幼虫や蛹での休眠性は明確でないことから九州本土以北での越冬は困難であり，これ

らの地域での発生は最近も主として夏以降の南方からの飛来個体によるものと考えられた。また，九州，本州での発生は一部の府県に集中する傾向があり，気流や地形などの影響も考えられる。本種の主要な食草であるキツネノマゴは本州に広く分布し，オオバコも利用できることを考えると食草による分布の制限は少なそうであるが，その密度は重要と考えられる。2005年の大阪府堺市での発生は丘陵部の農耕地周辺であったが（仁木，2002），キツネノマゴが豊富に見られる環境も本種の分布拡大には必要なのかもしれない。

〔引用文献〕

福田晴夫 (2004) 鹿児島市で越冬して生じたアオタテハモドキの春型．蝶研フィールド，19: 18-25.

福田晴夫 (2008) 日本の迷蝶特集号に寄せて．月刊むし，452: 16-25.

福田晴夫・浜 栄一・葛谷 健・髙橋 昭・髙橋真弓・田中 蕃・田中 洋・若林守男・渡辺康之 (1983) 原色日本蝶類生態図鑑（Ⅱ）．保育社，東京．

Hirai N, Tanikawa T, Ishii M (2011) Development, seasonal polyphenism and cold hardiness of the blue pansy, *Junonia orithya orithya* (Lepidoptera, Nymphalidae). Lepidoptera Science, 2: 57–63.

中上喜史 (1998) 温暖化と鹿児島県の蝶．昆虫と自然，32(3): 27-31.

中西明德・荒川良・松沢一寛 (1975) アオタテハモドキの季節型について．Pulex, (57): 236.

仁木梅子 (2002) 堺市におけるアオタテハモドキの発見．南大阪の昆虫，4: 32.

野林千枝 (2002) 沖縄島産アオタテハモドキの色彩変異について．蝶研フィールド，17(11): 18-20.

白水隆 (2005) 日本の迷蝶Ⅱ．蝶研出版，大阪．

白水隆 (2006) 日本産蝶類標準図鑑．学研，東京．

Sømme, L (1982) Supercooling and winter survival in terrestrial arthropods. Comparative Biochemistry and Physiology, 73A: 519-543.

手代木求 (1990) 日本産蝶類幼虫・成虫図鑑Ⅰタテハチョウ科．東海大学出版会，東京．

塚田悦造 (1985) 東南アジア島嶼の蝶 第4巻上 タテハチョウ編．プラパック，東京．

上杉兼司 (1998) 地球温暖化と沖縄のチョウ相．昆虫と自然，33(14): 36-37.

矢田脩（監修）(2007) 新訂 原色昆虫大図鑑 第Ⅰ巻（蝶・蛾篇）．北隆館，東京．

Yata O, Tanaka H (1979) The effect of photoperiod on the dimorphism of the Lemon Migrant, *Catopsilia pomona* Fabricius. Transactions of the Lepidopterological Society of Japan, 30: 97-106.

Yoshio M, Ishii M (2001) Relationship between cold hardiness and northward invasion in the great mormon butterfly, *Papilio memnon* L. (Lepidoptera: Papilionidae) in Japan. Applied Entomology and Zoology, 36: 329-335.

（平井規央）

Ⅰ. 注目される種の分布拡大の経緯と現状

10 ホシミスジの分布拡大と化性

■ 日本産ホシミスジの概要

　日本産ホシミスジ *Neptis pryeri* は，本州・四国・隠岐・九州に分布し，それぞれの地域で地理的変異が見られ，いくつかの亜種が記載されている（福田，2012a・b）。

　日本産ホシミスジの亜種分化にかかわる注目すべき点は，アジア大陸の東側に分布しているホシミスジやその近縁種は，亜種ごとの生息域が広いのに対し，日本のホシミスジは，亜種ごとの生息域が狭いことである。これは，日本では大陸に比べて複雑な地形の中で亜種分化が起こった結果であると考えられる。日本のホシミスジの分布拡大には，食餌となる植物の栽培が大きく影響していることは興味深い。日本産ホシミスジの本来の生息環境は，蛇紋岩地・石灰岩地・花崗岩地や火山性草原の岩場や疎林などである。このような環境では，岩場などに自生する野生シモツケ属のイワシモツケ，イワガサ，イブキシモツケ，シモツケなどを食餌植物としている（福田，2012a・b）。一方，ユキヤナギ，コデマリなどの栽培種も食餌植物となり（福田，2012a・b），本種は江戸時代頃からは，これらの栽培種（貝原，1709）を通して少しずつ人里に生息域を広げたと思われる。特に50年ほど前からはこれらの栽培種が増加したため，民家周辺や公園緑地などの人為的な環境に生息域を広げる一部の亜種群が増えて来ている（福田，2012b）。栽培種を伝ってホシミスジが分布を拡大する現象は，栽培種のほとんど見られない国外での観察例はなく，日本特有の現象であると思われる。ホシミスジが本来の食餌植物から栽培種の食餌植物に分布を拡大する現象を，筆者らの一人福田は"谷間理論"と名付けている（福田，2012a）。

■ 西日本産ホシミスジの分布拡大

　青森県でも本種はユキヤナギを利用して分布を拡大しているが（福田，2012a），全国的に見れば，分布拡大が顕著なのは瀬戸内海に面した兵庫県を含む関西都市圏周辺と言える。兵庫県のホシミスジが市街地や住宅地で

10 ホシミスジの分布拡大と化性

急増したのは1970年代以降とされる（広畑・近藤，1998；石井，2000）。筆者らの一人福田は，2001年4月に兵庫県三田市にある新興住宅地のユキヤナギから多数のホシミスジ幼虫を発見し（福田，2007），その幼虫の多さに驚かされた（図1）。そのとき，隣接地である兵庫県宝塚市の崖地でイブキシモツケに付くホシミスジの4齢幼虫を複数発見している（図2）。この事実から，宝塚市のイブキシモツケに自然分布しているホシミスジが，隣接している三田市の新興住宅地に分布を広げたのではないかと考えるようになった。この時，谷間理論の成立過程を適用できると考えた。また，三田市や宝塚市のホシミスジを飼育羽化させたとき，その成虫斑紋のあまりの白さにも驚かされた。関東周辺のホシミスジはそれほど白くなることはなかったからである（図3）。

図1 新興住宅地の植栽ユキヤナギに付く近畿低地型ホシミスジ4齢幼虫（発見当時は瀬戸内亜種と考えていた；兵庫県三田市フラワータウン，2001年4月14日）

図2 流紋岩地に自生するイブキシモツケに付く近畿低地型ホシミスジ4齢幼虫（発見当時は瀬戸内亜種と考えていた；兵庫県宝塚市武田尾，2001年4月14日）

筆者ら（福田と美ノ谷）は，地質や分布拡大の経路などを確認するために，2016年2月に，再び兵庫県の宝塚市と三田市で調査を行った。

宝塚市周辺の崖地表面を覆っている岩を剥ぐと花崗岩質のような火成岩が顔を覗かせた。それは凝灰岩地に貫入する流紋岩（有馬層群）であった（尾崎・

I. 注目される種の分布拡大の経緯と現状

図3 東日本産ホシミスジと近畿低地型ホシミスジ（左：表面，右：裏面）
1：東日本産（本州中部以北亜種）東京都八王子市♂
2：東日本産（本州中部以北亜種）同市♀
3：近畿低地型　兵庫県三田市フラワータウン♂
4：近畿低地型　兵庫県宝塚市武田尾♀
東日本産に比べ，近畿低地型は全体に白い斑紋の占める割合が大きい。

10 ホシミスジの分布拡大と化性

松浦，1988）。流紋岩地の岩場は，宝塚市だけでなく神戸市北区にも広がっており，かなりの面積を占めていることも明らかとなった（図4）。この広大な流紋岩地に自生するイブキシモツケを食しているホシミスジが，この数十年間にユキヤナギやコデマリを介して，神戸市内方面に分布を拡大

図4　近畿低地型ホシミスジの発生する流紋岩を含む有馬層群の岩山（食餌植物のイブキシモツケが自生；兵庫県神戸市北区道場町付近，2016年2月5日）

していったことは容易に理解することができた。神戸市北区周辺の流紋岩地に自生するイブキシモツケからは，幼虫の越冬巣（図5）が観察され，本来の発生地であることを再確認することもできた。

　兵庫県宝塚市や神戸市北区のホシミスジ発生地をイメージしながら，瀬戸内全体に視野を広げてみると，香川県・岡山県・広島県においても花崗岩の岩場のイブキシモツケやイワガサでホシミスジが発生していると考えられるようになった。岡山県・広島県の瀬戸内周辺の花崗岩地に自生するイブキシモツケでの幼虫発見はできていないが，兵庫県の三田市同様，イブキシモツケやイワガサから栽培種のユキヤナギに分布を拡大したと推定できる現象が見られ（伊藤，2006；福田，2012b），これらが瀬戸内全体で見られる特徴であることが分かってき

図5　流紋岩地のイブキシモツケに付く近畿低地型ホシミスジの越冬巣（神戸市北区道場町鎌倉峡，2016年2月5日）

I. 注目される種の分布拡大の経緯と現状

た。筆者らの一人福田は，兵庫県・岡山県・広島県の瀬戸内周辺において，栽培種のユキヤナギやコデマリなどで多数のホシミスジの幼虫を確認している（福田，2012b）。どうやら兵庫県南部を含めた瀬戸内の花崗岩地や流紋岩地に生息するホシミスジが栽培種に同時多発的に分布を拡大していったようである。1990年代以降は，花崗岩地や流紋岩地の岩場に自生するイブキシモツケがないにもかかわらず，植栽のユキヤナギやコデマリだけが存在する京都府南部・大阪府・滋賀県・奈良県北部・和歌山県北部・三重県西北部方面に向かってホシミスジが分布を拡大するようになった（福田，2012b）。恐らく，これらは，兵庫県の流紋岩地などに自生するイブキシモツケ由来の個体群の子孫が本来の生息地に近い疎林的環境にある栽培種を伝って分布を拡大したものと考えられる（福田，2012b）。岡山県や広島県の場合も兵庫県と同様，イブキシモツケからユキヤナギなどへ分布拡大したものと考えている。また，徳島県東部については，香川県の花崗岩地のイワガサからの分布拡大と考えられる（福田，2012b）。さらに，兵庫県由来と思われるホシミスジが，2010年代以降，東京23区，埼玉県南部，愛知県名古屋市にも入り込んでいる（福田，2011；中橋，2012；美ノ谷・宇式，2015）。これらのホシミスジは，このあと触れるがDNAが兵庫県方面のホシミスジと一致しており，成虫斑紋の特徴も一致している。自力で東京や名古屋などに移動することは考えられないので人為由来と考えている。今後の推移を見守りたい。いずれにせよ，崖地依存のホシミスジが，1990年代以降急速に栽培種だけしかない場所に分布を拡大していった現象は何が引き金になったのであろうか。

　これまで述べてきたホシミスジは，全てミトコンドリアDNAのND5領域（以下，単にDNA）が同一で，瀬戸内の花崗岩地や流紋岩地に依存する個体群と考えられ，筆者らは「近畿低地型ホシミスジ（以下近畿低地型）」と呼んでいる（福田，2012b）。近畿低地型の名付け親は，DNA分析でいち早く瀬戸内個体群が日本の他地域とは違うことを見い出し（新川ほか，2008），筆者らに情報提供して下さった新川勉氏である。DNAの分析結果は，花崗岩地や流紋岩地の岩場に生息している近畿低地型が，他のホシミスジ亜種群とは成立年代が違うことを示している。このことは，過去において花崗岩地の岩場に生息するようになった個体群が，他の個体群とは隔離されたまま長い年月世代交代を繰り返してきたことを物語っている。その近畿低地型は前

述した通り，近年栽培種だけしかない地域にまで分布を拡大するようになった。この近畿低地型は，成虫斑紋も安定しており，日本の他の地域のホシミスジとの区別も容易であるため，近い将来亜種名が付けられる予定である。

■ 近畿低地型は多化性か

　日本産ホシミスジは，東日本では多くの場合年1化である（福田，2012a）。まれに9月に新鮮な個体が見られることがあるが，それらは1化個体よりも小型化する場合があり，偶発的発生であると考えられる。ところが，近畿低地型は，場合によっては11月にも新鮮な個体が見られ，一般に年2化か3化すると考えられている（福田ほか，1983；白水，2006）。しかし，発生回数を詳細に調査した例はないようである。日本においてホシミスジ（当時は近畿低地型を含めてすべてが同一亜種）の多化性を初めて指摘したのは若林ほか（1955）であろう。その中で，著者らの一人田中蕃は，兵庫県西宮付近の成虫目撃記録が5月から9月に及ぶことなどから，年3化を示唆した。しかし，筆者らの一人福田は，その多化性に疑問をもち，奈良県大淀町で2003年9月6日に調査した。その結果1〜2齢30個体，4齢1個体，蛹1個体，蛹殻1個を1本のユキヤナギから得ることができ（福田・美ノ谷，2004）（図6），近畿低地型（2004年当時は瀬戸内亜種）は部分2化であることが分かってきた。筆者らの一人美ノ谷は，この部分2化を含めた多化性の問題と分布拡大を関連させ，この問題に関する興味深い研究成果を得たため，以下に報告したい。

図6　9月にユキヤナギから発見された近畿低地型の各ステージ（発見当時は瀬戸内亜種と考えていた；奈良県大淀町，2003年9月6日）

I. 注目される種の分布拡大の経緯と現状

■ 東京都西部における分布拡大

ホシミスジが，東京都西部の府中市で2009年に初めて発見された。前述したようにこのホシミスジは，本来の東京都・神奈川県・埼玉県の山間部に生息する東日本産の本州中部以北亜種（*N. p. iwasei*）ではなく，関西から何らかの理由で持ち込まれたホシミスジであることがDNA及び斑紋から確認された（福田，2011）。さらにこのホシミスジは近畿低地型と考えられ（福田，2012a；猪又，2015），既にその分布拡大の状況について報告された（美ノ谷・宇式，2015）。筆者らの一人美ノ谷は，明らかに人為的移入と思われるホシミスジが東京都府中市で発生したことから，東日本産のホシミスジ（以下本州中部以北亜種を含めた岐阜県・愛知県以東のホシミスジを東日本産とする）と比較するために，本格的な調査を行うことにした（図7, 8）。

図7　東京都西部で発生した近畿低地型成虫（調布市野川公園，2015年5月22日）

図8　東京都西部で8月に見られたユキヤナギに付く近畿低地型終齢幼虫（調布市野川公園，2015年8月26日）

■ 著しい生態的相違

既に東日本産は，神奈川県内では絶滅危惧種になり（針谷ほか，2016），多摩丘陵でも八王子市周辺にわずかに残っているにすぎない（福田，2003）。また，東京都や埼玉県の山間部ではイワシモツケを食餌植物として石灰岩地に生息しており，栽培種（一部野生化したユキヤナギを含む）を利用して周辺地域に分布することがあっても，大きく分布を拡大している傾向は見られない（石塚，2013）。

一方，近畿低地型は本来の食餌植物がなくても栽培種を利用して，兵庫県・

大阪府・京都府・奈良県などの関西都市圏の低標高地で分布域を拡大しており，さらに前述のように明らかに本来の食餌植物のない東京都西部でも分布を拡大している。

同じホシミスジでありながら，なぜ近畿低地型と東日本産が，これほどまでに生態が異なるのであろうか。関西都市圏では分布を拡大する一方で，神奈川県では絶滅寸前の状態にある。同種でありながらこのように生態的に異なる例は，他のチョウではあまりないだろう。

筆者らは，1980年代後半から日本全国の野生シモツケ属自生地と人家に植栽されたユキヤナギなどにつくホシミスジを30年近く調査している（福田，2012a）。全国至る所にユキヤナギは植栽されており，ホシミスジの原発生地と人為的にユキヤナギなどに広がった場所で幼虫を念入りにチェックしてきたが，それぞれの個体群は，以下のような分布や生態的特徴を持っているものとして筆者らは認識している。

■ 近畿低地型の分布と生態

近畿低地型は部分2化の場合が多く，分布拡大能力が大きい。西日本の個体群や亜種の中には部分2化するものもあるが，近畿低地型ほど顕著でない。ルーツとなるのは六甲山地周辺のイブキシモツケを食餌植物としていた個体群と考えられる（日浦ほか，1972）。栽培種のユキヤナギなどを餌として周辺地域に広がっている。

紀伊半島では奈良県や三重県の山岳地に，極めて個体数の少ない個体群（紀伊山地亜種 *N.p.kiiensis*）があるが，分布拡大した近畿低地型とこの亜種とはまだ混在していない。奈良県北部の新興住宅地から，栽培種を利用して和歌山県に侵入した（福田，2012b）。北部では京都府や滋賀県へ侵入している（福田，2012b）。東部では三重県を抜け，愛知県まで分布が伸びており，2015年の筆者らの調査で，名古屋市の近畿低地型と豊田市の東日本産とでは約15kmまで接近していることが判明した。九州では佐賀県で，公園のユキヤナギで偶発的に発生したが，数年で絶滅した（秋山，1990）。

また，本来の野生シモツケ属の植物がないところまで分布を拡げられる能力がある。すなわち谷間理論では説明がつかない。さらに，東日本産より夏の暑さに強く，より高温な低地に進出している（福田，2012b）。

I. 注目される種の分布拡大の経緯と現状

東日本産の分布と生態

　東日本産はごくまれに2化することもあるが，原則的に年1化である。ユキヤナギで発生した個体はその近くのどこかの個体群と同じ特徴の斑紋を持っており，近隣の発生地から分布を広げてきたと考えられる（石塚，2013）。

　東北各県や信州の高標高地では，植栽された食餌植物を利用して分布拡大しているところもあるが（福田，2012a），そのような場所は，本来の食餌植物の分布と，栽培種との分布が連続している場所に限られている。近畿低地型と異なり，分布拡大の範囲（距離）が狭い。

分布拡大のいくつかの仮説

　近畿低地型の分布拡大能力が高い理由としては，次のAからDのような仮説を考えてみた。
　　A　近畿低地型には，もともと遺伝的に拡大能力がある。
　　B　近畿低地型は，母集団の個体数が多いために拡大能力がある。
　　C　近畿低地型は，ホシミスジの好む降水量の少ない瀬戸内の気候・疎林的環境が存在したからこそ拡大できた。
　　D　近畿低地型は，化性（発生回数）を変化（増加）させることにより何らかの環境負荷を克服した。
　なお，ユキヤナギは関西都市圏や東日本のいずれにもごく普通に植栽されており，地域差はないと考えられる。

　まずAに関してはDNAの分析結果から考えると，大きな遺伝子的な相違はなく（新川ほか，2008），分布拡大能力という大きな生理的変化を生じるということは考えにくい。Bに関しては筆者らの中国山地の分布調査から考えると安山岩地，流紋岩地，花崗岩地，石灰岩地，蛇紋岩地などの生息地は点在しているが，特に近畿地方に大きな個体数をもつ集団は知られない。さらにCに関しては東京都低地（美ノ谷・宇式，2015）や，名古屋市の低地（中橋，2012）でも分布拡大していることなどから，瀬戸内の気候・疎林的環境が絶対に必要であるとは考えにくい。このようなことから，「近畿低地型は発生回数を増加させることによって分布拡大能力を獲得した」という仮説を証明するために，2015年に調査を行った（美ノ谷，2016）。

■ 化性の調査

　チョウの化性が，成虫の採集時期よって判断されることがしばしばある。例えば，ホシミスジでいえば，低地で第1化が6月に発生する場合，8月の発生個体は第2化であり，10月の発生個体は第3化であると判断する。ところがこの考え方は幼虫の発育日数がどの季節でも同程度であるという仮定を含んでおり，もしそうでない場合は明確に判断できなくなってしまう。

　そこで，8月下旬より9月にかけて，いろいろな場所で幼虫，蛹，卵，成虫数を調べ，各地における化性について探って見た。

　調査場所は，近畿低地型が新たに分布拡大した東京都西部の都市公園（野川公園，小金井公園，善福寺公園），東日本産が生息する八王子市内の多摩丘陵，そして長野県南牧村，静岡県富士宮市などの火山性草原，さらに近畿低地型が新たに進出した名古屋市名東区の都市公園（猪高緑地，牧野池緑地），同じ愛知県でその分布地が近接し，東日本産が生息する豊田市内（昭和の森，平畑）である。調査結果を以下に示した（表1）。

　ここで，年1化の東日本産の生活史をおさらいしよう。まず成虫は6月から8月に出現し，その後産卵する。幼虫は1齢から2齢で夏を越し，秋には3齢となり，越冬巣の中で冬を越す。翌春には摂食を開始し，4齢，5齢を経て蛹になり，夏に再び成虫が羽化する。

　まず，東日本産では，豊田市昭和の森で第1化と思われる汚損した成虫が1頭見られたものの，これ以外にはすべての場所で2齢幼虫だけが確認された。標高の低い多摩丘陵の八王子市内では2齢が1頭しか確認できなかったため表1には示さなかったが，名古屋市名東区とあまり標高の変わらない豊田市のデータは重要な意味を持っていると思われる。東日本産の幼虫は，何らかの理由で発育が抑制されて夏季を2齢で過ごし，秋になるとともにゆっくりと3齢になり，越冬態になるのだろう。

　近畿低地型でも同様に2齢が多かったが，その他の発育ステージも少なからず発見された。卵と1齢幼虫は恐らく部分2化した個体からの第2世代と思われ，3齢，4齢，5齢，蛹，成虫は夏季に発育を抑制されなかった第1世代からの個体であると考えられた。恐らくこの時期に3齢以上になっている個体は，順次発育して秋に成虫になるものと思われた。善福寺公園では，部分2化というよりはほとんどが2化であると思われるような結果も得られ

I. 注目される種の分布拡大の経緯と現状

表1 ホシミスジ近畿低地型と東日本産の8～9月（2015年）におけるステージ構成

調査地	近畿低地型					東日本産			
	東京都 野川公園	東京都 小金井公園	東京都 善福寺公園	名古屋市 猪高緑地	名古屋市 牧野池緑地	長野県 南牧村	静岡県 富士宮市	豊田市 昭和の森	豊田市 平畑
標高	45	70	70	55	35	1400	950	120	130
調査日	8月26日	9月2日	9月11日	9月20日	9月20日	9月5日	9月13日	9月20日	9月20日
卵	0	2	12	0	0	0	0	0	0
1齢幼虫	0	1	0	1	2	0	0	0	0
2齢幼虫	12	18	2	19	6	9	20	3	8
3齢幼虫	3	2	2	2	0	0	0	0	0
4齢幼虫	2	3	0	0	0	0	0	0	0
5齢幼虫	2	3	1	0	0	0	0	0	0
蛹	1	5	5	0	0	0	0	0	0
成虫	1	2	0	0	1	0	0	1(汚損)	0
合計	21	36	22	22	9	9	20	4	8

た。遅い場合には，羽化が10月にずれ込むこともあるだろう。このように発育の個体差が大きいことが，10月に発生する成虫があたかも3化の個体であるように思われる原因でないかと思われた。

以上のように，東日本産は年1化であり，近畿低地型は部分的に2化を生じていると考えられるが，次に，この化数の微妙な差が両方の個体群にどのような生態的な差異を与えるかについて考えてみよう。

分布拡大要因

東日本産は基本的に年1化で，幼虫は寒くなる11月前後に3齢になり，越冬する。冬が早く訪れる地域では，年1化の生活形態は必須であると考えられる。

東日本産のホシミスジは元来，山間部の冷涼な気候に適応した個体群であるため，低地の高温多湿には弱いのではないかと予想され，このことが温暖な神奈川県，静岡県南部で分布が限定される要因ではないかと思われる。この地域でのホシミスジの衰退には，近年の気候温暖化が拍車をかけている可能性もあると考えられる。東日本産ではないが，年1化であり温暖な地方に生息する九州の個体群（福田，2010）や紀伊山地亜種（福田・美ノ谷，2004）の分布が限定される要因も同様でないかと思われる。

近畿低地型は部分2化である。秋に一部が2化目の成虫として羽化することは，1化にとどまるよりも分布を拡大させる機会を増加させていると推定される。

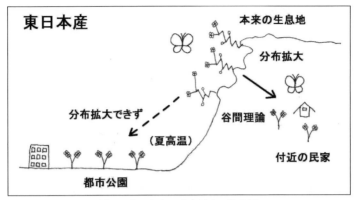

図9　東日本産の分布拡大の概念図

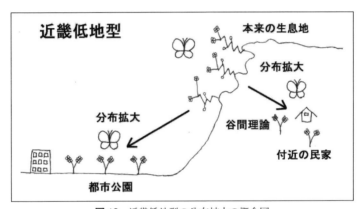

図10　近畿低地型の分布拡大の概念図

　東日本産と近畿低地型の分布拡大のモデルを図9，図10に示した。今後，東日本産と近畿低地型の幼虫発育に関する生理的な実験を行い，特に東日本産が2齢幼虫で発育を遅延させる条件を明らかにする必要がある。また，両者の高温条件での死亡率や，雌の産卵数の違い，野外における死亡要因なども調べる必要がある。これらの研究を進めれば，近畿低地型の分布拡大要因の本質に迫れるかもしれない。

謝辞
　ホシミスジの遺伝子解析に協力していただき，様々な情報を教えて頂いた新川勉氏，関西都市圏のホシミスジの情報や文献に関してお世話になった渡

I. 注目される種の分布拡大の経緯と現状

辺康之氏に深謝したい。また様々な議論をしていただき，協力していただいたタカオゼミナールの会員の方々に深くお礼申し上げる。

〔引用文献〕

秋山利夫 (1990) 佐賀で発見したホシミスジ．蝶研フィールド，46: 17-23.
福田晴男 (2003) 東京都八王子産ホシミスジ成虫の斑紋変異とその特徴．蝶研フィールド，199: 4-7.
福田晴男 (2007) 琵琶湖周辺に分布する3系統のホシミスジ．蝶研フィールド，248: 9-17.
福田晴男 (2010) 日本のホシミスジ中間報告．TSUISO, 1337/1338: 28-29.
福田晴男 (2011) 東京都でホシミスジ瀬戸内亜種が発生．月刊むし，482: 31-32.
福田晴男 (2012a) 日本産ホシミスジの現状と課題Ⅰ．やどりが，232: 37-49.
福田晴男 (2012b) 日本産ホシミスジの現状と課題Ⅱ．やどりが，233: 16-34.
福田晴男・美ノ谷憲久 (2004) 奈良県に分布する2系統のホシミスジについて．月刊むし，396: 29-34.
福田晴夫・浜栄一・葛谷健・高橋昭・高橋真弓・田中蕃・田中洋・若林守男・渡辺康之 (1983) 原色日本蝶類生態図鑑Ⅱ．保育社，大阪．
針谷毅・大島猛・美ノ谷憲久 (2016) 神奈川県．日本産チョウ類の衰亡と保護第7集（矢後勝也・平井規央・神保宇嗣編）: 158-163．日本鱗翅学会，東京．
広畑政巳・近藤伸一 (1998) 兵庫県産蝶類分布資料（12）―タテハチョウ科3種の記録―（ホシミスジ・ミスジチョウ・スミナガシ）．きべりはむし，26(1): 1-12.
日浦勇・瀬戸剛・宮武頼夫 (1972) 西宮市の生物相．西宮市自然保護および利用に関する基礎調査研究報告書: 85-86，西宮市自然保護利用計画基礎調査団，西宮市．
猪又敏男 (2015) 日本のチョウ（40）ミスジチョウ類（2）．月刊むし，532: 9-14.
石井実 (2000) 南大阪の住宅地に分布を拡大したホシミスジ．昆虫と自然，35(9): 23-26.
石塚正彦 (2013) 秩父の蝶 No.11 ホシミスジ（*Neptis pryeri*）．寄せ蛾記，151: 15-21.
伊藤寿 (2006) 中国地方のホシミスジの謎．日本鱗翅学会中国支部報，7: 4-6.
貝原益軒 (1709) 大和本草．巻之十二 木之下；絵図より．
美ノ谷憲久 (2016) 近畿低地型ホシミスジの分布拡大要因を探る．蝶林花山，310: 1899-1902.
美ノ谷憲久・宇式和輝 (2015) 東京都西部における近畿低地型ホシミスジの分布拡大．月刊むし，534: 31-33.
中橋徹 (2012) 愛知県日進市で11月にホシミスジ確認．佳香蝶，252: 74.
尾崎正紀・松浦浩久 (1988) 三田地域の地質．地質調査所，茨城．
新川勉・福田晴男・美ノ谷憲久・伊藤寿・田所輝夫・野中勝 (2008) ホシミスジの分子系統．昆虫DNA研究会ニュースレター，9: 28-31.
白水隆 (2006) 日本産蝶類標準図鑑．学習研究社，東京．
若林守男・田中蕃・池田謹彌・小野幸夫 (1955) ホシミスジ（*Neptis pryeri* Butler）の三回発生に関する考察．蟲同友会研究報告，1: 43-47.

（福田晴男・美ノ谷憲久）

Ⅰ. 注目される種の分布拡大の経緯と現状

11 長野県におけるクロコノマチョウの分布拡大

■ クロコノマチョウ

(1) クロコノマチョウの生態

　クロコノマチョウ Melanitis phedima は，ススキやヨシなどのイネ科植物を食草とし，年2～3回成虫が発生する。日本における分布の範囲は，本州，四国，九州，種子島，屋久島である。海外では台湾，中国より西北ヒマラヤにかけて，さらにマレー半島，スマトラ島，ジャワ島，スラウェシ島などに分布している（白水，2006）。

　本種は，かつては長野県内には生息していなかったが，近年天竜川に沿って北上して分布を拡大し，現在では南信地方では成虫はもとより卵や幼虫も目撃されるようになった（井原，2012）。長野県内では図1に示したように，

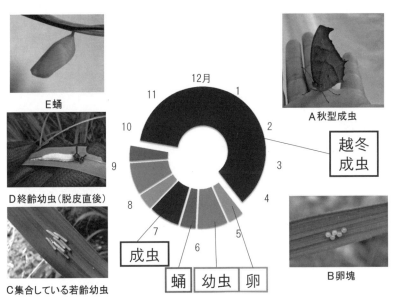

図1　長野県におけるクロコノマチョウの生活史（年2化の場合）

■ Ⅰ．注目される種の分布拡大の経緯と現状

年2化することが知られている（井原，2011）。越冬後の成虫は5月頃に産卵し，幼虫，蛹を経て7月頃に1化目の夏型成虫が出現する。夏型の成虫はすぐに交尾して2世代目の卵を産む。2化目の秋型成虫は8月中旬以降に現れ，その年には産卵せずに越冬する。卵は卵塊で産まれ，幼虫は若齢期には集団を形成して摂食するが（図1C），大きくなると分散して1個体ずつとなる（図1D，2C）。

（2）分布の拡大

日本におけるクロコノマチョウの分布拡大を見てみると，1970年代半ばでは九州と四国，紀伊半島，愛知県や静岡県の南部などが分布域であったが，1990年以降になると長野県，千葉県，茨城県でも確認されるようになり（岸，2003），その後も年々分布が拡大している。2010年時点で，長野県の南信地方には侵入し定着しているが，中信・北信地方での定着は確認されていない（井原，2012）。

本種の分布域の拡大の方向は北方だけではなく，種子島から生息していなかった奄美大島と沖縄本島への南の方への分布拡大も報告されている（福田ほか，1984）。すなわち，地球温暖化による北方への分布拡大とは別の要因を考える必要がある。今後の興味ある研究課題であるが，本稿では長野県への分布拡大に注目してみよう。

■ 長野県での分布拡大

（1）長野県への侵入

長野県ではクロコノマチョウは，泰阜村で1962年の8月に夏型が，9月に秋型が採集された。これは同一場所での採集記録であるため，一時的に発生していた可能性がある（信州昆虫学会，1979）。1978年になって天龍村で複数個体が目撃された。この時期が伊那谷への定着の第一歩であったかもしれない。天龍村での発生が確認されたのは1980年のことである（各務・井原，1981）。以後連続して発生が繰り返されていることから，1980年代に長野県の最南部にクロコノマチョウが分布拡大し定着したといえる。定着が確認された地点はいずれも天竜川とその支流の河畔であり，クロコノマチョウは天竜川を北上して静岡県から分布拡大したものと推測される。

11 長野県におけるクロコノマチョウの分布拡大

図2 長野県に分布拡大したクロコノマチョウ
A：下條村，2000年7月23日／B：中川村，1995年8月11日採集，夏型♀／C：天龍村，脱皮直後の終齢幼虫，2013年6月13日／D：実験に供した個体，2012年7月26日天龍村で採集

　その後1991年に，天龍村から約40km北にある大鹿村で幼虫が確認された。本種の分布域が広がっている可能性があると考え，下伊那から上伊那地方へ天竜川を北上して調査範囲を広めた。さらに中央アルプスを隔てて天竜川と平行に南流する木曽川流域も調査範囲に含めた。その結果，1992年には18市町村46か所で発生を確認することができた（井原，2011）。この1990年代後半から，本種の分布域は急激に拡大した。木曽川流域でも1995年より幼虫を確認できるようになった（井原，2001）。当初木曽谷南部だけを調査区域としていたが，伊那谷と同じように分布域が広がっている可能性があるので，さらに調査範囲を広めた。そして，2002年には34市町村98か所で発生を確認するほどになった（井原，2011）。発生地の区域は年によって変動はあるが，徐々に北上している。2010年までの調査で，最北の発生地は天竜川流域では辰野町，木曽川流域では旧日義村（現木曽町）であった。図2に，長野県に生息しているクロコノマチョウの写真を示した。

　図3は，1992年から2010年までの調査で確認されたクロコノマチョウの卵・幼虫・蛹・羽化殻の個体数を年次別に示したものである。調査の際には，

I. 注目される種の分布拡大の経緯と現状

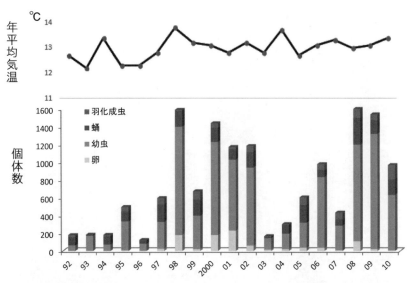

図3 長野県内で確認された年次別の個体数（井原，2011）と飯田市の年平均気温

河川敷や近くの林道のツルヨシなどの自生地で，卵，幼虫，蛹，羽化殻を記録した。南の天龍村の天竜川とその支流河川の下流部分から調査を始め，生息確認の有無により調査ポイントを上流部に広げていった。はじめ1990年代前半は徐々に増えていたが1998年から急に増加し，2002年までは多い状態が続いた。2003年に激減したが，その後はまた増加するなど，年によって確認数に大きな変動が見られた。しかし，この20年間で長野県における確認個体数は確実に増加しているのがわかる。ちなみに極端に個体数が減少した2003年は，諏訪湖が全面結氷した年に見られる"御神渡り"が6年ぶりにあった年である。

飯田市にあるアメダスポイント（N35度31.4分，E137度49.3分，標高516.4m）における1992年から2010年までの年平均気温のデータを図3に併せて示した。これによると，飯田市の年平均気温は年によって変動はあるが，この20年の間にわずかずつ上昇している傾向が読み取れる。また2003年の平均気温は12.8℃で，その前後の年より低くなっているのがわかる。さらに発見個体数が急に増加した1998年は，平均気温が13.8℃とほかの年よりかなり高くなったことと一致している。しかし，部分的な一致はあるものの，全体的には本種の発見数の変動と年平均気温との間に明瞭な関係は認められ

ないといえる。気候条件，特に温度との関係をとらえるには，全般的な温暖化ではなく，本種の生活史に対応した細かな気候要因との関係を明らかにしていく必要がある。

(2) 水平分布の拡大

今まで蓄積されたデータと合わせて，クロコノマチョウの分布拡大を定量的に調査して，地球温暖化との関係を明らかにし，さらに今後の生息域の拡大を予想することを目的として，信州大学農学部昆虫生態学研究室では専攻生の桐生雄介らとともに2011～2012年に総合的な調査を行った。最南は下伊那郡天龍村，最北は松本市まで，中南信地方を中心に173地点を調査した。その結果，2011年には卵から成虫まですべての発育段階を含めて360個体，2012年には276個体のクロコノマチョウが発見された（表1）。（桐生ほか，未発表）

2012年までの発見データを年次区分にそって濃淡を変え市町村ごとに図4に示した。1990年までの分布の最北端は喬木村であったのが（図では行政区で濃淡を変えたので最北端は飯田市のように見えるが，緯度からは喬木村の調査地点が最北になる），2000年には飯島町，2010年には辰野町となり，かつては南信までしか生息していなかったのが，年々北上し中信の松本市や塩尻市にまで分布が広がっていることが分かった。ただし松本市での確認はまだ成虫のみであった。

この結果から，最外郭法によって分布面積を計算した結果を表2に示した。1990年までの面積を1とすると，1991～2000年に4.2倍，

表1 2011～2012年に長野県中南信地方で実施した分布調査で確認されたクロコノマチョウの個体数（桐生ほか，未発表）

ステージ	2011年	2012年
卵	73	27
1齢幼虫	48	19
2齢幼虫	83	43
3齢幼虫	72	73
4齢幼虫	33	42
終齢幼虫	21	64
蛹	0	2
成虫	30	6
合計	360	276

表2 最外郭法によって求めた分布範囲

年代	面積(km^2)	増加率	最北端
1981-1990	323.1	1	喬木村
1991-2000	1353.8	4.19	飯島町
2001-2010	2704.5	8.37	辰野町
2011-2012	3104.0	9.61	松本市

I. 注目される種の分布拡大の経緯と現状

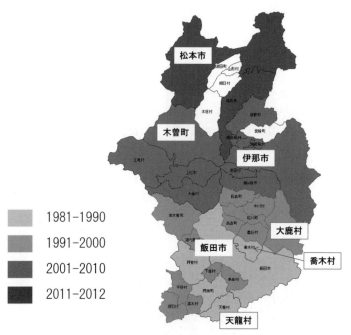

図4 市町村単位で見た分布の拡大（1981年から2012年）

2001〜2010年に8.4倍，2011年には9.6倍と，年々分布面積が拡大していることが分かった。ただし，2012年の信州大学農学部の調査では，2011年に確認された松本市はもちろんのこと，それまで卵や幼虫が確認されていた伊那市でも発見できず，そこから約25km南の中川村がこの年の最北端であった。このように本種の分布の再先端では，その時の気候条件などによって分布境界が大きく変動しているといえる。しかし，全体としてみると1981年から分布域が北上していることは明らかである。

(3) 垂直分布の拡大

長野県の最低標高地点は新潟県境の姫川河床で約180mであるが，本調査地域では静岡県境の天竜川河原で約250mである。2011年の総合調査において，クロコノマチョウが発見された地点の標高別の発見地点数とその割合を表3に示した。本種は標高250〜1400mまで幅広く生息していることがわかったが，標高1400m以上では発見されなかった。生息地点の標高は401〜800mの範囲が多く，70%以上を占めていた。

11 長野県におけるクロコノマチョウの分布拡大

次に，発生確認地点の標高の推移を年代別にまとめて図5に示した。図中の点が濃くなるほど高標高で確認されたポイントになる。1990年までは喬木村が最北端で，発生確認直後の標高は700m以下

表3 標高別の発見地点数とその割合（2011年）
（桐生ほか，未発表）

標高 (m)	調査地点数	発見地点数	%
201-400	32	6	15.4
401-600	61	14	35.9
601-800	43	14	35.9
801-1000	30	4	10.3
1001-1400	7	1	2.6
合計	173	39	100

であったのが，1998年には飯島町まで侵入し，801～1000 m地点でも生息が確認された。2002年には辰野町まで侵入し，1000 m以上のポイントでも確認されるようになり，本種が水平方向に北に拡大しているだけでなく，垂直方向（高標高方向）にも分布を拡大していることがわかった。またこの図より，クロコノマチョウの生息地は河川の周辺に多く，主に天竜川・木曽川に

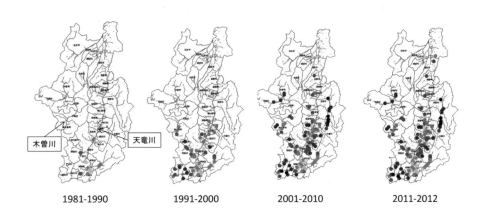

図5 発生確認地点で示した水平分布と垂直分布の拡大（井原，2012を一部改変）

I. 注目される種の分布拡大の経緯と現状

沿って北上し，その支流に沿って標高の高いところまで分布域を広げていることも明らかとなった。

■化性のシミュレーション
(1) 有効積算温度と発育零点

　本種は，九州の平地や低山地帯の暖地では，夏型は2回にわたって出現して，第3化が初めて秋型となり年3回発生することが知られている（白水，2006）。一方，長野県の南信地方では年2回の発生である。今後，温暖化が進むと発生回数が増えるのか，また長野県の北の方では年2回の発生が可能なのかをシミュレーションすることにした。

　そのためには，本種の有効積算温度定数と発育零点を算出する必要がある。発育零点とは，それ以下になると発育が止まってしまう温度で，種によって異なっているが昆虫では10℃前後が多い（桐谷，2012）。たとえば発育零点が10℃の昆虫を20℃の温度条件で飼育すると，20－10＝10℃が有効温度となる。この温度条件で卵から成虫になるまで30日かかったとすると，30日×10℃＝300日度がその昆虫の有効積算温度定数となる。発育零点と有効積算温度定数は，いくつかの異なる温度条件で昆虫を飼育して，複数の発育日数と飼育温度のデータを基にした回帰式から算出される。

　そこでクロコノマチョウの発育と生存に及ぼす温度の影響を調べることを目的として，2012年から実験室内で飼育をはじめた（図2D）。飼育温度は15℃から30℃までの範囲で，7つの異なる温度条件を設定した。日長は夏の長日条件である16時間明期，8時間暗期とした。従って，羽化してきた成虫はすべて夏型となった。幼虫の餌として，長野県で主に食草としているツルヨシを与えた。その結果，卵から成虫になるまでの発育零点は10.5℃，有効積算温度定数は655.7日度であった（江田・中村，未発表）。これよりある地点のクロコノマチョウに対する1年の有効積算温度は，日平均気温から発育零点10.5℃を引いてプラスになった日の温度を1年間累積したものとなる。

(2) 予測化性の算出

　飯田市アメダスデータから2012年の有効積算温度を求めると，1947.34日度であった。これをクロコノマチョウの有効積算温度定数655.7日度で割

11 長野県におけるクロコノマチョウの分布拡大

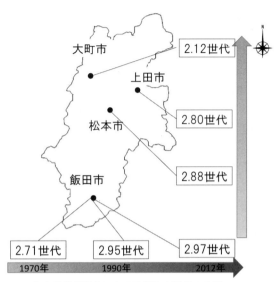

図6　アメダスデータと有効積算温度による時間と空間軸の化性シミュレーション

ると2.97となり，1年間で2世代発生するには十分な温度量があるが，3世代には少し足りないことが分かった。長野県内の他の地点では，松本市で2.88となり2世代は可能であると予想できたが，さらに北の大町市では2.12となり，年に2世代を完了するにはかなりぎりぎりの温度量であった（図6）。化性シミュレーションから，現在のところ北信地方まで分布を拡大する可能性は低いことがわかった。一方，同じ飯田市でもクロコノマチョウの北上が始まった1970年では2.71世代と，2012年よりは小さな値だったこともわかった（図6）。このように有効積算温度を使った化性シミュレーションによって，温暖化の影響を数量化することができた。しかし，飯田市のシミュレーションでは，温暖化にともなって化性数値は大きくなっているものの，1970年時点でも2.71世代なので，分布拡大が始まる前から，有効積算温度から見ると十分2化はできたと考えられる。すなわち，温暖化によって有効積算温度が増えたために長野県の南信地方に分布拡大できたのではないということになる。しかし，2012年には2.97世代となり，南信地方では3化している可能性がある。

Ⅰ．注目される種の分布拡大の経緯と現状

■ 分布最前線での成虫越冬
（1）標高と成虫の発生回数
　では，何がクロコノマチョウの分布拡大の要因として考えられるのだろうか？　その手掛かりとして第1化と第2化成虫が発生する標高を分析した。2011年の調査では飯田市茂都計川や中川村小渋川・四徳川では，第1化個体の大半は401～600mの標高帯で発生していたが，第2化個体になると801～1000mの標高帯でも発生が確認された。すなわち第2化は第1化の発生場所周辺だけでなく，より高い標高帯でも発生していたのである。越冬あけの成虫は，越冬した場所の周辺で第1化個体を産卵し，羽化した第1化成虫はより高い標高帯にも分散していき第2化個体を産卵するという，標高別に異なった発生消長が見られたのである。
　高標高域で生まれた第2化成虫が低標高に移動せずにその場所で越冬すると仮定すると，次の年に第1化が発生していない地域では，成虫が越冬できなかったものと考えられる。もし冬期の温度条件が良ければ，うまく高標高域でも越冬できる可能性もあるかもしれない。すなわち年平均気温が上昇したり有効積算温度が増加したりすることではなく，越冬地での冬期の温度が分布を決める重要な要因として考えられる。

（2）分布境界での冬の気温
　第1化が6月下旬から出現し，この世代が各地へ移動分散して産卵し，第2化がそのまま発生地で越冬できれば分布域はさらに飛躍的に拡大するであろうが，多くは越冬できずにいるのが現状であると考えられる。2012年には2011年より分布域が縮小し，境界線が南下したことは既に述べた。具体的に見ると，2012年の越冬可能地の北限は，中川村の小渋川流域であった。2011年に発生していた中川村以北の生息地で2012年に発生が確認できなかったのは，越冬成虫が何らかの要因で死亡したからであると考えられる。
　この第1の要因は，冬期の温度条件ではないかと考えられる。試みに，中川村より北にある伊那と飯島の観測所と，南にある飯田と南信濃の観測所のアメダスデータから，2011年12月から2012年3月までの4か月間に－5.0℃以下になった日数を比較してみた。すると伊那・飯島では42～46日，飯田・南信濃では24～28日と，－5.0℃以下の日数に大きな差が見られた。また飯

島・飯田・南信濃の観測所では，2011年の冬よりも2012年の冬の方が－5℃以下の日数が多かった。このことから，クロコノマチョウの越冬場所での温度条件が，水平方向だけでなく垂直方向への分布拡大の一つの要因であることが示唆された。

　昆虫が分布を拡大することには，越冬中の死亡率が大きく影響しているといわれている（桐谷・湯川，2010）。冬期の死亡率が低くなる原因として，耐寒性など昆虫自身の生理的性質の変化による環境への適応や，温暖化にともなう気温上昇などによる越冬環境の好適化が挙げられる（Yoshii & Ishii, 2001）。今回の調査では，越冬後の成虫が確認できた場所は下條村（381m）の1か所のみ（2012年）であった。今後は標高帯ごとに春季に越冬後の成虫の有無を確認し，越冬場所の温度データを記録して比較するとともに，成虫の耐寒性を室内実験によって明らかにしていく必要があるといえる。

〔引用文献〕

福田晴夫・浜栄一・葛谷健・高橋昭・高橋真弓・田中蕃・田中洋・若林守男・渡辺康之(1984)原色日本蝶類生態図鑑（Ⅳ）．保育社，大阪．
井原道夫(2001)木曽川流域のクロコノマチョウ．まつむし，91: 93-94.
井原道夫(2011)温暖化とチョウ．蝶からのメッセージ（中村寛志・江田慧子編）: 42-51，信州大学山岳科学総合研究所，長野．
井原道夫(2012)長野県におけるクロコノマチョウの分布拡大．昆虫と自然，47(5): 31-35.
各務寿・井原道夫(1981)長野県産クロコノマチョウの生態．New Entomologist, 30(1): 1-5.
桐谷圭治(2012)日本産昆虫，ダニの発育零点と有効積算温度定数：第2版．農環研報，31: 1-74.
桐谷圭治・湯川淳一(2010)地球温暖化と昆虫．全国農村教育協会，東京．
岸一弘(2003)虫たちはどこへいくのか　クロコノマチョウがおしえてくれたこと．ポプラ社，東京．
信州昆虫学会(1979)信濃の蝶Ⅴジャノメチョウ科，信学会，長野．
白水隆(2006)日本産蝶類標準図鑑．学習研究社，東京．
Yoshio M, Ishii M (2001) Relationship between cold hardiness and northward invasion in the great mormon butterfly, *Papilio memnon* L. (Lepidoptera: Papilionidae) in Japan. Applied Entomology and Zoology, 36: 329-335.

（中村寛志・井原道夫・江田慧子）

I. 注目される種の分布拡大の経緯と現状

12 カラフトセセリの侵入と分布拡大

　カラフトセセリ *Thymelicus lineola* は，1999 年 7 月 16 日に北海道紋別郡滝上町上札久留において長沼二郎氏によって日本で初めて採集された（長沼，1999）（図1）。翌年には，発見地で幼虫が採集され，飼育観察から本種のライフサイクル（年1化），越冬態，食性等が明らかにされた（川田，2000）。
　同年に行われた分布調査で，紋別郡滝上町，隣接する西興部村，興部町朝日地区の各地で雑草地，路傍で多数生息していることが観察され，この時点で 3 町村に分布していることが報告された（永井，2000；伊東，2000）。カラフトセセリは，その後の分布調査・採集記録の集約によって，2015 年 8 月現在，発見地の滝上町上札久留を中心とした国道，道道，農業道，林道の路傍・雑草地など半径約 110km の円内の地域に分布を拡大し，発生を続けている。
　2013 年には，最初の発見地である滝上町から直線距離で約 200km 離れた道北の稚内市抜海の牧場周辺での発生が観察され（島谷，2014），2015 年の調査では，JR 宗谷線抜海駅から上勇知駅の沿線の酪農牧場周辺に分布していることが明らかになった（後述）。

図1 日本で最初の発見地「滝上町上札久留」とカラフトセセリ♂

■ カラフトセセリの分布

　カラフトセセリは，北アフリカ，イングランド南部からユーラシア大陸（ヨーロッパ，中央アジア，ロシア，ロシア極東，サハリンを含む），中国東北部に広く分布している。北アメリカ大陸では，1910年にカナダ・オンタリオ州で初めて発見された。1966年にはカナダ南東部，アメリカ合衆国北部10州で分布が確認されている（白水，2006）。大量発生するため，アメリカでは牧草害虫とされている。本種は北アメリカ大陸には本来分布せず，ヨーロッパより牧草チモシー（オオアワガエリ）の種子と共に持ちこまれた帰化昆虫と考えられる（白水，2006）。

　北海道で発見されたカラフトセセリの由来は，当初，北海道に古くに飛来し，以前からいたものが発見されたという説，極東ロシア，サハリンが日本への渡来の基地ではないかという説，人為的に家畜飼料等によって持ち込まれたものが世代交代を繰り返したという説があった。（麻生，2004）。

■ 遺伝子解析による侵入経路の推定

　北海道紋別郡滝上町で発見されたカラフトセセリは，分子系統解析の結果，地理的に近い極東個体群のグループではなく，ヨーロッパ・北アメリカのグループに属すことが分かった。すなわち，当初，侵入元として想定された極東ロシア・サハリン州の系統とは異なることが明らかになったのである（麻生・関口，2002）。この遺伝子解析と飼料用牧草の輸入統計から，北海道のカラフトセセリは，アメリカまたはカナダから輸入されたチモシー等の乾草とともに移入された可能性があると考えられている。（麻生・関口，2002）

■ 乾燥牧草・飼料の輸入による移入の可能性

(1) 北海道紋別郡滝上町への侵入について

　日本では毎年約200万トンの乾燥牧草が輸入されている。北海道の場合，主な輸入先は，カナダ，アメリカ合衆国，オーストラリアである（通関統計資料，2013による）。

　1993（平成5）年に，日本（特に北海道・東北）は大冷害に見舞われ，北海道のオホーツク海側では5，6，7月の低温，日照不足によってすべての作

I. 注目される種の分布拡大の経緯と現状

物が凶作になった。酪農のための牧草・飼料作物も例外ではなく，紋別・網走などオホーツク海側の酪農家では，チモシーの乾燥牧草，配合飼料などをカナダ・アメリカから緊急大量輸入して急場を凌いだ。その後もカナダやアメリカ合衆国からの乾燥牧草，配合飼料などの輸入は続いている。

1999年7月16日に長沼二郎氏によって発見されたときの発生状況や2000年の爆発的な発生状況（伊東，2000）から，カラフトセセリはその数年前には侵入して世代交代を繰り返していたと推測される。2000年には，既に西興部村，興部町，紋別市上渚滑町奥東まで発生が確認され土着していたことを考えると，最初の発見地である滝上町上札久留地区からだけでなく，この地域で輸入牧草・飼料を使用した酪農牧場周辺から一斉に発生して分布を広げたと考えられる。なお，2000年にはカラフトセセリは，北海道立総合研究機構・北海道病害虫防除所からイネ科牧草の害虫として指定されている。

■ カラフトセセリの食性

本種の幼虫は，チモシー，オーチャードグラス，ケンタッキーブルーグラス，スズメノカタビラなどから見出される。飼育下では，コメガヤ，チヂミザサなどのイネ科の植物を広く食べることが観察された（川田，2000）。野外での主要食草は，北海道の路傍に普通に繁茂している牧草のチモシーである。発生の多い地域のチモシーから幼虫を発見することは容易である。

■ 生息分布調査

筆者は2004年7月8日に紋別郡遠軽町丸瀬布金山（道道133号線）の路傍おいてカラフトセセリ1♂を採集した。この採集により本種の遠軽町丸瀬布地区（旧丸瀬布町）への侵入に興味を持ち，2005年7月より発見地の滝上町に隣接する紋別市，遠軽町を中心とした生息状況の調査を開始した。調査では，主に国道，道道，農道，林道，市町村境界の峠や道路分岐点などの路傍やその周辺の雑草地で成虫を観察・採集した。また，北海道昆虫同好会の会員やその他の昆虫愛好家の方々にカラフトセセリの観察・採集データを提供していただき，発生状況を確認していくことにした。

表1は，それらの情報を，年を追って整理したものである。

12 カラフトセセリの侵入と分布拡大

表1（その1） 2000～2015年のカラフトセセリの採集・観察記録（2000～2013年）

調査年月日	採集・観察地	道路名	個体数
2000/7/3	滝上町上札久留・滝上市街地	道61	多数
2002/7/6	滝上町上札久留・札久留峠・西興部村上藻	道137	多数
2003/7/10	滝上町奥札久留上紋峠 750m付近	道61	1ex
2003/7/12	滝上町市街地　上札久留（西興部分岐）	道61	大発生
2004/7/10	滝上町元町	道996	7♂3♀
2004/7/6	遠軽町丸瀬布・金山	道305	1♂
2005/7/10	紋別市上渚滑町上立牛・成岩橋周辺	道306	28♂7♀
2006/7/8-9	紋別市上渚滑町下立牛・中立牛・上立牛成岩橋周辺	道306	大発生
2006/7/16	士別市朝日町　天塩岳から前天塩岳鞍部（標高1380m）	道101	1♂
2007/7/8	遠軽町丸瀬布天神町前田の沢	道306	3♂
2007/7/8	遠軽町丸瀬布金山	道305	8♂
2007/7/10	紋別市鴻ノ舞・上原峠分岐駐車場・金八トンネル入口	道305	2♂
2008/7/6	遠軽町丸瀬布天神町前田の沢周辺	道306	18♂3♀
2009/7/12	遠軽町丸瀬布天神町前田の沢周辺	道306	大発生
2009/7/12	遠軽町丸瀬布新町	道1070	9♂2♀
2009/7/23-24	遠軽町西町湧別川左岸・瀬戸瀬・丸瀬布・白滝	国333	多数
2009/7/27	上川町層雲峡　迷沢林道	国273	1♂
2010/7/8	遠軽町丸瀬布上丸，オロピリカ林道入口	道306	7♂1♀
2010/7/8	遠軽町丸瀬布・51点の沢入口周辺・上武利上野牧場周辺	道1070	大発生
2011/7/12	紋別市鴻ノ舞　立牛分岐周辺	道305	6♂1♀
2011/7/12	紋別市鴻ノ舞　上原峠付近	道137	2♂
2011/7/12	遠軽町丸瀬布金山　金八峠駐車場周辺	道305	5♂
2012/7/17	遠軽町奥白滝　北見峠付近路傍草地	国333	11♂1♀
2012/7/27-28	上川町大雪国道・武華トンネル・層雲峡大函	国39	少数
2012/7/29	上川町大雪国道　三国峠駐車場	国273	多数
2012/7/28	上士幌町十勝三又西クマネシリ山（標高1150m）	国273	3♂
※ 2012年備考：三国峠を越えた十勝側で初めて採集された（平林, 2013）			
2013/6/20	上川町層雲峡石狩川本流林道	国273	1♂
2013/7/14	上川町層雲峡三角点沢林道～三国峠	国273	9♂1♀
2013/7/13	上川町清川（陸万）～層雲峡小函	国39	2♂
2013/7/14	上川町・武華トンネル駐車場・ルベシナイ林道入口	国39	4♂1♀
2013/7/21	上川町浮島トンネル出入口周辺・上越・中越	国273	多数
2013/7/13	遠軽町若咲内（瀬戸瀬）	国333	多数
2013/7/6	遠軽町白滝上支湧別集落～採石場	道558	多数
2013/7/6, 7/15	遠軽町丸瀬布・白滝・奥白滝・北見峠　国道路傍	国333	多数
2013/7/13	遠軽町向遠軽自衛隊演習地路傍	道244	多数
2013/7/13-14	北見市塩別湯の山峠（旭峠）・シケレベツ林道	国39	多数
2013/7/15	北見市温根湯 18線林道砂防ダム　上水場	国39	3♂2♀
※ 2013年備考：上川町市街地，水田地域の調査では発生未確認（農薬散布の影響か？）			

　　　＊　路線ごとに複数データを整理して表にまとめた。林道は近接する路線名とした。
　　＊＊　「道」は道道，「国」は国道，数字は路線番号。
　＊＊＊　筆者自身の調査記録と，提供いただいたデータを整理した文献記録をまとめた
　　　　（島谷，2013，2014，2015）。観察者・採集者名は省略した。

Ⅰ．注目される種の分布拡大の経緯と現状

表1（その2）　2000～2015年のカラフトセセリの採集・観察記録（2014～2015年）

調査年月日	採集・観察地	道路名	個体数
2014/7/9	上川町　白水沢砂防ダム（標高800m）	国39	6♂
2014/7/15	上川町層雲峡三角点沢林道～三国峠まで	国273	7♂4♀
2014/7/16	上士幌町十勝三又国峠峠茶屋向路肩	国273	2♂1♀
2014/7/16	上士幌町十勝三又音更川林道（石狩岳登山口）	国273	2♂
2014/7/17	足寄町美里別林道標高850m付近	道88	1♂
2014/7/28	足寄町芽登糠南林道	道88	2♂
2015/7/11	遠軽町金華峠周辺　駐車場	国242	多数
2015/7/20	北見市留辺蘂町金華峠上水場入口	国242	多数
2015/7/12	北見市開成	道27	1♂
2015/7/17	北見市厚和・イトムカ駐車場　石北峠（未確認）	国39	8♂1♀
2015/7/17	遠軽町水穂・生田原市街地・清里キララ周辺	国242	多数
2015/7/16	上川町　北大雪三角点沢林道・三国峠周辺	国273	8♂2♀
2015/7/16	上川町　武華トンネル駐車場・ルベシナイ林道上部	国39	多数
2015/7/22	足寄町美里別林道	道88	1♂
2015/7/18	紋別市上渚滑上古丹小学校跡地・上立牛分岐	道137	大発生
2015/7/18	紋別郡滝上町市街地（上川分岐）	国237	3♂
2015/7/18	紋別郡滝上町札久留（西興部分岐）	道61	5♂2♀
2015/7/18	西興部村　札久留峠～森林公園	道137	多数
2015/7/18	西興部村奥興部～天北峠　路肩	国239	複数
2015/7/29	西興部村中藻～興部町秋里八幡神社	道334	多数
2015/7/29	紋別郡興部町オホーツク街道・豊野	国238	8♂
2015/7/29	紋別市渚滑町市街地～中渚滑　雑草地	国273	多数
2015/7/30	紋別市元紋別市街地～上鴻ノ舞	道305	多数
2015/7/18	西興部村奥興部～天北峠　路肩	国239	多数
2015/7/18, 7/27	下川町一の橋・二の橋・三の橋・南町・上名寄	国239	多数
2015/7/27	下川町北進町・奥サンル駐車場・幌内越峠周辺	道60	少数
2015/7/18	士別市朝日町岩尾内・茂士利各牧場周辺	道101	4♂
2015/7/18	下川町下パンケ・上パンケ・小魚トンネル周辺	道101	多数
2015/7/18	士別市朝日町登和里	道61	3♂
2015/7/27	名寄市風連町池の上（望湖台分岐）	道206	3♂1♀
2015/7/27	稚内市抜海　JR抜海駅周辺	道510	多数
2015/7/28	稚内市クトネベツ　大野・柄澤・尾森・伊藤　各牧場	道510	各少数
2015/7/28	稚内市上勇知　中野牧場	道510	2♂
2015/7/28	稚内市勇知　JR勇知駅　雑草地・児玉牧場周辺	道510	少数
2015/8/2	稚内市下勇知	道510	2♂1♀

※2015年備考：
①遠軽町水穂，生田原～北見市留辺蘂町金華の路傍では大量発生が見られた。
②上川町市街地（含む稲作地）では発生を確認していない。
③十勝三又周辺の路肩，路傍では発生を確認していない。
④下川町全域で多数発生していた。士別市朝日町茂士利の牧場周辺で大量発生。
⑤名寄市風連町の水田地帯に入ると皆無（水稲への農薬散布の影響か？）。
⑥稚内市沼川・宗谷，猿払村，浜頓別町，枝幸町の各牧場周辺の調査では未確認。

＊ 路線ごとに複数データを整理して表にまとめた。林道は近接する路線名とした。
＊＊ 「道」は道道，「国」は国道，数字は路線番号。
＊＊＊ 筆者自身の調査記録と，提供いただいたデータを整理した文献記録をまとめた（島谷，2013，2014，2015）。観察者・採集者名は省略した。

12 カラフトセセリの侵入と分布拡大

■ 分布拡大の経緯

2015年8月現在，カラフトセセリは最初の発見地の滝上町から，西興部村，興部町，紋別市，遠軽町（生田原・瀬戸瀬・丸瀬布・白滝），北見市，上川町（浮島分岐・中越・層雲峡大雪湖周辺），上士幌町，足寄町，下川町，名寄市，士別市朝日町などに分布を広げている（図2）。分布は16年間で約110km広がり，滝上町を出発点と考えると，分布拡大の速度は，年平均7kmになる。

本種の分布拡大の方法には，(1) 国道，道道，農道，林道などの路傍のイネ科食草をたどって分布を拡大する場合，(2) 酪農用の牧草ロール等の運搬移動などによって分布を拡大する場合，(3) 自家用車等に運ばれたり放蝶されたりすることによる人為的な分布拡大，(4) 低気圧や台風などに風の流れによって移動する場合，が考えられるが，以下にそれらについて説明する。

(1) 道路沿いの分布拡大

本種は，路肩や路傍にあるチモシーやオーチャードグラスなどの食草に産卵を繰り返し，徐々に新しい場所に移動していく。このような道路沿いに分

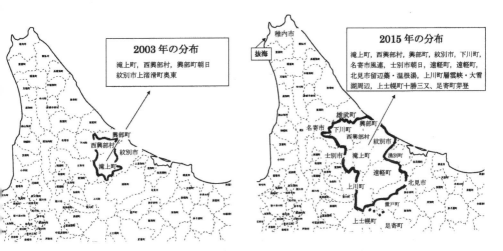

図2　カラフトセセリの分布拡大
　左：2003年の分布：滝上町，紋別市，西興部村，興部町
　右：2015年の分布：紋別市全域，遠軽町全域，北見市，上川町，士別市朝日町，下川町全域，名寄市風連まで分布が広がり，また飛び離れた稚内市，足寄町でも採集。

153

I. 注目される種の分布拡大の経緯と現状

布を拡大したと考えられるケースには，①道道61号線沿いに滝上町上札久留から上紋峠（標高750m）を経て，士別市朝日町岩尾別・茂士利に至ったケースや，②国道273号線沿いに滝上町から浮島トンネル（標高577m）を経て，上川町上越・中越に侵入し分布を広げたケース，③道道305線・306号線，国道333線沿いに紋別市上渚滑立牛地区から遠軽町全域（丸瀬布・白滝・瀬戸瀬・生田原など）に分布を広げたケース，④国道239線沿いに西興部村から天北峠（標高300m）を経て下川町全域・名寄市へ分布を広げたケースなどがある（表1参照）。道路沿いに点在する牧場周辺の路肩・路傍には特に発生数が多かった。道路沿いに市町村の境となる峠を越えたり，トンネルを経由したりして分布を広げたと考えられる。また，自衛隊演習地周辺や離農した共同牧草地，道路沿いの駐車場の周辺草地などで大発生しているケースも認められた。

(2) 牧草ロール等の運搬移動よる分布拡大

　酪農家は夏に牧草ロールを生産し，冬期間の飼料を確保している（図3）。カラフトセセリはチモシーなどの根元に産卵し，そのまま卵で越冬するため，牧草ロール等に混入し易い。牧草ロールは主にその地域の各酪農家に運ばれ，混入した卵が牧草の移動先で孵化すると考えられる。遠軽町丸瀬布や白滝上支湧別などの酪農地帯では，このような方法で分布拡大している場合もあると推定される。

図3　冬に備えて生産される牧草ロール（2014年8月，遠軽町）

(3) 人為的な分布拡大

2008年ころから大雪湖周辺でカラフトセセリが採集されたとの情報が入り，2013年にはかなりの個体数が確認できるようになった（島谷，2014）。この時期に，インターネットのブログで，滝上で採集した雌を大雪湖周辺に放蝶したと発信した者がいた。このような放蝶だけでなく，大量に飛び回っている成虫が採集者の自家車に閉じ込められたまま，次の採集地へ移動する可能性もある。カラフトセセリはイネ科植物の害虫でもあり，放蝶行為は厳に慎むべきである。

(4) 風による移動

山岳地帯の稜線上や，発生地から大きく離れた林道で成虫が採集・観察される場合がある。例えば，山岳地帯での発見例としては，2006年7月16日に，旧朝日町と滝上町の境界にある天塩岳〜前天塩岳の鞍部（標高1380m）で3頭が目撃され，1♂採集された例（表1）がある。また，2012年7月28日に上士幌町西クマネシリ（標高1150m）で1♂が採集された（平林，2013）。発生地から離れた林道での確認例としては，2014年7月17日に足寄町美里別林道で1♂（島谷，2015）が，2014年7月28日に足寄町芽登林道で2♂（島谷，2015）が採集された例がある。

このような場合には，放蝶など人為的方法で移動したという可能性は低いため，低気圧通過などの際に強風に乗るなどして移動したものと考えられる。

(5) 新しい分布：稚内市での発生について

筆者は2015年7月27・28日に，滝上町から直線距離で200km以上離れた稚内市抜海のJR抜海駅から勇知にかけての道道510号線沿いに点在する牧場周辺を調査し，多数のカラフトセセリの発生を確認した（表1）。また，同時期に稚内市の他の地域，猿払村，浜頓別町，豊富町，中川町，天塩町も調査したが，新たな発生地は確認できなかった。

筆者は，抜海地域での発生は，滝上町から移動して侵入したことによるのではないと考えている。抜海の大野牧場及び柄澤牧場では，輸入乾燥牧草は今までに購入したことがないが，配合飼料や牧草種子はカナダ産のものを購入して活用しているということであった。

Ⅰ．注目される種の分布拡大の経緯と現状

　抜海地区では，2013 年と 2014 年には海外由来の牧草害虫ヨトウガの仲間が大量発生して牧草管理に困難を極めた．このような事例から，稚内市抜海のカラフトセセリは，発生状況から，この時期以前に輸入牧草種子や配合飼料に混入してきた卵に由来している可能性が高いと思われる．なお，稚内市へは宗谷海峡を挟んで 70km 離れたロシア・南サハリンから渡来したという可能性も否定できない．極東とヨーロッパ・北米個体群は遺伝的に区別できる（麻生・関口，2002）ことから，今後の調査で新たな発生地が発見された場合には，遺伝子解析を行って由来を明らかにしたいと考えている．

謝辞
　カラフトセセリの採集・観察データの提供をいただいた川田光政，渡辺康之，黒田　哲，笠井啓成，樋口勝久，高木秀了，上野雅史，橋本説朗，矢崎康幸，岡田俊幸，城生吉克，小川浩太，島谷隆治各氏に心からお礼申し上げる．

〔引用文献〕
麻生紀章 (2004) 北海道のカラフトセセリ．昆虫と自然，39(5): 32-35.
麻生紀章・関口正幸 (2002) カラフトセセリの分子系統解析．蝶と蛾，53: 103-109.
平林照雄 (2013) カラフトセセリの新記録地について．jezoensis, 39: 73.
伊東秀晃 (2000) カラフトセセリの分布状況―2000 年の発生記録―．蝶研フィールド，15(9): 10-14.
川田光政 (2000) カラフトセセリの幼虫が採れた．ゆずりは，6: 26.
永井信 (2000) カラフトセセリの分布調査．jezoensis, 27: 8.
長沼二郎 (1999) カラフトセセリの発見．ゆずりは，3: 9-11.
島谷光二 (2013) カラフトセセリの生息分布の拡大について．jezoensis, 39: 131-133.
島谷光二 (2014) カラフトセセリの生息分布の拡大についてⅡ．Ⅲ．jezoensis, 40: 106-119.
島谷光二 (2015) カラフトセセリの生息分布の拡大についてⅣ．jezoensis, 41: 64-66.
白水隆 (2006) 日本産蝶類標準図鑑．学習研究社，東京．

（島谷光二）

Ⅱ．各地で何が起こっているのか？

II．各地で何が起こっているのか？

1 北海道におけるチョウの分布拡大

■ はじめに

　北海道において，分布拡大が特に顕著なチョウは，概ね次の5つの様式に分類できる。
(1) 国外から飛来した後に越冬して道内各地で分布拡大した種：チョウセンシロチョウ *Pontia edusa*（図1A），オオモンシロチョウ *Pieris brassicae*。
(2) 北海道では従来は温暖な南部に分布していたが，より寒冷な地域へと分布を拡大している種：オオミスジ *Neptis alwina*（図1B），ヒメジャノメ *Mycalesis gotama*（図1C）。
(3) 北海道では従来は寒冷な東部に分布していたが，より温暖な地域へと分布を拡大している種：シロオビヒメヒカゲ道東亜種 *Coenonympha hero latifasciata*（図1D）。
(4) 道内に広く分布していて，分布の空白域を埋めるように発生地を移動させながら分布拡大する種：ゴマシジミ北日本亜種 *Phengaris teleius ogumae*（図1E）。
(5) 従来の生息地から飛び離れて出現し，分布を拡大している種：カラフトセセリ *Thymelicus lineola*，スジグロチャバネセセリ *Thymelicus leoninus*（図1F），リンゴシジミ *Fixsenia pruni*（図1G）。

　本稿ではこれらのうち，別に紹介されているオオモンシロチョウやカラフトセセリを除いて，各種の分布拡大の様相や原因について解説する。

■ 北海道における各種の分布拡大の経緯

(1) 国外から飛来した後に越冬して分布拡大したチョウセンシロチョウ

　本州以南に土着していて，北海道に飛来するチョウには，イチモンジセセリ *Parnara guttata*，アサギマダラ *Parantica sita*，ウラナミシジミ *Lampides boeticus* 等がある。イチモンジセセリは毎年のように発生し，アサギマダラはほぼ毎年見られ時々発生する。また，ウラナミシジミはまれに飛来して発

1 北海道におけるチョウの分布拡大

図1 北海道で分布拡大が注目される種
A：チョウセンシロチョウ／B：オオミスジ／C：ヒメジャノメ／D：シロオビヒメヒカゲ道東亜種／E：ゴマシジミ北日本亜種／F：スジグロチャバネセセリ／G：リンゴシジミ／H：名寄市で採集されたチョウセンシロチョウ♀

生する。近年これらの種は，道南だけでなく道北や道東までの広範囲で記録されているが，越冬が困難なため，一時的に発生しても継続的な分布拡大にはつながらない。

一方，チョウセンシロチョウは，過去に国外から北海道に飛来し，越冬して分布を広げたことがある。本種の記録は，オホーツク海側北部から石狩湾付近の日本海側にかけての河川敷や海に近い街の郊外などに多い（図2）。

■ II. 各地で何が起こっているのか？

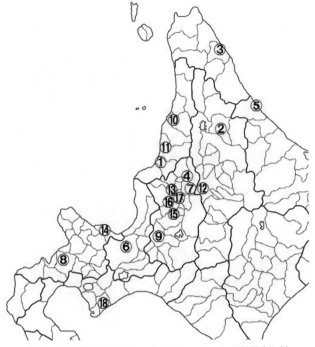

図2　北海道におけるチョウセンシロチョウの記録市町村

　1960年代までは，1953年9月の留萌市（横山・若林，1967）（図2の①），1961年の名寄市（矢崎・斎藤，1979）（②），北海道新聞に1966年9月に掲載された浜頓別町クッチャロ湖畔（③）の3例が知られているにすぎなかった。今回，これまで詳細が不明だった名寄市の記録を，採集者の平林照雄氏にうかがうことが出来た。1961年10月15日，名寄市日進の耕作地を，弱々しく飛ぶ汚損した白蝶がいた。名寄市で10月といえば間もなく初雪が降る時期である。この時期に飛ぶ白い蝶は珍しいと思い帽子で捕獲したが，種名がわからなかった。そこで昆虫に詳しい加藤国昭さんに見せたところ本種の雌と判明した（図1H）。この採集例が加藤氏の私信から国内の研究者たちに伝わり，未発表のまま"1961年名寄市"とだけ，記述されていた。
　その後1975年8月に深川市多度志町（④）で雄が，9月には雄武町雄武小学校校庭（⑤）で雌が捕獲された。4年後の1979年7月から1980年10月にかけては，各地で空前の記録ラッシュとなった。1979年7月10日に札幌市（蝦夷白蝶編集部，1980）（⑥），7月末に深川市石狩川河川敷（⑦）と

1 北海道におけるチョウの分布拡大

蘭越町（⑧）で捕獲されて以降，岩見沢市（⑨），羽幌町（⑩），小平町（⑪），旭川市（⑫），雨竜町（⑬）で記録された（矢崎・斉藤，1979）。さらに1980年には，小樽市（⑭），奈井江町（⑮），新十津川町（⑯）が追加された（川田，1981）。この中で蘭越町尻別川河畔や，深川市・雨竜町などの石狩川水系の河川敷では，多数の個体が捕獲されたことから，一時的に発生した可能性が高い。蘭越町では1979年9月中旬には11♂16♀の成虫，9月下旬には7個体の幼虫（2〜4齢）が確認された。この情報を知った多くの同好者が調査したが，翌年には蘭越町で確認されたという報告はない。河川敷の発生地は，1979年には裸地が目立ち食草のスカシタゴボウ（アブラナ科）が多かったが，翌年には雑草が繁茂して裸地が覆われ，発生地と推定された地点はシロツメクサ等の芝生のような環境に変わり，食草も少なくなっていたとされる（川田，1980）。1980年の春季には，小樽市稲穂荒巻山で5月18日に須貝紀明氏によって1個体が捕獲されたことが地元の新聞に掲載された。また5月17日には札幌市で1♀が（平岩，2000），6月6日には雨竜町石狩川河畔で複数個体が採集されたようだ（川田光政氏，私信＝図1A）。これら春季の記録から，1979年から1980年にかけて本種は複数の地域で越冬し，発生地を拡大した可能性が高い。しかし，1981年には，滝川市江部乙町（⑰）で9月に1♂が捕獲されたのみであるとされる（川田，1981）。その原因は，本種の個体数が増加する盛夏以降に，発生環境に大きなダメージがあったことであると考えられる。1980年に多数が確認された雨竜町石狩川河川敷を1981年8月2日に川田氏が訪れた際には，牧草地にするために発生地が建設重機で削られていたという。さらに8月2日から5日まで続いた集中豪雨による未曾有の増水は道内の平野部に深刻な被害をもたらし，河川敷などの生息地となる可能性があった環境が完全に水没した。唯一の太平洋側の記録である，1984年8月の登別市富岸川河畔（⑱）での1♂2♀（神田，1988）を最後に，2015年まで北海道での捕獲記録はない。

北海道でチョウセンシロチョウが多く発見される時期は，寒冷地ではチョウへの関心が薄れる9月以降と遅い。また本種の好む環境は，裸地の多い荒れ地や河川敷などで，同好者にとってあまり魅力的ではない。偶産種であるだけでなく，このようなことも本種の記録が少ない原因の一つであると考えられる。平野部の荒れ地は，ほとんどが土地開発や河川改修などによる造成

II. 各地で何が起こっているのか？

地である。草丈がごく短いこのような環境は，仮に母蝶が飛来して産卵しても，その後に外来植物などの雑草に覆われてしまったり，あるいは表土を削られてコンクリートブロックが敷き詰められたりして，短期間で生息地として適さなくなることが多い。本種は移動性が強く，一度発生すると短期間で各地に拡散すると考えられるが，発生環境が維持されにくいため，飛来した翌年以降も，継続発生して分布を広げることは難しいと考えられる。

(2) 寒冷地に向かって分布拡大するヒメジャノメとオオミスジ

温暖な北海道南部からより寒冷な地域への分布拡大が顕著な例として，ヒメジャノメとオオミスジが挙げられる。ヒメジャノメは1953年に津軽海峡に面した知内町で記録された後（秋野・河内，1954），近隣の福島町，木古内町，函館市などで記録された（今井，1956など）。20年後の1973年までに，当時の北限の南茅部町（現・函館市）川汲をはじめ，函館市内各地，七飯町，上磯町（現・北斗市），福島町などで確認された（中嶋，1974）。さらに1993年までには，日本海側では旧・熊石町（現・八雲町）をはじめ，離島の奥尻町，乙部町，江差町，上ノ国町，太平洋側でも旧・大野町（現・北斗市）や駒ヶ岳山麓の森町でも記録された（神田ほか，1982）。その後2009年には，たいせい町（黒田，2010），2013年には，太平洋側では八雲町上の湯温泉に達し（長岡，2013），日本海側では島牧村（上野，2013）で記録された（図3）。道南では食草としてススキを好むとされ（永盛拓行氏，私信），他にスゲ類も利用しているようである。スギ植林の縁の高茎草地や水田・耕作地わきの荒れ地など，人手の加わった環境に見られ，人里から離れた山奥などの自然度の高い環境では見られない。太平洋側よりも日本海側で，より北へと生息範囲が延びていることは，海水温の高い対馬暖流の影響があると考えられる。

図3 北海道におけるヒメジャノメの分布拡大

徐々に分布を拡大したヒメジャノ

1 北海道におけるチョウの分布拡大

メと比較して、オオミスジは、より急速に北方への分布拡大を遂げた。1951年に道南日本海側の厚沢部村（現・厚沢部町）で初めて記録され、1954年までは津軽海峡に面した知内町の2例を含め、わずか3例の採集例しかない大珍品（春山、1953）だった。しかし、1974年には"少ないものではなく、むしろミスジチョウよりも多い。"とされる記述もあることから（中嶋、1974）、函館市などの渡島半島南部では、約20年間で普通種になって

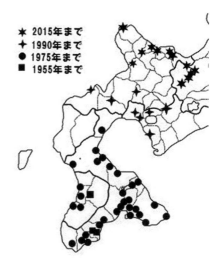

図4 北海道におけるオオミスジの分布拡大

いたことがうかがえる。道内でよく見かけるのはスモモが植えられた里山の民家周辺で、特に離農などで廃屋となった敷地内のスモモ並木は、良好な発生源となっている。分布拡大が注目されるようになったのは1978年からで、ニセコ町の記録（坪内、1980）を皮切りに、島牧村、洞爺村、黒松内町など渡島半島を越えて後志管内まで進出した（永盛、1986）。15年後の1993年には札幌市定山渓で（中島、1994）、1994年には小樽市でも（井上、1994）確認され、2000年には札幌市西側の手稲山山麓まで広がった（高木、2000）。オオミスジは約半世紀をかけて、北海道南部から石狩低地帯西端に達した。現在では、石狩低地帯に至る日本海側沿岸の集落には、積丹町（松本侑三氏、未発表）を含め広範囲にわたって分布している（図4）。太平側沿岸では、伊達市までは見られるが、室蘭市より東側の市町村からは、2015年の時点では報告されていない。本種が苫小牧市に達する頃には、日本海側では石狩低地帯を越えた東側の市町村でも発生が確認されるかもしれない。

(3) 寒冷地から温暖地域に向かって分布拡大する
シロオビヒメヒカゲ道東亜種

道東から道南に向けて分布を拡大している種としては、シロオビヒメヒカゲ道東亜種が挙げられる。1973年7月に旧・穂別町で本亜種が捕獲され

■ Ⅱ．各地で何が起こっているのか？

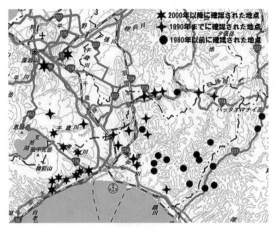

図5 シロオビヒメヒカゲ道東亜種の石狩・胆振地方における分布拡大（国土地理院電子地形図（タイル）に加筆）

たが（宇野，1973），この当時は主な分布域は大雪連山や日高山脈より東側の地域と考えられていた。そのため山岳地帯を越えた西側にある旧・穂別町での捕獲ニュースは衝撃的に思えた。1974年には厚真町でも確認され（亀田，1975），筆者の調査では4年後には個体数が増し，穂別・厚真町の郊外で普通に見られるようになった。1975年に豊島健太郎氏と共に調査したところ，日高町から厚真町にかけて発生地が点在していたことから，本種は沙流川に平行する国道沿いを南下して勇払原野南部に達したと推測される。当時は国道237号線の日高町〜平取町間の拡幅や，道道59号平取厚真線の工事が行われており，カラマツ植林や雑木林を貫く道路がほぼ完成されつつあった。路側帯や切通しのり面では，ナガハグサ（ケンタッキーブルーグラス）の張り芝作業が盛んに行われていた。そのため，食草としてこれを好む本種も道路伝いに生息地を拡大したとする説（北原・川田，1986）には説得力がある。本亜種はやがて勇払原野を横断し，1984年に千歳市（川田，1985），1986年には恵庭市で記録された（北原，1987b）。また太平洋に沿って，2011年には支笏湖に近い苫小牧市丸山や，苫小牧市西部の樽前へと西進し，2015年現在では白老町との町境近くまで達したとされる（神田正五氏，私信）。苫小牧方面の詳細は，神田正五氏の報告（神田，2012）に詳しい。また石狩平野を北上して，2008年に札幌市厚別区で（宮・青山，2009），2014年に豊平区羊が丘（黒田・井上，2015）でも捕獲された。札幌市内の平野部で確認されたのは，現在のところこの2例だけである（図5）。筆者も2014年と2015年に，札幌市南西部から北広島市にかけて調査したが，確認することは出来なかった。しかし本亜種は，既に千歳市・恵庭市方面から札幌市に到達しつつあると判断される。

① 北海道におけるチョウの分布拡大

　札幌市南区定山渓の特定の崖にしか生息しない札幌亜種 ssp. *neoperseis* が，食草として在来種のヒメノガリヤスに固執しているのに対して，低山地から平野部に広く分布している道東亜種は，在来のイネ科やカヤツリグサ科植物の他に，人為的に持ち込まれたイネ科の牧草や芝草などを食草として利用して，生息地を拡大したと考えられる。発生地の草丈が低く食草の根元まで日光が届く期間には，多くの個体が見られるが，高茎草本が徐々に多くなり食草の根元が暗くなると，本種の発生数も減少する。

　これとは別に，定山渓近郊の崖の数か所で，2005年以降，道東亜種と見られる個体が採れ始めた（植田，2013）。定山渓においてこれらの個体は，ほとんどが札幌亜種の生息しない"崖"で，10年近くにわたって少しずつ捕獲されたが（森，2013 など），個体数が増加することもなければ，普通の道東亜種が好む荒れ地草原に進出することもなかった。道東亜種と見られる個体が定山渓で新たに発見される地点は，いずれも比較的自然度の高い崖の周辺であり，発見から既に10年が経過しているが，路傍での捕獲例はない。崖の周辺だけに細々と見られる"定山渓の道東亜種"の発生状況は，道路沿いに連続的に生息域を広げた勇払原野での状況とは随分異なっている。あたかも夕張・日高山地の渓谷深部に生息するような，崖から離れない道東亜種が，石狩平野を渡って到達した個体群だと素直には思えない。しかし，その起源はともかく，定山渓亜種（札幌亜種）とされる個体群と，何らかの原因によって存在する道東亜種の集団が，異常接近していることは現実で，これを懸念していた筆者も，とうとう両亜種と判断される個体が混在した場所を2013年に確認した（黒田・井上，2015）。両亜種間の隔たりは意外に深いようで，飼育交配のベテランに頼んだ数度のケージ交配やハンドペアリングは，まだ成功していない。現在のところ野外においても，どちらの亜種か判断に困るような中間的形態の個体を見たことはないが，今後の経過が注目される。

(4) 発生地を移動させながら分布拡大するゴマシジミ北日本亜種

　北海道内におけるゴマシジミ北日本亜種の分布状況は，山本直樹氏の報告に詳しい（山本，2005）。道内の本種には，従来の生息環境である湿性の原生花園や湿原，蛇紋岩などの崖に生息する"遺存型個体群"の他に，道路のり面などに吹きつけられたナガボノシロワレモコウ（バラ科）を伝って分布

Ⅱ. 各地で何が起こっているのか？

を拡大する"移動型個体群"があるとされる（有田・前田，2014）。本種は道内では広く分布し，旧212市町村のうちの184市町村に記録がある。筆者も，付近に食草や発生地と思われる環境のない針葉樹林内の林道や開放的なササ原などで，本種を偶然捕獲した経験がある。湿原に生息する個体と人工的なのり面に生息する個体とでは，形態差がほとんど認められないため，「遺存型」または「移動型」という用語が適当であるかどうかはともかく，本種が新たな発生地を探して「移動する性質が強い一面を持つ」ということには，賛同できる。

　ゴマシジミは道内に広く生息するが，全域に万遍なく分布するわけではない。例えば芦別市，赤平市，三笠市などの地域では，数例の古い記録はあっても，1980年代には安定した生息地は見つからなかった。1998年頃に，芦別市の滝里ダム工事にともなって国道つけ替え作業が行われ，道路のり面への吹きつけによって人為的なナガボノシロワレモコウ群落が形成された。2004年には，筆者はこの場所で羽化して間もないゴマシジミを初めて捕獲し（黒田哲,未発表），2006年には多数の個体が確認されたようである（山本，2007）。このように，従来は分布空白地域であった場所で，人為的に作られた食草群落に本種が多数発生するようになった例としては，他に筆者が確認した石狩市浜益区での国道の整備にともなうのり面での発生（2004年）や，札幌市手稲山スキー場整備後の豊産（2010年）などがあり，道内ではよく見られる現象である。

　筆者の採集や主に北海道昆虫同好会のjezoensisなどに発表された報文を基に数えたところ，記録のある184市町村のうち，生息地があると考えられるのは173市町村であった。その大半の166市町村には，造成地などの人手が加わった生息地が存在している。一方，60市町村には，自然度の高い環境（例えば，オホーツク管内や根釧地方の原生花園，空知管内の崖や湿地など）の生息地がある（表1）。自然度の高い環境だけに生息地が限定されている市町村は，筆者の知る限り，奥尻町や士別市など7市町村だけである。これらの市町村にも，離島である奥尻町を除くと，いずれ排水路沿い等に生えるナガボノシロワレモコウを利用して，ゴマシジミが人工的な環境に侵入する可能性が高いと予想される。

　人為的な生息地は，面積は広くないものの，発生が確認されてから数年間

表1 北海道内におけるゴマシジミの生息環境（旧212市町村に基づく）

	記録のある市町村	現在生息が確認できない市町村	現在でも生息していると考えられる市町村	人為的環境と自然度の高い環境の両方の生息地がある市町村	人為的環境に限定されている市町村	自然度の高い環境に限定されている市町村
渡島・桧山管内	20	3	17	5	9	3
石狩・後志管内	22	2	20	2	17	1
胆振・日高管内	24	0	24	3	21	0
留萌地方	8	1	7	3	4	0
空知・上川管内	42	5	37	5	29	3
十勝・釧路・根室管内	35	0	35	19	16	0
オホーツク管内	26	0	26	9	17	0
宗谷管内	7	0	7	7	0	—
合計	184	11	173	53	113	7

は，ゴマシジミが比較的高密度で生息する場合が多い。草地に高茎草本や灌木が目立つようになると徐々に減少しはじめ，オオイタドリや灌木などに覆われる頃には消滅する。湿原などの自然度の高い発生地とは異なり，このような場所では5～6年で消滅する場合が多く，よほど広い発生地でもない限り10年を越えて発生するケースはあまりない。道東や道北の国立・国定公園を除くと，安定した発生地は1990年代の後半から次々と消滅した。札幌市近郊の南幌町や当別町，新篠津村などでは，湿原が土地改良でなくなった後も，排水路沿いに細々と発生していたが，近年は消息を聞かなくなった。

　本種は新しく作られた環境に侵入する能力が高いが，その一方で，人為的環境だけが発生地となっている113市町村では，今後，新たな造成地が形成されたり，定期的な草刈りなどで生息地の高茎化を抑えたりしなければ，いずれは環境変化によって消滅する可能性が高い。

(5) 生息域から離れて出現し分布拡大するスジグロチャバネセセリとリンゴシジミ

　北海道におけるスジグロチャバネセセリの典型的な生息地は，平野部から低山地の比較的自然度が高い落葉樹林縁のやや乾燥した草地である。従来は渡島半島南部に分布が限られていた。1993年に大きく離れた北海道中央部にある，ドラマ「北の国から」で有名になった富良野市麓郷で確認された（永井，1993）。捕獲した永井一徳氏から情報を得た筆者も，同年8月に富良野市布礼別の林縁草地で懸命に探して少数の本種を採集した。3年後に訪れ

■ II．各地で何が起こっているのか？

図6　富良野盆地におけるスジグロチャバネセセリの記録地点（国土地理院電子地形図（タイル）に加筆）

た富良野市では，雑木林の山沿いだけでなく，耕作地帯の河川敷にある高茎草地でも普通に見られるようになっていた。本種は空知川に沿って分布を広げ，2006年には，西は芦別市，東は南富良野町まで進出した（黒田哲，未発表）。同様に盆地内でも富良野川などの河川にそって北上は続き，2007年には上富良野町，2012年には美瑛町を経て東川町（山本・西田，2013），2013年には旭川市南部の旭川空港付近の忠別川河畔林でも見られたと聞いている（安細元啓氏，私信）。南富良野町の東には，狩勝峠（標高644 m），南には金山峠（標高490 m）があるため，現時点では峠の手前のかなやまダム付近で停滞している（図6）。

　現在の富良野盆地での生息密度は，道南では考えられないほど高く，本種は盛夏の最普通種となっている。当地では，在来種クサヨシのほか，外来種のオオアワガエリなどを食草として頻繁に利用しているようである（永盛俊行氏，私信）。富良野市で発見された年代は，カラフトセセリが持ち込まれたと推測される年代に近いことも，注目される。日本各地で米不足になった1993年の大冷害は，道内各地の酪農業でも深刻な飼料不足をもたらした。カラフトセセリは，ミトコンドリアDNA分析から北米の個体群である可能性が高いとされ，輸入牧草に紛れて持ち込まれたと推測されている（麻生，2002）。スジグロチャバネセセリがどのような理由で富良野盆地に出現し，長期間の大発生を続けながら分布拡大を継続しているのかは不明である。富良野盆地の本種が，滝ノ上町周辺のカラフトセセリと同様に，夥しい生息

1 北海道におけるチョウの分布拡大

数が一般に注目されるようになったのは，ともに21世紀を迎えた頃であった。20年近く続いている異常に高い生息密度や，道南地域では見られない護岸工事の後の河川敷での生息などは，尋常な発生状況とは思えない。

　札幌市内におけるリンゴシジミの，2000年以降の急速な生息域拡大も興味深い。本種は石狩低地帯の東側丘陵では古くから知られており，1955年に岩見沢市（中尾，1977）や夕張市（小木ほか，1963）に記録がある。勇払原野では旧・早来町（現・安平町）で1973年に豊島健太朗氏が発見し，翌年以降，筆者は豊島氏と共に周辺地域にも広く生息していることを確認した。札幌市内では，1982年に初めて捕獲された（川田，1983）。その後しばらくの間，札幌市では記録地付近で二度の追認（北原，1987a，1993）があっただけで，筆者も1994年7月に円山公園で偶然1♀を捕獲しただけであった。1997年6月には西区宮の森のスモモ並木で筆者が1♀を採集し（黒田，未発表），南区白川でも1♂が確認された（川田，2014）。白川での発生木は，札幌市内から定山渓に向かう途中の道路脇の目立つ場所にあったため，筆者も1990年まで数回訪れたが確認できなかった。しかし，古くからこの木に注目していた人は他にもおり，川田氏も「昔から何度も（生息しているかど

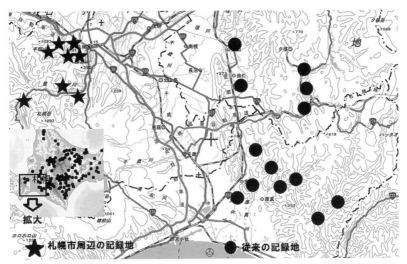

図7　札幌市とその周辺部におけるリンゴシジミの分布（国土地理院電子地形図（タイル）に加筆）

II. 各地で何が起こっているのか？

うかを）確認した」そうである。森氏が捕獲した翌年の1998年には，この木には多数の成虫が乱舞した。当地のリンゴシジミの大発生は2002年までの5年間続いたとされ，近隣の南区簾舞，藤野，定山渓などでも確認された（川田，2014）。2004年には松本侑三氏が手稲山山麓にある西区の生息地を発見した（松本侑三氏，未発表）。現在，札幌市内では中央区，南区，西区で確認されているが，札幌市と石狩平野の東にある馬追丘陵との間では，発生地が見つかっていない。また，千歳市より札幌市に至る低山地や丘陵地帯でも，本種の生息は確認されていない。図7に黒丸で示した従来の記録地に対して，星印で示した札幌市内の記録地は飛び地分布になっている。

　札幌市内では，本種は発見後しばらくの間は散発的な記録だけであったが，1998年の大発生を経て分布域を拡大した。高山帯で吹き上げ個体が確認されることもあり，本種の飛翔力は強いと考えられる。しかし，札幌市近郊には広い空白地域があることから，本種は徐々に札幌市へと分布を拡大してきたのではないと考えられる。侵入の本当の原因は不明であるが，本種はスモモの他，ウメでも発生する。川田氏による最初の発見地の周辺には，好景気時代に作られた研修施設や高級住宅が多いことから，造園工事などにともなって，発生木が札幌市内に移植された可能性も考えられる。

まとめ

　北海道で分布拡大が顕著な種の多くは，人工的に作られた環境を巧みに利用したり，外来種や栽培種に食草を転換したりしている点で注目される。人工的な環境で分布を拡大している例としては，チョウセンシロチョウ，ゴマシジミ北日本亜種，シロオビヒメヒカゲ道東亜種の他にも，峠などで新たに作られた道路のり面で多発するベニヒカゲ北海道亜種 *Erebia neriene scoparia*（川田・北原，1990）や，低山地の森林伐採後に形成された草地などで多発するヒメウスバシロチョウ *Parnassius stubbendorfii* やウスバシロチョウ *Parnassius citrinarius*（笠井，1993），森林の間伐後に増えるスミレ属で多発する各種ヒョウモンチョウ類（永盛，1987など），生息地域は限られるが若いカラマツ植林地で多発するチャマダラセセリ *Pyrgus maculatus* などが挙げられるが，これらのことは，道内に住むチョウの採集歴の長い同好者なら，

1 北海道におけるチョウの分布拡大

度々観察していることであろう。このような人為的な草原環境で発生する場合には，一時的に高密度となるが，数年後に灌木や高茎草本が繁茂すると豊産は終息する。

生息地拡大が顕著な種のうち，食草を外来種や栽培種に強く依存している種としては，チョウセンシロチョウ（スカシタゴボウ），オオモンシロチョウ（各種のアブラナ科），オオミスジやリンゴシジミ（ウメ，スモモ），シロオビヒメヒカゲ道東亜種やベニヒカゲ北日本亜種（ナガハグサ等），スジグロチャバネセセリやカラフトセセリ（オオアワガエリ等）等が挙げられる。またゴマシジミ北日本亜種の食草であるナガボノシロワレモコウは在来種だが，道路のり面に吹きつけられる資材には，その種子が含まれている場合が多い。

オオミスジやヒメジャノメの北上の要因の一つには，気候の温暖化の影響もあると考えられる。近年ではモンキチョウ Colias erate やルリシジミ Celastrina argiolus などの多化性種の活動期間が長期化したり，北海道産各種のチョウの最早捕獲時期が年々更新されたりしている（黒田，2012，2015など）ことなどから，温暖化がもたらす昆虫への影響は小さくないと考えられる。しかし，逆に温暖地へと向かう例は，シロオビヒメヒカゲ道東亜種以外にも，南限付近の生息地が新たに発見されたカフトヒョウモン Clossiana iphigenia など（井上，1989）が知られる。

栽培種のスモモに食性転換して分布を拡大するリンゴシジミやオオミスジには，高齢化で増え続ける離農によって皮肉にも良好な生息環境が増加したり，耕作地の減農薬化によって周辺環境が改善したりしていることも影響していると考えられる。

オオモンシロチョウやカラフトセセリのように，新しい土地で大発生して生息域を拡大する例もある。富良野盆地のスジグロチャバネセセリも，道南との間の広い地域で捕獲記録がないこと，盆地周辺の市町村での偶産捕獲例も聞かないこと，異常な大発生が長期間続いていることなどから，カラフトセセリと同様に人為的に持ち込まれたものであろう。

札幌市内のリンゴシジミでは，大発生した 1998 年から 2002 年にかけては，寄生された蛹がほとんどなかったらしい。しかし，2003 年には，報文や筆者の体験，友人達の話を総合すると，蛹や終齢幼虫を野外採集したところ，

Ⅱ．各地で何が起こっているのか？

Ichneumon 属のヒメバチ類が，多数羽化したようだ（川田，2014；寒沢正明氏の私信など）．すなわち，蛹の被寄生率は侵入初期には低かったが，その後高くなったと考えられる．

リンゴシジミは，2003 年以降大発生することはなく，発生はある程度安定したように思われる．しかし，もし札幌市内の個体群が，発生木の移植などにともなって持ち込まれた少数個体に起源があり，他の地域との交流もないとしたら，親近交配による悪影響などから，いずれ発生が途絶えるかもしれない．

謝辞

末筆ながら，いつもご指導頂いている川田光政，松本侑三，笠井啓成，遠藤雅廣，高野秀喜の各氏をはじめ，多くの方々に情報をご提供頂いた．これらの方々に，深く感謝申し上げる．

〔引用文献〕

秋野健一・河内猛 (1954) ヒメジャノメ道南に土着？ 函館昆虫同好会，3: 9.
有田斉・前田善広 (2014) 珠玉の標本箱 日本産蝶類標本写真およびデータベース(8) シジミチョウ科⑥（ゴマシジミ（北海道・東北）），NRC 出版，大阪
麻生紀章 (2002) 北海道で採集されたカラフトセセリのルーツを探る．ゆずりは，14: 41-44.
蝦夷白蝶編集部 (1980) チョウセンシロチョウ♀．蝦夷白蝶，10: 1-4.
春山昌夫 (1953) 函館蝶類雑記(Ⅱ)．エゾシロ，4.5: 3.
平岩康男 (2000) 札幌市北区に於けるチョウセンシロチョウの記録．jezoensis，26: 172.
今井俊一 (1956) 福島町で採集したヒメジャノメ．Coenonympha，3: 43.
井上昭雄 (1989) 北海道西限付近の新産地．蝶研フィールド，38: 32.
井上昭雄 (1994) 北限のオオミスジ，採集と目撃の記録．蝶研フィールド，104: 25.
亀田満 (1975) シロオビヒメヒカゲを厚真町で採集．Coenonympha，31: 609.
神田正五 (1988) 北海道登別市のチョウセンシロチョウ．昆虫と自然，23(12): 14-16.
神田正五 (2012) 胆振支庁におけるシロオビヒメヒカゲの分布拡大について．jezoensis，38: 3-14.
神田正五・北山勝弘・荒木哲 (1982) 北海道西部の蝶．道南昆虫同好会，苫小牧市．
笠井啓成 (1993) 十勝蝶探索 2 ウスバとヒメウスバ．すていやんぐ，99: 1-3.
川田光政 (1980) 蘭越町のチョウセンシロチョウについて．jezoensis，7: 23-30.
川田光政 (1981) 北海道でみつかったチョウセンシロチョウについて．昆虫と自然，16(13): 25-29.
川田光政 (1983) エゾリンゴシジミ札幌市大倉山で採集．jezoensis，10: 37.
川田光政 (1985) シロオビヒメヒカゲを千歳市で採集．jezoensis，12: 38.

川田光政 (2014) リンゴシジミの覚書．やどりが，241: 19-30.
川田光政・北原曜 (1990) ベニヒカゲの食草と分布拡大．蝶研フィールド，5(8): 28-30.
北原曜 (1987a) エゾリンゴシジミ大倉山に確実に産す．jezoensis, 14: 20.
北原曜 (1987b) シロオビヒメヒカゲ越冬状態及び分布拡大についてⅡ. jezoensis, 14: 64-69.
北原曜 (1993) 札幌市大倉山のエゾリンゴシジミの再確認．jezoensis, 20: 191.
北原曜・川田光政 (1986) シロオビヒメヒカゲ越冬状態及び分布拡大について1. jezoensis, 13: 7-13.
小木広行・佐藤雅夫・脇一郎 (1963) 夕張地方の蝶類について．COENONYMPHA, 14: 245-250.
黒田哲 (2010) 4種類のチョウの道内北限を更新．jezoensis, 36: 3-4.
黒田哲 (2012) 北海道産蝶類確認の最早・最遅記録．jezoensis, 38: 19-23.
黒田哲 (2015) 北海道産蝶類確認の最早・最遅記録2014年度版. jezoensis, 41: 125-132.
黒田哲・井上大成 (2015) 羊が丘で撮影したシロオビヒメヒカゲと道東亜種の札幌侵入の考察．jezoensis, 41: 121-122.
宮敏雄・青山慎一 (2009) 札幌市内でシロオビヒメヒカゲを採集．jezoensis, 35: 72.
森一弘 (2013) 札幌市一の沢でシロオビヒメヒカゲを採集．jezoensis, 39: 72.
永井信 (1993) 北海道富良野市でスジグロチャバネセセリの分布を確認．月刊むし, 267: 36-37.
永盛拓行 (1986) オオミスジの3新産地．jezoensis, 14: 50.
永盛拓行 (1987) 札幌市豊平区真栄の一地区におけるギンボシヒョウモンの大発生と，Argynnini 族数種の幼虫の動態．jezoensis, 14: 8-20.
長岡久人 (2013) ヒメジャノメの太平洋側北限記録．jezoensis, 39: 73.
中島和典 (1994) 札幌市におけるオオミスジの採集記録．蝦夷白蝶，15: 188.
中嶋康二 (1974) 北海道南部の蝶．函館昆虫同好会，函館市.
中尾昭宏 (1977) 岩見沢市におけるエゾリンゴシジミの記録．jezoensis, 4: 44.
高木秀了 (2000) 札幌市でのオオミスジの記録．jezoensis, 27: 120.
坪内純 (1980) オオミスジ後志支庁に産す．jezoensis, 7: 88.
植田俊一 (2013) 札幌市観音沢でシロオビヒメヒカゲを採集．jezoensis, 39: 58.
上野雅史 (2013) ヒメジャノメの北限記録の更新について．jezoensis, 39: 20.
宇野正紘 (1973) 北海道胆振支庁管内のシロオビヒメヒカゲ．昆虫と自然，8(12): 3.
山本直樹 (2005) 北海道のゴマシジミ分布状況．jezoensis, 31: 137-146.
山本直樹 (2007) ゴマシジミノート2006. jezoensis, 33: 13.
山本直樹・西田貞二 (2013) スジグロチャバネセセリを東川町で採集．jezoensis, 39: 43.
矢崎康幸・斎藤淳一 (1979) チョウセンシロチョウ北海道に産す．やどりが，99・100: 4-17.
横山光夫・若林守男 (1967) 原色日本蝶類図鑑増補改訂版，保育社，大阪.

(黒田　哲)

II. 各地で何が起こっているのか？

2 東北地方におけるチョウの分布拡大

はじめに

　東北地方（青森県，秋田県，岩手県，宮城県，山形県，福島県）は，南北約 530km，東西約 100～180km，総面積は 66,889km² に及び，本州の約 3 分の 1 を占めている。

　南北に長く広大であるために，分布変動の見られる種が多く，特に近年は，アオスジアゲハ Graphium sarpedon（高橋，2008; 工藤，2008），クロアゲハ Papilio protenor，ヤマトシジミ Zizeeria maha（工藤・市田，2002），ムラサキシジミ Arhopala japonica，ウラギンシジミ Curetis acuta（高橋，1998）などの南方系種において，温暖化の影響によると思われる北方への分布拡大が顕著であるが，温暖化以外の要因で分布を拡大している種も見られる。

　本稿では，東北地方で分布拡大している種の中から，その要因が温暖化にかかわらない，ツマキチョウ Anthocharis scolymus，オオモンシロチョウ Pieris brassicae 及びウスバシロチョウ Parnassius citrinarius の 3 種について紹介する。

ツマキチョウの分布拡大の一要因

　ツマキチョウ（シロチョウ科）は，国内では北海道，本州，四国，九州に分布する。成虫は前翅端がかぎ状に突出した極めて特異な翅形を呈し，雄の翅表先端部は橙黄色で雌はこれがない（白水，2006）。生息地は主に山麓や山間部の林縁，小川の周辺などである（図 1）。その本種が，近年，従来知られたこのような生息環境とは異なった平野部（福田，1989）や平地に流れる大河川の河川敷（阿部，2011）にも生息するようになった。

　ツマキチョウの生息を確認したのは，宮城県南部の角田市阿武隈川の河川敷である（図 2）。阿武隈川は，福島県中南部，那須火山群の三本槍岳付近に源を発し，郡山・福島の両盆地を通り，宮城県岩沼市と亘理町で太平洋に注ぐ延長 239km の大河川である。生息地は，河口からおよそ 30km 上流に位置する河川敷（標高 18m）で，この地点の川幅（堤防間距離）は約 1,300m

2 東北地方におけるチョウの分布拡大

図1 ツマキチョウの従来の生息環境

図2 ツマキチョウ生息地の周辺環境
阿武隈川河川敷。堤防から左側奥が生息地となっている。

にも及ぶ。周囲は平坦地で，水田，畑，桑園に利用されており，中でも畑の占める割合が大きい。

　筆者が2001年にこの地ではじめて本種を目撃した際，これまで本種を確認してきた山裾，小川などとは異なった環境であると感じた。しかし，本種の成虫は，発生地から離れて谷沿いにかなり広い範囲を移動し，山間部や丘陵地の耕作地，あるいは人家の庭先などにも現れることが知られている（福田ほか，1982）。この時点では目撃した個体もそういった一時的な移動の途上であると考えていた。

　ところが，2004年及び2009年にも，この場所で本種を多数目撃し，さらにはセイヨウカラシナへ産卵する雌も多数確認できたのである（図3）。この事実を目の当たりにしてようやく，これまで目撃した個体は偶産ではなく，ここで定着しているのではないかと考えるに至った。

　本種の食草は，ヤマハタザオ，ハタザオ，ジャニンジン，タネツケバナ，コンロンソウ，イヌガラシなど，アブラナ科の多くの属にわたる。これら野生種のほか，ダイコン，カラシナ，ミズナなどの栽培植物にも産卵することが知られている（福田ほか，1982）。

　セイヨウカラシナは，カラシナの原種で食用に持ち込まれたと考えられている。ここではセイヨウカラシナも，食草として利用され

図3 セイヨウカラシナに産卵するツマキチョウ

■ II. 各地で何が起こっているのか？

図4　セイヨウカラシナで吸蜜するツマキチョウ

ているのだろうか。セイヨウカラシナに着いた卵を持ち帰り，同所のセイヨウカラシナを用いて飼育実験を行った結果，順調に生育し翌年に成虫が羽化した。東京では，1970年代前半で記録の途絶えたツマキチョウが1985年に入って復活したが，そこではセイヨウカラシナ，キャベツ，コマツナ，ハナダイコンへの産卵が確認され，特に河川でのセイヨウカラシナへの依存が大きいという（福田，1989）。

　さらに当地ではセイヨウカラシナの花で多数の成虫が吸蜜しており，この植物は重要な吸蜜源にもなっている（図4）。2010年にも，多数の成虫と複数の産卵行動が観察されており，当地ではツマキチョウがセイヨウカラシナを食草，蜜源として利用し，継続して発生していることが確認できた。

　では，本種はどのようにしてこの地で分布拡大できたのだろうか。現在，この河川敷には広範に畑が見られるが，1969年発行の国土地理院の地形図をみると土地利用はクワ園が多くを占めており，この地域が，古くは養蚕の盛んな地域であったことをうかがい知ることができる。クワ園として適正に管理され，畑地がわずかであった頃は，まだこの場所へはセイヨウカラシナやツマキチョウは進出していなかったのではないだろうか。

図5　遊休地，耕作放棄地に増えるセイヨウカラシナ

現在見られる畑地の多くは，クワ園から転用したものである。その一部には，アブラナ科の栽培種も植えられている。ただし，これらはある時期（しばしばツマキチョウの幼虫期にあたる）になると刈り取られるため，本種の発生には支障をきたすこともある。一方，自然発生的に増えたと思われ

[2] 東北地方におけるチョウの分布拡大

るセイヨウカラシナは，畑から周囲のクワ園の遊休地，耕作放棄地，農道脇及び河川敷の各所に10〜20株ほどの群落を作り（図5），食草として利用されている。この場所へのツマキチョウの進出には，アブラナ科の多様な野生種のほか，栽培種も食草とする本種の広い食性が有利に働いたことに加え，食草が拡散できる遊休地，耕作放棄地が増加していることが大きく影響していると考えられる。

■ 南下するオオモンシロチョウ

オオモンシロチョウは，ユーラシア大陸に広く分布するが，中国東北部や沿海州，日本などの東アジア地域には，ごく最近まで分布していなかったと考えられている（藤井，2005）。成虫は，モンシロチョウ *Pieris rapae* に似るが，一回り大型（図6）で，幼虫はキャベツ，ダイコン，カリフラワー，ブロッコリー，ハクサイなどのアブラナ科の栽培種を食する（白水，2006）。

日本で最初に本種が採集されたのは，1995年の北海道でのことである。1996年には道内からの報告が相次ぎ，1998年には北海道のほぼ全域で見ら

図6　オオモンシロチョウ（上段左♂，右♀）とモンシロチョウ（下段左♂，右♀）

■ Ⅱ．各地で何が起こっているのか？

図7 東北地方におけるオオモンシロチョウの分布拡大
図中の数字は，その地域におけるオオモンシロチョウの確認初年を示す（地図は CraftMAP を使用）。

れるようになり，わずか数年で急激に分布拡大した（藤井，2005）。

　本州での最も早い記録は，1996年8月7日に青森県三厩村でのもので，同年には津軽半島北端部の小泊村，平舘村や下北半島北端部の大間町，佐井村，風間浦村，むつ市で，卵から成虫までの全ステージが記録され，本州への侵入が確認された（工藤，1997）。

　その後，津軽半島では2004年に半島の東側の今別町，蓬田村（上原，2005）で確認された。一方，下北半島では2003年に東通村（竹内，2004），2004年に六ヶ所村（竹内，2005），横浜町，野辺地町，平内町，青森市（上原，2005）などで相次いで確認され下北半島全域に分布拡大し，2006年には三沢市（竹内，2007）まで南下した。

　また，南に境を接する岩手県では，2003年に県北部の野田村で最初に本種が採集された（小田，2003）。その翌年の2004年には，野田村の近隣の久慈市，普代村，岩泉町，田野畑村，宮古市（上野，2004）で，2005年には洋野町（竹内，2006），葛巻町（矢崎，2005）で確認され，県北の海岸部を中心に分布拡大した。さらには，2008年に内陸部の盛岡市（小川，2009）

2 東北地方におけるチョウの分布拡大

でも発見された。

本種はこのように，東北地方には，津軽，下北両半島の北端部から侵入し，青森県の東部に広がり，太平洋岸に沿って岩手県まで分布拡大したと考えられる。1996年に青森県の北端部で発見されて以降，青森，岩手両県のおよそ30市町村で確認されている。東北地方におけるオオモンシロチョウのこのような分布拡大の経過をまとめたのが，図7である。

北海道では侵入後，わずか数年で全道へ分布を拡大できた要因として，成虫に移動分散性があること，雌の産卵数が多いこと，北海道の気候が適していたなどが指摘されている（藤井，2005）。しかしながら，東北地方では北海道のように急速な分布拡大は果たしておらず，青森県の北端部で発見されてから2008年に盛岡市で確認されるまで，南下に13年を要している。2008年以降は岩手県での分布拡大が停滞状態になっており，また，これまで秋田県，宮城県への侵入は確認されていないが，東北地方で，これほどまでの速度で南下した種は他にない。

食草であるキャベツ，ダイコン，ブロッコリーなどは，岩手県以南のどの地域でも普通に栽培されているにもかかわらず，分布拡大は果たされていない。オオモンシロチョウの分布域が，東北地方南部以南にまで拡大していないのは，日長条件よりも気温や湿度などの気候的な要因が本種の生息条件に強く作用しているのではないかとの推察（岩野，2010）もある。本種は農作物の害虫でもあることから，南下，拡散については，今後も注視していく必要がある。

■ 宮城県におけるウスバシロチョウの分布拡大

半透明の白い翅を持つウスバシロチョウ（アゲハチョウ科）は，ウスバアゲハとも呼ばれ，国内では北海道，本州，四国に分布する。幼虫はケシ科のムラサキケマン，エゾエンゴサク，ヤマエンゴサクなどを食べ，成虫は，年1回，晩春から初夏に出現する（図8）（白水，2006）。

本種は，各地で分布拡大していることが報告されているが（阿部，1997；間野ほか，2012；清，1985など），一方ではシカの食害により減少している地域も存在する（永幡，2015）。ここでは，宮城県における分布拡大の要因とその背景について紹介したい。

II. 各地で何が起こっているのか？

図8　ウスバシロチョウの成虫

宮城県は地勢により，大きく西の奥羽山脈，北東の北上山地，南東の阿武隈高地，それらをつなぐ仙台平野に分けられる。1970年代初めまでの知見では，本種は主に北上山地と奥羽山脈から記録されていたが（伊藤，1971；渡辺，1973），産地は奥羽山脈の標高200〜600mの地域と，県内では比較的冷涼な北上山地に多く，全くの平地では知られていなかった。

県内の本種の生息環境は，低山地〜山地の沢沿いに存在する小規模な草地や雑木林に接した草地であり，吸蜜源がヒメウツギ，アザミ類，ニガイチゴなどであることから見ても，このような環境がこの地域の本来の生息環境と考えられる。

しかし1970年頃からは，奥羽山脈の西部の丘陵地（阿部，1997），2000年以降には，阿武隈高地北部の平地でも確認されるようになった（阿部，2010）。図9に示したように，宮城県南部では，奥羽山脈からは東方へ，阿武隈高地では北方に分布拡大していった。これらの新しい生息地を訪れると，林縁のほか，田畑や果樹園に挟まれた休耕地でも多くの個体が見られるようになっていた。このような産地は，従来は人為によって管理されていた耕作地が放置された結果，食草のムラサキケマンが侵入してきたこと

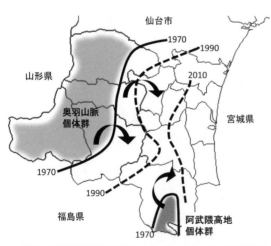

図9　宮城県南部におけるウスバシロチョウの分布拡大
　　図中の数字は，ウスバシロチョウの確認年代を示す（地図はCraftMAPを使用）。

② 東北地方におけるチョウの分布拡大

で生まれたものである。そこではこれまでの吸蜜源に代わり，帰化植物であるハルジオン，セイヨウタンポポ，シロツメクサなどが利用されている。

宮城県内における本種の分布拡大の背景には，上記のような休耕地の増加にともなう植物群落の遷移と，吸蜜源となった帰化植物の近年の急速な進出が要因として挙げられる。

ここに取り上げた3種は，東北地方における分布拡大の要因が，いずれも農耕と関係が深いことが明らかとなった。オオモンシロチョウは農作物そのものを食餌として分布を拡大してきた。ツマキチョウ，ウスバシロチョウでは，これまで適正に管理されていた農地が遊休地や耕作放棄地に変わるなどの農業の変化が影響している。特に後者は，農業従事者の減少，高齢化が，間接的ではあるが大きな要因となっていると言えるだろう。

謝辞

ツマキチョウの分布拡大について福田晴男氏に，各地のオオモンシロチョウの記録や現状について工藤忠，成瀬健一，梅津一史の各氏に，ウスバシロチョウの記録や現状については三田村敏正，郡司正文の各氏にご教示いただいた。また，本稿をまとめるにあたり五十嵐由里氏には貴重なご助言をいただいた。これらの方々に深く感謝申し上げる。

〔引用文献〕

阿部剛 (1997) 宮城県におけるウスバシロチョウの分布拡大．インセクトマップオブ宮城，(6): 1-10.

阿部剛 (2010) 角田市阿武隈川でウスバシロチョウを採集．インセクトマップオブ宮城，(32): 113.

阿部剛 (2011) 宮城県におけるツマキチョウの分布拡大の一要因．インセクトマップオブ宮城，(34): 16-20.

藤井恒 (2005) 本州を南下するオオモンシロチョウ．昆虫と自然，40(4): 9-10.

福田晴男 (1989) 復活した世田谷のツマキチョウとその食餌植物．LEPTALINA, (91): 385-388.

福田晴夫・浜栄一・葛谷健・高橋昭・高橋真弓・田中蕃・田中洋・若林守男・渡辺康之 (1982) 原色日本蝶類生態図鑑Ⅰ．保育社，大阪．

伊藤亮 (1971) アゲハチョウ科．宮城県の蝶（亀井文蔵・小野泰正編）: 56-57, 宮城むしの会，仙台．

岩野秀俊 (2010) 外来チョウ類の分布拡大と在来生態系へのリスク．日本の昆虫の衰亡

■ II．各地で何が起こっているのか？

と保護（石井実監修）: 248-258, 北隆館，東京．
工藤誠也 (2008) 青森県におけるアオスジアゲハの発生記録．月刊むし，(445): 9-12.
工藤忠 (1997) 青森県におけるオオモンシロチョウの発生状況．やどりが，(169): 43-46.
工藤忠・市田忠夫 (2002) 温暖化によって青森県へ侵入したクロアゲハとヤマトシジミ．昆虫と自然，37(1): 21-24.
間野隆裕・山田昌幸・高橋匡司 (2012) 愛知県矢作川流域のウスバシロチョウの分布動態．昆虫と自然，47(6): 8-11.
永幡嘉之 (2015) ウスバシロチョウが消えた　シカ害の現場からの報告・前編．チョウの舞う自然 (20): 10-15, 日本チョウ類保全協会．
小田公良 (2003) 岩手県でオオモンシロチョウを採集．月刊むし，(394): 4.
小川英治 (2009) オオモンシロチョウを盛岡市内で採集．岩手蟲乃會會報，(36): 39.
清邦彦 (1985) 富士山に侵入したウスバシロチョウ．駿河の昆虫，(132): 3821-3831.
白水隆 (2006) 日本産蝶類標準図鑑．学習研究社，東京．
高橋敏文 (2008) 青森県まで北上したアオスジアゲハ．月刊むし，(445): 8-9.
高橋義寛 (1998) 宮城県における暖地性チョウ3種の定着と北上．昆虫と自然，33(14): 4-5.
竹内尚徳 (2004) 2003年も発生し続けているオオモンシロチョウ．Celastrina, (39): 27-33.
竹内尚徳 (2005) 2004年も発生し続けているオオモンシロチョウ（下北半島全域に分布を広げていた）．Celastrina, (40): 21-29.
竹内尚徳 (2006) 2005年も発生し続けているオオモンシロチョウ．Celastrina, (41): 25-31.
竹内尚徳 (2007) 2006年も発生し続けているオオモンシロチョウ．Celastrina, (42): 19-24.
上原一恭 (2005) 2004年の青森県におけるオオモンシロチョウの記録．Celastrina, (40): 17-20.
上野雅史 (2004) 岩手県におけるオオモンシロチョウの分布拡大記録について．蝶研フィールド，19(12): 30-31.
渡辺義汎 (1973) 蝶類．宮城県の鱗翅類（渡辺徳編）: 293, 日本蛾類学会，東京．
矢崎雅巳 (2005) オオモンシロチョウ岩手県葛巻町の記録．インセクトマップオブ宮城，(23): 38.

（阿部　剛）

Ⅱ．各地で何が起こっているのか？

③ 南関東におけるチョウの分布拡大

　南関東において近年分布を拡大しているチョウは，次の3つの類型に分けることができる。①南方系チョウの侵入にともなう分布拡大，②外来種（国内外来種を含む）の分布拡大，③勢力を盛り返したチョウの分布拡大。本稿ではそれぞれの類型に該当すると思われるいくつかの種について，それらの分布拡大の経緯などを紹介したい。

■ 南方系チョウの分布拡大
(1) 定着して分布を拡大しているチョウ

　1980年代以降に南関東に侵入・定着し，分布を拡大しているチョウには，ナガサキアゲハ *Papilio memnon*，ムラサキツバメ *Arhopala bazalus*，ツマグロヒョウモン *Argyreus hyperbius*，クロコノマチョウ *Melanitis phedima* の4種がいる。南方系チョウの北上の原因は温暖化の影響と思われがちだが，それほど単純ではない。人為的な要因が介在している可能性も指摘される。

　なお，近年南関東沿岸部で一時的に発生したクロマダラソテツシジミ *Chilades pandava* 及び，飛来や一時的発生の記録が増えたカバマダラ *Danaus chrysippus* については，非定着種であることから触れなかった。

1）クロコノマチョウ

　1970年頃の国内での分布は，本州の東海地方以南，屋久島までとされていた。食草はススキなどのイネ科で，成虫で越冬する（藤岡, 1972）。南関東でも散発的に記録はあったが，迷チョウとして扱われてきた（福田ほか, 1984など）。

　相模の蝶を語る会（2000）は，神奈川県への侵入と定着の経過について次のように解説している。山梨県や長野県の南部地域においては，1980年前後に侵入・定着が確認されている。神奈川県では，1980年代前半までは成虫を見ることさえ難しく迷チョウとされていたが，1980年代後半には毎年県内のどこかで成虫が記録されるようになった。初めて発生が確認されたのは1990年の大磯町で，その後，1991～92年には県西部から三浦半島や県央

183

■ Ⅱ. 各地で何が起こっているのか？

地域にも広がった。1990年を境に県内各地で発生が見られるようになったのは，冬の気温が高かったために，静岡方面から前年に飛来した成虫の相当数が無事に冬を越し，1990年の発生につながったためであると推論されている。しかし，分布の拡大は必ずしも順調ではなく，1996年にはこれまで発生が確認されていた場所の多くで発生が認められず，1997年以降は再び分布を拡大し始めた。

　東京都では，非土着種としての記録は以前からあったが，1987年の港区，1993～1994年の小金井市の記録の後，1990年代後半には記録も次第に増えて，一部の地域では秋型が発生する事例も現れた。2000年代に入ると各地で発生が確認されるようになり，記録も増加した。越冬後の成虫や第1化成虫の記録も増え，2011年の時点で山間部を含む東京都全域から記録されるに至った（グループ多摩虫, 2007；久居, 2009；西多摩昆虫同好会, 2012, 2014）。

　埼玉県では，1980年までは記録がなかったが，1981年以降に記録が増加したとされる（星野ほか, 1998）。2007年には飯能市で越冬後成虫も確認されているので，2000年代後半には県内で越冬して発生を継続することも可能になったと思われる（和田, 2010）。

　千葉県では，1980年代後半に房総半島南部から約10例の記録があり，1990年には記録が増え，1991年春には越冬後個体の記録も現れた。1992年には房総半島南部の各地に広く見られるようになり，1994年には既に県の西部を中央から北部へと分布を広げている（大塚, 1991, 1993, 1995）。

　本種の越冬態は成虫なので，成虫が越冬できるか否かで7月の第1化成虫の発生が左右される。これが第2化成虫の発生数へと連動するので，近年の記録の増加と分布拡大は，暖冬化による越冬できる成虫の増加に起因する可能性が高いと考えられる。ただし，前述のように1996年の神奈川県で発生が認められなかったことや，東京都多摩地区西部で2014年の大雪の後，記録が著しく減少したこと（久保田，未発表）を考えると，分布域の北上は一進一退しながら進んでいると思われる。

2) ツマグロヒョウモン

　1990年頃の国内の分布は，東海から近畿以西，四国，九州，南西諸島であった（猪又, 1990）。迷チョウとしての記録は南関東各地にも相当あったが定

着できていなかった。ところが1999年頃から南関東での記録が増えるとともに，越冬（幼虫）可能な条件に恵まれて爆発的な発生と分布拡大があった。2006年前後には南関東のほぼ全域に分布を拡大し，各地で普通に見られるヒョウモン類となった。

神奈川県では，1999年頃から三浦半島，湘南地区で頻繁に確認されるようになり，その後の記録地と個体数の増加は顕著で，2004年には県内のほぼ全域で確認されるに至った（中村ほか，2004）。

東京都（本土部）では，神奈川県よりも遅れて2002年の1区2町から，2005年までの4年間に36市区町へと記録が一気に増加する。第1化成虫も2004〜2006年の間に18市区町から確認され，この頃には分布が都内全域に広がるとともに，夏から秋にかけて大量の個体が発生する普通種となった。

東京都（島しょ部）では，八丈島や三宅島に以前から生息していた。現在は在来個体群の分布圏と本土部からの侵入個体群の分布圏が重なり，伊豆諸島全体に分布する状態になっている（西多摩昆虫同好会，1991，2012，2014；久居ほか，2006；グループ多摩虫，2007；久居，2009）。

埼玉県では，1994年の都幾川町の記録の後，1999〜2003年には9〜11月に少数の記録が県内各地に現れる。2004年になると記録が増えるとともに6〜7月の記録が現れ，2005年には各地で爆発的に増加した。以降，分布も県下全域に広がり普通種となった（牧林，2011）。

千葉県では，1999年の千葉市の記録が最初で，2000年以降も県内各地から散発的な記録が続いたが，2004年からは記録地と個体数の増加が顕著になった（久保田・大塚，2007）。

本種の北上の原因は，温暖化の影響以外に，①愛知・静岡方面から入荷して植栽されるパンジーに幼虫が付いて侵入した可能性や，②非休眠性の幼虫の越冬にとって冬でも緑葉を付けるパンジーが有利に作用することなどが指摘されている（津吹，2012）。

3）ムラサキツバメ

1990年頃の国内の分布は近畿以西，四国，九州で，食樹はマテバシイ・シリブカガシなどで，成虫で越冬する（猪又，1990）。南関東では1970〜80年代に埼玉県（櫻井，1978）と千葉県（福島，1984）で各1例の記録があったが，迷チョウとして扱われた。

Ⅱ．各地で何が起こっているのか？

　分布東限の三重県で分布拡大傾向が現れていた段階の1996年，神奈川県藤沢市で1頭が撮影された．迷チョウと思われたが，記録はこれで終わらなかった．1999年に神奈川県で相次いで新産地が発見され，2000年には県内各地で発生が確認された．この年，東京都，千葉県，埼玉県でも各地で記録が現れた．こうした状況から，1998～2000年には南関東でも越年し，世代を繰り返していたと考えられた．2000年には関東平野のほぼ一帯に広がったように見えるとされる（高桑，2001a）．

　東京都では，2001年秋には各地で発生が確認された．2001～2002年までに，西多摩地区の山間部を除き分布が広がっていたと思われる．東京都島嶼部でも，2002年の新島の記録を皮切りに各島に分布を広げ，分布域は八丈島まで到達している（久保田ほか，2001；西多摩昆虫同好会，2012，2014）．海上を含めて活発な移動飛翔がうかがえる．

　埼玉県では，上記の古い記録を除くと，2000年の草加市の記録が最初であると思われる（神部，2000）．2000～2001年には8市5町で記録され，この時点で平野部のほぼ全域で発生したと見られる（長田・嶋田，2002）．

　千葉県では，1999年から採集・目撃の情報があるが，2000年には南房総の内房地域から北総地域にかけて県内各地で記録された．2001年には発生が県下全域に及んでいることが確認された（佐藤・井上，2001，2003）．

　本種が南関東に進出した経緯として，高桑（2001a）は，南関東のマテバシイは植林由来とされ，マテバシイの移植にともなう移動である可能性を指摘している．各地に植栽された成木が多く，食樹は豊富にあるため，本種が広い範囲に分散して発生できる可能性は高い．しかし，多くの地域で記録は夏から秋に多くなり，また越冬集団も観察されることもあるが，1～2月にはいなくなるか，越冬できる年とできない年があるという報告も多い（嶋本，2008；滝沢，2012）．

　夏～秋の成虫や幼虫の記録は南関東一円に広がったが，本種成虫が越冬して発生を継続できる地域は限られると思われる．本種が毎年越冬している地域は，房総半島南部などで，ここで発生した個体が北上して関東地方の多くの地域で夏から秋に発生していると考えられる（小山・井上，2004）．南関東における生息の実態を明らかにするためには，越冬後成虫と4～5月の幼虫の記録の蓄積が求められる．

③ 南関東におけるチョウの分布拡大

4) ナガサキアゲハ

　1990年頃の国内の分布は近畿以西，四国，九州，南西諸島であった（猪又，1990）。南関東にも1990年以前の記録が若干あるが（白水，2006aなど），迷チョウ，放チョウ，飼育施設からの逃亡の可能性があるものとして扱われた。

　1990年代に三重県から東に分布拡大が進み，2000年には愛知・静岡県で発見が相次ぎ，発生していることが推定された。南関東では，上記の散発的な記録を除くと1997年の神奈川県茅ケ崎市の記録が最初で，その後，1999年に神奈川県三浦市で発見され，2000年にかけて神奈川県では分布が拡大して各地で発見が相次いだ。2004年時点では県北部にも広がった（高桑，2001b；中村ほか，2004）。

　1999年には東京都大島町の記録（栗山，2000；大林，2000）があり，2000年には東京都江戸川区（斉藤，2001），埼玉県北本市（牧林，2011），千葉県館山市（白水，2001）でも発見された。

　東京都での，次の記録は2003年の港区，多摩市，新島村で，2006年には分布が一気に拡大し，西多摩の山間部でも見られるようになり，東京都全域に分布が広がった（グループ多摩虫，2007；西多摩昆虫同好会，2012，2014）。

　埼玉県では，2000年の最初の記録の後，2002～2005年に10例弱の記録が続き，大宮台地では確実に土着したと考えられた。2006年には年20例まで記録が増え，2009年には分布が県内の広範囲に広がるとともに，爆発的に記録が増加した（牧林，2011）。

　千葉県では，2000年の館山市の初記録の後，2001年には富津市・君津市で同一場所での複数個体の採集記録があり，同地で発生があったと思われる（宇野，2002；大塚，2007；丸，2001）。2002年4月の安房郡三芳村（現・南房総市）の記録は，春型3個体の採集記録であり（高橋，2002），少なくとも前年には発生し越冬できたと推定される。2004年には県内各地から多数の記録が現れた。

　本種の南関東における分布拡大は，静岡県から北上（東進）して侵入したと思われる。しかし，千葉県の記録は房総半島南部から北上して分布を拡大する傾向を示すので，東京湾岸沿いの陸路での侵入よりは，1999年に複数の記録がある東京都大島町から海上を飛翔して侵入したと考える方が妥当で

あると思われる。大島～房総半島南部は約37kmで，大島～新島の距離とほぼ同じである。伊豆諸島では八丈島まで分布拡大した（西多摩昆虫同好会，2012，2014）ことを考えれば，大島から房総半島南部への海上ルートでの飛来は十分に考えられる。

◼ 外来種の分布拡大

(1) 国外からの外来種

1) ホソオチョウ

　ホソオチョウ Sericinus montela は，元々日本には分布しないチョウで，食草はウマノスズクサである。事の発端は1978年に東京都日野市で本種が発生したことに始まる。発生した個体は朝鮮半島亜種で，誰かが韓国から国内に持ち込み放チョウしたのに由来すると言われる。その後，東京都八王子市，神奈川県藤野町，山梨県大月市でも発生し，いずれも放チョウによる可能性が高いとされた（白水，2006b；西多摩昆虫同好会，2014）。

　その後，次々に新しい発生地が現れたが，南関東における発生と分布の推移を図1に示した。近年の傾向としては，神奈川県では2010年に相模原市で新たな発生があったこと（田口・田口，2011），東京都では2010年以降に西多摩地区でも発生が確認されるようになったこと，埼玉県では県中央を南から北へと2010年以降に次々と新たな発生地が出現していることが挙げられる（西多摩昆虫同好会，1991，2012；中村ほか，2004；グループ多摩虫，2007；畦元，2014など）。

　本種の新しい発生地が発見されると，まずは放チョウ（幼虫のばらまき等）由来と考えられてきた。多くはその可能性があるが，これには本種の弱々しい飛び方からの先入観があるかもしれない。しかし，飛び方が弱々しくても，風に乗れば長距離移動は可能であり，飛来先が新たな発生地となる可能性は十分にある。ちなみに，2015年に東京都奥多摩町川野の多摩川上流の山間部で1♀が撮影された（八木下，2016）。同地にウマノスズクサはなく，最も近いウマノスズクサ存在地から20km，同年発生が確認された青梅市の産地から24kmである。このような場所での放チョウは考え難いので，多摩川沿いを上流に向かい飛翔してきたと思われる。一見ひ弱に見えるチョウだが，

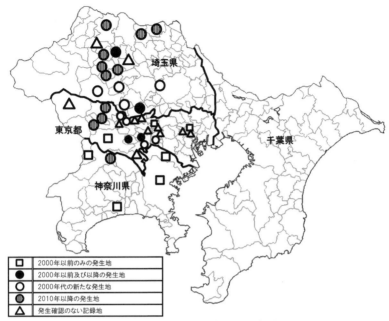

図1 南関東におけるホソオチョウの発生と分布の推移（中村ほか，2004；田口・田口，2011；西多摩昆虫同好会，1991，2012，2014；グループ多摩虫，2007；ほか寄せ蛾記・うすばしろの掲載記録に基づき作成）

20〜30km位の移動は十分にあり得ると思われる。

発生地は安定せず，1〜3年位で消滅する例が多い（西多摩昆虫同好会，1991，2014；グループ多摩虫，2007；ほか寄せ蛾記に報告多数）。消滅の原因は，食草のウマノスズクサが道路等の法面や畑の脇などに多いため，草刈りが影響する場合が多いが，草刈りが行われない場所でも消滅する場合が多い。原因としては，①食草を食べ尽くし餓死する，②蛹が越冬できない，③ジャコウアゲハ *Atrophaneura alcinous* 発生地に侵入した場合に，幼虫の孵化がジャコウアゲハより遅れた場合にはジャコウアゲハが茎を齧ることにより葉が枯れて餓死する（久保田，2016）などが考えられる。生息環境は不安定な植生であり，拡散しながら新たな発生地をつくっていると思われる。食草のウマノスズクサさえあれば，さらに分布を広げる可能性がある。

2）アカボシゴマダラ

日本では奄美大島に固有亜種 *Hestina assimilis shirakii* が分布する。近年，南関東一円に分布を拡大したアカボシゴマダラは，これとは異なり中国大陸

Ⅱ．各地で何が起こっているのか？

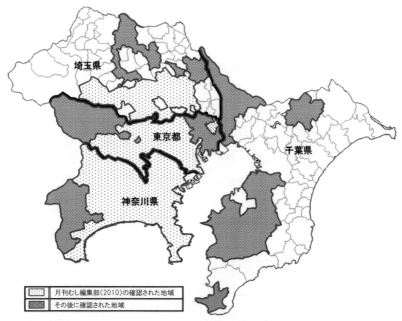

図2　南関東におけるアカボシゴマダラの分布状況（月刊むし編集部，2010；西多摩昆虫同好会，2012；ほか相模の記録蝶，寄せ蛾記，房総の昆虫などに掲載された報告に基づき作成）

から朝鮮半島に分布する名義タイプ亜種 *assimilis* で，誰かが国内に持ち込み飼育して放チョウしたものが分布を広げたと考えられている。

1995年に埼玉県で発見されたのが最初だが，翌年は確認されなかった（矢野，1998）。その後，1998年に神奈川県藤沢市で発見され（中村ほか，2003），ここから神奈川県内における分布拡大が始まった。さらに県外へと分布拡大し，南関東では2000年に東京都，2005年に埼玉県，2010年に千葉県への侵入が確認された。2015年までの分布拡大の状況を図2に示した（中村ほか，2003；グループ多摩虫，2007；高桑，2012；西多摩昆虫同好会，2014；大塚，2014；ほか寄せ蛾記に多数の短報など）。

2010年以降の南関東における分布拡大の特徴としては，神奈川県・東京都では分布が全市区町村に広がったこと，埼玉県では南部から北部へと分布が拡大していること，遅れて侵入した千葉県では分布拡大が急速に進行中であることが挙げられる。2011年時点で関東地方全都県と山梨・静岡両県に定着してしまったようである（高桑，2012）。これまで存在しなかった外来

種が侵入して定着した時の勢いの強さを，怖さとして痛感する。

　ここまで分布を拡大した要因には次のことが考えられる。①名義タイプ亜種にとって関東地方の気候条件に障害はない（斎藤ほか，2014）。②ゴマダラチョウ *Hestina persimilis* の場合は，越冬幼虫は食樹の根際か大きな木の途中にある窪みに溜まった落葉から発見されることが多く，樹上の太枝の分岐点で観察された例もある（福田ほか，1983）とされるが，侵入した外来アカボシゴマダラの場合は，樹上で越冬幼虫を見ることが多いとしばしば耳にするし，筆者も東京都青梅市で2月上旬にエノキ大木の樹幹で越冬幼虫を何回となく確認している。幼虫が樹上越冬することが多ければ，食樹であるエノキの根際の落ち葉の存在や状態に左右されずに越冬可能になる。③ゴマダラチョウの場合は，越冬幼虫を飼育すると高い率でヒメバチの一種が羽化するとされる（福田ほか，1983）。ちなみに，東京都青梅市産ゴマダラチョウ越冬幼虫の飼育経験では，寄生率は約7割である（久保田，未発表）。外来アカボシゴマダラの場合は，現段階では寄生蜂による影響がないか少ない可能性も考えられ，そうであれば繁殖に有利に働く。

(2) 国内外来種

1) 東京都に侵入したホシミスジ瀬戸内亜種

　東京都には，以前からホシミスジ本州中部以北亜種 *Neptis pryeri iwasei* が多摩地区西部の八王子市の丘陵部と奥多摩町の山間部に分布している（西多摩昆虫同好会，2012，2014）。ところが，2009年に府中市で本種が発見され発生を継続したが，これが瀬戸内亜種 ssp. *setoensis* であることが判明した（福田，2011）。なお，瀬戸内亜種（近畿低地型）の亜種名 *setoensis* は，最近になり *hamadai* のシノニムとされた（猪又，2015）。

　府中市で発見された本種は，瀬戸内亜種（近畿低地型）が分布する地域から庭木として持ち込まれたシモツケあるいはコデマリ等に，本種の幼虫等が付着していたことに由来すると考えられる。この個体群の分布域は，2011年には北多摩地区の三鷹市・府中市・小金井市の野川周辺であった（西多摩昆虫同好会，2012，2014）。2006年に杉並区で確認された本種も，瀬戸内亜種（近畿低地型）の可能性が高い（杉並区環境部環境課，2008）。当時から，在来亜種 *iwasei* の生息域に分布が広がるのが危惧されていた。

■ Ⅱ. 各地で何が起こっているのか？

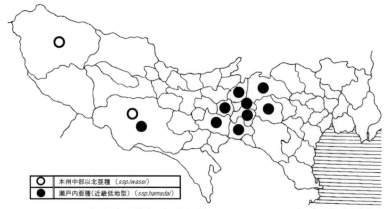

図3 ホシミスジ（瀬戸内亜種（近畿低地型））の東京都への侵入（西多摩昆虫同好会，2012，2014；美ノ谷・宇式，2015；針谷，2014 を参考に作成）

　その後，2015 年の段階では図3に示すように，分布が近隣市区にも広がっていることが明らかになった（美ノ谷・宇式，2015）。また，2013 年には八王子市下恩方で瀬戸内亜種（近畿低地型）が採集された（針谷，2014）。この個体が瀬戸内亜種（近畿低地型）が発生する野川流域から分散したのか別ルートで侵入したのかは不明である。八王子市産の在来亜種については福田（2003）が解説しているが，材料とした標本の採集地は「八王子市の一か所」とだけ記されている。筆者が知る生息地と同一であれば，瀬戸内亜種（近畿低地型）が採集された地点から約 7km の距離にすぎない。在来亜種との交雑による遺伝子撹乱の危機が現実的に迫っている。

2) 東京都湾岸部のアカシジミ・ウラナミアカシジミ

　東京都の区部では都市化が進むのに合わせて，多くのチョウが姿を消した。アカシジミ *Japonica lutea* とウラナミアカシジミ *Japonica saepestriata* もこれに含まれる。アカシジミは葛飾区を除き 1970 年代までに，ウラナミアカシジミは品川区の偶産記録を除き 1960 年代までに，区部の東部からは姿を消した（西多摩昆虫同好会，1991）。

　ところが，2000 年前後から区部東部で両種の記録が再び現れてきた。アカシジミは 1999 年の港区（国立科学博物館附属自然教育園）（久居，2009），ウラナミアカシジミは 2005 年の千代田区（皇居）（久居ほか，2006）が最初の記録である。その後，記録される地域も増加した。両種の 1980 年代の分

③ 南関東におけるチョウの分布拡大

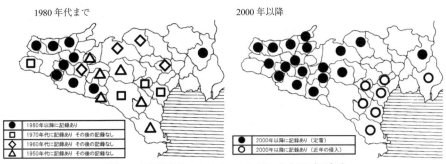

図 4 東京都東部におけるアカシジミ分布図（西多摩昆虫同好会，1991，2012 に基づいて作成）

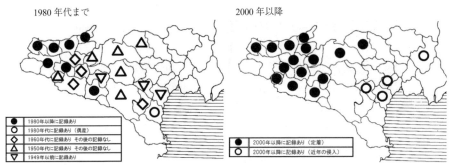

図 5 東京都東部におけるウラナミアカシジミ分布図（西多摩昆虫同好会，1991，2012 に基づいて作成）

布と，2000 年以降に記録のある地域を図 4，図 5 に示した。東京湾岸部及び隣接する地域に記録が集中するのが特徴である。両種とも同一地で発生が継続する事例も観察される。

　この東京湾岸部での再発生をどのように考えたらよいのか。以下の可能性を検討した。第一に，以前から細々と生息していたが，1980 年代の調査では見落とされ，近年に勢力を盛り返した。第二に，多摩地区東部の生息地から飛来して分布を拡大した。

　第一については以下のことから可能性は低いと思われる。①港区（自然教育園）では長年にわたる密度の高い調査・観察記録が蓄積されるが，アカシジミは 1958 年以降は記録が途絶えている。ウラナミアカシジミは少なくとも 1950 年以降の記録はない（久居，2009）。小規模個体群でも，生息するなら記録される可能性は高かったと思われる。②千代田区（皇居）では 1996

II. 各地で何が起こっているのか？

年から国立科学博物館による昆虫調査が行われ，毎年平地性ゼフィルスの発生期に合わせた調査日程も組まれたが，アカシジミは2002年，ウラナミアカシジミは2005年が初記録で，それまでは発見できなかった（久居ほか，2006）。両種とも2000年以前から生息していた可能性は低い。③区部西部の世田谷区では，アカシジミは1970年代前半に，ウラナミアカシジミは1960年代前半に姿を消したが，1977年から4年間行われた密度の高い調査でも発見できなかった（福田，1981）。区部では比較的クヌギ林やコナラ林が残っていた世田谷区でも姿を消した両種が，区部東部に残存した可能性は低いと思われる。

第二については，区部西部の杉並・練馬・板橋の3区には2000年以降の記録があり，この地域に以前から残存していた可能性はゼロではないが，これらの地域と東京湾岸部の中間地帯には10〜15km程度の分布の空白地域があり，中間地帯を飛び越えて東京湾岸部に分布を広げた可能性は低いと思われる（西多摩昆虫同好会，1991，2012）。

それでは，東京湾岸部のアカシジミとウラナミアカシジミはどこから来たのか。東京湾埋立地に植栽されたクヌギ・コナラの苗に卵が付着して運ばれてきた可能性が考えられる。東京港野鳥公園（大田区）の昆虫調査で2014年にアカシジミが記録された。以前からも見られたとの伝聞もある（高桑ほか，2015）。この公園は埋立地に整備された東京都の海上公園の一つで，造成された自然生態園には雑木林もあるが，すべて植栽されたものである。江戸川区のアカシジミも埋立地に設置された葛西臨海公園で発見されている。東京湾埋立地には，この外にもクヌギやコナラが植栽された場所は多数あり，ここで発生した両種が湾岸部に飛来して分布を広げた可能性は十分にあり得ると思われる。現在は，中央防波堤内側埋立地の東側部分（中央区）で，東京都による「海の森」開園に向けた準備が進行中である。海岸性の森づくりのため植栽樹種はスダジイやタブノキが多いが，クヌギやコナラも混じる。ちなみに，2008年度にコナラ22本，2012〜14年度にはクヌギ約2,700本，コナラ約2,500本が植栽された。苗木には関東産のものを選定したとされる（東京都港湾局からの伝聞）。

発生が継続している場所もあるが，このまま定着するかは疑問の余地がある。そもそも，両種が東京都区部から姿を消したのは，都市化にともない

持続的に生息できる環境が失われたためと考えられる。自然教育園（港区），林試の森（目黒区・品川区）では1960年以前に両種が消滅した原因について，守山（1988）は，①樹木の成長によりコナラやクヌギの若い林がなくなったこと，②周辺の市街地化により個体群が孤立化し生息地が分断されたことを挙げている。

ミズイロオナガシジミ *Antigius attilia* は孤立したクヌギやコナラの大木があるような場所でもしぶとく生き残るが，両種にとっての生息環境条件はもう少し厳しいのであろう。近年侵入した自然教育園（港区）（久居，2009），皇居（千代田区）（久居ほか，2006），林試の森（目黒区・品川区）（グループ多摩虫，2007），明治神宮（渋谷区）（高桑・佐藤，2013）などは，両種が区部から消滅した当時と環境に大きな変化はないので，消滅に至った要因が解消されているとは思えない。滅びるべくして滅びるのかもしれない。今後の推移を見守りたい。

勢力を盛り返したチョウの分布拡大

1) コムラサキ

コムラサキ *Apatura metis* の食樹はヤナギで，河畔林や池の周りのヤナギ林で発生することが多い（福田ほか，1983）。東京都や神奈川県では一時期分布域が狭まり，一部の地域を除いては見られなくなったが，2000年代に入ってから復活して分布を広げている。

神奈川県では，かつては広く生息していた可能性があるが最近の記録は乏しく，確実な生息地は主に丹沢山塊及び周辺の産地，そして湘南の平塚に辛うじて生息するとされた（中村ほか，2004）。しかし，2006～2011年の間に，本種の分布域ではないと認識されていた相模川以東の湘南地域で記録が相次ぎ，2014年には1994年を最後に記録が途絶えていた相模川以西の大磯丘陵で再発見され，発生が確認された（岸，2012；會田，2015）。

東京都では，1950～60年代に多くはないものの広い範囲に分布していた。ところが，1960年代から70年代にかけて区部そして多摩地区と順次生息地が狭まり，1980年代には23区では葛飾区水元公園を中心とする荒川流域の一部，多摩地区では奥多摩山地の渓流沿いにのみ生息する珍しいチョウになった。1980年代には11市区町村に記録があったが（図6），奥多摩町と葛

■ Ⅱ．各地で何が起こっているのか？

図6　東京都における 1980 年代までのコムラサキの記録地（西多摩昆虫同好会，2012 から転載）

図7　東京都における 2000 年以降のコムラサキの記録地（西多摩昆虫同好会，2012 から転載）

飾区を除く他の地域では継続的な発生は確認されていなかった。孤立した生息地が残っていた可能性はあるが。河畔にヤナギは残っていても本種の姿はなくなり，この衰退の原因は不明のままである。

　しかし，2000 年代前半に葛飾区及び奥多摩町以外での記録が現れ始め，半ばになると多摩川，荒川の本流及び支流の河畔のヤナギがある場所で次々と確認されるようになった（図7）。いずれの地域も以前からヤナギ林は残っていて環境に大きな変化はなく，一時期姿を消した原因と，今なぜ復活したかの原因ははっきりしない（西多摩昆虫同好会，1991，2012，2014；グループ多摩虫，2007）。

2) ムラサキシジミ

　ムラサキシジミ *Arhopala japonica* は，1980年代以降は南関東一円の各地で見られるチョウだが，実は1950年代〜1960年代前半に決してまれではなかった時代があり，1970年代の空白期を挟んで復活した経緯がある。

　神奈川県では，1980年前半頃まではほぼ全地区の平地〜山麓部から散発的に記録されていたが，必ずしも生息が毎年記録されることはなく，継続発生に疑問のある「謎の分布」を示す蝶であるとされた（相模の蝶を語る会，2000）。急に目立つようになったのは1980年代に入ってからであり，現在では県内に広く分布し，都市近郊にも生息しているとされる（中村ほか，2004）。

　1950年代の南関東における記録として，神奈川県27（2）例，東京都29（6）例，千葉県13（1）例，埼玉県12（1）例が報告されている。括弧内は越冬後成虫の記録である（東京都杉並区立高円寺中学校生物部，1961）。他の文献にも当時の本種の記録は見られ，少なくとも1950〜60年代前半には，南関東では今ほどの分布の広さや個体数ではなかったとしても，決してまれなチョウではなく越冬も可能であったと考えられる。

　これが一変するのが1960年代半ば以降である。東京都では，1960年代後半は記録もわずかになり，1970年代に入るとほとんど無くなったため，絶滅したかと思われた（久保田，1982）。

　埼玉県でも，1965年頃までは低地から低山帯にかけて各地で記録されたが，その後，低地では記録が激減し，1980年代末までの間の記録は極めて少ない。特に1970年代の記録は全くない（星野ほか，1998）。

　絶滅したかと思われた東京都では，1978年に江東区で再発見された（福田，1981）。翌年からぽつぽつと記録が出始め，1983年には一気に記録が増えた1980年代には31市区町村から記録され，その後も分布拡大と個体数の増加をともないながら2000年代には本土部のほとんどの市区町村から記録された（久保田，1982，1984；西多摩昆虫同好会，1991，2012）。

　埼玉県は，県南の低地では1980年頃からわずかに記録されるようになり，1990年頃から急激に個体数が増加し，現在ではかなり普通に見られるようになった（星野ほか，1998）。

　衰退の時期と，記録の増加と分布拡大が見られた時期は，神奈川県・東京

II. 各地で何が起こっているのか？

都・埼玉県でほぼ一致する。

このチョウの1980年代の復活と分布拡大の要因は，簡単に暖冬による分布の北上として片付けられない。1950年代から1960年代前半にはまれではなかった本種が，1960年代後半から1970年代にかけて著しく減少または姿を見せなくなった原因が不明のためである。冬の寒さが影響したと仮定すると，1960年代後半に南関東では越冬できないほどの寒い冬があり，この時にほぼ絶滅したと考えなければならない。今のところ，本種の1970年代の分布の空白期は謎が残るままである。

謝辞

本稿をまとめるにあたり，倉地正，佐久間聡，長谷川大，原島真二，八木下潤の各氏から文献資料の提供をいただいた。また，佐久間氏には図の作成に協力いただいた。ここにお礼を申し上げる。

〔引用文献〕

會田重道 (2015) 2014年大磯町と平塚市におけるコムラサキの記録．相模の記録蝶, (29): 156.

畦元直太 (2014) 埼玉県におけるホソオチョウの記録の整理と分布経過についての考察．寄せ蛾記, (156): 1-12.

藤岡知夫 (1972) 図説 日本の蝶．ニューサイエンス社，東京．

福島務 (1984) 千葉県館山市でムラサキツバメを採集．月刊むし, (166): 45.

福田晴男 (1981) 世田谷の蝶．自刊，東京．

福田晴男 (2003) 東京都八王子市産ホシミスジ成虫の斑紋変異とその特徴．蝶研フィールド, 18(1): 4-7.

福田晴男 (2011) 東京都府中市でホシミスジ瀬戸内亜種が発生．月刊むし, (482): 31-32.

福田晴夫・浜栄一・葛谷健・高橋昭・高橋真弓・田中蕃・田中洋・若林守男・渡辺康之 (1983) 原色日本蝶類生態図鑑 (II)．保育社，大阪．

福田晴夫・浜栄一・葛谷健・高橋昭・高橋真弓・田中蕃・田中洋・若林守男・渡辺康之 (1984) 原色日本蝶類生態図鑑 (IV)．保育社，大阪．

月刊むし編集部 (2010) 関東地方におけるアカボシゴマダラの分布状況．月刊むし, (475): 15.

グループ多摩虫 (2007) 東京都蝶類データ集2007．グループ多摩虫，武蔵野．

針谷毅 (2014) ホシミスジ（瀬戸内海亜種）の神奈川県侵入を危惧する．相模の記録蝶, (28): 83-84.

久居宣夫 (2009) 自然教育園および新宿御苑の蝶類．自然教育園報告, (40): 9-45.

久居宣夫・矢野亮・久保田繁男 (2006) 皇居の蝶類相 (2000〜2005)．国立科学博物館専報,

(43): 137-159.
星野正博・碓井徹・巣瀬司・森中定治 (1998) 埼玉県の鱗翅目 (蝶類). 埼玉県昆虫誌Ⅰ (碓井徹 編): 287-386, 埼玉昆虫談話会, 大宮.
猪又敏男 (1990) 原色蝶類検索図鑑. 北隆館, 東京.
猪又敏男 (2015) 連載・日本のチョウ (40) ミスジチョウ類 (2). 月刊むし, (532): 9-14.
神部正博 (2000) ムラサキツバメを草加市で確認. 寄せ蛾記, (97): 2954.
岸一弘 (2012) 湘南地域におけるコムラサキの記録. 神奈川虫報, (177): 27-29.
小山達雄・井上大成 (2004) 関東地方北部におけるムラサキツバメの発生経過. 昆虫 (ニューシリーズ), 7: 143-153.
久保田三栄子・大塚市郎 (2007) 千葉市中央区でツマグロヒョウモンを採集. 房総の昆虫, (39): 115-116.
久保田繁男 (1982) 奥多摩の蝶〈5〉. うすばしろ, (5): 5-12.
久保田繁男 (1984) ムラサキシジミ 1983 年の記録. うすばしろ, (11): 12-13.
久保田繁男 (2016) 青梅市日向和田に飛来したホソオチョウ. うすばしろ, (48): 8.
久保田繁男・八木下潤・杉村健一・倉地正・原嶋守・片岡誠・原島真二 (2001) ムラサキツバメが西多摩各地で発生. うすばしろ, (24): 1-10.
栗山定 (2000) 伊豆大島のナガサキアゲハ. 月刊むし, (354): 40-41.
牧林功 (2011) ナガサキアゲハとツマグロヒョウモンの埼玉県における分布拡散について. 寄せ蛾記, (143): 1-10.
丸諭 (2001) 千葉県におけるナガサキアゲハの記録. 月刊むし, (370): 8.
美ノ谷憲久・宇式和輝 (2015) 東京都西部における近畿低地型ホシミスジの分布拡大. 月刊むし, (534): 30-33.
守山弘 (1988) 自然を守るとはどういうことか. 農山漁村文化協会, 東京.
中村進一・菅井忠雄・岸一弘 (2003) 神奈川県におけるアカボシゴマダラの発生. 月刊むし, (384): 38-41.
中村進一・芦原孝雄・原聖樹・岩野秀俊・美ノ谷憲久 (2004) チョウ目 (チョウ類). 神奈川県昆虫誌Ⅲ. (神奈川昆虫談話会編): 1159-1228, 神奈川昆虫談話会, 小田原.
西多摩昆虫同好会 (1991) 東京都の蝶. けやき出版, 立川.
西多摩昆虫同好会 (2012) 新版東京都の蝶. けやき出版, 立川.
西多摩昆虫同好会 (2014) 東京都蝶類データ集 2014. 西多摩昆虫同好会, 青梅.
大林祝 (2000) 伊豆大島でナガサキアゲハを採集. 月刊むし, (354): 41.
大塚市郎 (1991) 南房総におけるクロコノマチョウの採集記録—1990 年〜91 年春までの記録より—. 房総の昆虫, (4): 42-43.
大塚市郎 (1993) 千葉県におけるクロコノマチョウの分布—1992 年度クロコノマチョウ調査報告—. 房総の昆虫, (8): 4-8.
大塚市郎 (1995) 1994 年度クロコノマチョウ調査会報告. 房総の昆虫, (13): 16-18.
大塚市郎 (2007) 千葉県内で記録した蝶類—1994 年からの追加記録—. 房総の昆虫, (38): 67-98.
大塚市郎 (2014) 自宅 (千葉市) 庭に来たアカボシゴマダラを採集. 房総の昆虫, (54): 27-28.
長田志朗・嶋田知英 (2002) 埼玉県におけるムラサキツバメの分布拡大. Butterflis, (31):

II. 各地で何が起こっているのか？

18-23.
相模の蝶を語る会 (2000) かながわの蝶 バタフライウォッチング．神奈川新聞社，横浜．
斎藤昌幸・矢後勝也・神保宇嗣・倉島治・伊藤元己 (2014) 外来種アカボシゴマダラの潜在的生息適地：原産地の標本情報と寄主植物の分布情報を用いた推定．蝶と蛾 65(2): 79-87.
斉藤洋一 (2001) 東京都江戸川区でナガサキアゲハを採集．房総の昆虫，(25): 40.
櫻井孜 (1978) 埼玉県のムラサキツバメ．ちょうちょう，1(9): 6.
佐藤隆士・井上大成 (2001) 2000年から2001年にかけての千葉県内のムラサキツバメの生息状況に関する調査結果の追記．房総の昆虫，(26): 3-5.
佐藤隆士・井上大成 (2003) 千葉県内におけるムラサキツバメの生息状況に関する調査 2．房総の昆虫，(29): 3-6.
嶋本習介 (2008) 千葉市でムラサキツバメの集団越冬を発見．房総の昆虫，(40): 43-44.
白水隆 (2001) 2000年の昆虫界をふりかえって〈蝶界〉．月刊むし，(363): 6.
白水隆 (2006a) 日本の迷蝶Ⅲアゲハチョウ科／シロチョウ科／シジミチョウ科．蝶研出版，大阪．
白水隆 (2006b) 日本産蝶類標準図鑑．学習研究社，東京．
杉並区環境部環境課 (2008) [2] 昆虫類．杉並区自然環境調査報告書（第5次）: 66-97，杉並区，東京．
田口方紀・田口正男 (2011) ホソオチョウ相模原市内旧相模湖町で発生．相模の記録蝶，(25): 105.
高橋学 (2002) 安房郡三芳村でナガサキアゲハ（春型）を採集．房総の昆虫，(28): 4.
高桑正敏 (2001a) 亜熱帯性チョウ類2種の関東における発生の謎（1）．月刊むし，(364): 18-25.
高桑正敏 (2001b) 亜熱帯性チョウ類2種の関東における発生の謎（2）．月刊むし，(365): 2-9.
高桑正敏 (2012) 日本の昆虫における外来種問題（1）．月刊むし，(497): 36-40.
高桑正敏・佐藤岳彦 (2013) 明治神宮の蝶．鎮座百年記念第二次明治神宮境内総合調査報告書（鎮座百年記念第二次明治神宮境内総合調査委員会 編）: 361-372．明治神宮社務所，東京．
高桑正敏・太田祐司・寺山守・岸本年郎 (2015) 東京港野鳥公園のチョウ・ガ類．神奈川虫報，(185): 1-6.
滝沢宏 (2012) 8シーズン目に入った集団越冬ムラサキツバメの観察記録．相模の記録蝶，(26): 113-118.
東京都杉並区立高円寺中学校生物部 (1961) 南関東の蝶類（4）シジミチョウ科．杉並区立高円寺中学校生物部，東京．
津吹卓 (2012) ツマグロヒョウモンはなぜ北上したのか．昆虫と自然，47(6): 4-7.
宇野誠一 (2002) 千葉県富津市でナガサキアゲハを採集．月刊むし，(372): 47-48.
和田一郎 (2010) クロコノマチョウの飯能市における追加記録．寄せ蛾記，(136): 47.
八木下潤 (2016) 奥多摩町川野でホソオチョウを目撃．うすばしろ，(48): 12.
矢野高広 (1998) アカボシゴマダラ．埼玉県昆虫誌Ⅰ（碓井徹編）: 314，埼玉昆虫談話会，大宮．

（久保田繁男）

4 長野県におけるチョウの分布拡大

■ はじめに

　長野県からは，2015年現在で，153種のチョウ（チョウ目）が記録（田下ほか（1996）から明らかな偶産種を除く149種に，その後分布を広げているナガサキアゲハ *Papilio memnon* とムラサキツバメ *Arhopala bazalus*，及び人為的な放チョウの可能性のあるホソオチョウ *Sericinus montela* とアカボシゴマダラ *Hestina assimilis* を含む）されている。1960～1989年の年平均記録数と比較して1990～1997年には1.5倍程度にまで記録数が増え，分布を拡大したり，個体数を増やしたりしている種が35種いる。これに，2000年頃以降分布を拡大したジャコウアゲハ *Atrophaneura alcinous*，ナガサキアゲハ，ムラサキツバメと，恐らく人為的に放され，最近になって長野県に定着していると思われるホソオチョウとアカボシゴマダラ（栗岩ほか，2015）の5種を含めた40種が増加している種である（表1）。このうちホソオチョウは，生態系を乱すおそれがある外来種として長野県環境保全研究所により徹底的な駆除がなされている。分布を広げている種の中には，1990年代以降長野県から恒常的に見つかるようになったクロコノマチョウ *Melanitis phedima*（井原，2001，2007，2009a，2012a，2013a；井原・浜，2005a）やナガサキアゲハ（井原，2008，2009b，2012b，2014；井原・浜，2005b，2006，2007，2010），ムラサキツバメ（井原・中平，2010；丸山，2013；井原，2013b）などの暖地性の種が挙げられるが，これらの種は，県内の植生に目立った変化がない中で，本州における越冬ラインが北上してきたことにより，分布するようになったと推定される。また，長野県中北部では，従来は寒さから越冬できないとされていたウラギンシジミ *Curetis acuta* の越冬も確認されるようになっている（塩原，2012）。チョウ類以外でもクロメンガタスズメ *Acherontia lachesis*（田下ほか，2011；土田・丸山，2011）やハラビロカマキリ *Hierodula patellifera*（田下，2008；丸山，2011；井原，2012c）など暖地を生息域としていた種の分布の拡大が認められている。本稿では長野県で分布を拡大あるいは個体数を増やしていると考えられる種について，温暖化以外の分布拡大や個体数の

201

II. 各地で何が起こっているのか？

表1　長野県で増える傾向のある種と想定される増加原因（田下・吉田，2000に加筆）

種　名	生息場所*	1960-1989 記録数	1960-1989 年平均記録数①	1990-1997 記録数	1990-1997 年平均記録数②	記録数の変化 (①/②×100)	想定される増加原因** 1	2	3	4	5	6
キバネセセリ	F	129	4.30	60	7.50	174.4	○					
オオチャバネセセリ	G	104	3.47	56	7.00	201.9	○					
チャバネセセリ	G	106	3.53	46	5.75	162.7	○					
イチモンジセセリ	G	203	6.77	156	19.50	288.2	○	○				
キアゲハ	G	241	8.03	129	16.13	200.7		○				
キタキチョウ	F	230	7.67	134	16.75	218.5	○	○				
モンキチョウ	G	350	11.67	225	28.13	241.1		○				
モンシロチョウ	G	188	6.27	134	16.75	267.3		○				
ムラサキシジミ	F	31	1.03	33	4.13	399.2	○	○				
ベニシジミ	G	240	8.00	140	17.50	218.8						○
ウラナミシジミ	G	117	3.90	52	6.50	166.7	○	○	○			
ヤマトシジミ	G	134	4.47	102	12.75	285.4	○					
ルリシジミ	F	265	8.83	133	16.63	188.2		○				
ウラギンシジミ	F	69	2.30	66	8.25	358.7	○					
アサギマダラ	F	126	4.20	98	12.25	291.7				○		
ミドリヒョウモン	F	238	7.93	141	17.63	222.2		○				
クモガタヒョウモン	F	133	4.43	52	6.50	146.6		○				
メスグロヒョウモン	F	179	5.97	67	8.38	140.4		○				
ツマグロヒョウモン	G	24	0.80	34	4.25	531.3	○			○		
イチモンジチョウ	F	174	5.80	93	11.63	200.4		○				
コミスジ	F	199	6.63	135	16.88	254.4		○				
ミスジチョウ	F	117	3.90	66	8.25	211.5						
フタスジチョウ	G	153	5.10	65	8.13	159.3			○			
ホシミスジ	G	171	5.70	72	9.00	157.9			○			
サカハチチョウ	F	262	8.73	109	13.63	156.0	○					
キタテハ	G	151	5.03	89	11.13	221.0						○
ヒオドシチョウ	F	139	4.63	146	18.25	393.9	○					
ルリタテハ	F	195	6.50	104	13.00	200.0		○				
ヒメアカタテハ	G	126	4.20	84	10.50	250.0	○					
アカタテハ	G	148	4.93	101	12.63	255.4		○				
ヒメウラナミジャノメ	F	175	5.83	103	12.88	220.3		○				
クロヒカゲ	F	181	6.03	100	12.50	207.2		○				
ヤマキマダラヒカゲ	F	173	5.77	96	12.00	208.1		○				
ヒメジャノメ	F	102	3.40	59	7.38	216.9		○				
クロコノマチョウ	F	29	0.97	38	4.75	491.4	○	○				
ジャコウアゲハ	F	69	2.30	13	1.63	最近増加		○	○			
ナガサキアゲハ	F	—	—	—	2005年〜	漸増（下伊那）	○	○	○			
ムラサキツバメ	F	—	—	—	2009年〜	漸増	○		○			
ホソオチョウ	G	—	—	—	2010年頃〜	漸増	人為的な導入					
アカボシゴマダラ	F	—	—	—	2014年頃〜	漸増	人為的な導入					

*生息場所 G: 草原性 F: 森林性：田中（1988）を元に筆者が長野県の生息状況を参考に修正
**想定される増加原因；1：気候温暖化／2：半自然草原の森林化／3：食草の人為的な栽培／4：食草にともなった幼虫等の運搬／5：保全活動／6：都市開発
***ジャコウアゲハ以下の種は，2000年以降に増加してきた種．

4 長野県におけるチョウの分布拡大

増加の要因について考察する。

■ 生息個体数の増加の原因として考えられること

　温暖化以外の理由により分布を拡大あるいは生息個体数が増えていると考えられる種としては，次のような例が挙げられる。①従来から長野県に分布していた種で半自然草原の森林化が影響して個体数が増えていると考えられる種としてミドリヒョウモン Argynnis paphia，メスグロヒョウモン Damora sagana，クモガタヒョウモン Nephargynnis anadyomene などの森林性のヒョウモンチョウ類やクロヒカゲ Lethe diana など，②園芸ブームにより幼虫の食草が増え，個体数が増えていると考えられる種として，スミレ類の栽培量が増え，個体数が増えているツマグロヒョウモン Argyreus hyperbius など，③ユキヤナギなどの園芸植物とともに幼虫等が運ばれ分布を徐々に拡大したと考えられる種として，フタスジチョウ Neptis rivularis など，④住民の環境保全意識の高まりにより生息環境が保全あるいは創出され増えていると考えられる種として，堤防のウマノスズクサの保全や庭への植栽により分布を拡大しているジャコウアゲハなど，⑤都市化され著しく人為的に撹乱された環境に適応して増えている種として，住宅の南側の暖かい環境での越冬成功率が高くなったヤマトシジミ Zizeeria maha やツマグロヒョウモンなどが挙げられる。また，この他の要因としてホソオチョウやアカボシゴマダラ，ごく一部の地域に限られるがギフチョウ Luehdorfia japonica，ヒメギフチョウ Luehdorfia puziloi など人為的な放チョウによる個体数の増加もある。外来種については，環境に適応すると分布域や個体数を急激に増やす可能性があるが，ギフチョウなど在来種は，もともと分布していなかった地域や，環境の変化にともなって個体数を減少してきた地域へ導入しても，一時的に個体数を増やすことはあっても定着できないものと思われる。

　増えてきているチョウには，これらの理由が単独で働いているとは限らず，いくつかの理由が複合的に作用して増えていると考えられる種も見られる。たとえば，長野県全県域に分布を広げたツマグロヒョウモンは，恐らく温暖化の影響が考えられるうえに，幼虫の食草のスミレの栽培量が増え，かつ，販売されるスミレに幼虫が着いて運ばれ，さらには，住宅の南側の暖かい環

Ⅱ．各地で何が起こっているのか？

境のスミレ周辺での越冬の成功率が高まったことから，著しい増加をもたらしたのではないかと推定される。

具体的な事例

(1) 草原の森林化に起因している種

表2には，ヒョウモンチョウ類9種についての確認記録数の変化を主な生息環境とともに示した。林間の半日陰の立木などに好んで産卵する森林性のミドリヒョウモン，クモガタヒョウモン，メスグロヒョウモンの確認数は草原性の種より増加率が高い。長野県では，草刈りが行われよく管理された草原に生息するウラギンスジヒョウモン *Argyronome laodice* は近年になって減少傾向を示し，毎年火入れを行うことにより保たれている背丈が低い草原を好むオオウラギンヒョウモン *Fabriciana nerippe* は最近の記録が見られず長野県内では恐らく絶滅したものと思われている（田下ほか，1996，2009）。このような傾向は，長野県で長年にわたりチョウの観察を続けてきた浜栄一氏が自宅の庭へ産卵にくるヒョウモンチョウ類の観察から以前より指摘されてきた（浜栄一氏，私信）。長野県に限らず，全国の里山は，現在ほとんど利用価値がなくなり，採草地やカヤ場が放置された結果，急速に森林化してきており，森林性の種の個体数が増えている反面，かつては普通に見られたアサマシジミ *Plebejus subsolanus* やミヤマシジミ *Plebejus argyrognomon*，ヒ

表2　森林性と草原性のヒョウモンチョウ類の記録数の増減（田下・吉田，2000に加筆）

種　名	生息場所*	1960-1989		1990-1997		記録数の変化 (①/②×100)
		記録数	年平均記録数 ①	記録数	年平均記録数 ②	
オオウラギンスジヒョウモン	F	117	3.90	39	4.88	125.0
ミドリヒョウモン	F	238	7.93	141	17.63	222.2
クモガタヒョウモン	F	133	4.43	52	6.50	146.6
メスグロヒョウモン	F	179	5.97	67	8.38	140.4
ウラギンスジヒョウモン	G	158	5.27	34	4.25	80.7
ウラギンヒョウモン	G	227	7.57	76	9.50	125.6
オオウラギンヒョウモン	G	24	0.80	0	0.00	0.0
ギンボシヒョウモン	G	170	5.67	51	6.38	112.5
ツマグロヒョウモン	G	24	0.80	34	4.25	531.3

＊生息場所 G: 草原性　F: 森林性：田中（1988）を元に筆者が長野県の生息状況を参考に修正．

メシロチョウ *Leptidea amurensis* などの草原性の種がいなくなり，種数が減少することにより種多様性が低い貧弱な環境に変わってしまっている。

長野市の里山で，2005年5月から2006年4月に筆者が行ったルートセンサスで確認できた種を表3に示す。当該調査地（1地区）は，かつては薪炭林として利用され明るいクヌギを主体とした雑木林となっており，ムモンアカシジミ *Shirozua jonasi* やキマダラモドキ *Kirinia fentoni* などの生息が知られていたが，現在は，利用されることなく鬱蒼とした暗い林になっている（図1）。林間には極めてまれにキキョウなどの草本類が見られ，かつては草原的な環境が存在したことがうかがえる。ここでは，森林性の種であるクロヒカゲやコジャノメ *Mycalesis francisca* が多く，早春の芽吹き前には，林内が明るい環境となることからミヤマセセリ *Erynnis montana* も多かった。近接する林縁の耕作地（2地区）では，注目する種としてメスグロヒョウモンやミドリヒョウモンが多く，モンシロチョウ *Pieris rapae* やヤマトシジミが見られた。これらの種は，耕作地と林の間にかつて見られた半自然草原がなくなり藪となってしまったことから増えてきた種や，耕作地の植物で育つ種である。鬱蒼とした林では，チョウの種数や個体数は極めて少なく，種多様性（H'，$1-\lambda$）は低いものの，自然度を示す ER の各構成比率や，ER''，HI（ともに

表3 里山の通年モニタリングで見られた種（長野市）（田下，2009b）

	新諏訪	
	1地区 （森林）	2地区 （耕作地）
ミヤマセセリ	33.0	15.0
クロヒカゲ	30.0	6.0
コジャノメ	12.0	3.0
ルリシジミ	6.0	48.0
ルリタテハ	6.0	6.0
キタキチョウ	3.0	27.0
テングチョウ	3.0	12.0
ヒオドシチョウ	3.0	3.0
スジボソヤマキチョウ	3.0	1.5
ミヤマカラスシジミ	3.0	
オオムラサキ	3.0	
ウスバシロチョウ		76.5
ヤマトシジミ		66.0
モンシロチョウ		52.5
スジグロシロチョウ		51.0
コミスジ		40.5
メスグロヒョウモン		25.5
ミドリヒョウモン		21.0
ヤマトスジグロシロチョウ		10.5
ヒメウラナミジャノメ		7.5
シータテハ		7.5
イチモンジセセリ		7.5
クロアゲハ		6.0
ベニシジミ		4.5
ヤマキマダラヒカゲ		3.0
ツマキチョウ		3.0
サカハチチョウ		3.0
ゴマダラチョウ		3.0
ミズイロオナガシジミ		1.5
ジョウザンミドリシジミ		1.5
コツバメ		1.5
クモガタヒョウモン		1.5
個体数計	105.0	516.0
種数	11	30

＊30分当たり個体数

II. 各地で何が起こっているのか？

図1　森林化により暗い環境となった里山

表4　長野市新諏訪の里山でのチョウ多様性（田下，2009b）

	種数	個体数	H'	$1-\lambda$	ER*				ER″ **	HI **
					ps	as	rs	us		
1地区 （森林）	11	105.00	2.750	0.803	3.86	5.06	1.00	0.08	75.7	97.9
2地区 （耕作地）	30	516.00	4.006	0.919	2.00	4.74	2.67	0.60	60.4	57.2

＊田中（1988）：ps（原始段階：極相林など），as（二次段階：薪炭林や採草地など），rs（三次段階：農村・人里），us（四次段階：都市）を示し，数値が大きいほどその環境の生息種が多いことを示す。

＊＊田下・市村（1997）：ER''，HI ともに数値が大きいほど原始段階の自然を示し，HI は0～100の範囲で変動。

自然度が高いほど高い値を示す）は，人により撹乱され帰化植物が入り込んでいる林縁の耕作地より高い値を示している（表4）。

キタキチョウ *Eurema mandarina* やウラギンシジミ，コミスジ *Neptis sappho*，サカハチチョウ *Araschnia burejana*，ヒメウラナミジャノメ *Ypthima argus* なども，草原が放置された結果，灌木やクズなどの蔓性植物などが繁るようになり，幼虫の食草自体が増えているうえ，日陰と入り交じった環境が生じたため個体数が増えてきていると思われる。

(2) 食草の栽培に起因している種

長野市にはかつては生息していなかったツマグロヒョウモンについて，11～12月に幼虫が食べている植物を調べた結果が表5である。在来種の

④ 長野県におけるチョウの分布拡大

表5 ツマグロヒョウモンの幼虫の食草（長野市安茂里）（田下，2009a）

観察日	2007.11.11		2007.11.18		2007.11.24		2007.12.2		2007.12.8		合計	
	箇所数	個体数	箇所数	個体数	箇所数	個体数	箇所数	個体数	箇所数	個体数	箇所数	個体数
パピリオナケア ＊	1	3	3	15	2	2	2	2	1	2	7	22
ノジスミレ			3	6	2	3	1	1			6	10
パンジー ＊			1	1							1	1
マスミレ			1	1							1	1
ビオラ ＊					1	1					1	1
タチツボスミレ					1	1					1	1
合計	1	3	8	23	6	7	3	3	1	2	17	36

＊栽培種

スミレ類であるノジスミレやマスミレからも幼虫は見つかるが，園芸種で，繁殖力が旺盛なパピリオナケア *Viola sororia* から，一番多くの個体が見つかった。パピリオナケアは，北アメリカ原産の多年生の園芸種で，野生化して空き地や植木鉢などに分布を拡大し，町中で普通に見られるようになっている。さらに，秋植えのパンジー，ビオラの植栽が盛んになった結果，市街地における冬期間の幼虫の餌量は爆発的に増加した。

長野県内では，モンキチョウ *Colias erate* やキタキチョウは，もともと環境をあまり選ぶことなく普通に見られる種であるが，土地の造成にともなう切土や盛土法面の緑化材としてシロツメクサやアカツメクサ，各種ハギ類の種子がまかれたことから，これらを食草として人工的な環境で個体数を増やしている。造成地では，土壌の表面侵食を防止するために急速に緑化する必要があり，成長が速く，痩せ地でも空気中の窒素を固定して成長できるこれらの植物は今後も利用され続けるものと思われる。

また，ムラサキツバメは，関東平野や日本海側の石川県などで分布を広げつつあるが，最近になって長野県でも県南部の飯田市周辺では毎年見られるようになっている（井原，2013b）。松本盆地（丸山，2013）で複数年にわたり確認された他，2015年には，長野県北部の長野市からも幼虫や成虫が確認されている（図2）（花崎秀紀氏，私信）。食樹であるマテバシイは，大気浄化に有効な樹種とされ，暖地では街路樹や工場団地の緑化，都市公園木として積極的に植栽されているが，長野県では，寒冷な気候のため成育の限界に近く，特に冬の寒風が強くあたる場所では，凍害により枯死することもあるがまれに植栽される。

このように園芸用や街路樹，畑作物などの栽培植物を利用して個体数を増やしている種として他に，モンシロチョウ（キャベツ，ノザワナ），ミドリヒョウモンなどのヒョウモンチョウ類（スミレ類），ホシミスジ *Neptis pryeri*

Ⅱ．各地で何が起こっているのか？

図2　長野市で確認されたムラサキツバメの生息環境とマテバシイの根元で見つかった蛹（2015.8.11 筆者撮影）

pryeri（ユキヤナギ）などが挙げられる。

(3) 人為的な植物の移動とともに幼虫等が運ばれることに起因している種

　蛭川（1978）は，1970年代を中心に木曽郡木曽町開田（旧開田村）を精力的に調査し，「開田高原の蝶」をまとめた。さらに，旧開田村を含む木曽郡全体のチョウの分布記録をまとめ「木曽谷の蝶」を出版した（蛭川，1983）。これによればフタスジチョウは，1982年時点では，木曽川左岸の中央アルプス木曽駒ヶ岳の山麓地帯が中心で，右岸からは王滝村の1か所で記録されていただけであった。蛭川（1983）は，開田高原に本種が生息する可能性は否定しないものの，発見はしていないとしていた。その後，筆者が1986年に調査した際には，ユキヤナギから幼虫が複数得られ，1988年に調査した際には，旧開田村の広範囲に結構な数の成虫を見るに至っている（田下ほか，1996）。また，その周辺地域の旧木曽福島町からも1986年頃には普通に幼虫が見つかるようになった（図3）。たくさんの成虫を見た旧日義村の生息地は，コデマリの幼苗畑であったが，これらの苗は，東京方面から購

4 長野県におけるチョウの分布拡大

図3 木曽谷におけるフタスジチョウの分布拡大

入し，当地に仮植したものとのことであった。

また，長野県北部の飯綱高原では，山口文男氏が長野市戸隠（旧戸隠村）内を重点的に調査しているが，1992年に旧戸隠村祖山の集落で生息を確認するまでは記録されなかった（山口，1992）。筆者は，丁度その頃，旧戸隠村境に隣接する長野市のユキヤナギやコデマリの幼苗畑から多数の幼虫を見つけている。さらに，小野章氏らは，長野県中部に位置する辰野町を集中的に調査しているが，フタスジチョウは，1970年代には，小野地区には分布しなかったが，今は市街地に普通に分布するとしている（小野，2002）。

このように，フタスジチョウは，1980年代後半から急速に分布を拡大したが，これらの主な発生地は，集落内であり，幼虫は，共通してユキヤナギやコデマリなどの園芸種を食べていた。成虫がこれらの植物を求めて自然に分散したことも考えられるが，幼虫が本来の生息地で栽培されていた幼苗の移動とともに，各地にばらまかれた可能性も高いと思われる。

他に，植物とともに幼虫が運ばれる可能性が高い種に，ウラナミシジミ *Lampides boeticus*（マメ類），ツマグロヒョウモン（スミレ類），ホシミスジ（ユキヤナギ，コデマリ），ナガサキアゲハ，モンキアゲハ *Papilio helenus*（ともにミカン類）などが挙げられる。

(4) 保全活動に起因している種

　ジャコウアゲハは，長野県ではまれな種であり，かつては見かける機会はほとんどなかった。しかし，河川が有する自然や景観など環境に対する住民の関心が高まり，2000年頃から堤防に生息するチョウ類の保全と生息環境整備を図るために住民による河川愛護団体などが組織されるようになった。ジャコウアゲハは代表的な対象種となり長野県内の千曲川，犀川，奈良井川など大河川の堤防上の生息地は，住民の手により環境が整備されるようになり，成虫を見かける機会が増えてきている（例えばスハマ会の活動など）。さらに，チョウの愛好家が幼虫の食べるウマノスズクサを自宅の庭に植え，チョウの舞う姿を楽しむ例も増えている（図4，図5）。河川の堤防は，破壊に対する安全性を確保するため，亀裂などの変状が発見されやすくなるように，定期的に草刈りによる維持管理がなされており，以前は，ウマノスズクサも一緒に刈り取られることが多かったが，最近は，住民による保全活動を通して，堤防上のウマノスズクサが保全され，積極的に刈り残すようになり量的にも増えてきている。多数の成虫が堤防を舞うようになり，住民の保全活動の成果を伝える新聞記事も時々見かけるようになった。なお，こうした場所に幼虫が同じウマノスズクサを食べているホソオチョウを人為的に導入する例もあり，多数の成虫や幼虫がみつかることがあるが，ジャコウアゲハとの生存競争を招くなど日本古来の生態系を撹乱するおそれがあるためこうした行為は慎むべきである（田下，2012）。

　また，長野県内には普遍的に分布している国チョウのオオムラサキ *Sasakia charonda* に関心をいだき，保全する活動も各地に見られる。長野市のスハマの会では，地域の役員や住民らとともに，幼虫の食樹であるエノキや成虫の吸汁源となるクヌギの苗を植栽あるいは育成するために林の整備を行っている。さらに，幼虫に網掛けして天敵からの食害を防ぐなどの保全活動を行っている（長野市自然保護保全スハマ会，2007）。他の地域でも，工場造成地の周辺にオオムラサキが舞う環境を新たに整備しただけで，放チョウを行わずに周辺からの移入個体により個体数の増加に成功している事例も見られる。こうした地域では，成虫の羽化時期には観察会が開催され地域のみなさんの関心を得ている。オオムラサキの個体数は，もともと年次的な変動が大きくほとんど成虫を見かけない年もまれにはあるものの，近年では樹

4 長野県におけるチョウの分布拡大

図4 ジャコウアゲハの食草／ウマノスズクサの移植作業（写真提供：長野県）

図5 保全されるウマノスズクサとジャコウアゲハの幼虫（長野市）

液に多数の個体が群がる光景が広がっている（図6）。

(5) 宅地化などの開発行為に起因している種

　宅地化等による開発跡地は，多くの生物にとっては，乾燥が激しいことなどから生息地となりにくい。こうした環境には，繁殖力が旺盛で短期間に分布を広げる植物が見られる。ヤマトシジミの幼虫は，こうした環境を好むカタバミを食べて育っている。最近は，建物の南側の日溜まりなどで越冬後の

211

■ Ⅱ. 各地で何が起こっているのか？

図6 保全活動により多産するオオムラサキ（長野市）

図7 越冬後のツマグロヒョウモンの幼虫（長野市，2009.3.20）

幼虫が普通に見かけられるようになっている。また，最近著しく個体数が増え分布域を拡大しているツマグロヒョウモンも，ヤマトシジミの場合と同様に，主な食草となっているパピリオナケアの繁殖力が高く，食草が急速に広がることにより，建物の南側の日溜まり等で越冬しやすい環境が生み出されるようになってきている（図7）（北原，2008）。表6には，長野市内でツマグロヒョウモンの幼虫が越冬している場所の接地部の最高温度を示した。建物の南側の軒下は真冬でも暖かくなる環境が作られており，最低気温はマイナス6℃程度まで下がったが，日中，接地温度は上昇し，驚くことに1月に

4 長野県におけるチョウの分布拡大

表6 長野市における壁面南側屋外の気温とツマグロヒョウモン幼虫数（田下，2009a）

調査日		最低気温 ℃	接地部最高温度 ℃	1齢	2齢	3齢	4齢	5齢
2007年 11月11日					1	1		
11月18日					4			
11月24日				1	3	1		
12月2日					4	1		
12月8日					1	1		
12月7日	〜 12月14日	0	25					
12月14日	〜 12月22日	-2	20		2			
12月22日	〜 12月29日	-2	26	−	−	−	−	−
12月29日	〜 1月5日	-4	22					
2008年 1月5日	〜 1月12日	-2	25					
1月12日	〜 1月19日	-5	20					
1月19日	〜 2月1日	-6	23	−	−	−	−	−
2月1日	〜 2月11日	-6	24	−	−	−	−	−
3月23日		-6	24				1	
3月28日							1	
4月5日							1	
4月12日							2	
4月19日							1	2

＊−：不調査

おいても長野市で最高で25℃まで上昇していた。表6には，壁面の南側に置かれた植木鉢内で見つかった幼虫の数を示した。暖地性の種は，こうした都市の微気候を利用して越冬の成功率を高めて北上しているように思われる。

他にも，越冬は不可能ではあるが，こうした都市化した環境で分布を拡大している種にチャバネセセリ *Pelopidas mathias* が見られる。

なお，生物多様性が低い都市的な環境に新たに分布を広げた種は，初めのうちは，寄生性のハチやハエなどに攻撃されることが少なく，爆発的に個体数が増えるようであるが，数年のうちには，寄生率が高くなることがツマグロヒョウモンなどで観察されている（田下，未発表）。

■ おわりに

生物の個体数の変動は，生物同士の関係に無機的な要素も加わり，その要因は単純にはわからないことが多いと思われる。長野県では，草原性のチョウ類の衰亡が著しいが，最近になって，1990年頃個体数が減少し，長野県のレッドデータブックに記載されていた草原性の種であるスジグロチャバネセセリ *Thymelicus leoninus*（長野県，2004）は，分布域が広がってきて

II. 各地で何が起こっているのか？

いるように感じられる（田下，未発表）。それに対して，スジグロチャバネセセリの近似種で，かつては見かけることが多かったヘリグロチャバネセセリ *Thymelicus sylvaticus* は最近減ってきている（長野県，2015）。また，沢筋などに生えるオニグルミを幼虫が食べているオナガシジミ *Araragi enthea* も，1990年頃は，見かける機会が著しく減っていたが，最近は，ちょっとした山際のオニグルミには，普通に卵が見つかるまでに回復してきている（田下，未発表）。

　これらの種が増加した理由は全く不明であるが，レッドリストに掲載された種が再び一時的であれ増加しはじめたことはまことに喜ばしいことである。今後，分布記録を集積し，個体数が変動している理由をわずかずつでも明確にしていくことが，絶滅しかけている種の保全対策のためにも急務であると感じている。

　おわりに本文を作成するにあたり，浜栄一，増田今雄，花崎秀紀，大塚孝一，井原道夫，丸山潔，福本匡志，四方圭一郎の各氏，松本むしの会のみなさんから様々な情報をいただいている。また，長野県からは資料の提供をいただいた。改めて感謝する次第である。

〔引用文献〕

蛭川憲男 (1978) 開田高原の蝶．開田村教育委員会，開田村．
蛭川憲男 (1983) 木曽谷の蝶．木曽谷の蝶研究会，長野．
井原道夫 (2001) 木曽川流域のクロコノマチョウ．まつむし，91: 93-94.
井原道夫 (2007) 木曽川流域のクロコノマチョウIII．まつむし，96: 24-25.
井原道夫 (2008) 長野県におけるナガサキアゲハ2007年の記録．まつむし，97: 10-11.
井原道夫 (2009a) 木曽川流域のクロコノマチョウIV．まつむし，98: 34-35.
井原道夫 (2009b) 長野県におけるナガサキアゲハ2008年の記録．まつむし，98: 31-33.
井原道夫 (2012a) 木曽川流域のクロコノマチョウV．まつむし，101: 7-9.
井原道夫 (2012b) 長野県におけるナガサキアゲハ2010年の記録．まつむし，101: 10-12.
井原道夫 (2012c) 木曽谷と伊那谷でのハラビロカマキリの記録．まつむし，101: 12.
井原道夫 (2013a) 木曽川流域のクロコノマチョウVI．まつむし，102: 97-98.
井原道夫 (2013b) 長野県南部のムラサキツバメ．まつむし，102: 93-94.
井原道夫 (2014) 長野県のナガサキアゲハ．2011年から2013年の記録．まつむし，103: 52-55.
井原道夫・浜正彦 (2005a) 木曽川流域のクロコノマチョウII．まつむし，94: 23-25.
井原道夫・浜正彦 (2005b) 長野県におけるナガサキアゲハその後．まつむし，94: 38-39.

井原道夫・浜正彦 (2006) 長野県におけるナガサキアゲハ，2005年の記録．まつむし，95: 28-30.
井原道夫・浜正彦 (2007) 長野県におけるナガサキアゲハ2006年の記録．まつむし，96: 26-28.
井原道夫・浜正彦 (2010) 長野県におけるナガサキアゲハ2009年の記録．まつむし，99: 49-52.
井原道夫・仲平淳司 (2010) 長野県飯田市でムラサキツバメが発生．まつむし，99: 52-54.
北原曜 (2008) 長野県伊那市におけるツマグロヒョウモンの越冬．Butterflies (S. fujisanus)，(47): 57-61.
栗岩竜雄・大塚孝一・堀田昌伸 (2015) 長野県軽井沢町における外来生物アカボシゴマダラ（タテハチョウ科）の生息確認．長野県環境保全研究所研究報告，11: 37-40.
丸山潔 (2011) 長野県松本市におけるハラビロカマキリの記録．まつむし，100: 36.
丸山潔 (2013) 中信地区で初のムラサキツバメが発生．まつむし，102: 90-92.
長野県 (2004) 長野県版レッドリスト　無脊椎動物編．長野県．
長野県 (2015) 長野県版レッドリスト　動物編．長野県．
長野市自然保護保全スハマ会 (2007) 松代竹ノ入のオオムラサキ資料．
小野章 (2002) 辰野の蝶．辰野町蝶類談話会，辰野町．
塩原明彦 (2012) ウラギンシジミ成体が松本市内で越冬．まつむし，101: 58.
田中蕃 (1988) 蝶による環境評価の一方法．日本鱗翅学会特別報告，6: 527-566.
田下昌志 (2008) ハラビロカマキリを長野市内で採集．まつむし，97: 44.
田下昌志 (2009a) 長野市におけるツマグロヒョウモンの幼虫の食草と越冬状況．まつむし，99: 7-9.
田下昌志 (2009b) 里山の管理とチョウ群集の多様性．蝶と蛾，60: 52-62.
田下昌志 (2012) 飼育した虫を野外に放すのはよいことか？　北信濃里山通信，8: 1.
田下昌志・福本匡志・丸山潔 (2011) 長野県北部及び東部におけるクロメンガタスズメの記録．まつむし，100: 10-14.
田下昌志・市村敏文 (1997) 標高の変化とチョウ群集による環境評価．環動昆，8: 3-88.
田下昌志・丸山潔・福本匡志・小野寺宏文 (2009) 見つけよう信州の昆虫たち．信濃毎日新聞社，長野．
田下昌志・西尾規孝・丸山潔 (1996) 長野県産チョウ類動態図鑑．文一総合出版，東京．
田下昌志・吉田利男 (2000) ランダムな分布記録を利用したレッドデータブック新カテゴリーに基づく種の選定手法について—長野県のチョウの場合—．昆蟲（ニューシリーズ），3: 1-15.
土田秀実・丸山潔 (2011) 長野県伊那谷北部及び諏訪市・松本市におけるクロメンガタスズメの記録．まつむし，100: 15-16.
山口文男 (1992) 戸隠の蝶（4）．可良古留無，26: 7.

（田下昌志）

II. 各地で何が起こっているのか？

5 静岡県におけるチョウの分布拡大

　静岡県は日本最高峰の富士山を有するとともに，北は南アルプス，南は駿河湾に囲まれた，地勢的にも，また生物的にも大変多様性に富んでいる地域である．土着しているチョウの種数も多く，既に絶滅した種も含めると142種前後で（諏訪，2003にその後の知見を追加）全国有数である．

　本稿では，従来は明らかに本県には生息していなかった種（ナガサキアゲハ *Papilio memnon*，ムラサキツバメ *Arhopala bazalus*，サツマシジミ *Udara albocaerulea*），迷チョウ由来であるが土着の兆しのある種（カバマダラ *Danaus chrysippus*），突発的に個体数が増加した種（ツマグロヒョウモン *Argyreus hyperbius*，クロコノマチョウ *Melanitis phedima*），放チョウに由来する種（アカボシゴマダラ *Hestina assimilis*）の7種について，分布拡大の経緯や生態などについて紹介したい．

　なお，このほかに，本県内における分布の拡大について関心が持たれているものとしてはスギタニルリシジミ *Celastrina sugitanii*，ヤクシマルリシジミ *Acytolepis puspa*，イシガケチョウ *Cyrestis thyodamas* がある．

◼ ナガサキアゲハ

　静岡県では1997年9月，県西部の浜松市の中心部で1♀が目撃されたのが最初の記録で（竹内，1998），続いて同じ年の10月，森町で1♀が採集された（波平，1998）．その後1998年，1999年には採集・目撃の報告がない．2000年になると清水市（現静岡市清水区），静岡市，浜岡町（現御前崎市）からの記録が報告され，飛び離れて伊豆東海岸の伊東市からも見つかっている（高橋，2000b）．2001年になるとさらに分布は広がった（図1）（諏訪，2003）．

　個体数が増加しつつあった2000年代の初めは，東名高速道路などを通行していると，かなり高い空間を風に流されながら飛翔している個体をよく見かけたことから，このようにして分散し分布を拡大していくのではないかと推測される．

[5] 静岡県におけるチョウの分布拡大

図1 静岡県におけるナガサキアゲハの記録地点（1997〜2002）
（本稿の分布図は諏訪，2003を一部変更。以下同じ）

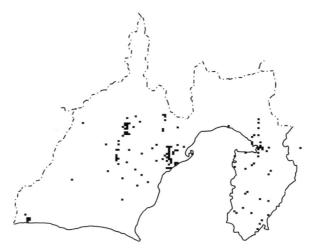

図2 静岡県におけるナガサキアゲハの記録地点（2003〜2015年）

　現在では南アルプスの高山や富士山からは記録がないが，この地域を除く平野部には広く分布を拡大している（図2）。まれに本川根町の標高1500mを超える山の山頂（高橋，2005）や，山梨県の南アルプスの峡谷（標高850m）（諏訪，2001）にも入り込んでいる（図1）。

217

■ Ⅱ．各地で何が起こっているのか？

図3　静岡県におけるムラサキツバメの記録地点（2002年まで）

■ ムラサキツバメ

　西南日本の照葉樹林帯に生息する代表的な種である．本種が静岡県に生息することになろうとは，全く考えていなかった．1998年に静岡県で初めて採集された場所は，意外にも東海道新幹線の静岡駅ホームだった（大北，1998）．筆者も新幹線に乗るたびに注意を払い，また静岡駅前のロータリーには大きなマテバシイの植え込みがあったので，大勢の乗降客が行き交う中，長い柄の捕虫網を持ってこの木の下で待ったことがあったが，全くそれらしきものを見ることはなかった．

　浜松市の中田島海岸にはマテバシイがたくさん植えられていることに目を付けた鈴木英文さんは，2000年に成虫を目撃するとともに，幼虫をいくつか採集することに成功した（鈴木，2001）．本種の成虫を野外で見ることは少なく，成虫の調査では分布調査の能率は上がらない．しかし9月にマテバシイの新芽が多く出て，これに幼虫が葉を巻いた特徴ある食痕を作っているのを探すようになって，飛躍的に調査能率は向上した．街路樹，公園，工場の周囲などに植えられたマテバシイに多く発生している．2000年までに発見されたのは上記2市に加えて藤枝市（入交，2002）と島田市（山下，2001）の4市にとどまっていたが，2001年になると伊豆半島を含め県下ほとんどの地域に拡大し（図3），現在でも安定して発生している．

5 静岡県におけるチョウの分布拡大

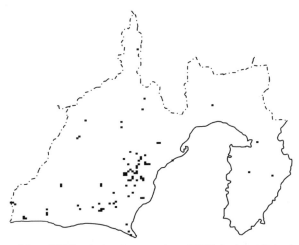

図4　静岡県におけるサツマシジミの記録地点（2015年まで）

サツマシジミ

西南日本に限って分布し，照葉樹林帯に生息する美しいシジミチョウである。

1988年7月，静岡市の北部，およそ標高1600mの山地で1♂が静岡県で初めて福井順治さんにより採集され（福井，1989），同好者を驚かせた。それからちょうど10年後の1998年，最初の個体の採集地に比較的近い，やはり標高1500m程度の山地で2頭目の雄が採集された（高橋，2000a）。これらは恐らく風などによって西に位置する他県から運ばれ，偶然採集された個体であろうと考えられていた。

ところが，2番目の採集から7年後の2005年12月，御前崎市において1♀が袴田和広さんにより採集され（袴田，2006），翌年（2006年）5月にも藤枝市で採集された（小澤，2006）。これらの個体は第1化と見られ，土着の気配をうかがわせた。これを機会に詳しい調査が2007年から始まり，藤枝市を主体に県西部から多くの産地が明らかにされた。5月中旬にはサンゴジュの蕾に産卵しているところが観察され（袴田，2009），6月には幼虫もサンゴジュから採集され（諏訪，2008），土着はほぼ確実となった。意外にも，藤枝市に隣接する静岡市からは記録が少ない。2008年には，飛び離れて富士市（諏訪，2009）や伊豆半島（篠嶋，2008）からも報告された（図4）。

図5は2008年及び2009年に採集・目撃され，静岡昆虫同好会の会誌「駿

■ Ⅱ.各地で何が起こっているのか？

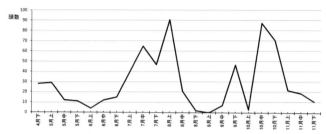

図5 静岡県におけるサツマシジミの月別記録個体数（2008年と2009年の合計）（駿河の昆虫より作成）

河の昆虫」に発表された個体数の推移をまとめたものである。成虫は4月下旬から出始め，11月下旬まで見られた。4月下旬に羽化した成虫は5月中旬にサンゴジュの蕾に産卵し，平地では6月中旬から第2化が出る。第1化の雌は産卵する食樹を求めて拡散し，その一部は標高の高い山地にも及ぶ。ここで産卵された場合には発生が少し遅れて，羽化は7月上旬となる。静岡県内最初の個体と2番目の個体は，この世代のものと思われる。第1化は平地ではサンゴジュに産卵するが，山地に拡散した個体の食樹は不明である。第2化の成虫はミミズバイに産卵し（袴田，2009），8月上旬が第3化のピークとなる。9月中旬に小さな発生の山（第4化）があり，10月中旬から11月（第5化）までが年間を通して個体数の最も多い時期となる。残念なことに第1化，4化，5化の食樹がまだわかっていない。

■ カバマダラ

静岡県における最も古い記録は，水窪町における1965年である（福田，1966）。その後，1970年に浜北市（高橋，1971），1973年に大東町（福井，1980），1974年に清水市（坂神，1977），1983年に静岡市（大川，1984）で記録があり，これらはすべて県中西部であった。1997年には，やはり県西部の遠州灘に面した地域で採集され始めた（入交・山野，2002）。主に耕作地や休耕地の周辺に繁茂するガガイモを食草とし，わずかにあるトウワタやフウセントウワタも利用していた。その後，県中部や東部でも発見され，2003年には静岡市清水区三保（永井，2003），2006年には伊豆半島北部の函南町（加須屋，2005）などからも記録されている（図6）。

2010年には，浜松市の三方原町や西山町を中心とする地域で突然大発生した（菊地，2012）。浜松地方の農家では各種の切り花用の花を栽培してい

5 静岡県におけるチョウの分布拡大

図6　静岡県におけるカバマダラの記録地点（2015年まで）

るが，フウセントウワタもその一つであった。露地でかなりの面積を栽培し，冬季の寒さ除けなどのためビニールハウス内でも栽培している。これを，迷蝶として飛来した本種が利用したと思われる。栽培を放棄されたハウスは部分的に破損して，自由にハウス内に成虫が入ることができるようになった。本種は南方系の種であり寒さには弱く遠州地方の野外での越冬は難しい状況である。しかし壊れたハウスといえども冬の西風を防ぎ，霜や低温からチョウを守ることができたのであろう。野外はもとより，放棄されたハウス内でも多数の個体が羽化し，蝶吹雪さながらであった（図7）。野外の個体も含めて，一説には1万頭を超えているだろうとも言われた。ここで発生した母蝶はハウスから飛び出し，各方面に飛び広がったに違いない。

　2015年現在では浜松市の大発生は，フウセントウワタの栽培の縮小やハウスの撤去などで終息しているが，県中西部では吉田町（山下，2015）などフウセントウワタあるいはトウワタのあるところでは散発的に発生している。

■ツマグロヒョウモン

　「駿河の昆虫」に報告された記録をたどると，1948年の静岡市が初めての記録で（高橋，1953），1992年までの45年間のうち，最も多かったのは1965年の17頭で，ほとんどの年が1年に1，2頭となっている（図8）。全

II. 各地で何が起こっているのか？

図7　カバマダラの大発生状況（2010年9月，浜松市，山下孝道氏撮影）

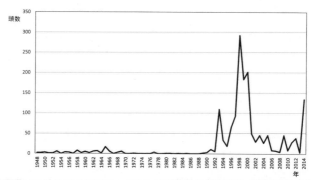

図8　静岡県におけるツマグロヒョウモンの個体数の年次変化（駿河の昆虫より作成）

く記録がなかった年も45年間のうちで17回あった。静岡県ではこの当時，丘陵地の山頂などにおいて上記のようにまれにしか採集されず，特に雌が美しいヒョウモンチョウであるため，同好者にとって垂涎の的であった（図9）。

しかし，1991年になって本川根町（現川根本町）（山下，1992），下田市（土屋，1999），清水市（現静岡市清水区）（菊地，1994）で合計10余頭が確認され，その後の大発生の予兆となった。1993年になり，突如静岡市安倍川の下流域で多くの発生が始まり（諏訪，2003），その後静岡市内では分布を拡大していった。この拡大のスピードもそれほど早いものではなく，藤枝市，富士市，浜松市において急激に増加したのは1998，1999年になってからであった（図10）。

5 静岡県におけるチョウの分布拡大

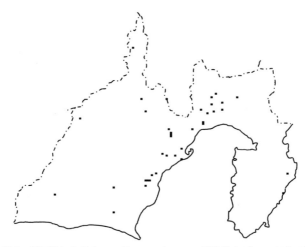

図9 静岡県におけるツマグロヒョウモンの記録地点（1969年まで）

図10 静岡県におけるツマグロヒョウモンの記録地点（2003～2015年）

これまでにも南アルプスの東岳のような3000mを超える標高の高い場所でも記録されてはいるが（高橋，1963），このような個体は本種の習性でたまたま山頂に登ってきたものであり，古くから山間地に定着していたとはいえないが，最近では静岡市北部の標高1500mの山地や南アルプスの峡谷（標高1400m）にまで確実に入り込んでいる（宇式，2006）。

223

■ Ⅱ．各地で何が起こっているのか？

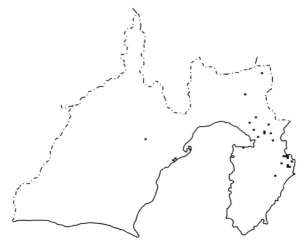

図11　静岡県におけるアカボシゴマダラの記録地点（2015年まで）

▌アカボシゴマダラ

　静岡県で最初の記録は2008年の静岡市駿河区大谷で（池谷，2008），2011年になって伊東市（谷川，2011））や函南町（深澤，2013）でも発見された。静岡市においては，2010年に再び大谷で（竹林，2010），2013年には山間部に入った葵区一色（土屋，2014）で発見されている。最初の発見地の静岡市駿河区大谷周辺では，現在でもごくまれに目撃することがある程度で，分布拡大のスピードと個体数の増加は関東と比べて遅いようである。静岡市より西の地域からはまだ発見されていない。東部の伊東市には個体数も多く，確実に定着しており（森田，2012），伊豆半島北部の伊豆の国市からの記録も多い（土屋，2015）（図11）。

　本種のこの亜種はもともと日本に生息していた種ではない（白水，2006）。外来種として，あるいは放蝶された後にどのように拡大してゆくかに興味がもたれ，継続的な調査が必要であろう。静岡市では放蝶されたという情報は全くないが，伊豆の国市の一部では放蝶されたことは確実であり，富士市における記録（諏訪，未発表）もその可能性が高い。ただ放蝶された年は明確ではないものの，放蝶されてから発見された2011年までにやや期間がたっているようで，放蝶個体あるいは次世代は定着せず，別の場所からの自然な分布拡大であったことも十分考えられる。

5 静岡県におけるチョウの分布拡大

クロコノマチョウ

　1955年，静岡県の中・西部地域で突如多くのクロコノマチョウが採集され始めた。筆者が中学1年生であった1955年8月6日，旧安倍郡清沢村（現静岡市葵区）のクヌギ林で夏型1♂を採集した（諏訪，1956）。この時には種名も正確にはわからなかった。9月になって静岡市の平野部の周囲にある寺や神社の森から虫好きの中学生たちによって続々と採集された。大発生の始まりだった。

　「駿河の昆虫」に発表された記録を見ると，静岡県における本種の最も早い記録は1952年8月に金谷町（現島田市）（紅林，1954）で，続いて1954年9月に旧藤枝市（北條，1957），同年10月と11月に掛川市（山崎，1955）で採集されている。1954年までに採集された個体数はこの4頭である。当時，静岡県では本種は珍しかったにもかかわらず，あまり話題に上ることはなかった。しかし1955年になると各地からの記録が報告されるようになり，採集された市町は早い順に，本川根町（岡野，1955），水窪町（鈴木，1963），静岡市（諏訪，1956），天竜市（山崎，1956a），清水市（池田・中村，1956），袋井市（山崎，1956b），榛原町（坂本，1956），菊川町（山崎，1956b）の8市町（いずれも旧市町名）であった。これらはすべて県中部及び西部からの記録で，東部からはこの頃には発見されていなかった。伊豆半島から記録されたのは南伊豆町の1957年（高橋，1958）が最初で，その後河津町で1960年（高橋，1961）伊東市でも同年（高橋，1961）に記録された。1955年から1960年までの高橋真弓さんの調査では，ごく一部の地域でしか発見されず，この頃にはまだ分布の拡大が伊豆半島の全域には及んでいなかった（図12）。

　1955年に突然珍しいチョウが大発生したことから，昆虫に興味のあった中学生たちは，この大発生の状況をくまなく調べるため，5万分の1の地形図の神社や寺院の記号すべてにマークを付け，それらの場所すべてを訪れて，競って記録を出そうとした。1955年に採集され，「駿河の昆虫」に発表された個体数を旧静岡市に限って件数を集計してみると82件，およそ200頭と爆発的な発生であったことがうかがえる。

　また，図13は1952年から2014年までの63年間に「駿河の昆虫」に発表

Ⅱ. 各地で何が起こっているのか？

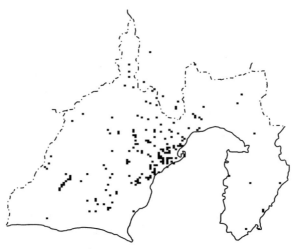

図 12 静岡県におけるクロコノマチョウの記録地点（1969 年まで）

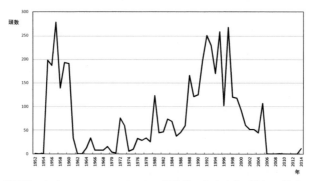

図 13 静岡県におけるクロコノマチョウの個体数の年次変化（駿河の昆虫より作成）

された採集あるいは目撃個体数の推移を示したものである。この 1955 年からの大発生は 1960 年ごろまで 6 年間ほど続いたが，その後急速に個体数が減少した。ある程度記録が出ると調査回数がどうしても減ることや，当時中学生であった虫好き少年も受験勉強や，大学への進学で静岡を離れたことなどにより調査回数が少なくなったことが，自然界の状況よりも極端に減少する方向に偏って示されていることは否めない。しかし 1970 年代には多少の増減はあるもののそれほど多くの記録がなかったことから，やはり野外で確実に減少していたことは間違いないであろう（図 14）（諏訪，2003）。

5 静岡県におけるチョウの分布拡大

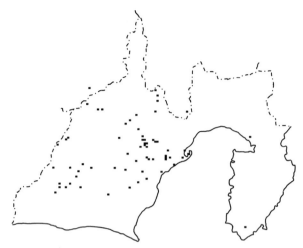

図14 静岡県におけるクロコノマチョウの記録地点（1970〜1979年）

　1980年ごろから再び増加の兆しが見え始めた。静岡昆虫同好会では1980年から旧静岡市と旧清水市の神社，寺院の数か所を定点として決め，これを毎年11月3日に10人ほどで調査することとした。この定点調査は2001年まで継続された。この結果を見ると，1980年ころから始まったと思われる第2期の増加は，1998年ごろをピークとして20年近く続き（図15，16）その後，減少傾向となった。

　最近は組織だった調査を行っていないことや，野外に採集に出かけた際に目撃，あるいは採集しても投稿しないことが多いと思われることから，実態はわからないのが実情である。ただ第1期，第2期の時のような大発生はしていないように思える。

　1962年から1978年までのおよそ20年間の減少期を経た後の，1980年ごろに増加したことを考えると，今後2020年ごろに再び大発生するかもしれない。

まとめ

　本稿では，主として南方系の7種について分布拡大の経緯や生態について述べた。元来生息していなかったチョウが，何らかの要因で増えることは，チョウの愛好家にとっては楽しいことではあるが，一方で気候温暖化などに

■ Ⅱ. 各地で何が起こっているのか？

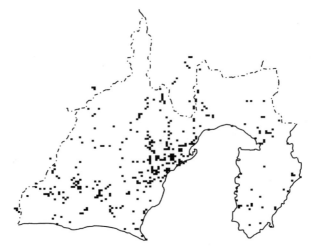

図15 静岡県におけるクロコノマチョウの記録地点（1980 〜 1989 年）

図16 静岡県におけるクロコノマチョウの記録地点（1990 〜 2002 年）

よって在来種の分布が縮小している可能性があることも気に留めておかなければいけない。

　なお，今回の執筆のもととなったデータは，静岡昆虫同好会会誌「駿河の昆虫」に発表されたものに基づいている。同誌は 1953 年に創刊され今年で

63年になり，この間，会員の方々が継続して，精力的に野外で調査し，その成果を発表した記録の集積があったからこそまとめることができたことを記しておきたい。

謝辞

今回の執筆にあたり，高橋真弓氏には総合的にアドバイスをいただいた。各種の分布拡大初期の発生状況について，池谷正氏，鈴木英文氏にご教示いただいた。また，山下孝道氏には貴重な写真をご提供いただいた。これらの皆様に心から感謝申し上げる。

〔引用文献〕

深澤政晶 (2013) 函南町のアカボシゴマダラ．駿河の昆虫，243: 6683-6684.
福田安男 (1966) 水窪町のカバマダラとクジャクチョウの記録．駿河の昆虫，55: 1528.
福井順治 (1980) 小笠郡の蝶類．駿河の昆虫，109: 3221-3226.
福井順治 (1989) 静岡県民の森でサツマシジミを採集．駿河の昆虫，145: 4181.
袴田和広 (2006) 御前崎市でサツマシジミ．駿河の昆虫，213: 5923.
袴田和広 (2009) 2008年静岡県中西部におけるサツマシジミの記録．駿河の昆虫，225: 6243-6244.
北條篤史 (1957) 静岡商業高校の注目すべき蝶類標本．駿河の昆虫，17: 449.
池田勝義・中村計夫 (1956) 清水市山原のクロコノマチョウについて．駿河の昆虫，13: 342.
池谷正 (2008) 静岡市大谷でアカボシゴマダラの幼虫多数確認．駿河の昆虫，223: 6201.
入交修 (2002) 1999年におけるムラサキツバメの記録．駿河の昆虫，197: 5518.
入交修・山野裕忠 (2002) 静岡県遠州灘にて初めて発生が確認されたカバマダラの記録．駿河の昆虫，197: 5511-5513.
加須屋真 (2005) 田方郡函南町上沢でカバマダラを採集．駿河の昆虫，212: 5897.
菊地泰雄 (1994) 清水折戸でツマグロヒョウモン採集．駿河の昆虫，165: 4699.
菊地泰雄 (2012) 2010年に浜松市内3区で発生したカバマダラの記録．駿河の昆虫，238: 6557-6558.
紅林良治 (1954) 金谷地方で採集された蝶2, 3種．駿河の昆虫，5: 96-97.
森田東 (2012) 伊豆半島東部のアカボシゴマダラ．駿河の昆虫，240: 6613-6616.
永井彰 (2003) カバマダラを三保で採集．駿河の昆虫，204: 5698.
波平和也 (1998) 周智郡森町でナガサキアゲハを採集．駿河の昆虫，181: 5072.
岡野義治 (1955) 1955年大井川支流寸又川の蝶．駿河の昆虫，12: 310.
大川義一 (1984) 静岡市内でカバマダラを見ました．駿河の昆虫，125: 3655.
大北一夫 (1998) 静岡駅でムラサキツバメを採集．駿河の昆虫，184: 5159.
小澤資朗 (2006) 藤枝市でサツマシジミ採集．駿河の昆虫，215: 5982.
坂神泰輔 (1977) 清水市興津の偶産蝶．駿河の昆虫，96: 2833.
坂本雄一 (1956) 榛原南部のクロコノマチョウについて．駿河の昆虫，13: 341.
篠嶋正彰 (2008) サツマシジミが伊豆地方に進出!! 駿河の昆虫，224: 6227-6228.

II. 各地で何が起こっているのか？

白水隆 (2006) 日本産蝶類標準図鑑．学習研究社，東京．
諏訪哲夫 (1956) 藁科川上流でクロコノマチョウを採る．駿河の昆虫，13: 342.
諏訪哲夫 (2001) 南アルプスの渓谷，奈良田にもナガサキアゲハが飛ぶ．駿河の昆虫，195: 5458.
諏訪哲夫 (2003) 静岡県の蝶類分布目録 駿河の昆虫編．静岡昆虫同好会，静岡市．
諏訪哲夫 (2008) 2008年サツマシジミの記録．駿河の昆虫，223: 6194-6195.
諏訪哲夫 (2009) 富士市大渕でもサツマシジミ採集される．駿河の昆虫，228: 6318.
鈴木英文 (2001) 中田島公園にてムラサキツバメの幼虫を採集．駿河の昆虫，194: 5442-5443.
鈴木芳人 (1963) 北遠水窪町の蝶類資料．駿河の昆虫，44: 1196-1197.
高橋昭 (1971) 1970年9月静岡県浜北市・天龍市の蝶．駿河の昆虫，73: 2144-2145.
高橋真弓 (1953) 井川村南部の蝶類資料．駿河の昆虫，4: 63.
高橋真弓 (1958) 伊豆半島海岸線のクロコノマチョウ調査．駿河の昆虫，21: 547-548.
高橋真弓 (1961) 1960年伊豆半島のクロコノマとウスイロコノマ．駿河の昆虫，33: 868-871.
高橋真弓 (1963) 大井川水源地方蝶類分布調査報告（第10報）．駿河の昆虫，44: 1189-1193.
高橋真弓 (2000a) 梅ヶ島地蔵峠7月上旬の蝶類（サツマシジミなどの記録）．駿河の昆虫，190: 5347.
高橋真弓 (2000b) 2000年静岡県におけるナガサキアゲハの採集・目撃記録．駿河の昆虫，192: 5375-5376.
高橋真弓 (2005) 2005年静岡市などにおけるナガサキアゲハの記録．駿河の昆虫，212: 5880.
竹林大介 (2010) 静岡市駿河区大谷でのアカボシゴマダラの採集記録．駿河の昆虫，232: 6415-6416.
竹内克弥 (1998) 浜松市でナガサキアゲハを目撃．駿河の昆虫，182: 5118.
谷川久雄 (2011) 伊東市内でアカボシゴマダラを目撃．駿河の昆虫，236: 6520-6521.
土屋忠男 (1999) 下田市加増野のツマグロヒョウモンの記録．駿河の昆虫，188: 5280.
土屋忠男 (2014) 静岡市葵区山間部でアカボシゴマダラを目撃．駿河の昆虫，245: 6748.
土屋忠男 (2015) 伊豆の国市におけるアカボシゴマダラの分布と飼育3例．駿河の昆虫，252: 6908-6910.
宇式和輝 (2006) 大井川源流域・二軒小屋地域の蝶［Ⅰ・2000年］．駿河の昆虫，216: 5983-5993.
山下健 (1992) 本川根町でツマグロヒョウモンを採集・目撃．駿河の昆虫，157: 4483.
山下健 (2001) 島田市でムラサキツバメを目撃．駿河の昆虫，196: 5492.
山下健 (2015) 2014年榛原郡南部でカバマダラを採集．駿河の昆虫，252: 6917.
山崎三郎 (1955) 小笠郡のコノマチョウ．駿河の昆虫，10: 272-273.
山崎三郎 (1956a) 光明山のクロコノマチョウについて．駿河の昆虫，13: 339-340.
山崎三郎 (1956b) 小笠郡産のクロコノマチョウ（追加）．駿河の昆虫，13: 340.

（諏訪哲夫）

6 石川県におけるチョウの分布拡大

　石川県は本州のほぼ中央に位置し，日本海に大きく突き出した能登半島がある。海岸部にはタブノキやスダジイ，ヤブツバキなどが見られ，最も高い白山（標高2702m）に登るとブナやダケカンバ，ハイマツなども見られる。年間を通して雨が多く，特に冬の降水量が多いため山間部は豪雪地帯となっている。

　本稿では，このような環境の中で，近年になって本県で繰り返し越冬が可能になった種，近い将来本県に定着すると予想される種，従来から本県に生息し近年観察例が増加している種について，1970～2014年の観察記録を基に現状を紹介する。

■繰り返し越冬が可能になった種

（1）ツマグロヒョウモン *Argyreus hyperbius*

　1970年代と1980年代の観察はともに1例で，10年に一度観察される希少な種だったが，1990年になると1年で6例，1991年には10例に増え，このような状態が1997年まで続いた。1998年になると観察は一挙に112例に増え，1999年には343例と更に増え，2000年には164例と減じたが，その後は10～30例で継続している（表1）。

　観察例が一挙に増えた1998年の秋に初めて発生地が見付かり（松井，1999a），翌年5月にはその内の2か所を含む4か所で成虫の飛翔が観察され（松井，1999b；嵯峨井，1999），以降，成虫は5月から観察されている。越冬幼虫は，2002年3月に民家の庭で初めて観察され（奥，2002），その後しばしば観察されている。

　2000年以降には，一部で見られた大量発生もなくなり，気が付けば飛んでいる程度のチョウになったが，良く観察されるのは公園や庭先の花壇など人為の加わった場所や，本種が好む周辺より高くなった場所だった。しかし，2002年秋には，山林と水田が交互する山辺と草だらけの砂利道のような昔から普通にあった里山で，本種は，オオウラギンスジヒョウモン

II. 各地で何が起こっているのか？

表1　石川県におけるツマグロヒョウモンの月別観察記録

年	3月	4月	5月	6月	7月	8月	9月	10月	11月	12月	計
1978年					1						1
1981年						1					1
1990年						2	3	1			6
1991年				1	2	3	2	2			10
1992年				1		5	2	1			9
1993年				1		2	1	1			5
1994年					3	4	6	4			17
1995年						2	3	3			8
1997年						1	3	2			6
1998年				1	3	18	36	40	14		112
1999年			7	1	14	25	90	175	30	1	343
2000年			6	3	21	44	26	46	16	2	164
2001年			6	1	8	3	10	6			34
2002年	1		1	1	2	3	9	5			22
2003年			1			5	10	4	6	3	29
2004年			1			3	7		1		12
2005年		5	2	2		3	10	9	2		33
2006年		1				1	6	3			11
2007年					1	3	7	1			12
2008年					1	3	3	8	1		16
2009年		5	1			5	10	6			27
2010年				2	4	3	4	3			16
2011年			2			2	2	2			8
2012年				1	2	1	7	3			14
2013年			1	1		1	2	1	5		11
2014年				1	2		2	6			11

※観察記録は，筆者による記録と昆虫関係の雑誌や同好会誌に発表されたものなどをまとめたもので，個体数ではなく観察の回数（か所数）を示している。すなわち，同一日に何個体観察したかは問わず，例えば3か所で観察された場合には3とした。以下，表2〜7の数値も同様。

Argyronome ruslana やミドリヒョウモン *Argynnis paphia* など在来のヒョウモンチョウ類よりも圧倒的に多くの個体数が観察されている（松井，2003）。本種は，自然のバランスが崩れた場所から分布を広げ，序々に自然のバランスが保たれている場所に侵入し，分布を拡大してきたと思われる。

　分布の拡大が進み始めた1992年と1994年に，ツマグロヒョウモンの異種間交尾が確認されている。1992年には，オオウラギンスジヒョウモンと交尾中の雌が観察され（松井，1992），1994年には採集された雌からクモガタヒョウモン *Nephargynnis anadyomene* との雑種と思われる個体が羽化してい

る（松井，1996）。ツマグロヒョウモンの異種間交尾に関する報告は，本県ではこの2例しか知られていない。

(2) ヒメアカタテハ *Vanessa cardui*

70年代，80年代の観察は1年に数例と少なく，主に7月以降に観察されていた。この期間でも，1979年には4月，1989年には5月の観察がそれぞれ1例あり，10年に一度程度は暖かな条件の良い年に越冬できたと思われる。90年代に入ると，観察例は毎年10件程度と増えたが，主に観察されるのはやはり7月以降だった（表2）。

転機が訪れたのは1999年で，4月に越冬後の成虫が観察され（仁平，2000），同年5月と2000年の4月にも成虫が観察され，その後は5月の観察が続いている。

仁平（2000）の観察個体は，スレ具合，汚損度から成虫での越冬と推定されたが，本種には決まった越冬態がなく，それぞれの地域に最も適した発育段階で越冬するとされている（福田ほか，1983）。同時期に本県で越冬するようになったツマグロヒョウモンは，幼虫で越冬したものが5月に羽化していることを考えると，本種も同様に幼虫で越冬し5月に羽化していると思われる。

(3) ヒサマツミドリシジミ *Chrysozephyrus hisamatsuanus*

本県での分布調査は，1978年（井村ほか，1979）から始まり，1989年（井村ほか，1990a），2000年（松井，2002）にも調査されたが発見には至らなかった。この間に，隣接する富山県の観察地は，次第に本県に近づいてきた。1979年に神通川で発見され（井村，1979），1989年には神通川各支流，庄川（井村ほか，1989），1990年には小矢部川支流西大谷川（井村ほか，1990b）で記録され，2000年には小矢部川左岸（三上，2001）と県境まで近づいた（図1）。

本県での初観察は2002年，石川・富山県境の医王山稜線（細沼，2002）であり，以来ここでは継続して観察されている。また，2006年からは金沢市犀川上流で観察（橋場，2006）されるようになり，更に2014年には加賀市大聖寺川上流で観察（三上，2016）されている（図1）。

これまでの調査から，ヒサマツミドリシジミは富山県から本県に分布を拡大したと考えられ，今後も県内で更に分布を拡大することが予想される。

Ⅱ. 各地で何が起こっているのか？

表2　石川県におけるヒメアカタテハの月別観察記録

年	4月	5月	6月	7月	8月	9月	10月	11月	12月	計
1971年			1							1
1972年					1					1
1975年					1					1
1977年						1				1
1978年					1		6	2		9
1979年	1			5						6
1980年				1		1	2			4
1981年						1				1
1982年								1		1
1983年							2			2
1985年						2				2
1986年				1	1					2
1987年					1	1				2
1988年						1				1
1989年		1		1						2
1990年					2	4	5	1		12
1991年				1		3	7	1		12
1992年			1			2	4	7		14
1993年					2	5	1			8
1994年					2	6	6			14
1995年				2			5	1		8
1996年						5	3			8
1997年					3	3	2			8
1998年				2	2	6	10	2		22
1999年	1	2	2			4	26	5		40
2000年	1	2	2	1		1	13	2		22
2001年			3	1		2	6			12
2002年			2		1	6	5			14
2003年			1		3	4	5		1	14
2004年		6	2		3		1		1	13
2005年		5	1			2	7	2		17
2006年		5	4			3	1			13
2007年		6	16		4		2			28
2008年		1	2	1		1	2			7
2009年			3	1	1	2	3			10
2010年			4		1	3				8
2011年			1		1	1	4			7
2012年	1		1		1	1	2			6
2013年		1		1			1			3
2014年		2	1				2			5

6 石川県におけるチョウの分布拡大

図1 ヒサマツミドリシジミの初記録年

■ 近い将来に定着が予想される種

(1) チャバネセセリ *Pelopidas mathias*

　本県では夏以降に飛来するチョウとして知られており，観察されている158例中2例以外は7月以降に観察されている（表3）。
　越冬を思わせる観察には，1993年6月と2012年5月の2例が有り，条件が整った年には越冬できたと思われる。この2例の観察地は，川北町藤蔵河川敷（江口，1995）と能美市宮竹（三輪，2014）で，手取川を挟んで近接しており，今後もこの周辺で観察される可能性が高い。セセリチョウの仲間は注目されにくい種なので，5, 6月には特に注意する必要がある。

II. 各地で何が起こっているのか？

表3 石川県におけるチャバネセセリの月別観察記録

年	5月	6月	7月	8月	9月	10月	11月	計
1972年			1					1
1977年				1				1
1978年			1	4	2	10	2	19
1979年			2		1			3
1980年				1				1
1985年					1			1
1986年					1			1
1990年						5	1	6
1991年					1	2	1	4
1992年			1		3	3	3	10
1993年		1		1	2			4
1994年				1	2	6		9
1995年						5		5
1996年			1		2	1		4
1997年					1			1
1998年			1		1	2		4
1999年					1	12	6	19
2000年			1			4	2	7
2001年					2	3		5
2002年					1	3		4
2003年					2	2		4
2004年				2		1		3
2005年					1	3	2	6
2006年						1		1
2007年			3	1	1	2		7
2008年					1	3		4
2009年				2	8	2		12
2010年				1				1
2012年	1		1	1		2		5
2013年				1		3		4
2014年						2		2

(2) ナガサキアゲハ *Papilio memnon*

隣接する福井県では，1993年に初めて採集され（下野谷，1993），1996年には三方郡三方町（現三方上中郡若狭町）で春型が採集されている（下野谷，2000）。その後の広がりは遅々として進まず，2013年になっても南条郡南越

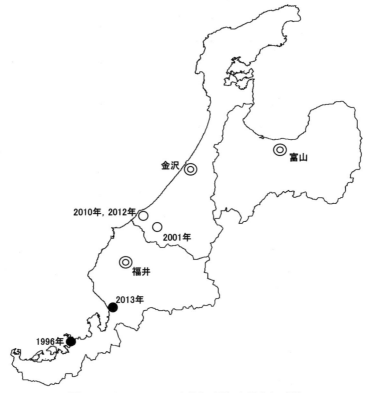

図 2 ナガサキアゲハの定着年 (●) と飛来年 (○)

前町までしか北上せず (木村, 2014), ここが今のところ日本海側の北限と思われる (図 2)。

　本県では, 70〜90 年代の観察は皆無で, 2001 年に福井県に隣接する江沼郡山中町 (現加賀市)」において納谷善雄氏によって 1 ♂が採集されている (北國新聞, 2001 年 6 月 5 日付)。観察は継続しなかったが, 2010 年に 4 例 (納谷, 2010), 2012 年に 1 例 (納谷, 2012) と最近になって加賀市での観察数が増えており (図 2), 今後の北上に注意を要する種である。

(3) ムラサキツバメ *Arhopala bazalus*

　本県では 1992 年に初観察されている (富沢, 1997) が, その後は長期にわたり観察されなかった。

Ⅱ. 各地で何が起こっているのか？

表4 石川県におけるムラサキツバメの月別観察記録

年	6月	7月	8月	9月	10月	計
1992年			1			1
2005年		2	10	7		19
2006年			5	1		6
2009年	1		1		2	4
2012年				1	1	2
2013年			5	1		6
2014年						0

　2005年に，金沢市を含む3市6か所で発生地が見つかった（松井，2006）のを皮切りに，2006年，2009年，2012年，2013年と相次いで観察されている。概ね8月からの観察であり（表4），その年に飛来した成虫が公園や街路樹などのマテバシイに産卵し一時的に発生しているが，越冬できないと思われる。

　しかし，2009年6月23日には金沢市で新鮮な1♂がマテバシイの植え込みの近くで採集されている（澤田，2009）。本種は，越冬した成虫が産卵し，関東地方北部では6月中旬～7月中旬に1回目の成虫数がピークを迎える（小山・井上，2004）ので，この個体も越冬した個体から発生した可能性が高く，条件が整えば越冬の可能性が有ることを示唆している。今後，どのような経緯をたどるのか注目すべき種である。

■観察数が増加している種

(1) エルタテハ *Nymphalis vaualbum*

　観察例は，70年代には1例だったが，80年代に3例，90年代9例，2000年代7例と近年になって増えている（表5）。

　本種は長らく白山の標高2000mを越すお花畑や標高は1000m付近と低いが白山周辺の山々に囲まれた深い渓谷でまれに観察されていた。

　そのチョウが2011年には，これまでの観察地から外れた環境も異なる標高1000m付近の尾根で観察され（松井，2012），その後この周辺では，標高1000m以下の場所での観察が，2013年に2例，2014年に20例と増えている。2013年3月には越冬後の成虫が観察され（矢田，2013），2014年8月，9月には，標高300m付近で複数個体が観察されている（三上，2014）。高山のチョウが低山地に進出したのは，一時的なものなのか，それとも継続するのか，目が離せない興味深い状況にある。

表5 石川県におけるエルタテハの月別観察記録

年	3月	4月	5月	6月	7月	8月	9月	10月	計
1979年						1			1
1980年						1			1
1985年					2				2
1990年					1	2			3
1992年						1			1
1994年					2				2
1996年						1			1
1999年						1	1		2
2000年						3			3
2002年						1			1
2006年					1	1			2
2009年						1			1
2011年						2			2
2012年					1	2	1		4
2013年	1					1			2
2014年				1	10	6	2	1	20

表6 石川県におけるムラサキシジミの月別観察記録

年	3月	4月	5月	6月	7月	8月	9月	10月	計
1983年				2		1			3
1991年				1	1				2
1994年						3			3
1999年							1		1
2000年				1	3	1			5
2002年	1				4	1			6
2003年					2				2
2005年				8	20	5			33
2007年					2				2
2008年					1				1
2009年				1	6	3	1	1	12
2010年					1	2			3
2011年					5	1			6
2013年					1	1			2
2014年									0

(2) ムラサキシジミ *Arhopala japonica*

観察例は，70年代には見つからず，80年代に3例，90年代に6例と増え，2000年代は61例と大きく増えている（表6）。

本県での越冬は確実であると思われるが，越冬後の成虫が観察されたのは2002年3月の1例（浅地哲也氏，私信）しか知られていない。観察数が増

II．各地で何が起こっているのか？

えるのは 6 月からで，この頃から第 1 化の成虫と 2 化の幼虫が観察されるようになり，7 月になると成虫，幼虫ともに観察数が最も多くなる。

(3) ヒメシジミ *Plebejus argus*

本県では，1977 年に初観察され，70 年代に 5 例，80 年代に 6 例，90 年代に 2 例，2000 年代に 2 例とまれに観察されていた（表 7）。

白山周辺の渓流に沿った河原から観察されていたが，このような河原は不安定で，小規模な出水で消失してしまうことから，これまで同じ場所で連年にわたって観察されたことはまれで，渓流から離れた場所で複数個体が観察されたこともほとんどなかった。

ところが 2013 年には，スキー場のゲレンデなど，これまでの観察地とは異なる環境で発見され（松井，2013），スキー場ではゲレンデの最上部から最下部にかけての広い範囲で観察され，裸地を緑化するために外部から持ち込まれたイタチハギからは幼虫が見つかっている（松井，2014）。これまでの観察地とは異なる環境で広く大量に発生していることから，外来種の可能性も否定できず，今後の継続した調査を必要としている種である。

表7　石川県におけるヒメシジミの月別観察記録

年	5月	6月	7月	8月	計
1977年			2		2
1978年			2		2
1979年			1		1
1982年		1			1
1983年	1				1
1984年			3		3
1988年			1		1
1990年		1			1
1993年			1		1
2007年			1		1
2008年			1		1
2011年			1		1
2012年			1	1	2
2013年		2	7		9
2014年	2	8	10	1	21

6 石川県におけるチョウの分布拡大

■おわりに

　本稿をまとめるにあたり，真っ先に思いついたのは，ヒサマツミドリシジミであった．垂涎の的として手の届かないところにいたチョウが，今まさに本県で観察地が増えつつある．考えもしなかったことが現実に起きている．ツマグロヒョウモンにしてもナガサキアゲハにしても，ここまで北上するとは思わなかった．地勢や気象，生態などからその原因を探るためには，まずどのような分布拡大の経過をたどったのかを明らかにすることが必要になってくる．

　スキー場でヒメシジミが大発生しているが，爆発的に増えたのか，それともこうなるまで気付かなかったのか．小さな変化は見逃しやすく，時間の経過とともに大きく変化してから気付くことがある．

　低山地で新鮮なエルタテハが観察されだしたが，一時的なものなのか，継続して新たな変化につながるのか今は分からない．小さな変化は絶えず起きており，その後の展開は予測できない．

　身近な郷土の出来事については，いつの間にか変わってしまったではなく，後から正確な経過をたどれるように，常日頃からよく観察し記録しておきたいと考えている．

謝辞

　本稿をまとめるにあたり，観察記録の集積や，文献収集に御協力いただいた嵯峨井淳郎，井村正行，富沢章，三上秀彦，澤田博，福富宏和，浅野直樹，細沼宏，木村富至，浅地哲也の各氏に感謝申し上げる．

〔引用文献〕

江口元章 (1995) 川北町昆虫目録．川北町史 第 1 巻（自然・生活編）: 843-867，川北町役場，石川県能美郡川北町．

福田晴夫・浜栄一・葛谷健・高橋昭・高橋真弓・田中蕃・田中洋・若林守男・渡辺康之 (1983) 原色日本蝶類生態図鑑 II．保育社，大阪．

橋場清 (2006) 金沢市でヒサマツミドリシジミを採集．とっくりばち，(74): 79.

細沼宏 (2002) 医王山でヒサマツミドリシジミを採集．翔，(158): 1.

井村正行 (1979) 富山県神通川のヒサマツミドリシジミについて．翔，(4): 5.

井村正行・入場登・野中勝・松本和馬 (1979) ヒサマツミドリシジミ探索記．翔，(3): 2.

井村正行・指田春喜・澤田博・中西重雄・野中勝・松井正人 (1989) 富山県に於けるヒ

II．各地で何が起こっているのか？

　　サマツミドリシジミの分布調査（その1）．翔，(81): 1-2.
井村正行・指田春喜・澤田博・中西重雄・野中勝・松井正人 (1990a) 石川県に於ける
　　ヒサマツミドリシジミの分布調査（その1）．翔，(82): 3-4.
井村正行・田中秀夫・野中勝・松井正人 (1990b) 富山県に於けるヒサマツミドリシ
　　ジミの分布調査（その3）．翔，(84): 3-4.
木村富至 (2014) 福井県産蝶類の話題種と分布考察．Butterflies (S. Fujisanus), (64): 4-12.
小山達雄・井上大成 (2004) 関東地方北部におけるムラサキツバメの発生経過．昆虫
　　(NS)，7(4): 143-153.
松井正人 (1992) ツマグロヒョウモン♀とオオウラギンスジヒョウモン♂の自然交尾を
　　観察．翔，(98): 1.
松井正人 (1996) 再びツマグロヒョウモンの雑種が羽化．翔，(121): 1-5.
松井正人 (1999a) 石川県各地でツマグロヒョウモンの幼虫を調査．翔，(136): 19-20.
松井正人 (1999b) 石川県加賀市でツマグロヒョウモン越冬か．翔，(138): 2-3.
松井正人 (2002) ヒサマツミドリシジミ採卵の有力ポイント．翔，(158): 7.
松井正人 (2003) 秋の山里で多数のツマグロヒョウモンを観察．翔，(161): 5-6.
松井正人 (2006) 石川県で発生したムラサキツバメ．翔，(178): 3-9.
松井正人 (2012) 白山市荒谷でエルタテハを採集．翔，(217): 1.
松井正人 (2013) 石川県白山市でヒメシジミ多数を観察．翔，(223): 1.
松井正人 (2014) 石川県白山市でヒメシジミの幼虫を観察．翔，(229): 7-8.
三上秀彦 (2001) 富山県福光町におけるヒサマツミドリシジミの記録．翔，(150): 3.
三上秀彦 (2014) 白山市山間部の2ヶ所でエルタテハを確認．翔，(231): 5-6.
三上秀彦 (2016) 加賀市我谷ダム湖畔でヒサマツミドリシジミを採集．翔，(236): 5.
三輪洋一郎 (2014) 宮竹町周辺のチョウの記録．とっくりばち，(82): 68-70.
納谷善雄 (2010) 加賀市でナガサキアゲハを採集．とっくりばち，(78): 76-77.
納谷善雄 (2012) ナガサキアゲハの採集記録．とっくりばち，(80): 56.
仁平勲 (2000) 北陸地方のヒメアカタテハ―その越冬について―．多摩虫，(37): 47.
奥素八子 (2002) 我が家の庭でツマグロヒョウモンの越冬幼虫を観察．翔，(156): 1.
嵯峨井淳郎 (1999) 金沢における越冬ツマグロヒョウモンの目撃・採集例．翔，(139): 3.
澤田博 (2009) 石川県金沢市でムラサキツバメを採集．翔，(199): 2.
下野谷豊一 (1993) 福井県三方郡三方町で見つかったナガサキアゲハ．福井市自然史博
　　物館研究報告，(40): 90.
下野谷豊一 (2000) ナガサキアゲハの福井県への侵入．昆虫と自然，35(4): 18-22.
富沢章 (1997) 国分五男氏の採集記録から．翔，(124): 1.
矢田新平 (2013) 石川県白山市でエルタテハ越冬個体を採集．翔，(222): 1.

　　　　　　　　　　　　　　　　　　　　　　　　　　　　　（松井正人）

Ⅱ．各地で何が起こっているのか？

7 近畿地方におけるチョウの分布拡大

　チョウの分布は，地球規模の気候温暖化の影響だけでなく，里地里山の管理方法の変更にともなう環境の変化，幼虫の餌となる寄主植物の栽培，他の地域からの人為的なチョウの持ち込みなど，様々な要因の影響を受け，大なり小なり常に変動しているものと考えられる。

　図1は，近畿地方（ここでは，滋賀県，京都府，奈良県，和歌山県，大阪府，兵庫県）におけるチョウの分布拡大のパターンを模式的に示したものである。Aはいわゆる北進であり，南方系のチョウに見られる分布拡大である。Bは南進であり，北方系のチョウの分布拡大である。Cは意図したか否かにかかわらず人為的な理由により近畿地方へ持ち込まれるパターンであり，AやBで見られる移動の方向性やチョウが南方系か北方系かとは無関係である。A～Cにより進入した場所の自然環境がそのチョウの成育に適しており，繁殖可能な場合はそこに定着することが可能になる。A～Cは近畿地方以外から当地方への進入という意味で「畿外」からの進入にともなう分布拡大である。

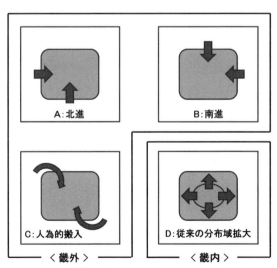

図1　近畿地方のチョウの分布拡大パターン

II. 各地で何が起こっているのか？

　これに対して D は近畿地方のある地域に定着しているチョウが近畿地方の内部で分布を広げるパターン，すなわち「畿内」での分布拡大である。
　本稿では近畿地方において A から D に該当するチョウを列挙し，その中の代表的なチョウについて分布拡大の様相を詳細に眺めることにする。ただし，文献に基づいての考察であるため，概ね 1930 年代以降の現象に限定される。

北進するチョウ（パターン A）

　このパターンにより近畿地方へ分布を広げたのはナガサキアゲハ *Papilio memnon*，モンキアゲハ *Papilio helenus*，ミカドアゲハ *Graphium doson*，アオスジアゲハ *Graphium sarpedon*，ウラナミシジミ *Lampides boeticus*，ヤクシマルリシジミ *Acytolepis puspa*，サツマシジミ *Udara albocaerulea*，イシガケチョウ *Cyrestis thyodamas*，ツマグロヒョウモン *Argyreus hyperbius*，クロコノマチョウ *Melanitis phedima* などである。同じく南方系のチョウであるルリウラナミシジミ *Jamides bochus*，カバマダラ *Danaus chrysippus*，アオタテハモドキ *Junonia orithya*，リュウキュウムラサキ *Hypolimnas bolina*，メスアカムラサキ *Hypolimnas misippus*，ウスイロコノマチョウ *Melanitis leda* などは当地方へ飛来して一時的に発生を繰り返したこともあるが，越冬できないことなどが主な理由となり，次の年に世代をつなげることはできていない。

(1) ナガサキアゲハ

　生理的に耐寒性や休眠性が変化したのではなく，気候の温暖化が北進の原因であることが検証された（吉尾，2002）唯一のチョウである。
　九州地方や更に南の地域を本拠地とする本種は 1945 年に高知県から愛媛県にかけての太平洋沿岸部，1950 年には徳島県から広島湾沿岸部を結ぶ地域にまで達するようになった（日浦，1977）。
　その後，近畿地方へ分布を広げるのであるが，1951 年に淡路島の中央部に位置する津名町志築で 2♀が採集され，1960 年頃には淡路島に定着した。本州で淡路島の対岸にあたる兵庫県西宮市では 1955 年に初記録があり，1958 年までに宝塚市，芦屋市，加古川市など各地で採集され，兵庫県南部の瀬戸内一円から阪神間にかけては 1976 年頃から定着したものと思われる。更に北へ向かい，1982 年には日本海側の兵庫県豊岡市でも観察された（広畑・

近藤，2007）。

　大阪府では北摂山地の豊能郡初谷における1959年の採集が初記録であり（東，1965），その後個体数が増え，北摂地方では1985年頃に定着した。ほぼ同じ頃に京都府へ進み，1990年代になると滋賀県でもよく観察され，彦根市では2000年に初めて記録されて以来，毎年確認されるようになった（布藤，2007）。滋賀県では2000年から2001年にかけて記録が急増し，この頃に定着したと推定されるが，県中南部においては単純な北進ではなく，既に定着していた三重県や福井県の個体群の進入もあったと考えられている（内田，2011）。

　このような淡路島経由による京阪神から滋賀県までの分布拡大ルートとは別に，ナガサキアゲハには和歌山県からの北進ルートも存在する。和歌山県では日高郡での1944年の記録が最初である（田端，1946）。和歌山市では1983年頃に定着したと考えられ，紀ノ川を越えて1984年には那賀郡岩出町に達した（高松，1983，1986）。同じ1984年には大阪府泉佐野市土丸でも採集されている（蓑原茂氏，私信）。1985年には大阪府東大阪市の生駒山西麓で観察され，同所では1990年代前半から定着した（宇山，2004）。なお，大阪府南部における公表された最初の記録として堺市浜寺における1977年の1♀があるが（山本，1977），恐らく偶産であろう。奈良県では1994年に橿原市で初記録があり，1995年には高市郡明日香村で多数の個体が採集され（吉尾，1995），奈良県にはこの頃定着したと推測される。奈良県へのナガサキアゲハの進入は紀伊半島南部からの直線的な北進ではなく，紀伊水道沿岸部を経て和歌山市から大阪府へ進入し，山沿いを北進した後に大阪府と奈良県との境界に横たわる山なみを越えて東進したと考えられる。ナガサキアゲハ北進の淡路島ルートと和歌山県ルートを図2に示す。

(2) ヤクシマルリシジミ

　本種は大阪府中部や淡路島を最前線として現在北進中である。

　和歌山県では三重県境の新宮市から紀伊水道の海岸線沿いに分布し，御坊市では1964年に初めて報告された（乾風，1964）。有田市付近から和歌山市にかけての地域では1983年秋季に多数発生し，1990年には和泉山脈南麓の那賀郡岩出町でも採集記録が見られる（高松，1991）。友ヶ島に近い和歌山

Ⅱ．各地で何が起こっているのか？

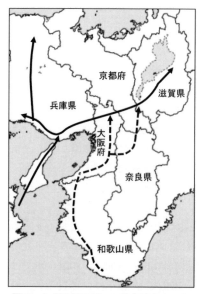

図2 ナガサキアゲハの分布拡大ルート
淡路島経由（実線）と和歌山県経由（破線）のルートを示す。

市加太とその周辺では1988年に，大阪府初記録として卵や幼虫が確認された泉南郡岬町では1989年にそれぞれ記録された（小野，1989，1990）。大阪湾岸沿いでは泉南市男里で1999年に観察されたが（山本，1999），こより北は関西空港や臨海工業地帯など本種に適した環境ではなく，その後は内陸部，あるいは山間部で散見されるようになった（成山，2000）。河村（2007）による大阪狭山市池之原が現在の北限であろう。

淡路島では南淡町での1972年の記録（堀田，1974）以降は途絶えていたが，1993年に洲本市と沼島（淡路島の南約5kmの小島）で卵や幼虫が確認された（松野・小野，1994）。近年は淡路島の北端，淡路市岩屋まで達しているが，対岸の神戸市には到達していない（小野克己氏・谷本祥二氏，私信）。

なお，淡路島へは徳島県からの北進ルートも考えられる。徳島県東部の海岸では1995年時点で阿南市椿泊まで確認されたが，予想以上に分布は希薄で（松野・小野，1996），淡路島へは徳島県からではなく，和歌山市から紀伊水道を経たルートで到達した可能性を否定できない（図3）。

(3) その他のチョウ

サツマシジミは和歌山県最南部では定着しており年によっては多産するが，近畿地方全体でみると観察地点はまばらであり，定着している所は少ない。和歌山県では田辺市以南で1988年までに定着していたが，紀北地方で発見されるようになったのは1995年以降であり（的場，2008），和歌山市での定着は疑問である。大阪府では東大阪市の額田山で1994年以降少数ながら毎年のように観察され（宇山，2004），現在では定着しているとみなされ

7 近畿地方におけるチョウの分布拡大

ている（宇山喜士氏，私信）。北摂山地の妙見山山頂で複数個体が採集される（桑田，1995）など，山頂への飛来習性があり，ヤクシマルリシジミと異なり観察地点は地理的な連続性に欠ける。兵庫県では西宮市，芦屋市，神戸市，加古川市，洲本市などで2000年以降の記録が増えたものの定着しているかは不明である（広畑・近藤，2007）。奈良県，京都府，滋賀県でもわずかな記録のみである。

図3 ヤクシマルリシジミの分布拡大ルート

クロコノマチョウは1950年代には近畿地方の各地で観察されていたが，静岡県でもほぼ同時期の1955年から分布域と個体数の増加が見られた（福田ほか，1984）。このことから明らかなように，本種の分布拡大は南から北への単純なものではない。兵庫県では1951年の神戸市有馬温泉での記録が最初であるが，その後の20年間で神戸市や姫路市のほかに県中部に位置する朝来市生野町や養父市大屋町で観察されている（広畑・近藤，2007）。大阪府では北摂山地の箕面で1934年に記録され（田中，1947），1950年には「少ないながらも箕面では採集される」と報告されている（中辻，1950）。その後は1955～1957年に大阪南部の河内長野市天見での記録が多くなる（松井，1958）。滋賀県では1950年7月に県中部の近江八幡市から初記録があり，同年8～9月には大津市から記録され，1952～1956年には鈴鹿山脈に近い神埼郡永源寺町で21頭が観察された（内田，2011）。

イシガケチョウも兵庫県では1936年（加地，1940），大阪府では1929年（戸沢，1930）に初記録されるなど，古くから近畿地方へ進入していた。しかし，観察地点は不連続であり，単純な北進ではなさそうである。本種についての広島県と島根県における1985年前後における分布拡大に関して渡辺（1992）は，分布周縁部においてなんらかの要因で永続的な点状分布をつくり，また時に個体数バーストを起こす場合があり，非線形的に分布域の拡大を起

■ Ⅱ．各地で何が起こっているのか？

こす性質が強いチョウなのかも知れないとし，和歌山県の海浜部から大阪南部方面では恐らく1950年前後に個体数のバーストがあり，これにより現在にいたるまで広範囲に分布している可能性を述べた．難波（1994）は，越冬母蝶が岡山県南部から県中央部まで移動し，そこで発生した第1化成虫が寄主植物を求めて県北部までの約30kmを飛翔することを示した．近畿地方でも同様の生態があてはまるのであれば，これが単純な北進にならない理由だと考えられる．クロコノマチョウも同様に長距離移動を行っているのかも知れない．

モンキアゲハは大阪府では1930年代には珍しいチョウの一種であり，「生駒，葛城，金剛，六甲等では見たことがない．」との報告がある（大垣，1935）．また，ツマグロヒョウモンについて，兵庫県では1970年当時はまだ夏季以降にしか見られない珍しい蝶であり，1980年代に個体数が増え，県内に広く定着した（広畑・近藤，2007）．今日では最普通種ともいえるこれらのチョウも，近畿地方に進入し，分布拡大してから半世紀程度しか経っていないのである．

■ 南進するチョウ（パターンB）

近畿地方よりも北に分布域をもつタテハチョウ科の数種類が当地方で記録されている．例えば，クジャクチョウ *Inachis io*，キベリタテハ *Nymphalis antiopa*，エルタテハ *Nymphalis vaualbum* などであるが，これらはいずれも一過性の記録であり，継続発生につながっていない．

シータテハ *Polygonia c-album* に関する近畿地方各地からの古い記録は少なくない．一部は北方面からの季節性で一過性の移動個体に基づく記録に違いないが，大阪府南部の岩湧山（川本，1954）や和歌山県各地（的場，1997）ではこれらの地域個体群に由来すると考えられる記録である．しかし，これらの南進とは無関係の個体群は既に絶滅した（矢後ほか編，2016；和歌山県，2012）．

近畿地方で最も東北部に位置する滋賀県伊吹山周辺に生息するムモンアカシジミ *Shirozua jonasi*，オオミスジ *Neptis alwina*，キバネセセリ *Burara aquilina* の主たる分布域は滋賀県より北方にあるが，南進により同山へ分布

248

を拡大したとのデータは見当たらない。

　このように，近畿地方には南進により分布を拡大したチョウは認められない。

■ 人為的に持ち込まれたチョウ（パターンC）

　近畿地方ではホソオチョウ *Sericinus montela*，ムラサキツバメ *Arhopala bazalus*，クロマダラソテツシジミ *Chilades pandava*，クロセセリ *Notocrypta curvifascia* がこの範疇に属する。

　クロマダラソテツシジミについては，後述のように，近年日本で記録されるようになり，南方からの進入によるパターンAのチョウと考えられるが，近畿地方ではソテツの苗木に付いて運ばれてきた可能性が高いことからこの項にて記述する。

　当地方におけるクロマダラソテツシジミとクロセセリの突然の出現は多数の同好者の注目を集め，詳細に調査された結果，分布拡大ルートをトレースできる貴重なデータが得られた。そこで，この2種について詳述する。

(1) クロマダラソテツシジミ

　本種は南アジアから東南アジアに広く分布し，日本では1992年に沖縄本島で最初に発見されたが（三橋，1992），一時的な発生であった。石垣島や西表島で継続して発生を繰り返すようになったのは2006年以降であり，2007年には石垣島から琉球弧を北進して九州本土でも発生が確認された（福田，2008）。そして，この年の9月に九州より北では初めての記録が兵庫県宝塚市から報告され（中川，2008），その後，伊丹市や大阪府池田市，豊中市などでも観察された（酒井ほか，2008）。翌年も発生するか否かに注目が集まるなか，7月3日に京都市伏見区で1♀が記録され（室田，2009），次いで7月30日に大阪府吹田市で確認された（長谷，2008）。その後は近畿地方の北部を除き本種の発生に関する報告が相次ぎ，近畿地方の全ての府や県への分布拡大が確認された。しかし，2009年以降は急速に終息に向かい，2013年は兵庫県芦屋市における1♂（岸本，2014）及び和歌山県有田郡有田川町の1♀（吉村，2013）のみとなり，2014年は大阪府吹田市の1♂（長谷，2014）が唯一の記録であり，2015年は記録されなかった。ところが，大阪

■ II．各地で何が起こっているのか？

　昆虫同好会のメーリングリストによると，2016年は9月上旬現在において少なからぬ個体が和歌山県，大阪府，兵庫県から観察されている。
　なお，本種が2007年に多数発生した兵庫県宝塚市や伊丹市周辺には造園業者が多く，奄美大島などから運ばれたソテツの苗木に付いて本種が持ち込まれた可能性は十分にあり得る（平井，2009）。一方，2008年の発生については，2007年の分布地からの発生，または2007年の冬季に越冬できる地域まで一旦後退し，2008年に再び近畿地方へ北進した後に発生したと推定される。
　平井（2009）は2007年と2008年に本種が発生した広い地域を対象にして分布拡大を詳細に報告した。本稿はそれとの重複を避けるため，近畿地方の2008年の記録に限定して振り返ることにする。
　大阪府の大和川以北で本種は府最北部の豊能郡能勢町以外の全ての行政区で観察され，また，大阪市の24区全てにおいて発生が確認された（山本治，2009）。
　滋賀県の記録は大津市南部に集中しているが，琵琶湖西岸では大津市大物で発見され，ここが北限となった。琵琶湖南部では大津市以外に草津市でも記録があり，琵琶湖東岸では近江八幡市北の荘が北限である（山本毅也，2009）。
　兵庫県では兵庫昆虫同好会による調査の結果，分布拡大に関して次のように報告された（森地，2009）。
　県内では最も早く8月5日に西宮市から2♂が報告されたが，この時点で既に同市では六甲山麓から大阪湾近辺までのほぼ全域で発生しており，同時期（8月7日）に宝塚市からも成虫が観察された。その後，日を追って分布は西方面へ拡大した（図4）。各地の初観察時期は，全区で発生が確認された神戸市は8月中旬，明石市は9月上旬，姫路市は9月下旬，そして岡山県境に接する赤穂市は10月中旬であった。この年は岡山県玉名市，香川県高松市及び小豆島でも本種が発生していたため，兵庫県西部においてはこれらの地域から東進してきた個体群と混ざり合っていた可能性を否定できない。淡路島では9月下旬に観察されたが，発生地域（北淡町，一宮町，津名町）は神戸市に近い北部地域に限られており，対岸からの飛来によることを示している。北方面では六甲山を越えて三田市や西宮市北六甲台及び同市山口町でも10月上旬に記録され，内陸山間部まで分布を拡大した。しかし，更に

[7] 近畿地方におけるチョウの分布拡大

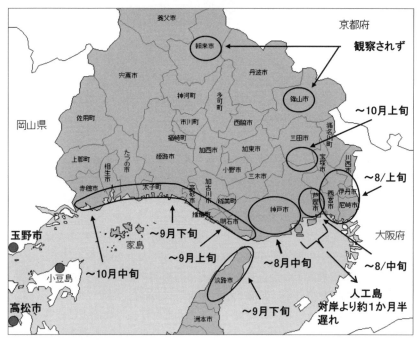

図4　兵庫県におけるクロマダラソテツシジミの分布拡大時期（2008年）
人工島は西宮市西宮浜,神戸市六甲アイランド,麻耶埠頭,ポートアイランド,神戸空港島を示す。

北部の篠山市や朝来市では調査されたが確認されていない。

　西宮市や神戸市の大阪湾には人工島があり，これら人工島と対岸地帯の初観察時期が比較された。人工島である西宮市西宮浜，神戸市の六甲アイランド，摩耶埠頭，ポートアイランドではそれぞれの対岸地帯に比較して初観察時期は約1か月半遅れており，神戸空港島ではポートアイランドよりも更に2週間遅延した。また，淡路島においても対岸の神戸市より初観察時期は3週間遅れていた。対岸から1～4km程度しか隔てていない島ではあるが，移動に長期間を要したことになる。このことは，次に述べるクロセセリの分布拡大と関連して，これらの人工島や淡路島が対岸の南側に位置していることと関係があるのではないかと類推される（図4）。

　なお，兵庫県東部の西宮市で最初に発生した個体群が大阪府や京都府，あるいは滋賀県へ東進したことは容易に想像できる。しかし，この年はこれらの府県でも多数の記録が報告されており，兵庫県個体群の東進ルートを特定することは不可能である。

Ⅱ．各地で何が起こっているのか？

（2）クロセセリ

　主に九州以南に生息し，本州では山口県までの分布とされていた本種が，従来の分布域を飛び越えて京都府亀岡市中矢田町で最初に採集されたのは1986年である（小松，1987）。その後，1993年と1994年にも同地で確認された（松井，1995）。

　本種は，近畿地方では広く栽培され，あるいは半野生化しているミョウガを寄主植物としている。人為的に持ち込まれたことに疑う余地はなく，ミョウガに卵や幼虫がついて九州などから運ばれたと予想された。ところが，当地域の苗は中部地方や関東地方から仕入れたものであり（森地ほか，2002a），どのようなルートでクロセセリが亀岡市へ持ち込まれたかは今も不明である。分布や生態等の詳細な調査が始まったのは2000年以降であるが，この時点で既に亀岡市のかなり広い範囲に高密度で発生していた（森地ほか，2002a，2002b；小野ほか，2004；小野・西田，2006）。

　東洋熱帯区のチョウであるため，内陸山間部で冷涼な亀岡市に定着した後は，温暖な場所，すなわち南や西方面へ分布域を移動すると考えられた。ところが，調査の結果は予想を大きく覆すものであり，南や西へはごくわずかな移動でしかなく，意外にも分布は東へ進み，京都市から滋賀県大津市に達していた。

　亀岡市の主たる発生地から南方面での2000年の調査では，本種の発生が確認されたのは大阪府高槻市杉生のみであり，ここは主発生地から2km程度の距離であった（森地ほか，2002b）。その後，大阪府の茨木市（小林，2011）や島本町（村上，2006）からも記録されたが，主発生地から約10km程度であり，杉生を含めてこれらの地域ではいずれも単発の記録であり，連続的な発生は認められていない。西方面への移動も短距離で，亀岡市曽我部町は主発生地からわずか3kmに過ぎなかった（森地ほか，2002b）。

　東方面へのルートは主に小野克己氏らによって調査された（小野ほか，2004；小野・西田，2006）。その結果，本種は保津川峡にそって京都市右京区へ入った後，所々で北方面へ進みながら，同市北区や左京区の市街地に接する山沿いに分布を広げた。2003年には大津市山中町に至り，終齢幼虫1頭と蛹の羽化殻が記録された。滋賀県へ分布が拡大したのである。2005年には京都市山科区から大津市小関町や長等公園に達した。京都市から大津市

へは山中越，小関越，国道一号線逢坂峠越の 3 ルートで進み，大津市に進入後は南方面へは進んでおらず，同市石山南郷町などでは未記録である（高石清治氏，私信）。一方，北へは大津市和邇北浜まで延び（武田，2014），滋賀県内の分布北限と考えられている。東へは琵琶湖下流の瀬田川を越えておらず，その先端は亀岡市から直線距離で約 30km である。なお，京都市へは保津川より少し南側の老ノ坂峠を経由したと想定されるルートもあり，このルートにより京都府長岡京市に達した（小野・西田，2006）。

　亀岡市の主発生地から北方面へは，2005 年までに約 15km 離れた亀岡市八木町まで記録された（小野・西田，2006）。

　クロセセリが南方面ではなくて東方面へ分布を拡大したことに関して，小野ほか（2004）は，我が国の昆虫類が新たな場所で発生した場合には偏西風の影響を受けて東へ進むと言われており，本種もこの例に当てはまると考察している。しかし，島嶼間の移動ならいざ知らず，地続きの地点を，しかも短距離ごとに中継しながらの移動に偏西風が影響しているのが事実であるならば，クロセセリで明らかにされた東進の様相はとても興味深い。小野・西田（2006）の図に加筆改変した分布拡大ルートを図 5 に示す。

(3) その他のチョウ

　近畿地方にはムラサキツバメの古くからよく知られた産地があり，滋賀県であれば近江神宮や三井寺，京都府では桃山御陵や京都御所，奈良県では橿原神宮や奈良公園など，主に社寺や御陵などである。本種は，寄主植物であるマテバシイやシリブカガシとともに他地域からこれらの場所へ移入されたと推察される場合が多い（川副・若林，1976）。一方，近年各地で本種の記録が増えているのは，公園，道路，住宅地などに寄主植物が植栽されることが多く，それらに付いて卵や幼虫が持ち込まれることや，既に定着していた母蝶が植栽された寄主植物へ産卵することが原因であろう。温暖化や強い飛翔力も関係していると思われる。しかし，記録が増えてきた割に当地方での定着場所は現時点では多くない（手塚，2015）。

　ホソオチョウは朝鮮半島から中国に分布するチョウであり，日本では 1978 年に初めて東京都日野市で記録された（松香・大野，1981）。これは意図的に国外から持ち込まれ，放蝶されたものである。その後，東北地方から

II. 各地で何が起こっているのか？

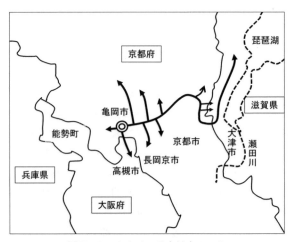

図5 クロセセリの分布拡大ルート
◎はクロセセリが最初に確認された亀岡市の主発生地を示す。

九州地方まで記録は広がった。一部は自力飛翔によるが，各地で繰り返し行われたと推測される放蝶が主因であろう。食草であるウマノスズクサが自生する河川沿いに発生することが多く，近畿地方でも観察記録が散見され，京都府の木津川では毎年のように発生を繰り返している。

畿内での分布拡大（パターンD）

通常，ある地域のチョウ相は長い年月をかけて緩やかに変化するため，その変化には気づきにくく，報告は少ない。

パターンDの例として，兵庫県のウスバシロチョウ *Parnassius citrinarius* と滋賀県南部で観察された数種類のチョウを紹介する。

(1) ウスバシロチョウ

本種の分布拡大については，畿外での事例として，愛知県矢作川流域（間野ほか，2012）や富士山山麓（清，1988）などがよく知られている。

近畿地方では，広畑・近藤（2007）が兵庫県の1908年から1999年までの記録を精査し，同県内における本種の分布拡大を報告した。(図6)。

兵庫県では現在の佐用郡上月町における1908年の採集記録が最初であり，1940～1960年代に県西部から北部にかけて数多くの生息地が見つかった。1970年代後半には80か所，1989年には190か所，2000年には約380か所

[7] 近畿地方におけるチョウの分布拡大

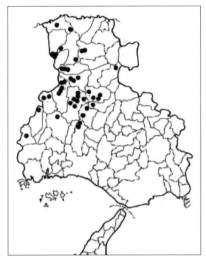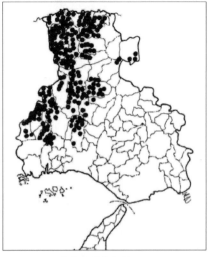

図6 兵庫県におけるウスバシロチョウの年代別採集記録
左：1908〜1970年／右：1908〜1999年（広畑・近藤，2007から抜粋）

に増加した。

　本種の分布域は，当初は円山川本流と市川本流を結ぶ線の西側と思われていたが，1967年にはその線より東側の朝来市和田山町で発見された。これは，隣接する京都府夜久野町からの進入によるものであり，その後，更に和田山町床尾ノ山へ広がったと考えられる。また1981年までの調査により，豊岡市但東町では京都府福知山市からの進入と思われる記録が残されている。

　余談ではあるが，兵庫県北部におけるウスバシロチョウは，近年のシカによる下層植生の過剰摂食（食害）により著しく減少している（近藤，2013）。

(2) 滋賀県南部における数種類のチョウ

　筆者自身の観察記録であるが，昆虫少年時代を過ごした1960年前後の郷里のチョウ相が，その後の約半世紀の間にどのように変化したかを知るために2012年から調査を開始した（森地，2016）。対象は鈴鹿山脈南端西側に位置する滋賀県甲賀市甲賀町における山地と丘陵地である（図7）。

　調査の結果，オオウラギンヒョウモン *Fabriciana nerippe*，ウラナミジャノメ *Ypthima multistriata*，ミヤマチャバネセセリ *Pelopidas jansonis* などは予想通り姿を消していたが，1960年前後には分布していなかった数種類のチョウを確認することができた。その中には今では普通に見ることができるほど

II. 各地で何が起こっているのか？

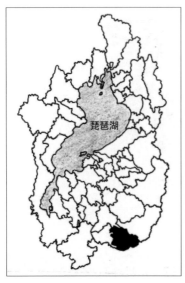

図7 滋賀県南部におけるチョウ相変化の調査対象地域
　甲賀市甲賀町は鈴鹿山脈南端の西麓に位置する（黒色部分）。

個体数の多い種もいた。これらのチョウは，この約半世紀の間に近隣地域から甲賀町へ進入し，分布を拡大したのである。その原因を推測すると，アオスジアゲハ，ナガサキアゲハ，クロコノマチョウは主に気候温暖化により，ホシミスジ Neptis pryeri は民家の庭木として広く植えられるようになったコデマリやユキヤナギに依存して，ムラサキツバメは，主に寄主植物の植栽により，それぞれ分布拡大したと考えられる。アカシジミ Japonica lutea とテングチョウ Lybythea lepita は，両種とも年によっては大発生することがあり，アカシジミの場合，そのような年には発生地から遠く離れた場所で観察されることがある（森地・西岡，2002；内田，2011）。これらの2種は大発生を契機として半世紀の間に徐々に分布域を広げ，従来の空白地帯である甲賀町へ進入したのであろう。ウラゴマダラシジミ Artopoetes pryeri とヒメキマダラセセリ Ochlodes ochraceus の進入要因についてはわからないことが多い。

　以上，近畿地方におけるチョウの分布拡大について述べてきた。
　ところで，本稿の序文において"分布の変動は地球規模の気候温暖化の影響だけではない"と述べたことに関して，実際にどのような要因が当地方のチョウの分布拡大に関係しているかを最後に考えてみたい。ただし，畿内の短距離移動による分布拡大（パターンD）は，データの蓄積が少ないなどの理由により本考察の対象外とする。
　畿外からの進入に伴う分布拡大のうち，パターンA，すなわち北進に該当するナガサキアゲハなどの10種はいずれも南方系のチョウであり，温暖化と結びついている。パターンBの南進に該当するチョウはいない。人為的に持ち込まれるパターンCの4種のうち，クロマダラソテツシジミ，クロ

[7] 近畿地方におけるチョウの分布拡大

セセリ，ムラサキツバメは南方系である．このように，当地方へ分布を拡大したチョウは南方系が圧倒的多数を占めている．パターンCの残りの1種，ホソオチョウは朝鮮半島，中国，沿海州地方を本来の分布地としており，温暖化とは無関係である．

次に分布拡大の過程を当地方への進入過程と当地方における継続発生過程に分けると，前者に関しては偏西風などの気流の利用，寄主植物への付着，人為的に持ち込まれることなどいくつかの要因が存在する．しかし，このようにして当地方へ進入したとしてもそれだけでは分布拡大したことにはならない．南方系のチョウの分布拡大には，越冬を伴う継続発生過程を乗り越える自然環境がそろっていることが必須であり，それには気候温暖化が不可欠な要因となる．

結論として，近畿地方へ分布を拡大した14種の中の13種を南方系のチョウが占めており，また，北方系のチョウの南進が認められないこともあり，当地方におけるチョウの分布拡大が気候温暖化と密接に関係していることが示されたと言えるだろう．

謝辞

種々の資料や有益な情報をご教示いただいた以下の方々に厚くお礼を申し上げる．蓑原茂氏には原稿作成にもご協力を賜った．深謝申し上げる．

宇山喜士，小野克己，小島和也，近藤伸一，諏訪隆司，高石清治，谷本祥二，永幡嘉之，浜 祥明，林 太郎，平井規央，的場 績，蓑原 茂，渡辺一雄（敬称略，五十音順）

〔引用文献〕

乾風登 (1964) 御坊市のヤクシマルリシジミ．南紀生物，6(1): 24.
東正雄 (1965) 京阪神の動物．六月社書房，大阪．
福田晴夫 (2008) 2007年の昆虫界をふりかえって．月刊むし，447: 2-18.
福田晴夫・浜栄一・葛谷健・高橋昭・高橋真弓・田中蕃・田中洋・若林守男・渡辺康之 (1984) 原色日本蝶類生態図鑑（Ⅳ），保育社，大阪．
布藤美之 (2007) 彦根市のナガサキアゲハ．Came 虫，138: 6-7.
長谷純 (2008) クロマダラソテツシジミが今年も吹田市で発生．大昆のせ，37(10): 5.
長谷純 (2014) 2014年11月大阪府吹田市でクロマダラソテツシジミを採集．ゆずりはクラブ，189: 3-4.
平井規央 (2009) 本州と四国におけるクロマダラソテツシジミの記録．やどりが，220: 2-20.

Ⅱ．各地で何が起こっているのか？

広畑政巳・近藤伸一 (2007) 兵庫県の蝶．自費出版，神戸．
日浦勇 (1977) 堺にあらわれたナガサキアゲハ．Nature Study, 23(12): 2-4.
堀田久 (1974) 淡路島産の蝶類追加（Ⅰ）．Parnassius, 12: 4.
加地早苗 (1940) 最近の六甲連山の蝶類目録．昆虫界，8: 442-452.
川本憲治 (1954) 岩湧山のシータテハ．MDK NEWS, 33: 57.
河村俊 (2007) 大阪狭山市でヤクシマルリシジミを採集．南大阪の昆虫，9: 85.
川副昭人・若林守男 (1976) 原色日本蝶類図鑑．保育社，大阪．
岸本由美子 (2014) 兵庫県芦屋市でクロマダラソテツシジミを確認．大昆 Crude, 58: 43.
小林克行 (2011) 茨木市でクロセセリの死骸を拾う．大昆 Crude, 55: 54.
小松清弘 (1987) 京都府亀岡市におけるクロセセリの発生記録．月刊むし，193: 39.
近藤伸一 (2013) シカがチョウ類に与える影響—兵庫県における状況—．チョウの舞う自然，17; 12-15.
桑田正明 (1995) 大阪府豊能町妙見山でサツマシジミを採集．Crude, 40: 1-2.
間野隆裕・山田昌幸・高橋匡司 (2012) 愛知県矢作川流域のウスバシロチョウの分布動態．昆虫と自然，47(6): 8-11.
的場績 (1997) 和歌山県産蝶類既報の整理．KINOKUNI, 51: 17-43.
的場績 (2008) 和歌山県に於ける昆虫類の変遷—侵入昆虫を中心に—．南紀生物，50(1): 50-55.
松井真 (1995) 亀岡産クロセセリの謎．杉峠，16/17: 53-54.
松井松太郎 (1958) 大阪府天見のクロコノマチョウ．新昆，11(2): 47-48.
松香宏隆・大野義昭 (1981) ホソオチョウ時代．やどりが，103/104: 15-20.
松野宏・小野克己 (1994) 淡路島でヤクシマルリシジミの発生を確認．蝶研フィールド，9(5): 27.
松野宏・小野克己 (1996) 徳島県および淡路島のヤクシマルリシジミ．蝶研フィールド，11(3): 18-19.
三橋渡 (1992) 日本未記録種クロマダラソテツシジミ Chilades pandava を沖縄本島で採集．蝶研フィールド，7(12): 8-9.
森地重博 (2009) 兵庫県における 2007・2008 年のクロマダラソテツシジミの記録．きべりはむし，32(1): 4-13.
森地重博 (2016) 滋賀県甲賀町のチョウ（第 3 報）—2013～2015 年の記録—．Came 虫，186: 8-16.
森地重博・道端晃・鍋島五郎・有田斉 (2002a) "京都のクロセセリ"を追って．ゆずりは，13: 19-23.
森地重博・道端晃・鍋島五郎・有田斉 (2002b) 大阪府から初めてのクロセセリの記録—大阪府高槻市及び京都府亀岡市と周辺地域におけるクロセセリの調査記録．Crude, 46: 1-4.
森地重博・西岡信靖 (2002) 大阪市内におけるアカシジミの記録．Crude, 46: 57-58.
村上豊 (2006) 大阪府島本町でクロセセリを採集．ゆずりは，29: 27.
室田俊治 (2009) 平成 20 年度の採集メモ．蝶道，376: 1979-1982.
中川忠則 (2008) クロマダラソテツシジミの本州における正式な記録．ゆずりは，37: 46.
難波通孝 (1994) "1994"イシガケチョウの飛翔．丸善株式会社岡山支店出版サービスセンター．岡山．

⑦ 近畿地方におけるチョウの分布拡大

中辻房男 (1950) 蝶二題．新昆虫，3(12): 23.
成山嘉二 (2000) 大阪府南東部のヤクシマルリシジミの記録．蝶研フィールド，15(12): 25-26.
大垣福松 (1935) 大阪附近のモンキアゲハの一多産地．Zephyrus, 6(1/2): 122-123.
小野克己 (1989) 1988年秋における和歌山市周辺のヤクシマルリシジミの発生状況について．蝶研フィールド，4(4): 27-28.
小野克己 (1990) 大阪府岬町でヤクシマルリシジミの卵・幼虫を確認．蝶研フィールド，5(4): 27-28.
小野克己・増井和夫・西田浩二 (2004) 京都のクロセセリ 主として京都市内の分布拡大について．ゆずりは，21: 40-46.
小野克己・西田浩二 (2006) 京都のクロセセリ その後，滋賀県への侵入．ゆずりは，29: 47-51.
酒井敬司・横田靖・山本治・平井規央・石井実 (2008) 大阪府池田市でクロマダラソテツシジミの発生を確認．月刊むし，444: 2-4.
清邦彦 (1988) 富士山にすめなかった蝶たち．築地書館，東京．
田端英一 (1946) ナガサキアゲハ南紀に産す．昆虫世界，50(1): 26.
高松勉 (1983) 和歌山市市街地でのナガサキアゲハの初見日と春の観察 1983年．KINOKUNI, 24: 11-12.
高松勉 (1986) 岩出町でもナガサキアゲハを確認．KINOKUNI, 29: 26.
高松勉 (1991) 紀ノ川流域での蝶二題．KINOKUNI, 40: 13.
武田滋 (2014) 大津市のクロセセリの記録．Came 虫，179: 8.
田中祥皓 (1947) 天見村蝶類目録．三丘昆虫界，2(2): 21-27.
手塚浩 (2015) 大阪市北部でムラサキツバメ復活か？ 大昆 Crude, 59: 6-7.
戸沢信義 (1930) イシガケテフ箕面にて獲らる．関西昆虫学会会報，1: 103.
内田明彦 (2011) 滋賀県産チョウ類の県内分布変遷（滋賀県チョウ類分布研究会）．琵琶湖博物館研究調査報告 27号 : 85-100, 滋賀県立琵琶湖博物館，滋賀県．
宇山喜士 (2004) 生駒山（西側斜面）の蝶．Crude, 48: 24-35.
渡辺一雄 (1992) イシガケチョウの 1985年前後以降の個体数バースト．すかしば，37/38: 45-47.
和歌山県 (2012) 保全上重要なわかやまの自然—和歌山県レッドデータブック—［2012年改訂版］，シータテハ．116-117, 和歌山．
矢後勝也・平井規央・神保宇嗣編 (2016) 日本産蝶類都道府県別レッドリスト—四訂版（2015年版）—．日本産チョウ類の衰亡と保護 第7集 : 232-247, 日本鱗翅学会，東京．
山本博子 (1977) 堺・浜寺でナガサキアゲハを採る．向丘の自然，38: 10-11.
山本博子 (1999) ヤクシマルリシジミ大阪府南部に定着？ 南大阪の昆虫，1(4): 11-12.
山本治 (2009) 大阪市 24区でクロマダラソテツシジミを採集．大昆 Crude, 53: 10-16.
山本毅也 (2009) クロマダラソテツシジミが滋賀県に進出．Came 虫，151: 2-6.
吉村輔倫 (2013) クロマダラソテツシジミを久々に有田地方で確認．KINOKUNI, 84: 24.
吉尾政信 (1995) 近畿地方北部におけるナガサキアゲハの採集・目撃記録（その 2）．昆虫と自然，30(13): 20-22.
吉尾政信 (2002) ナガサキアゲハの北上と気候温暖化．南大阪の昆虫，4(3): 1-5.

（森地重博）

Ⅱ. 各地で何が起こっているのか？

8 四国地方におけるチョウの分布拡大

■ はじめに

　四国地方におけるチョウの分布拡大状況を概観すると，気候温暖化にともなうと思われる南方系種の北上が顕著である。1990 年代以降はヤクシマルリシジミ *Acytolepis puspa*，2000 年代以降はクロセセリ *Notocrypta curvifascia* が四国の広い範囲にわたって分布を拡大中である。また，南方系種以外ではウスバシロチョウ *Parnassius citrinarius* が愛媛県及び香川県で，クロヒカゲ *Lethe diana* が愛媛県高縄半島等で分布拡大傾向にある。オオチャバネセセリ *Polytremis pellucida* は 1980 年代に分布が衰退しほとんど見られなくなったものの，1990 年代以降勢力を盛り返し現在では普通に見られる地域もある。

　愛媛県においては，愛蝶会，宇和島昆虫同好会，世界の蝶保存会と 3 つの同好会が熱心に活動している。特に，愛蝶会の発行する同好会誌「いよにす」には，「愛媛県産成蝶の採集記録」（井上，1988〜1995；窪田，1996〜2016）として，会員による県内での成虫の採集記録を掲載しており，2016 年発行の 32 号までに約 11,000 件の採集記録が蓄積されている。従って，愛媛県については同好会誌のデータから分布状況の詳細な推移をたどることが可能であるため，本稿では愛媛県を中心とした状況を紹介したい。

　取りまとめに当たり，四国各県の情報についてご教示いただいた高八稔弘（香川県），小川昌彦・有田忠弘（徳島県），秋沢稔浩（高知県），太田喬三・林弘（愛媛県）の各氏及び標本調査に便宜を図っていただいた愛媛大学の吉富博之准教授，文献の入手でお世話になった奥尉平氏（愛媛県）に深謝の意を表する。

■ 分布拡大が認められる種の状況

　以下の解説で，愛媛県における各種の分布拡大状況については，特に断わりのない限り「愛媛県産成蝶の採集記録」に基づいてまとめたものである。

8 四国地方におけるチョウの分布拡大

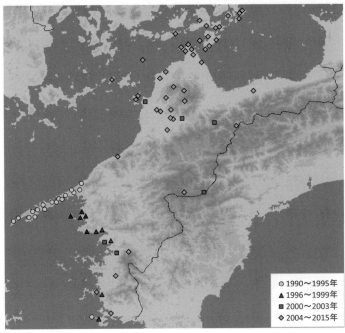

図1 愛媛県におけるヤクシマルリシジミの分布拡大状況（愛媛県産成蝶の採集記録（井上，1993～1995；窪田，1996～2016）及びその他愛媛県関係の同好会誌等に基づいて作成）

(1) ヤクシマルリシジミ

　四国では1980年頃までは高知県東部の室戸岬周辺の海岸部にのみ分布することが知られていた（日本鱗翅学会四国支部，1979）。高知県においては，1990年代に海岸沿いに分布を拡大させたとされており，1996年以降，高知市，土佐市，南国市等の高知県中部で採集記録が多数報告されている（森澤，1998，1999）。徳島県においては，1990年頃より海部郡で採集されるようになり，2000年頃には阿南市，2005年には徳島市，2008年には鳴門市と記録され（小川昌彦氏，私信），現在は内陸部以外のほぼ全域に広がっている。香川県では現在まで記録がない（高八稔弘氏，私信）。

　図1に愛媛県における分布拡大状況を示した。愛媛県においては，1990年に南宇和郡西海町（現愛南町）鹿島で採集されたのが最初の記録で（勇，1990），1992年には佐田岬半島（現西宇和郡伊方町）で広範囲に記録された（豊島，1993）。この年には既に佐田岬半島全域で確認されたことから，同地

II. 各地で何が起こっているのか？

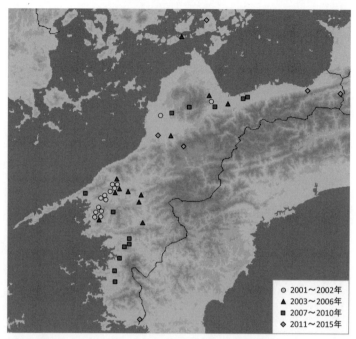

図2 愛媛県におけるクロセセリの分布拡大状況（愛媛県産成蝶の採集記録（窪田，2002～2016）及びその他愛媛県関係の同好会誌等に基づいて作成）

に分布を広げたのは数年以上前のことと考えられる。また，最初に見つかった鹿島と佐田岬半島の間では分布を拡大していくのに時間がかかっていることから，佐田岬半島の個体群の由来は高知県西部や愛媛県南部ではなく，大分県側から海を渡った個体が起源ではないかと考えられる。その後2000年に松山市（菊原，2000），2003年に西条市（窪田，2004），2004年に今治市（窪田，2005），2011年に上島町（窪田，2012）と分布を拡大し，現在はほぼ愛媛県内全域に分布を広げている。記録地は，平野部～低山地が中心であるが，皿ケ嶺や天狗高原等の山地帯でも記録が散見される（窪田，2002，2009）。これは風によって吹き上げられたものと考えられる。

(2) クロセセリ

　四国における初記録は，2001年愛媛県大洲市である（井上ほか，2001）。図2に愛媛県における分布拡大状況を示した。2001年には，そのほかに八幡浜市，三瓶町（現西予市），宇和町（現西予市），松山市で記録された（窪田，

8 四国地方におけるチョウの分布拡大

2002b)。2002年に周桑郡丹原町(現西条市)(菅, 2002), 2006年に今治市(窪田, 2006b), 2007年に宇和島市（大野, 2007b）, 東温市（窪田, 2008), 2011年に南宇和郡愛南町（窪田, 2011b), 四国中央市（高橋, 2011) と分布を広げ, 2015年時点で, 愛媛県のほぼ全域に分布している。分布地は平野部〜低山地が中心であり, 食草としてハナミョウガ, ミョウガ, ハナシュクシャが記録されている。久万高原町では標高約730mの山地帯でミョウガでの幼虫の記録があるが（窪田, 2013b), 山地帯では越冬は不可能と考えられ, 低標高地から夏場に飛来したものと考えられる。

愛媛県にどのようなルートで侵入したのか, そこからどのように分布を広げていったのかを推測するために, 窪田（2002b）はその時点での発生地, 未発生地を詳細に調査している。それによると, ①佐田岬半島では食草の分布が希薄で, 本種の記録がないことから, 大分方面から海を渡って佐田岬半島経由で分布を広げてきた可能性は低いと考えられた。②大洲市では主要な食草であるハナミョウガが普遍的に生育しているものの, 発生地の周辺部で食草が十分にあるにもかかわらず本種が確認できなかった地点が多数あることから, 比較的最近に入ってきて現在分布を広げている最中であると思われた。③八幡浜市はミカン栽培が盛んな地域で丘陵地はほとんどがカンキツ園になっており, 大洲市のようには食草が普遍的には見られない。しかし, 食草を確認した8地点ではすべて本種の発生を確認しており, 食草の利用度からすると大洲市よりはるかに高いと考えられた。また, 勇（2003）は2002〜2003年に大洲市で分布調査を行い, 窪田（2002b）で未確認とされた地点でも発生を確認しており, この当時は大洲市が分布拡大の最前線にあったと考えられる。以上のことから, 本種は八幡浜市に侵入し, そこから大洲市などの周辺部に分布を広げたと考えるのが妥当ではないかと思われる。本種は, 四国では迷蝶としても記録されたことがない種であり, 自ら長距離を移動する習性は持っていないと考えられる。従って, 大分等の九州方面から風に乗って飛来したと考えるよりは, 大分からの船便に便乗して何らかの形で人為的に運ばれたと考える方が, 説明がつきやすいと思われる。ただし, 初記録の2001年には, 大洲市から直線距離で40km以上離れた松山市でも確認されている。しかも記録地は松山平野の中心部に位置する丘陵地で, 周辺部は市街地に囲まれている。このように, どのようなルートで分布を広げたのか推測

II. 各地で何が起こっているのか？

が難しい事例もある。さらには，瀬戸内海の島嶼部（岡村島，大三島）でも記録されており（窪田，2006b，2016），これらは広島県側から分布を広げてきた可能性がある。高知県境に近い南宇和郡愛南町の記録は，高知県側からの分布拡大と考えられ，愛媛県での本種の分布拡大には複数のルートが存在すると推測される。

高知県においては，2004年に四万十市で記録されたのが最初で，その後分布を拡大し，2010年に土佐市，2011年に高知市（以上，秋沢稔浩氏，私信），2014年に安芸郡東洋町，2015年に室戸市（以上，有田忠弘氏，私信）で確認されている。徳島県においては，高知県境の海部郡海陽町で2015年に確認されている（有田忠弘氏，私信）。香川県では現在まで記録がない（高八稔弘氏，私信）。

（3）ウスバシロチョウ

四国における分布の概要は，「四国中央山地の河川流域沿いに標高約50mから800m前後にかけて食餌植物のムラサキケマンの生育しているところに分布し，平野部には分布しない。香川県からは報告がない（日本鱗翅学会四国支部，1979）」とされていたが，香川県でも1970年代には竜王山（標高1060m）で記録されており，1980年代以降分布を広げ，現在では標高400m以上の地域に幅広く見られるようになっている（高八稔弘氏，私信）。

徳島県では山村の荒廃が進み，大発生地は減少傾向にあり，特に分布拡大は認められない（小川昌彦氏，私信）。高知県でも以前より分布が拡大したとは思われない（秋沢稔浩氏，私信）。

図3に愛媛県における分布拡大状況を示した。高縄半島では，1970年以前は福見山（標高1053m）の山頂等，標高の高いところの記録しかなく，高縄山（標高986m）のように山頂部でも記録がない山もあった（太田喬三氏，私信）。1970年代に入ると，標高400m前後の渓流沿いの草地でも確認され（太田喬三氏，私信），現在では標高300m以上の地域には幅広く生息するようになっている。南部の東宇和郡野村町（現西予市）から大洲市にかけての地域においても，1980年代までは大野ヶ原等の標高約500m以上に分布が限られていたが，1990年代以降，喜多郡河辺村（現大洲市）の標高400m前後や大洲市の標高約100mの地点でも採集記録が見られるようになっている（窪

8 四国地方におけるチョウの分布拡大

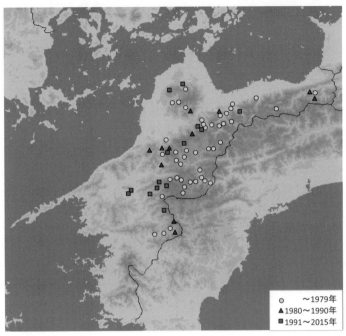

図3 愛媛県におけるウスバシロチョウの分布拡大状況（日本鱗翅学会四国支部（1979）四国の蝶；愛媛県産成蝶の採集記録（井上, 1988 〜 1995；窪田, 1996 〜 2016）及びその他愛媛県関係の同好会誌等に基づいて作成）

田, 1996〜2016）。

(4) クロヒカゲ

　四国における分布の概要は,「四国山地・讃岐山脈・高縄山地・宇和山地などで標高400m程度以上に広く分布する。高地の森林地帯には最も多く見られる種であるが, 大麻山（香川県）のような孤立山や, 瀬戸内海の中島（愛媛県）のような島の低山にも分布する（日本鱗翅学会四国支部, 1979）」とされていた。また, 全国的な分布の概要としては,「東京付近, 甲府付近, 四国松山市付近やその他の若干の地域では山地性のもので平地には産しないか, 産する場合も局地的で極めて少ないが, 北海道や九州, その他日本の多くの地域では平地より山地帯にわたってふつう（白水, 1975）」とされていた。

　香川県では1980年代に低地でも発生が確認されるようになり, 現在では平野部でも普遍的に見られるようになっている（高八稔弘氏, 私信）。徳島

Ⅱ. 各地で何が起こっているのか？

県では，徳島市の市街地に隣接する眉山（標高290m）において1980年頃より発生が認められ，美馬市高越山でもこの頃までに標高400m以上から平地にまで発生地が下がった（小川昌彦氏，私信）。高知県においては，分布は拡大しておらず，生息地では個体数が激減している（秋沢稔浩氏，私信）。

　図4に，松山市が含まれる愛媛県高縄半島における本種の分布拡大状況を示した。1985年までの記録地は，大月山（標高953m），高縄山（標高986m），東三方ケ森（標高1233m）等が含まれる山地帯が中心（楠ほか，1952，楠，1952）で，松山市西部では大西谷（標高約100m）等の低地にも一部産地が知られていた（武智ほか，1960）。瀬戸内海の島嶼部でも中島，怒和島，睦月島では既に1950年代に記録されている（楠・武智，1958，1959）。島嶼部の記録については，「本島（中島）にはクロヒカゲが広く分布していて，まれに海岸近くの全く平地にも出現する。この蝶は四国本土では普通500～600mの山地に見られる種であって分布上実に興味深いと思われる（楠・武智，1958）」と報告されている。筆者は，1980年代に松山市下伊台町にある職場（標高約250m）に勤務していたが，ここでは熱心に採集活動をしていたにもかかわらず，1987年までは本種は未確認であった。1988年に下伊台町で初確認され（喜多，1989），1989年には全くの普通種といっていいほどの発生が認められた（喜多，1990）。その後，1991年に松山市食場町（標高約100m）（林弘氏，私信），1998年に桜谷町（標高約150m）（窪田，1999）と分布を徐々に低地に拡大し，2000年には和泉北（標高約20m）（太田，2000）で確認されるなど，ついに松山平野の市街地でも確認された。2001年以降は，松山平野の平野部及び平野内の丘陵地でも記録地が相次ぎ（例えば窪田，2007），現在では松山平野の丘陵地では

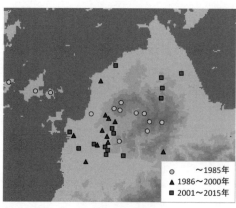

図4　愛媛県高縄半島におけるクロヒカゲの分布拡大状況（愛媛県産成蝶の採集記録（窪田，1996～2016）に基づいて作成）

普通に見られる種になっている。

　では，なぜ本種は比較的最近になって松山平野に分布を広げてきたのであろうか。四国では，スズダケ，メダケ，チマキザサ等のササ類が本種の食草として記録されており（日本鱗翅学会四国支部，1979），実際には多くのタケ類，ササ類が食草になっていると考えられる。1988 年に本種が記録された下伊台町の周辺地域は松山市でも有数のタケノコの生産地である。松山市のタケノコ生産地での 2005～2009 年の調査では，竹林面積の約 83% が放置竹林であった（豊田ほか，2009）とされており，竹林が周辺の雑木林やカンキツの耕作放棄地等に拡大して問題となっている。雑木林にも除草等の人手が入らなくなり，樹木が密生して下草はササが優占する環境が増加している。このように，本種の好む薄暗い環境が増加していることが分布拡大の要因と考えられる。

(5) オオチャバネセセリ

　四国における分布の概要は，「平地・低山から高地にかけて広く普遍的に分布するが個体数は多くない（日本鱗翅学会四国支部，1979）」とされていた。

　高知県では，1994 年に窪川町 1 か所のみの記録であったものが，2004 年より急に低山地，高標高地で確認され始めた（秋沢稔浩氏，私信）。徳島県では，1980～2010 年まで記録が出ない年が続いたが，その後三好市，三加茂町，半田町，脇町等で発生が確認されている（小川昌彦氏，私信）。香川県でも 2000 年代以降記録が出始め，現在では標高 500m 以下の低山地で幅広く分布が見られるようになっている（高八稔弘氏，私信）。

　愛媛県においても，「山地，平地とも県下一円に広く分布する最普通種（楠ほか，1952）」とされていた。図 5 に愛媛県における 1970 年以前の本種の分布地を示した。普通種すぎて過去の標本や記録は多くないため，プロットした地点は少数であるが，山地～平地にかけて幅広く分布していたであろうことがうかがえる。図 6 に愛媛県における 1971 年以降の本種の分布状況の変遷を示した。1970 年代には既にかなり局地的で個体数の少ない種となっており，1971～1988 年の間には東宇和郡野村町（現西予市）大野ヶ原及びその周辺部でしか記録されていない（井上，1991b）。さらに 1989～1992 年には愛媛県内で記録が途絶えた時期があった。1993 年に今治市で再発見さ

■ II. 各地で何が起こっているのか？

図5 愛媛県におけるオオチャバネセセリの分布地（1970年以前）（楠ほか（1952）；井上（1991b）に基づいて作成）

れた（藤原，1994）後は，1996年に松山市（矢野・矢野，1997），1997年に上浮穴郡柳谷村（現久万高原町）（窪田，1998），2000年に西条市（窪田，2001），2008年に東温市（窪田，2009），2010年に四国中央市（高橋，2010），大洲市（勇，2011）と記録地が増加し，2014年には岩城島（藤井，2015），2015年には弓削島（藤井，2016）（いずれも越智郡上島町）と，瀬戸内海の島嶼部でも記録された。現在では，愛媛県南部を除くほぼ全域に分布が広がったと考えられる。特に松山市の山間部や久万高原町等では，場所によっては普通種と言えるくらい個体数も増加している。2015年には，久万高原町で本種が推定300〜400頭もウツボグサ，ヒメジョオンなどの花に吸蜜に来ていたとの報告もある（太田，2016）。

このように，本種は絶滅したのではないかと思われるくらい分布地の縮小と個体数の減少が著しかったのに，ある時期から一転して分布地の拡大と個体数の増加を果たすという何とも不思議な挙動を示している。これらの要因について探ってみたい。

8 四国地方におけるチョウの分布拡大

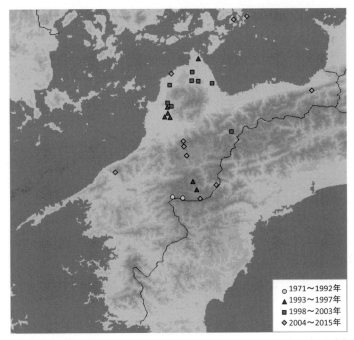

図6 愛媛県におけるオオチャバネセセリの1971年以降の分布の変遷（愛媛県産成蝶の採集記録（井上，1988～1995；窪田，1996～2016）及びその他愛媛県関係の同好会誌等に基づいて作成）

窪田（2001b）は，成虫の採集記録から見て本種は6月上旬～7月中旬と8月中旬～10月上旬の年2回の発生と推定されること，幼虫の食草としてメダケ属のコンゴウダケが記録されたこと，卵期は7月で7日以上かかること，卵はため池の土手等，定期的に草刈りをして草丈の低いササからよく見つかること等を報告している。

近年，雑木林は放置されるか伐採され，シイタケほだ木用のクヌギ林も下草刈り等の管理がされているところはごく一部である。本種が好む人手が入った疎林的環境は減少していることは間違いないので，環境要因からみて本種の増加の要因を見出すことは難しい。全国的にみても，千葉県，高知県，長崎県では絶滅危惧I類，神奈川県，静岡県，和歌山県，香川県，徳島県では絶滅危惧II類としてレッドリストに掲載されている（野生生物調査協会・Envision環境保全事務所，2007）。このように四国4県のうち愛媛県を除く3県ではレッドリストに掲載されているものの，前述のように最近になってど

■ Ⅱ．各地で何が起こっているのか？

の県も分布地域の拡大傾向が認められることから，四国においては何らかの要因が作用して個体数が回復していると考えられる．本種の個体数・分布域変動要因については，今後の宿題としておきたい．

(6) その他の種

まだ定着には至っていないが，愛媛県宇和島市においてタテハモドキ *Junonia almana* が2年続けて発生したことがある（大野，2006，2007a）．この地域では早期水稲の栽培が盛んであり，8月に収穫した後の田んぼに本種の食草であるスズメノトウガラシが繁茂する環境が広範に存在する．今後さらに冬期の温暖化が進めば定着する可能性は高いと考えられる．

■ 今後の展望

チョウ類は生物の中でも愛好家が多く，各地に同好会も存在することから分布データの集積が進んでいるグループということができる．しかし，同好会誌等に発表されるデータはある程度珍しい種類が中心であり，普通種については記録が残されることが少ない．今回取り上げたクロヒカゲも，山地帯ではあまりに普通種であるため過去の記録を探索するのに苦労した．現在は普通種であっても，今後の環境変化で生息地がどのように変動していくかはわからない．今回の原稿執筆で，改めてデータの集積の重要性を認識した．愛蝶会では，環境省のモニタリングサイト1000のルートセンサスも行っており，同一地点でのチョウ類の生息状況に関するデータ集積も行っている．今後もチョウ類を通して環境変化を見つめていきたい．

〔引用文献〕

藤井康隆 (2015) 岩城島の蝶（愛媛県上島町）．いよにす，31: 38-52.
藤井康隆 (2016) 弓削島の蝶（愛媛県上島町）．いよにす，32: 40-57.
藤原邦夫 (1994)『オオチャバネセセリ』を今治市近見山にて発見．いよにす，10: 3-4.
井上武 (1988〜1995) 愛媛県産蝶の採集記録1987年版〜1994年版．いよにす，4号〜11号．
井上武 (1991b) オオチャバネセセリの不思議．いよにす，7: 27-30.
井上武・藤井康隆・山田斉 (2001) 四国に上陸したクロセセリ．いよにす，17: 4-7.
勇定則 (1990) 鹿島でヤクシマルリシジミ採れる！ コミスジ，9: 1.
勇定則 (2003) 大洲市周辺のクロセセリ続編．コミスジ，22: 2-6.
勇定則 (2011) 2010年における蝶観察記録．コミスジ，29: 8-13.

菅晃 (2002) 丹原町でクロセセリが採れた．いよにす，18: 35-36.
菊原勇作 (2000) 松山市太山寺町でヤクシマルリシジミを採集．いよにす，16: 15.
喜多景治 (1989) 松山市下伊台町の蝶．いよにす，5: 4-9.
喜多景治 (1990) 松山市下伊台町の蝶（第2報）．いよにす，6: 15-18.
窪田聖一 (1996～2016) 愛媛県産成蝶の採集記録 1995 年版～2015 年版．いよにす，12 号～32 号．
窪田聖一 (2001b) オオチャバネセセリの謎．いよにす，17: 8-14.
窪田聖一 (2002b) クロセセリ分布の謎に迫る．いよにす，18: 37-46.
窪田聖一 (2006b) 今治市でクロセセリを採集．いよにす，22: 40.
窪田聖一 (2011b) 愛南町でクロセセリを採集．いよにす，27: 22.
窪田聖一 (2013b) クロセセリの幼虫を久万高原町にて確認．いよにす，29: 54.
楠博幸 (1952) 高縄山の昆虫　第一報．松山昆虫同好会時報，2: 10-16.
楠博幸・桑田一男・岡田斉夫 (1952) 愛媛県産蝶類総目録．松山昆虫同好会時報，1: 6-36.
楠博幸・武智文彦 (1958) 忽那七島の昆虫Ⅲ　怒和島・中島　第三回調査報告．松山昆虫同好会時報，6・7: 3-13.
楠博幸・武智文彦 (1959) 忽那七島の昆虫Ⅳ　睦月・野忽那島　調査報告．松山昆虫同好会時報，8: 1-6.
森澤正 (1998) 高知県中部におけるヤクシマルリシジミの分布について．げんせい，72: 32.
森澤正 (1999) 高知県中部におけるヤクシマルリシジミの分布継続調査報告．げんせい，73: 27.
日本鱗翅学会四国支部 (1979) 四国の蝶．西村謄写堂，高知．
大野博史 (2006) 宇和島市津島町でタテハモドキが多数発生．コミスジ，25: 2-6.
大野博史 (2007a) 今年も再発生したタテハモドキ．コミスジ，26: 4-5.
大野博史 (2007b) 宇和島市津島町まで南下したクロセセリ．コミスジ，26: 6.
太田喬三 (2000) 今年の採集記．コミスジ，19: 25-28.
太田喬三 (2016) オオチャバネセセリの大群に出会った．いよにす，32: 77-78.
白水隆 (1975) 学研中高生図鑑　昆虫Ⅰ　チョウ．学習研究社，東京．
高橋英治 (2010) 虫屋のひとりごと 47．誤苦楽蝶，47: 1625-1626.
高橋英治 (2011) 虫屋のひとりごと 48．誤苦楽蝶，48: 1660-1662.
武智文彦・藤森信一・井手秀信 (1960) 本年第2回採集会．松山昆虫同好会短報，30: 1-2.
豊島治朗 (1993) 愛媛県産ヤクシマルリシジミ．いよにす，9: 5-7.
豊田信行・坪田幸徳・野田巌 (2009) 愛媛県における竹林の利用実態　モデル地域の調査事例．日本森林学会大会発表データベース，120(0): 480.
矢野尚寿・矢野和之 (1997) 松山市食場町にてオオチャバネセセリを採集．いよにす，13: 7-8.
野生生物調査協会・Envision 環境保全事務所 (2007) 日本のレッドデータ検索システム．http://www.jpnrdb.com/search.php?mode=map&q=07220185046（2016 年 4 月 17 日アクセス）

（窪田聖一）

II. 各地で何が起こっているのか？

9 中国地方におけるチョウの分布拡大

■ はじめに

　中国地方は東西方向に連なる中国山脈によって，内陸のほぼ中央部で山陽側と山陰側に二分されている。山陽側には岡山県と広島県，山陰側には鳥取県と島根県が位置し，その先端の扇の要になる山塊が，広島県と山口県の県境にある冠山（1339m）と寂地山（1337m）で，この場所が中国山地国定公園の西端になる。山口県は中国五県にあって，山陽側と山陰側を併せ持つ本州最西端の県である。

　本稿では中国地方で近年顕著な分布拡大が見られるチョウ7種（ウスバアゲハ *Parnassius citrinarius*，ミカドアゲハ *Graphium dorson*，ムラサキツバメ *Arhopala bazalus*，ヤクシマルリシジミ *Acytolepis puspa*，イシガケチョウ *Cyrestis thyodamas*，クロコノマチョウ *Melanitis phedima*，クロセセリ *Notocrypta curvifascia*）について，それらの分布拡大の経緯や生態の概略を紹介する。また迷入種クロマダラソテツシジミ *Chilades pandava* の一時的な発生状況も，簡単に紹介する。ウスバアゲハ，ヤクシマルリシジミ，クロセセリについては後藤が，ミカドアゲハとイシガケチョウについては難波が，ムラサキツバメ，クロコノマチョウ，クロマダラソテツシジミについては淀江が執筆を担当した。

■ ウスバアゲハ（ウスバシロチョウ）

　ウスバアゲハは，北海道から本州・四国に分布し，本州では山口県が西限で，九州には生息しない（白水，2006）。本種は古くから研究者やアマチュアの愛好家によって注目され，その生態などは，比較早い段階で解明されてきた種といえるだろう。中国五県を見渡した場合，海岸部から離れて中国山脈に向かって内陸側にあたる地域に主に分布し，標高500m前後の高原地帯あたる里地里山が生息地になっていることが多い。

　幼虫の主な食草となるムラサキケマンは，低標高の市街地も含め各県のほぼ全域に自生するが，本種はこの自生地の全てに分布することはなく，山陽

9 中国地方におけるチョウの分布拡大

側と山陰側の海岸部に近い食草の自生地からは，発見例は見あたらない。山口県における分布域も全て内陸の中国山地沿いの山間地域に入り込んでおり，標高400m前後の地点が大半を占めている。標高が150m前後と低くなる県東北部の錦町の広瀬盆地にも生息しているが，ここは他の生息地よりも緯度が高いために分布しているのかもしれない。

ここでは山口県を中心に，本種の分布拡大の経緯について述べる。

中国五県において本種が文献上に登場するのは1930年代から1950年代である。1930年には岡山県笘田郡から記録され（三宅，2002），山口県では県境の玖珂郡錦町（三好，1959）と佐波郡徳地町（上村・上村，1958）で同時期に記録されたことが報告されている。その後1960年代までは，新たな情報はあまりなかったが，交通手段も限られていた時代ではやむを得なかったと思われる。

高度成長期に入り，高速道路が開通して，山間僻地へのアプローチは飛躍的に向上した。週休二日制も徐々に浸透し，趣味のための調査活動に時間を注ぐ余裕も出始めた1970年代からは，新たな生息地が発見されるようになってきた（三好，1987）。しかし，一度採集して標本にしてしまうと，採集意欲をそそられるゼフィルスに目が向いてしまい，本種の分布の解明は思うようには図られなかった。

このような状況は1980年代まで続いたが，1990年代に入ると高度成長期に開発され失われた自然の重要性に気づいた環境省や中国五県の自然保護行政も，レッドデータブックの作成に力を注ぐようになった。生物分布の実態調査活動も始まり，データの収集や，希少種選定のための文献調査が重要視される時代に移行してきた。

このような背景のもとに，著者は，1990年代から本種の分布調査を始めた。その当時にまとめた山口県内の分布域（後藤，1999c）が，その後どのように推移したかを図1に示した。

図1に黒丸で示したのは，山口県で本種が発見された1958〜1999年までに確認された分布地で，白丸は2000〜2015年までに発見された分布地である（後藤，2016b）。

白丸で示した場所に本種が16年間で分布を拡大したと断言することはできないが，2010年の定点調査時には確認されず，2015年の調査で発生を確

273

II. 各地で何が起こっているのか？

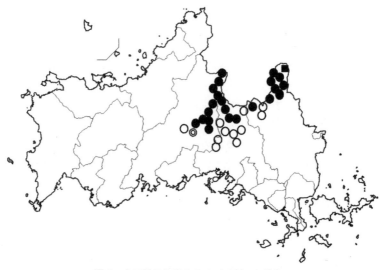

図1　山口県におけるウスバアゲハの分布
■は山口県で最初の発見地，●は1958年から1999年までの確認地
○は2000年から2015年までの確認地，◎は長者ヶ原の確認地

認した場所として徳地の長者ヶ原がある．このケースでは5年前の生息地は5km北側にあったため，5年を要して南西側に分布を拡大したという可能性もある．ただし，毎年調査を行ってきたわけではないため，その5年間の動態は詳しくはわからない．

　岡山県では，2000年頃から県の西部において南下する傾向が認められたが（岡野，2002；澤田，2008），今後，県全体で調査する必要がある．広島県においては，中国山地沿いの東城町，高野町，芸北町，吉和村などに産地が存在しており（広島虫の会，1982；比婆科学教育振興会，1997），また標高の差による斑紋の違いなどが指摘されている（神垣，2001）．しかし，広島県では本種の南下傾向は顕著ではなく，最近の分布の変化については明確になっていない．

　鳥取県では東部（旧智頭町，旧国府町，八頭町，旧河原町，旧鹿野町など），中部（旧三朝町，旧関金町など），西部（日野町，日南町など）の山地沿いに広範囲に生息しているが（小林，1968；竹内，1993），東部地方ではシカ害の影響が懸念されており（田村昭夫氏，私信）今後，注視する必要がある．有名な大山周辺では明らかに分布拡大している．もともと大山正面側の大山

9 中国地方におけるチョウの分布拡大

町博労座，大山寺，豪円山，溝口町桝水原，横手道，一の沢方面では全く見られることがなく大山にはウスバシロチョウは産しないと言われてきていた（三島，1954）。三島寿雄氏は1953年江府町御机で多数を発見し，その後裏大山と呼ばれる東南側渓谷一帯（江府町御机，大河原，下蚊屋，大滝，旧溝口町籠原，大内），旧関金地蔵峠など）に多産していることを明らかにした（三島・松岡，1979）。そのころ本種は，その生息環境から渓谷沿いの谷底に好んで生息する種だと思われていた。ところが1983年に大山の北側で発見され（三島，1983），1980年代には旧溝口町丸山，小林方面，大山町大山寺，豪円山方面と，生息域を拡大し，発生個体数も極めて多いことがわかってきた（渡辺，1992）。長年調査を続けていた三島氏は1970年代後半から始まった大規模農道，林道，高速道路などに沿って分布が拡大してきたらしいという（三島，1994）。新たに分布を拡大した場所は，渓谷ではなくゆるやかな斜面である。

島根県では西部の旧匹見町，津和野町から吉賀町，中部の旧金城町，旧瑞穂町，旧旭村，東部の旧赤来町，旧頓原町，旧横田町，旧仁多町，旧伯太町などの内陸の山地帯に多くの発生地があり個体数も多い（近木，1971）。これらの中で，三瓶山（大田市）は古くから調査が繰り返されてきた山で，ウスバシロチョウは山麓部にはいないとされてきていたが，1980年代から周遊道路沿いを中心に急激に個体数が増加し（三島，1987），現在にいたっている。

高度成長期以前は，農林業と畜産業は国民生活の大きな基盤であった。畑地はよく手入れされ，ムラサキケマンなどの山野草は雑草として駆除されてしまい，人手の入らない場所に局地的に自生しているのみであったため，毎年同じ場所でしか本種は見られなかった。

しかし米の生産調整を行うための減反政策が始まり，1975年以降は減反の一途をたどり生活様式も変わり，欧米風の食生活が一般化した。米の消費は1990年代後半にはひと頃の半分以下に落ち込むことになり，田畑の需要も大きく減少してきた。

2000年代に入ると高齢化が加速度的に進むようになり，農山村は限界集落地へと歩み始めた。中国地方でも山間地帯には放棄された農耕地が広がり，荒地が各地に見られるようになった。そして休耕地となった荒地には，食草

II. 各地で何が起こっているのか？

となるムラサキケマンが繁茂するようになった。このような植生遷移が，本種の分布を拡大させている大きな要因として考えられる。今後も休耕地が増え続ける限り，地域差はあっても本種の分布は拡大するであろう。

■ ミカドアゲハ

1999年6月，びんご昆虫談話会のニュースレターに，福山城跡（広島県）でミカドアゲハを採集との記事が掲載された（田川，1999）。岡山県では1991年に一度だけ倉敷市でタイサンボクから幼虫が発見されたことがあったが（青野，1991），それ以降記録が途絶えていた。福山で発生しているのであれば，既に岡山県内に進入しているであろうと考え，筆者は県境に近い笠岡市と井原市方面のタイサンボクを調査した。その結果，笠岡市で幼虫を確認した（難波，1999）ことから，その後10年間に及ぶ調査を開始した。

中国地方の個体は，現在まで確認できた後翅裏面の斑紋の色が全て黄色型であることから，四国方面からではなく，福岡方面から山口県に入り広島県を通過して岡山県に進入し，山陽地方を山間部に入ることなく東進したと考えられる。

岡山県内において，約150か所のオガタマノキとタイサンボクの確認地を定点として，毎年調査を行った。1999年と翌年には，笠岡市の周辺で確認されただけであったが，2001年には総社市で（難波，2002），5年後の2004年には岡山市中心部まで進入した（難波，2004）（図2）。2006年には，より東方の西大寺で確認でき（難波，2009），2008年5月23日には兵庫県でシロツメクサに訪花する個体が撮影された（2008年6月25日付の朝日新聞に写真入りで掲載）。この10年間で岡山県を通過した距離は，東西方向の直線距離にして約80kmである。1999～2008年の調査結果から，岡山県を西から東へと分布を拡大していったであろうことが解った（難

図2　オガタマノキに産卵した後に飛び立つ母蝶（2005年5月16日，岡山市）

9 中国地方におけるチョウの分布拡大

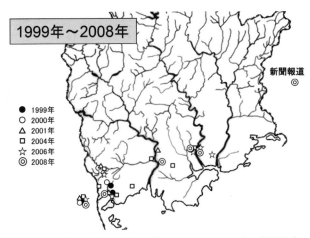

図3　岡山県におけるミカドアゲハの 1999 ～ 2008 年の記録地点

波，2009）（図3）．

　本種は，広島市中心部では 1984 年に（青木，1984），岡山県では 1999 年（難波，1999）に確認された．そして，兵庫県に進入したのが 2008 年であったと考えた場合，広島市中心部から兵庫県境までの約 200km を 24 年かかって分布拡大したことになる．

　オガタマノキとタイサンボクでは，食樹としての利用状況が異なっていた．オガタマノキでは，数年間連続して発生するケースが多かったのに対して，タイサンボクは，一時的に利用されるケースが多く，連続的に観察できる場所は限られていた．オガタマノキは，主に神社境内にあり，同じ場所に2本以上ある所では，連続して発生するケースが多く認められた．現在でも，岡山県内の5〜6か所のオガタマノキでは，毎年幼虫や成虫が見られる．

　オガタマノキは，岡山県では自然林にはほとんどなく，神社境内とその周辺に植えられていることが多い．井原地域では，平成元年に数百本のオガタマノキの苗木が地域の神社に植えられた．調査を始めた 1999 年頃には，植栽から 10 年ほど経っていてオガタマノキも大きくなり産卵にも適した状態で，この地域の広い範囲でミカドアゲハの生息が確認された．一方，タイサンボクは北アメリカ原産で，過去に学校，公民館，役場などの公共施設に植えられ，その後一般家庭にも普及した．しかし，タイサンボクは，大きくなると邪魔になるため，根元から切られることが多い．また適度に枝を切るなどの管理がなされない場合には，新芽が出にくくなり産卵に適さなくなる．

II. 各地で何が起こっているのか？

このようなことから，タイサンボクはオガタマノキと比較して安定した食樹ではないと考えられる。本種の分布拡大には，このような植栽や管理などの人為が密接に関係していると考えられる。

■ ムラサキツバメ

ムラサキツバメは近年関東地方でも普通に発生しているため（井上，2011），いまとなっては中国地方の分布状況に興味を持たれない方が多いだろう。しかも中国地方の山陽側では，本種が分布することは古くから知られていた。しかし，山陰側の分布変遷の実態は，一般にはよく知られていないと思われるので，この機会に紹介したい。

島根県では，1960～1970年代に大社町・出雲市周辺でごく少数が採集されていたのみで，一時的な偶産種なのか土着種なのか不明だった（石田，1968）。島根県のマテバシイは西部の益田市～浜田市～大田市には分布せず，東部の大社町周辺に見られるのみで，県内の植物学者の間でその起源について論争が続いていた。島根大学の丸山巌先生は社寺・屋敷林などに多いことから持ち込んできたものであるという移植説を，在野の研究者だった宮本巌先生は長年のフィールドワークから自生説を唱えていた（宮本，1973）。筆者は1984年の島根野生生物研究会の集まりにおいて，その分布から見て大社町周辺のムラサキツバメは隔離された集団に間違いないと発表したところ，島根大学の杉村喜則先生は「そうか」と言われ，宮本巌先生からは「100万の援軍を得た思い」と言っていただき，大社町周辺のマテバシイ起源の論争には終止符が打たれた。すなわち，この大社町周辺のマテバシイとムラサキツバメは，温暖な対馬海流の影響を受けた遺存種であると考えられた。

その後，三島（1990）によって1998～1990年に，大社町・出雲市・平田市・斐川町などの屋敷林にムラサキツバメが広く生息していることが明らかにされた。斐川平野の農家には，屋敷のまわりに浸水を防ぐための堤（築地）をつくりその築地を固めるために水に強い樹木が植えられてきた歴史がある。古い築地はタケや，タブノキ，ヤブニッケイ，マテバシイなどの照葉樹で構成され，比較的新しい（約300年前以降の）築地には季節風を防ぐためクロマツも植えられ，この地方の風物詩となっている。そこにムラサキツ

9 中国地方におけるチョウの分布拡大

バメが生息していたのである。これらの知見をもとに,「しまねRDB」(淀江,1997)では「要注意種(現在のカテゴリーでは絶滅危惧Ⅱ類)」にランク付けされた。

ところが1990年ごろから意外なことが起こり始めた。公共事業でマテバシイの植栽が奨励され,都市公園(浜田市石見海浜公園,鹿島町運動公園など)や国道沿いに数百本単位の大規模な植栽が始まった。鳥取県中山町には,数千本規模の圃場もある。これにムラサキツバメが大発生を始めたのである(淀江,1991a)。鳥取県においても,大規模な植栽がなされた境港市海浜公園で発見されるにいたった(佐々木,2006；淀江・中井,2010a)。

近年大発生している個体群の由来は明らかではないが,離島である隠岐諸島から次の2例の記録(標本はいずれも島根県立三瓶自然館所蔵)が得られていることは,その由来を推定する手掛かりになるかもしれない。

1♀,1998年8月3日,隠岐(島後)西郷町大久,淀江採集。隠岐諸島初記録。

1♂,2014年6月15日,隠岐(西ノ島)西ノ島町珍崎,T.Y.氏採集。西ノ島初記録。

本土から直線距離で65km離れた隠岐諸島で,ムラサキツバメ(1998年)や,後述するイシガケチョウ(1990年),クロコノマチョウ(1998年)が発見された意味は極めて大きい。チョウには爆発的に個体数を増やしたとき,海を越えていくほど広範囲に拡散する能力があるのだろう(福田,2007)。

「改定しまねRDB」では,ムラサキツバメは隔離分布していた個体群と急速に北上し分布拡大してきた個体群の識別が困難なことから,まえがきにそのことを特記してRDB対象種からはずされている(淀江,2004)。

■ヤクシマルリシジミ

ヤクシマルリシジミは,中国地方では山口県で最も早く1996年に発見された(小路・大崎,1996[1997])。筆者は,発見後ただちに調査を始めたが,最初の発見地である瀬戸内海の周防大島町(屋代島)の各所から新産地が見つかり(福田,1999；後藤,1999a,2000a),併せてイスノキやノイバラ,テリハノイバラから卵や幼虫も確認され,4月頃から11月末にかけて成虫が見られ,年4化程度であることなどの生態も判明した。四国からの侵入を

II. 各地で何が起こっているのか？

想定して，内陸部への分布拡大調査を行ったところ，周東半島の上関町から長島，柳井市の池の浦（後藤，1999b），さらに島嶼では平郡島でも確認された（福田，2002）。2000年には屋代島の対岸の大畠町から発見された（後藤，2001）。

内陸部での調査はその後も定期的に実施され，由宇町から柳井市，平生町，光市，下松市，周南市で確認した（重中，2004，2006，2015；稲田・五味，2011；福田，2011；五味，2012，2014）。これらの中で，光市の室積では2005年から調査を行っていたが，2010年に初めて確認された。また，下松市の笠戸島では2005年に調べ始めて，2013年に初めて発見された。

山陽側では，2012年には少し離れて響灘に面する山陽小野田市からも発見されるなど（後藤，2012d），島嶼や沿岸部を中心に着実に分布が拡大している。

山陰側では，2009年にクロマダラソテツシジミが初めて山口県下で大発生したが，その追跡調査の過程で萩市の大井で10月に本種を発見した（後藤，2010b）（図4）。この山陰からの発見は，内陸部からは記録がなかったことから，100kmも離れた北部にどのようなルートで侵入したのかについて非常に興味が持たれた。続けて山陰側での分布調査をしたところ，更に北の阿武町からも発見され，西側に下った長門市三隅でも2009年の11月までに確認できた。さらに，その後の調査も含め山陽側と同様，イスノキとノイバラ，テリハノイバラを食すことも判った（後藤，2012a）。

その後山陰側では，2015年10月に長門市の青海島で発生していることがわかったが（後藤，2016c），これは2009年から6年ぶりの新たな生息地となった。また2015年には既知の阿武町にトンボの調査に出かける機会があり，その折，数か所からも新たに確認し，個体数も増えていることが明らかになった（後藤・菅，2016）。

図4 ミゾソバで吸蜜するヤクシマルリシジミ雄成虫（2009年10月23日，萩市）

このように，本種の分布域は山

9 中国地方におけるチョウの分布拡大

図5 山口県及び広島県におけるヤクシマルリシジミの分布（○山陰側／●山陽側）

陰側も含めて確実に広がっている．図5には広島県までの分布をまとめて示した．

ヤクシマルリシジミは東洋熱帯域に広く分布しており，日本が北限となる（白水，2006）．中国地方における調査では同好者の活躍が大きく，食草の新発見が相次ぎ，分布拡大の様子や生態も解明されてきた．幼虫の食草や食樹は，マンサク科，ブナ科，バラ科など非常に多岐にわたっており（福田ほか，1984），日本産のチョウの中で，餌となる植物の種類が最も多い種の一つである．このことは分布の拡大にとって，極めて有利な条件である．

山口県内では以上のような経過で分布拡大が続いているが，山陰側への侵入のルートはよくわかっていないため，さらに調査が必要である．

広島県では，山口県で発見された4年後の2000年に下蒲刈町大平山から発見された（神垣，2000，2001）．翌年には蒲刈町で記録され（角・吉田，2001），それ以降，呉市でも発見され（岩本，2001），芸予諸島（大崎上島，大崎下島，豊島，上蒲刈島，倉橋島）での食草調査では，セイヨウバラやウバメガシ，ヤマモモなどから卵や幼虫が発見された（吉田，2002）．

その後広島県では2009年に福山市鞆町から発見し，2012年には尾道市因島でも確認されたが（藤本，2015），山口県同様に発見地は島嶼から西部の海岸沿いに限られており，市街地では確認されていない．

また岡山県では2013年頃から本種を目的とした調査が行われているが，2015年現在未確認である（岡野，2015）．山陰側の鳥取県と島根県からもま

II. 各地で何が起こっているのか？

だ記録されていないが，山口県の山陰側に位置する阿武町では明らかに分布を拡大しているため，今後，特に島根県ではより注意する必要がある。

■ イシガケチョウ

　イシガケチョウは，中国地方では広島県で 1930 年（大林，1930）に発見されたのが最初の記録である。岡山県では 1940 年（小坂，1946），山口県では正確な年を特定できない。島根県では 1951 年（成瀬，1951），鳥取県では 1976 年（松島，1978）に発見された。岡山県では，1980 年前後から目撃記録が多くなり（難波，1978；織田，1980），それにともない各地で幼生期も観察されるようになった（三熊，1991；難波，1994）。

　島根県では，1988 年に例年になく大発生をしたことが多くの研究者により報じられており（淀江，1988；山本，1989）。その後は 1990 年に隠岐島でも複数発見されている（野津，1991；淀江，1991b；立川，1991）。渡辺（1992）は，淀江（1988）と山本（1989）の報告から考えて，広島県と島根県で 1985 年前後に見られた個体数バーストは，周辺の他県でも同様に起こっていたことであろうと述べている。渡辺（1992）は，海岸線近くより少し入った渓谷に生息地が多いことを指摘しており，この地形が個体の拡散を防ぎやすいことと，このような場所に食樹のイヌビワが多いことをその原因として挙げている。

　筆者は1994年5月に，第1化となる幼虫を岡山県南部で見つけたことから，第2化の拡散状況と越冬成虫が産卵していると考えられる地域を調査するべく，岡山県全域と兵庫県下から福井県まで足を延ばして拡散の痕跡を追ったことがある。そして，5月13日〜11月5日までの調査データに，他者から提供いただいた岡山県・兵庫県・鳥取県の未発表データを加え，さらに広島県・岡山県・兵庫県の既発表文献データを整理してまとめた（難波，1994）。

　岡山県と兵庫県南部に多いイヌビワの範囲を超えて食樹はもっぱらイチジクとイタビカズラに移ったが，拡大の範囲が目的であるので，次第に見つけやすいイチジクに絞って調べた。岡山県最北部の後山（標高1344m）山麓は，後山を背景として左右を山に囲まれている地域があった。この地区では，確認した多くのイチジクから卵や幼虫が見つかったことから，次から次へと

9 中国地方におけるチョウの分布拡大

隈なく産卵して行ったと思われる状況がうかがえた（図6）。この調査で，岡山県では全域で確認されたため，調査の範囲を兵庫県へと移した。兵庫県でも記録のない場所で次々に確認され，京都府に入る手前で確認できなくなった。これらの調査結果については，難波（1994）に詳しく掲載している。

図6 イチジクの葉上にいたイシガケチョウの終齢幼虫（1994年7月2日，八束村）

　この調査から，主に岡山県南部でイヌビワから発生した第1化の成虫が県下全域に拡散して産卵し，第2化個体が発生していると考えられる。この急激な拡散の立役者は，気温の上昇も考えられるが何と言ってもイチジクの存在であろう。イチジクは主に民家の周辺に植えられていることから，イシガケチョウの分布拡大にも人為が大きく影響していると考えられる。

　岡山県内には成虫の記録はあるものの，イチジクが見つからない町村もあった。旧・上齋原村の恩原地区で地元の方に聞いたところ，この地域は標高500mを超えていて実が熟さないので，イチジクは一本もないと言うことであった。実際に調べたところ見つからなかった。イヌビワとイタビカズラが自生しておらず，イチジクも植えられていないこのような場所では，成虫が飛んで行くことはあってもイシガケチョウは発生できないため，イチジクの植栽状況が本種の分布拡大を大きく左右している要因であると考えられる。

■ クロコノマチョウ

　島根県・鳥取県では，クロコノマチョウは1950年代から各地でポツポツと成虫が採集されてきていた（岡田，1951 など）。筆者自身も智頭町，瑞穂町，六日市町などの山間部で6例の記録をもち，「山陰のチョウたち」の種解説では「沿岸部には少なく内陸に入った山間部での発見が多いのが不思議」と書いた（淀江，1994）。しかしこの結果は同好者が通うようなチョウのポイントは主に山間部にあり，海岸線や平野部にはあまり採集に行っていなかっ

■ II. 各地で何が起こっているのか？

たということを反映していただけであると考えられる。

　佐々木英之氏は2007年から継続して米子市近郊，松江市近郊の各地で卵・幼虫・成虫を多数採集し，その実態を報告した（佐々木，2009a・b，2010）。この一連の調査によって，クロコノマチョウは平野部から低丘陵地にかけてのジュズダマ群落に広範囲に生息し，発生を繰り返していることが判明した。

　本種が多数生息していることが発見されたのは2007年だが，実際にはいつごろから入り込んでいたのだろうか。次の2つの記録をヒントとして考えてみたい。

　筆者は1991年，島根県昆虫研究会による自然環境調査の際に邑智郡瑞穂町（現・邑南町）で複数の新鮮なクロコノマチョウを採集した。飛び出してきたジュズダマの株をチェックしたところ，蛹の抜け殻がいくつも見つかりそこで発生した羽化直後の個体だとわかった。それまでは散発的にしか得られなかった島根県のクロコノマチョウが，複数発生していることがこのとき初めて確認された（淀江，1992）。

　また，隠岐諸島でも1998年に八幡浩二氏によって複数の個体が初めて発見され，筆者も現地調査したところ，島後の各所で複数採集することができた（八幡，1999）。すなわち，1998年には隠岐で発生を繰り返していたということになる。これらのことから米子市や松江市の平野部にも1990年代には既に土着していて，単に見過ごされていただけでないかと思われる。なお1995年ごろ松江市在住の元教員・谷本幹夫氏にお会いした際に，旧八雲村八雲大社のまわりで複数採集したというお話も聞いていたことを付記する。

■ クロセセリ

　クロセセリが山口県下関市で初めて記録されたのは1978年で（林，1979），当時南方系のチョウとして騒がれたのは強く記憶に残っている。ただこれより前の1970年に武次廣二氏が採集していたことがその後明らかになった（武次廣二氏，私信）。

　追跡調査は下関市の同好者らを中心に行われ，発見地を中心に市内の各所から確認されてきた。最初の採集地では県内の西部地方に局所的に自生するハナミョウガから幼虫が確認されたが，同じショウガ科のミョウガも食草に

することも判り，1980年代から1990年代にかけて県内の各地から記録が相次ぐようになってきた（葛谷，1986；安田・椋木，1987；後藤，1990；大木，1992；武次，1998）。

　ハナミョウガやミョウガは県内の全域に普通に自生し，同じくショウガ科のハナシュクシャなども各地に植栽されていることも判っていたが，分布の全容を解明するには時間がかかることが懸念された。また分布については故白水隆先生の蝶類の回顧録の中で触れられておられた（白水，1989，1993，1996，2000）。1990年代半ばまでは筆者も出かけた先々で確認したものを記録として残していたが，このような片手間の調査では全容の解明は何年先になるか判らないと考えた。この時期山口県のレッドデータブック作成のための現地調査を依頼されていたこともあり，1999年には，それまで未確認だった県内の市町村について，成虫や幼虫が確実に見られると判断した9月の半ばから10月末にかけての休日を全てこの調査に充てた。その結果，未確認だった全ての市町村から最低2か所以上の発生地を発見することができた（後藤，2000b）。すなわち，最初の未発表の記録から約30年間を要して，県内の全域に生息していることが明らかになったことになる。

　本種は，山口県へは下関市の対岸の北九州市の門司か小倉付近から侵入したと考えるのが自然であろう。そして下関市を起点に県内全域に扇状に分布を拡大し，広島県や島根県にも広がっていったと推察される。

　ハナミョウガやミョウガを主な食草とし，ハナシュクシャも食す。年3化で5～6月と7～8月，9～10月に成虫が発生し，蛹で越冬する。幼虫はほかのセセリチョウと同じく葉を折りたたんで，巣営する。幼虫齢数は5齢である。秋季までは食草の葉を表側に折り曲げた形で蛹化するが，冬季の場合はハランが近くにあれば，好んでその葉を表側に折り曲げて蛹化する。これは，冬場はミョウガなどの葉は枯れて腐ってしまうためであると考えられる。

　成虫は，食草が生育する半日陰を好む。各種の山野草や園芸植物の花を訪れて吸蜜し（図7），渓流沿いの路上の湿地帯でもよく吸水し，鳥の糞でも吸汁する。夕方に活発に飛び回り，曇天時には日中でも活動する。なお，山口県内での垂直分布域は，海抜20m程度から500m前後である。

　次に山口県における2000年代以降の本種の動向と，各県での分布の状況などについて述べる。山口県の全域から確認された後の2000年代には，未

II. 各地で何が起こっているのか？

図7　吸蜜中のクロセセリ雌成虫（2014年8月30日，錦町）

記録地を中心に精力的に調査が続けられた（後藤，2005，2006，2007a・b，2009，2010a，2011，2012a・b，2013，2014a，2015，2016a；後藤・稲田，2007，2008，2010；五味，2011，2013，2014，2016；稲田・山本，2012；稲田，2013，2015，2016；後藤・五味，2015；福田，2016など）。その成果を見ると，本種は毎年のように新たな記録が蓄積されており，分布は島嶼にも及んでいる。ミョウガは県内全域に植栽されているため，県内のどの地域でも本種は生息可能であると考えられる。

島根県では本種は1991年に匹見峡で初めて発見された（安田，1992）。その後津和野町から日原町，六日市町，浜田市まで相次いで記録され（淀江ほか，2006），浜田市では2015年にも複数採集された（石本信博氏，私信）。山口県で最初に採集されたのが1970年であったことから，約20年かけて島根県に到達したと考えられる。

広島県では1996年に大竹市で発見されたが（松原・青木，1996），その後分布は拡大し，広島市，呉市，府中町，蒲刈諸島，音戸町，江田島などから2000年頃までに確認された（清水，1998；河野，1998；金沢，1999；岩本，1999；神垣，2001）。2000年以降は大竹市で新たに追加され（中村・脇寺，2002），さらに坂町（東常・中井，2009），東広島市の西条町や安芸津町からも発見されている（福永，2012）。山口県での初記録から27年後に広島県に侵入したことになる。

広島県へは四国から侵入したということも考えられるが，四国での初記録が2000年であることから，中国地方（山口県や広島県）から四国に分布を拡大したと考える方が妥当であろう（白水，2006）。

岡山県ではやや遅れて，2007年9月に倉敷市で発見されたのが最初であった（小橋，2007）。調査はその後も継続されていたが，記録は途絶えていた。2015年7月に総社市から岡山県で8年ぶりとなる記録がでた（渡辺，2016）。これは台風直後の記録であるため，定着しているかどうかはまだ明らかでないが，今後の調査に期待したい。広島県や岡山県でもミョウガは各

地域に自生し，幼虫の食草になっている。

　鳥取県では本種に関する記録は報告されておらず，まだ生息していないと思われる。ミョウガは鳥取県にも自生しており，発生できる条件は整っていると考えられる。

　広島県，岡山県，島根県とも，確認された地点は海岸沿いや島嶼部がほとんどである。今後調査を進めれば，山口県のように内陸部からも発見される可能性は高いと思われる。

　本種は中国地方からは離れた京都府，大阪府，滋賀県などでも記録されているが，これらは人為的に導入されたものであると推定されている（白水，2006）。このような人為的導入は分布調査や各種の研究に大きな混乱を起こす行為であり，絶対に避けなければならない。

クロマダラソテツシジミ

　クロマダラソテツシジミについては，迷入種の一時的な発生であることから，本項ではごく簡単に紹介する。

　2008年に岡山県玉野市で三宅誠治氏によって発生が確認されたのが，本種の中国地方初記録である。三宅氏は綿密な分布調査を行い，その大規模な発生状況を明らかにした。またこのとき広島県福山市でも発見，これが広島県初記録となった（三宅，2008，2009，2010）。

　2009年には山口県で角田正明氏が発見し，その記録と大発生した状況を川元裕氏が詳しく報告した（川元，2009，2010）。また，この年，小坂一章氏は島根県益田市で発見し，これが島根県初記録となった（小坂，2010）。後藤和夫氏を介していただいたこの情報をもとに調査をすすめた淀江が，島根県内の分布拡大状況を報じた（淀江・中井，2010b）。2009年には岸本修氏が広島県呉市で採集している（岸本，2009）。

　2010年は山口県内全域で引き続き大発生したが，2011年，2012年，2013年は山口県内では少数が見られただけに終わった（後藤，2012c，2014b；福田・五味，2013）。

　2013年には島根県で爆発的な大発生があり，その余波で鳥取県でも初記録が出た（淀江，2013，2014）。岡山県や広島県では2013年には記録がなく，

Ⅱ．各地で何が起こっているのか？

2014年は山口県を含めた全県で記録がなかったが，2015年には山口県周防大島で多数の幼虫が発見された（山本，2016）。

謝辞

本稿のとりまとめにあたって，神垣健司，岡野貴司，田村昭夫，渡辺和夫，皆木宏明，八幡浩二，石本信博，藤本徹哉の諸氏にお世話になった。厚く御礼申しあげる。

〔引用文献〕

青木暁太郎 (1984) 広島市におけるミカドアゲハの分布．広島虫の会会報，(23): 29-33.
青野孝昭 (1991) 岡山県から発見されたミカドアゲハ．自然史博物館だより，(6): 5.
近木英哉 (1971) 山陰の蝶．松江今井書店，松江．
藤本徹哉 (2015) 笠岡のチョウ．みちしるべ，(51): 528.
福田晴夫 (2007) トカラ列島臥蛇島でみられたムラサキツバメの秋の移動集団．蝶と蛾，58: 91-96.
福田晴夫・浜栄一・葛谷健・高橋昭・高橋真弓・田中蕃・田中洋・若林守男・渡辺康之 (1984) 原色日本蝶類生態図鑑Ⅲ．保育社，大阪．
福田竹美 (1999) 気になる蝶類数種の採集記録．ちょうしゅう，(11): 1-3.
福田竹美 (2002) 柳井市平郡島でヤクシマルリシジミ採集例．山口のむし，(1): 14.
福田竹美 (2011) 光市におけるヤクシマルリシジミ採集例．山口のむし，(10): 60.
福田竹美 (2016) 周南市金峰山山塊部一帯の蝶類．山口のむし，(15): 40-57.
福田竹美・五味清 (2013) クロマダラソテツシジミ2012年の動向．山口のむし，(12): 47.
福永みちる (2012) 東広島市の蝶．東広島市文化財基礎調査報告，(9): 1-154.
五味清 (2011) 周南市烏帽子岳山塊の蝶類．山口のむし，(10): 39-44.
五味清 (2012) 周南市太華山でヤクシマルリシジミを確認．山口のむし，(11): 53.
五味清 (2013) 周南市太華山一帯で確認した蝶類　追加報告．山口のむし，(12): 48-50.
五味清 (2014) 下松市笠戸島の蝶類．山口のむし，(13): 63-70.
五味清 (2016) 周南市高瀬湖周辺の蝶類．山口のむし，(15): 29-39.
後藤和夫 (1990) 山口県で分布を広げるクロセセリ．北九州の昆蟲，37(3): 134.
後藤和夫 (1999a) 山口県下でヤクシマルリシジミの生息を確認．蝶研フィールド，(154): 20-21.
後藤和夫 (1999b) 山口県下に於けるヤクシマルリシジミの分布地について．北九州の昆蟲，46(1): 66-67.
後藤和夫 (1999c) 山口県に於けるウスバシロチョウの生息地調査．北九州の昆蟲，46(2): 95-97. 1pl.
後藤和夫 (2000a) ヤクシマルリシジミ追加報告．ちょうしゅう，(12): 9-10.
後藤和夫 (2000b) クロセセリ山口県下全域に分布．蝶研フィールド，(164): 12-13.
後藤和夫 (2001) ヤクシマルリシジミ大畠町で採集．山口県の自然，(61): 41-42.

後藤和夫 (2005) 小野田市竜王山の蝶類．山口県の自然，(65): 36-40．
後藤和夫 (2006) 宇部市霜降岳の蝶類．山口のむし，(5): 11-14．
後藤和夫 (2007a) 下関市豊田町華山の蝶類．山口のむし，(6): 5-10．
後藤和夫 (2007b) 宇部市荒滝山の蝶類．山口のむし，(6): 11-14．
後藤和夫 (2009) 北長門海岸国定公園青海島の蝶．山口のむし，(8): 7-12．
後藤和夫 (2010a) 萩市（旧須佐町）高山山塊の蝶類．山口のむし，(9): 19-26．
後藤和夫 (2010b) 山口県の山陰地方でヤクシマルリシジミが分布．山口のむし，(9): 37-38．
後藤和夫 (2011) 山口市徳地長者ヶ原の蝶類．山口のむし，(10): 24-32．
後藤和夫 (2012a) 萩市田床山山塊部一帯の蝶類．山口のむし，(11): 3-12．
後藤和夫 (2012b) 防府市向島の蝶類．山口のむし，(11): 13-20．
後藤和夫 (2012c) クロマダラソテツシジミ 2011 年の動向．山口のむし，(11): 25．
後藤和夫（2012d) ヤクシマルリシジミ県西部の山陽小野田市で確認．山口のむし，(11): 26．
後藤和夫 (2013) 宇部市平原岳一帯の蝶類．山口のむし，(12): 15-24．
後藤和夫 (2014a) 美祢市桂木山山塊部一帯の蝶類．山口のむし，(13): 21-31．
後藤和夫 (2014b) 2013 年に山口県で発生したクロマダラソテツシジミ．山口のむし，(13): 39-41．
後藤和夫 (2015) 山陽小野田市松岳山一帯の蝶類．山口のむし，(14): 15-24．
後藤和夫 (2016a) 山口市一の坂ダム地域一帯の蝶類．山口のむし，(15): 3-12．
後藤和夫 (2016b) 県内のウスバアゲハと最近の分布域について．山口のむし，(15): 68-69．
後藤和夫 (2016c) ヤクシマルリシジミ長門市の青海島に分布．山口のむし，(15): 70．
後藤和夫・稲田博夫 (2007) 柳井市平郡島で確認した蝶類．山口のむし，(6): 1-4．
後藤和夫・稲田博夫 (2008) 皇座山山塊一帯で確認した蝶類．山口のむし，(7): 1-6．
後藤和夫・稲田博夫 (2010) 防府市大平山山塊部一帯の蝶類．山口のむし，(9): 9-18．
後藤和夫・五味清 (2015) 錦川中流域の蝶類．山口のむし，(14): 35-49．
後藤和夫・管哲郎 (2016) 山口県で採集したスナアカネについて．山口のむし，(15): 159-161．
林直哉 (1979) クロセセリ本土に土着．昆虫と自然，14(13): 20-22．
比婆科学教育振興会編 (1997) 広島県昆虫誌Ⅱ，広島県昆虫誌刊行会，広島．
広島虫の会編 (1982) 広島県のチョウ．広島．
稲田博夫 (2013) 岩国市高照寺山山塊部一帯の蝶類．(12): 35-43．
稲田博夫 (2015) 岩国市銭壺山，大将軍山山塊部一帯の蝶類．山口のむし，(14): 52-59．
稲田博夫 (2016) 岩国市城山一帯の蝶類．山口のむし，(15): 21-28．
稲田博夫・五味清 (2011) 岩国市と光市でヤクシマルリシジミを確認．山口のむし，(10): 49．
稲田博夫・山本弘三 (2012) 周防大島（屋代島）の蝶類．(11): 31-43．
井上大成 (2011) ムラサキツバメの分布拡大と生活史．地球温暖化と南方性害虫（積木久明編）: 72-83，北隆館，東京．
石田明儀 (1968) 出雲市のムラサキツバメ．NECYDALIS, 1(2): 14．
岩本修 (1999) 呉市でのクロセセリの記録．広島虫の会会報，(38): 14．

II. 各地で何が起こっているのか？

岩本修 (2001) 呉市でヤクシマルリシジミの記録．広島虫の会会報，(40): 76.
神垣健司 (2000) 下蒲刈町でヤクシマルリシジミを採集．げいなんの自然，(4): 84-85.
神垣健司 (2001) 広島県の蝶類図鑑．自刊，広島．
金沢久夫 (1999) 安芸郡府中町の蝶類追加（続報）．広島虫の会会報，(38): 49.
川元裕 (2009) 山口県でついにクロマダラソテツシジミ発見される！ ちょうしゅう便り，(17): 22.
川元裕 (2010) 山口県内におけるクロマダラソテツシジミの発生状況について．山口のむし，(9): 49-64.
岸本修 (2009) クロマダラソテツシジミ採集の記録．広島虫報，(48): 57.
小橋理絵子 (2007) 岡山県初記録のチョウ「クロセセリ」を確認．しぜんしくらしき，(63): 14.
河野一成 (1998) クロセセリを広島市で採集．広島虫の会会報，(37): 6.
小坂一章 (2010) 島根県益田市に出現したクロマダラソテツシジミ．山口のむし，(9): 67-68.
小坂和彦 (1946) 岡山県産蝶類目録．岡山博物同好会会報予報 其の 1.
小林一彦 (1968) 鳥取県産蝶類略目録．鳥取県立博物館収蔵資料目録 (5): 42-59.
葛谷健 (1986) 山口県宇部市でクロセセリを目撃．昆虫と自然，37(14): 10-11.
松原久美・青木暁太郎 (1996) 大竹市でクロセセリ幼虫を採集．広島虫の会会報，(35): 4.
松嶋政男 (1978) 倉吉でイシガケチョウを採集する．すかしば，(10): 4.
三熊良一 (1991) 1990 年度の岡山県におけるイシガケチョウの記録．みちしるべ，(11): 51-52.
三島秀夫 (1987) 談話会（大田市の蝶を語る）．すかしば，(27): 5-7.
三島寿雄 (1954) 米子・大山を中心とする蝶類分布．米子市立第一中学校生物部，米子．
三島寿雄 (1983) 大山北側のウスバアゲハの記録．すかしば，(19): 4.
三島寿雄 (1994) 大山の開発とチョウ．山陰のチョウたち（山陰むしの会 編）: 195-196. 山陰中央新報社，松江．
三島寿雄・松岡嘉之 (1979) 大山の蝶．今井書店，米子．
三島昭一 (1990) 島根県東部のムラサキツバメ調査記録．すかしば，(34): 19.
三宅誠治 (2002) 岡山県産蝶類データ集．自刊．
三宅誠治 (2008) 岡山県南部でクロマダラソテツシジミの発生を確認．みちしるべ，(42): 381-384.
三宅誠治 (2009) 岡山県のクロマダラソテツシジミ続報．みちしるべ，(43): 393-402.
三宅誠治 (2010) 2008 年瀬戸内地方でのクロマダラソテツシジミの発生を俯瞰して．日本鱗翅学会中国支部会報，(11): 13-17.
宮本巌 (1973) 島根半島植物誌．自刊．益田市．
三好和雄 (1959) 山口県の昆虫相瞥見．山口県の自然，(4): 18-20.
三好和雄 (1987) 最近県下で採集された注目される昆虫類．山口県の自然，(47): 47-48.
中村慎吾・脇寺満文 (2002) 広島県弥栄ダム周辺の昆虫類．比婆科学，(205): 15-152.
難波通孝 (1978) 岡山県のイシガケチョウについて．すずむし，115: 1-12.
難波通孝 (1994) "1994" イシガケチョウの飛翔．丸善出版サービスセンター，自刊．
難波通孝 (1999) ミカドアゲハの幼虫を笠岡で採集．みちしるべ，(27): 216-217.
難波通孝 (2002) 岡山県におけるミカドアゲハの現状．みちしるべ，(29): 233-238.

難波通孝 (2004) ミカドアゲハを岡山市で記録．みちしるべ，(34): 288-289.
難波通孝 (2009) 岡山県におけるミカドアゲハの分布拡大について―東進に関する定点調査 (1999～2008)．月刊むし，(457): 25-31.
成瀬悟朗 (1951) 島根のイシガケチョウ．新昆虫，4(13): 24-25.
野津大 (1991) 隠岐島でイシガケチョウ発見される．すかしば，(35): 7.
織田明文 (1980) イシガケチョウの分布資料．すずむし，(117): 20.
大林一夫 (1930) 尾道地方の蝶に就て．関西昆虫学会会報，(1): 103.
大木孝行 (1992) 徳山市のクロセセリ発生状況について．ちょうしゅう，(6): 6.
岡田雅裕 (1951) 島根県石見地方のコノマチョウについての訂正．昆虫石見，(2): 2.
岡野貴司 (2002) 美星町におけるウスバアゲハの採集記録．みちしるべ，(30): 250.
岡野貴司 (2015) ヤクシマルリシジミはいつ岡山県に進入してくるか．日本鱗翅学会中国支部会報，(16): 5-11.
佐々木英之 (2006) 鳥取県西部において秋季にムラサキツバメの発生を確認．すかしば，(54): 17-18.
佐々木英之 (2009a) 鳥取県西部で発生したクロコノマチョウ．ゆらぎあ，(27): 1-5.
佐々木英之 (2009b) 島根半島におけるクロコノマチョウの分布．すかしば，(57): 7-8.
佐々木英之 (2010) 続・島根半島におけるクロコノマチョウの分布．すかしば，(58): 4-6.
澤田博仁 (2008) 岡山県におけるウスバシロチョウの新産地と南限を求めて．すずむし，(143): 30-31.
重中良之 (2004) ヤクシマルリシジミ柳井市で確認．山口のむし，(3): 19.
重中良之 (2006) ヤクシマルリシジミ光市岩城山と平生町大星山で確認．山口のむし，(5): 28.
重中良之 (2015) 柳井市で確認した蝶類．山口のむし，(14): 66-68.
清水健一 (1998) 広島市内でクロセセリを採集．広島虫の会会報，(37): 21.
白水隆 (1989) 1988年の昆虫界をふりかえって．蝶界（国内）．月刊むし，(216): 23-37.
白水隆 (1993) 1992年の昆虫界をふりかえって．蝶界（国内）．月刊むし，(266): 23-37.
白水隆 (1996) 1995年の昆虫界をふりかえって．蝶界（国内）．月刊むし，(302): 2-18.
白水隆 (2000) 1999年の昆虫界をふりかえって．蝶界（国内）．月刊むし，(351): 2-14.
白水隆 (2006) 日本産蝶類標準図鑑．学習研究社，東京．
小路嘉明・大崎和夫 (1996 [1997]) 山口県大島（屋代島）でヤクシマルリシジミを採集．ちょうしゅう，(9): 2-3.
角美智雄・吉田公彦 (2001) 蒲刈島でヤクシマルリシジミ採集．広島虫の会会報，(40): 67.
立川周二 (1991) 隠岐島で3頭目のイシガケチョウを採集．すかしば，(35): 7.
田川研 (1999) 頭に血がのぼった5月初旬の体験．ニュースレター，(13): 1.
武次房江 (1998) クロセセリの生態2題．蝶研フィールド，13(5): 25.
竹内亮 (1993) 鳥取県東部のウスバシロチョウ．すかしば，(39/40): 12-23.
東常哲也・中井和彦 (2009) 昆虫．堺町史自然編（堺町史編纂委員会編）: 195-307.
上村正・上村兼子 (1958) 山口県産蝶の採集．自刊．
渡辺一雄 (1992) イシガケチョウの1985年前後以降の個体数バースト．すかしば，(37/38): 45-47.

Ⅱ．各地で何が起こっているのか？

渡辺和夫 (2016) 総社市でクロセセリを採集．すずむし，(151): 22.
山本弘三 (2016) 周防大島町でクロマダラソテツシジミを確認．山口のむし，(15): 81.
山本正志 (1989) 太田市周辺のイシガケチョウ調査記録と知見．すかしば，(31): 6-7.
安田正利 (1992) 匹見町でクロセセリを採集．ちょうしゅう，(6): 5.
安田正利・椋木博昭 (1987) クロセセリ，萩市で発生!? ちょうしゅう，(1): 24.
八幡浩二 (1999) 隠岐・島後でクロコノマチョウを採集．すかしば，(47): 4.
淀江賢一郎 (1988) 島根県のイシガケチョウ．すかしば，(29): 10-11.
淀江賢一郎 (1991a) 浜田市で採集されたというムラサキツバメについて．蝶研フィールド，(59): 25-26.
淀江賢一郎 (1991b) 隠岐・島後でイシガケチョウ採集．すかしば，(35): 7.
淀江賢一郎 (1992) クロコノマチョウを瑞穂町で採集．すかしば，(37/38): 74.
淀江賢一郎 (1994) クロコノマチョウ解説．山陰のチョウたち（山陰むしの会編）: 139, 山陰中央新報社，松江．
淀江賢一郎 (1997) ムラサキツバメ解説．「しまねレッドデータブック動物編」: 310-311. 島根県環境生活部，松江市．
淀江賢一郎 (2004) 追記．改定しまねレッドデータブック（島根県環境生活部景観自然課 監修）: 88. ホシザキグリーン財団，平田市．
淀江賢一郎 (2013) 鳥取県で初めてのクロマダラソテツシジミを採集．月刊むし，(514): 3.
淀江賢一郎 (2014) クロマダラソテツシジミ2013年の島根県の発生状況．すかしば, (61): 1-7.
淀江賢一郎・中井博喜 (2010a) 山陰地方における最近の蝶の話題．Butterflies (S. fujisanus), (50): 49-54.
淀江賢一郎・中井博喜 (2010b) クロマダラソテツシジミ島根県における分布拡大（2009年）．すかしば，(58): 21-26.
淀江賢一郎・坂田国嗣・藤原泰樹・山本正志 (2006) 島根県の蝶類．新島根の生物（日本生物教育会島根大会実行員会編）: 219-245，出雲．
吉田公彦 (2002) 芸予諸島のヤクシマルリシジミ．広島虫の会会報，(41): 41-42.

（淀江賢一郎・後藤和夫・難波通孝）

Ⅱ．各地で何が起こっているのか？

10 九州及び南西諸島におけるチョウの分布拡大

■ チョウの分布拡大最前線

　南西諸島から九州本土にかけての地域には，毎年迷チョウが飛来する。それらのほとんどは目撃・採集されるだけか，あるいは一時的に発生しても定着することはなく，翌年春までには見られなくなる。しかし，一部のチョウでは越冬に成功し，翌年春からも発生が続けて見られるようになることがある。そのような場合には「定着したか？」と一時的には話題になるが，珍しさが失われると次第に報告も少なくなり，注目しなくなった頃に姿を消すことがある。例えば1997年から2010年代にかけて，九州南部でのカバマダラ *Danaus chrysippus* がこのような経過を見せた（福田，2003，2004；熊谷，2013）。このような経験をする度に，筆者は分布拡大の最前線に立ち会っていることを実感する。この地の利を活かして，何とか分布拡大の現象を理解したいというのは，鹿児島に住む者として常に意識していることである。

　福田（2012a・b）は，「1950年以降に南西諸島を北上したチョウ類」として，ウスキシロチョウ *Catopsilia pomona*，ナミエシロチョウ *Appias paulina*，ベニモンアゲハ *Pachliopta aristolochiae*，タイワンクロボシシジミ *Megisba malaya*，クロボシセセリ *Suastus gremius*，ツマムラサキマダラ *Euploea mulciber* の6種について，分布拡大の過程をまとめ，その原因を探る考察を加えた。本稿では上記6種について，福田氏のまとめを示しながら，南西諸島でのチョウの分布拡大に，食餌植物や人為的撹乱，気温などが影響するのかどうかを概観したい。個々の引用文献は，福田（2012a・b・c）を参照して欲しい。また，あわせて九州・南西諸島地域で分布拡大が注目される他のいくつかの種についても，トピックスとして最近の調査・観察事例を紹介する。

■ 北進したチョウ類の状況

(1) ウスキシロチョウ

　インド-オーストラリア区に広く分布している。八重山諸島における明確

II．各地で何が起こっているのか？

な初記録は 1961 年 8 月の西表島におけるタガヤサンでの発生で，石垣島でも同じ時期にタガヤサンで多く発生していたとされている。沖縄本島では 1920 年代から散発的な記録があったが，1956 年頃に高良がそれまでの記録を整理した際は，比較的まれな種であったようだ。ところが全島緑化の波に乗って各地に植えらえたタガヤサンで，1959 年 6 月頃から本種が大発生し，

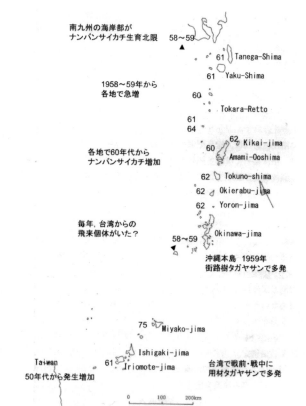

図 1　ウスキシロチョウの北進状況（福田，2012a より引用）
1958 〜 1959 年の激増で一挙に分散範囲が広がり，食餌植物の増加・北上と共に定着範囲を広げた。

＊島名脇の数字（2 桁）は西暦年数の後半で，特に説明がついていない限り，後年の定着にかかわる初発見年（図 2 〜図 6 の分布図も同様）。本種において，北限奄美大島以北の数字は，初記録を示す。

10 九州及び南西諸島におけるチョウの分布拡大

1974〜1975 年には越冬・定着が確認された．奄美諸島での初記録は，奄美大島で 1932 年，与論・徳之島・喜界島ではいずれも 1962 年，沖永良部島では 1995 年である．奄美大島では 1958 年から記録が増え，1995 年以降は毎年発見されているが，名瀬の農業試験場のナンバンサイカチ並木では 1960 年代から発生していたという（図 1）．トカラ列島以北の地域からも記録が多い．

現時点での越冬・定着の北限は奄美大島で，トカラ列島でも定着している可能性は高いが確認されていない．屋久島・九州南部でも，3 月に越冬後と見られる成虫の記録はあるものの，春には幼虫が食べる新芽がないためか，次世代の発生は確認されていない．主に夏の季節風に乗って，5 月から 9 月に移動・分散する．南西諸島では，本種は食餌植物を外来の植栽樹に 100％依存しており，北進・定着の原因もここにあると思われる．本種はまず，台湾でタガヤサンの植栽によって大発生して南西諸島中部（沖縄県）に広がり，その後に沖縄県でのタガヤサンの植栽によって鹿児島県への飛来個体が急増し，鹿児島県に植栽されたナンバンサイカチで発生したと思われる．

(2) ナミエシロチョウ

インドから中国南部を経てオーストラリア北部にかけての熱帯・亜熱帯に広く分布し，南西諸島がその北限となる．八重山諸島では 1800 年代末から記録があり，普通に生息していたらしい．宮古島での初記録は 1963 年で，1964 年にも多数見られ食餌植物も確認されていることから，この頃既に定着していた可能性もある．沖縄本島では 1923〜1933 年と，1965〜1967 年に少数の記録があり，発生した可能性もあるが定着しなかった．1973 年に多数，1976 年に 3 ♂ という記録があった後，1977 年に再び多数が報告され，1978 年春からは記録がほぼ連続している．奄美諸島では，奄美大島で 1973 年に 1 ♂ 1 ♀ が記録され，その後 1980 年からはほぼ連続的に記録されるようになった．徳之島と沖永良部島では 1980 年に多数の記録があり，与論島では 1991 年が初記録，北端の喜界島では 1982 年に初記録がある．すなわち，奄美諸島では，本種は南から順次北上したというわけではない．奄美大島以外では記録がばらつき，2 年連続して記録されたことも無いが，食餌植物がかなり普通であることから，1970 年代から定着していると推定される．トカ

295

■ Ⅱ. 各地で何が起こっているのか？

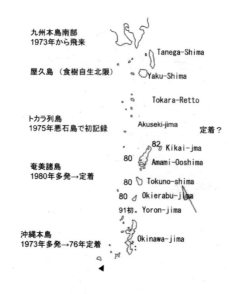

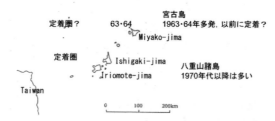

図2 ナミエシロチョウの北進状況（福田，2012a より引用）
八重山諸島では定着種，宮古諸島でも定着している可能性がある。1973年に沖縄諸島で多発し，80年代に奄美諸島に広がる。多発の原因は，干ばつに続く暖冬だったかもしれない。

ラ列島での初記録は1975年の悪石島で，同島では1982年に2♂など，記録が散見される（図2）。悪石島は食餌植物の自生地でもあり，幼虫期の確認例がないものの，奄美大島と同じ頃から定着し，その北限となっていると推定される。

　食餌植物のツゲモドキ（トウダイグサ科）は悪石島を北限（屋久島という文献もあるが，同島では我々による分布確認はない）としてそれ以南のほと

10 九州及び南西諸島におけるチョウの分布拡大

んどの島に自生しているが（主に海岸近くの石灰岩地帯），近年は海岸林や防風林の整備などで減少傾向が強い。本種の移動・分散の方法は，迷チョウとしての記録が各地に多いことや，船上で観察された記録があることなどから，南西風を利用しての自力飛翔であると思われる。移動・分散につながる生息地での大発生は，多数の食餌植物の若葉が一斉に供給されることで引き起こされていると思われる。1960年代に北進を開始した原因は良くわからないが，沖縄本島で1963年の夏に起こった72年ぶりの大干ばつは翌年10月まで続き，1972～73年の冬は暖冬であった。このような異常気象が個体数増加のきっかけになる可能性があるが，暖冬（高温）によって本種が北進したということを示すデータは無い。

(3) ベニモンアゲハ

インド，インドシナ半島，ボルネオなどから中国南部，台湾に広く分布するが，ルソン島には分布していない。石垣島では楚南（1924）が1907年11月の岩崎卓爾による採集記録を紹介しているが，楚南自身は二十数年間で4～5頭程度しか捕獲出来なかったという。その後数十年間記録は無く，1968年に波照間島，西表島，石垣島で記録が出た。1969年には西表島で3月から記録され，7～8月には普通種となった。波照間島でも1969年7月には普通に見られ，さらに，石垣島，小浜島，竹富島といった広範囲から記録された。宮古諸島での初記録は1975年の8月と10月で，多数の個体が採集された。1976年以降も記録が続き定着した。沖縄本島では1964年に1♂が採集され，1969年にも目撃記録があったが，その後1970年代には記録がなく，1980年代にも散発的な記録が見られた程度であった。1992年8～11月に恩納村，読谷村で10頭以上が記録され，1993年には古宇利島でも記録があり，1994年からは各地に多くなり，数年でほぼ全島に広がって定着した。奄美諸島では1993年8月の与論島が初記録で，沖縄本島での分散したのと同じ時期に侵入したらしい。その次の記録は1997年であったが，1998年には幼虫も確認され，今日まで定着している。沖永良部島の初記録は1997年で，その後定着したらしい。奄美大島では沖永良部島と同じ1997年に笠利町で1♀が採集されたのが初記録で，2001年8月には1頭が目撃され，2002年4月

297

■ II. 各地で何が起こっているのか？

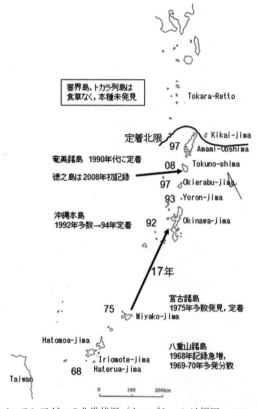

図3 ベニモンアゲハの北進状況（キャプションは福田，2012a を改変）
1963年八重山諸島に台湾から侵入して多発したのか，あるいは既に少数の定着個体がいてそれから多発したのかは未詳である。その後30年かけてゆっくり北上し，現在の定着北限の奄美大島に達した。食餌植物の空白地帯が北進を阻んでいる。

からは名瀬・笠利で多数発生し，2003年には島内で普通種となり，加計呂麻島でも発見された。徳之島では最も遅く，2008年に1頭が，2009年にも2頭が目撃されたが定着は確認されていない。喜界島，トカラ列島には食餌植物も無く，侵入した記録も無い。なお，福田（2012a）に掲載されたMap3はナミエシロチョウと同じものが誤って使われており，ここに福田氏から提供を受けた正しいものを提示する（図3）。

10 九州及び南西諸島におけるチョウの分布拡大

食餌植物として，ウマノスズクサ科のリュウキュウウマノスズクサ，コウシュンウマノスズクサ（宮古諸島のみ），ウマノスズクサ（植栽されたものが逸出）を利用している。食餌植物のないトカラ列島が北進を妨げる障壁となっている可能性があるが，屋久島以北に生えるオオバウマノスズクサを幼虫に与えると食すので，侵入すれば定着する可能性がある。南西諸島における北進速度は6種の中で一番遅く，宮古島—沖縄本島間の273kmを17年かかっている。これは海を越えて長距離移動しているという可能性が低いことを示唆している。飛翔は少し弱そうで長距離移動には不向きであるように見えるが，風に吹き飛ばされやすいかもしれない。沖縄県への北進・定着には，2回の波があったと推定される。1968〜1969年に八重山諸島で激増したときは，台湾から多数飛来した可能性が高いが，それを示唆する台湾での情報はない。2回目は宮古諸島3島で1975年8月に突然多数採れたときだが，これは多数の個体が他所から飛来したのではなく，その前に侵入していた個体がいて，何らかの原因で多発した可能性もある。ウマノスズクサ類では，森林の伐採後に日当たりが良くなると新芽を多数出すという現象が見られるので，このような環境変化があったのかもしれない。

(4) タイワンクロボシシジミ

インド，ヒマラヤから中国南部，インドシナ，マレー半島，スンダ列島を経てオーストラリアまで，アジアの熱帯・亜熱帯に広く分布する。八重山諸島では戦前から生息していたらしく，1895年には琉球産としてリストされている。戦後では1960年と1961年に，石垣島で幼生期・食餌植物の報告がある。1969年には石垣島，西表島で大発生し，1972年には石垣島，西表島のほか与那国島，黒島などでの記録も多い。宮古諸島では1971年3月の1頭が初記録であり，上記の1969年の大発生時に本諸島にも侵入した可能性がある。沖縄本島では1924年に種名のみの記録があり，1969年4月に1♂が採集され，1970年8月と10月にも記録が続いた。1971年には記録が無く，1972年ごろから越冬し，1973年には多発して定着したと推定される。奄美諸島では，沖縄諸島で増えた後の1970年代に広がったらしい。各島の初記録は，与論島が1974年11月（多数），沖永良部島が1973年10〜11月（多数），

II. 各地で何が起こっているのか？

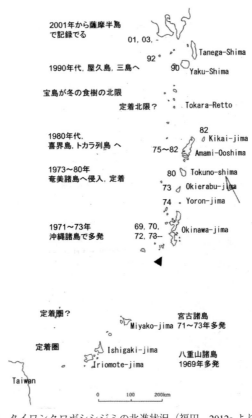

図4 タイワンクロボシシジミの北進状況（福田, 2012a より引用）
1969 年に八重山諸島で，1971～1973 年に宮古・沖縄諸島で多発し，70～80 年代に奄美諸島へ北進した。冬の食餌植物の有無が北限を規制しているか？　図中トカラ以北の西暦下二桁数字は初記録を示す。

徳之島が 1980 年 9～11 月（多数），奄美大島が 1975 年 10 月（3 頭），喜界島が 1982 年 11 月（1 頭）で，その後の記録から見て，発見時点から定着を始めたか，あるいはそれ以前に定着していたものと考えられる。ただし，越冬状況は詳しくわかっておらず，特に徳之島，奄美大島などではさらに調査が必要である。トカラ列島では中之島で 1985 年，諏訪瀬島で 1991 年，口之島で 2009 年 10 月に初記録があり，その後越冬・定着している可能性はある

が，未確認である．大隅諸島では屋久島で1990年に1♀，黒島で1992年に2♂の採集記録があり，九州本土では薩摩半島南さつま市で2001年9月に初記録があり，その後2003年8〜10月に発生したが，いずれも定着していない（図4）．

　食餌植物としては日本では，トウダイグサ科のアカメガシワ，ウラジロアカメガシワ，ヤンバルアカメガシワ，クスノハガシワ（沖縄本島では冬の食餌植物，宝島以南に分布），オオバギ，ムクロジ科のアカギモドキ（宮古島が北限），ユキノシタ科のヒイラギズイナの3科7種が記録されている．食性は広いが，樹木の蕾，花，幼果を主に利用しており，最も自生域が広く個体数が多いのはアカメガシワである．タイワンクロボシシジミはアカメガシワの雄株（雄花）のみを利用しているらしく，雌株（雌花）では卵・幼虫が発見されない．奄美大島ではアカメガシワは木によって花期が異なり，4月下旬には開花している木が多く，盛夏から10月頃まで連続して花が見られるが，冬には落葉してしまう．定まった越冬態を持たずにいろいろなステージで成長しながら越冬するためには，冬に開花するクスノハガシワの存在が重要で，その分布から考えて宝島が現在の分布北限である可能性が高い．冬の食餌植物の有無が北限を規制している例と言えるかもしれない．

　本種の場合，チョウも食餌植物も人為的な搬入があったとは考え難いので，自力で風に乗って海を渡ったのであろう．1969〜1971年頃の八重山諸島での個体数増加が，北進開始の引き金になった可能性がある．

(5) クロボシセセリ

　インドからインドシナ半島，海南島，ホンコン，中国南部，台湾に分布するが，南西諸島への侵入源は台湾と推定される．八重山諸島では，1973年4月の石垣島での発生が初記録である．1977年には不連続に広がり，1978年には石垣島ほぼ全島で見られるようになった．西表島での初記録は1973年10月の1♂であるが，これが台湾からの直接侵入であるか，石垣島からの侵入個体であるかは判断できない．以後は1979年7〜11月に多数が記録され，このころに定着したらしい．宮古島初記録は1975年1月に幼虫が多数発見されたというもので，1974年に産卵されたことは間違いない．1973年に八重山諸島と同時期に侵入した可能性と，八重山諸島から分散してきた可

II. 各地で何が起こっているのか？

能性がある。以後，1976年，1977年と記録が続き，定着したらしい。沖縄本島では1977年5月に那覇市安謝港近くの小学校で成虫・卵・幼虫が多数確認され，その後少しずつ分散して1981年にはほぼ全島に広がった。調査精度の高い地域なので，1977年1～4月あるいはその前年に侵入したと推定される。奄美諸島では南から順に見ると，与論島では1986年の初記録の後は，2001年まで記録されず，報告された記録数が少ないが，現在もごく少数定着しているようである。沖永良部島では1984年に1♀，1988年に幼虫，1992年に1♂の記録があるが，その後の記録は少ない。徳之島では1985年（卵・幼虫）が初記録で，1986年，1987年にも記録が続き定着した。その後，個体数が減ったらしく，しばらく見つからない年もあったが福田氏は2008年，2009年には再び勢力が回復傾向であることを確認している。奄美大島では1998年10月の龍郷町赤尾木での1♂が初記録で，2000年にも1頭が記録され，2001年には発生も確認されて，2004年にはほぼ全島に広がり定着している。加計呂麻島，請島でも記録されたが，与路島では未発見で，喜界島でも見つかっていない。トカラ列島，大隅諸島では注意して何度も調査しているが見つかっていない。九州本島では，2006年9月に指宿市山川で発生が確認された。この個体群はそのまま定着して薩摩半島で分布拡大中であり，2009年には対岸の大隅半島でも確認された（図5）。さらに2010年には宮崎市日南海岸でも発見されたが，ここは自力によって飛来したのか人為的移動があったのかは未詳である。

　ヤシ科の18属23種の食餌植物が知られるが，野生種はビロウとクロツグの2種のみであり，人が植栽した食餌植物が広い生息可能性地を作り出している。そのために海を渡る手段としては人による運搬と自力飛翔の両方の可能性があるが，いずれもまだ具体的な確認事例はない。

　北進・定着した原因として，1973年の石垣島での個体数増加が挙げられ，ここが新しい供給源になって北進した可能性がある。この最初の増加の原因としては，①台湾から多数飛来した，②1972年と1973年の暖冬がそれ以前に侵入していた個体を増加させた，③ヤシ類に付いて侵入したなどが考えられる。冬の低温は九州本土での北上の抑制要因になり得るが，近年鹿児島市内にまで北進した本種の今後の動向に注目したい。

10 九州及び南西諸島におけるチョウの分布拡大

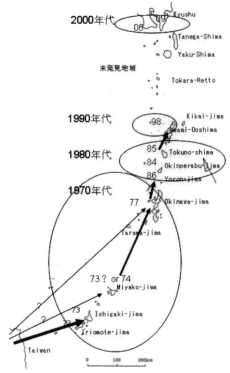

図5 クロボシセセリの北進状況（福田，2012b より引用）

1973年八重山諸島で初記録が出た。これは 1972〜1973 年の暖冬で増加したのか，または 1973 年に台湾から侵入したのかはわからない。70 年代に沖縄まで北進した。2010 年現在南九州の海岸線において分布拡大中である。自力飛翔と人の運搬による分散が想定される。

(6) ツマムラサキマダラ

　インド，中国南部，インドシナ，台湾，フィリピンなどに広く分布する。日本では時にルソン亜種 *E. m. dufresne* も採集されるが，南西諸島を北上したのは台湾亜種 *E. m. barsine* である。八重山諸島では 1970 年代から石垣島・西表島・与那国島で少数の記録が出て，1980 年代には西表島・石垣島での発見年と採集個体数も多くなり，一時的な発生を思わせるデータも増えた。1986 年からは記録が連続し，1992 年には 6 月から与那国島・西表島・石垣

II. 各地で何が起こっているのか？

島・黒島で激増し，八重山諸島に定着したと見なせ，同時にこの頃から北上を始めた可能性がある．宮古諸島では，その3年後の1995年に伊良部島で14♂11♀，下地島で3♂1♀が記録され，宮古島と來間島でも同年に各1♂の記録が出た．その後も記録が続いたことから，宮古諸島では1995年の多発以降，今日まで定着しているのだろう．沖縄本島では1980年代前半に少数のまとまった記録があり，一時的に定着・発生した可能性が示唆される．この1980年代前半の沖縄本島での発生が，沖永良部島での1981年と1982年，奄美大島での1983～1984年，対馬での1981年の記録につながったと思われる．沖縄本島では，八重山諸島と同じ1992年6月から急増し，1994年から定着が認められた．奄美諸島を南から見て行くと，与論島では1992年に初記録が出て，1995年に多発した．沖永良部島では1981年の初記録の後，1982年，1992年，1994年，1996年と少数の記録が続き，1997年に激増した．徳之島では1998年（2♂2♀），1999年（多数）と記録が続いた．これら3島への正確な定着年は不明だが，現在まで定着している．奄美大島では1983年，1984年に少数が記録された後，1995年からは発生を思わせる記録が出始めて，1999年には幼虫が発見された．喜界島では1998年に初記録が出て，現在まで継続して生息している．現在の定着北限地は，トカラ列島にあるかもしれないが，それを裏付ける証拠は得られていない．トカラ列島での初記録は，宝島で1999年，小宝島で2000年，中之島で1999年などである．大隅諸島から薩摩半島南部にかけては，2000年代に多くの飛来記録が出ているが，発生は確認されていない（図6）．

　移動・分散の方法としては，台湾では季節的な移動性があること（陳，1977）や，気流に乗りやすい飛翔をすることから，北進も自力による分散であることは疑いないだろう．1992年の八重山諸島での個体数増加が定着や北進のきっかけとなったと思われる．食餌植物はクワ科とキョウチクトウ科の2科4属にわたり，以前から十分に存在していた．その年に台湾から8月頃に飛来個体が多かったということも考えられるが，これに関する情報は台湾でも八重山諸島でも残されていない．1992年を含む数年間は，冬に顕著な高温が続いたため，これが本種の個体数増加や移動にプラスに働いた可能性があるが，その証拠は得られていない．野林（2002，2004）による沖縄本島でのモニタリング調査では，10～12月に個体数が増加することが認め

10 九州及び南西諸島におけるチョウの分布拡大

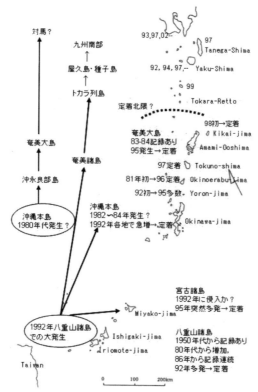

図6 ツマムラサキマダラの北進状況（福田，2012bより引用）
1992年に八重山諸島などで激増して北進した。激増の要因は数年続いた暖冬かあるいは台湾からの飛来かと推定される。トカラ以北の西暦下二桁は初記録を示す。

られており，越冬時の集合性がうかがわれる。一方，年間を通して卵・幼虫・蛹が見られ，周年発生を繰り返しているらしい。沖縄本島中・南部では1998～2001年の冬は暖冬が続き，個体数は多かったが，2002年から2003年にかけての冬の低温で激減し，かろうじて世代をつなげた。

(7) その他の北進種

上記6種ほどではないが，南西諸島で1950年以降に小規模な北進を示したものとして，福田（2012b）は以下の6種を挙げている。

Ⅱ．各地で何が起こっているのか？

●バナナセセリ *Erionota torus*
　1971年6月に沖縄本島で1♀が採集され，8月に発生が確認され，間もなく全島に広がった。国外から人為的に搬入された可能性も示唆されたが，チョウの自力飛翔による分散も含めてさらに検討する必要がある。1995年には与論島でも発見され，以後定着していると思われているが，2014年には6月と11月に探したものの見つからなかった（金井，未発表）。これらの個体群とは別に2002年3月に与那国島で初記録が出て，2004年には石垣島に侵入，定着した。食餌植物のバナナ類は各島に多い。

●ユウレイセセリ *Borbo cinnara*
　八重山諸島・宮古諸島には以前から生息していた。沖縄本島では1973年に多くの記録が出たが，それ以前から発生していた可能性がある。現在も生息しており，食餌植物のイネ科植物は各島に多い。

●イワカワシジミ *Artipe eryx*
　八重山諸島から奄美大島まで生息していたが，2006年に屋久島で発見され，現在まで定着している。屋久島にはそれ以前から生息しており，この年に大発生して発見された可能性も考えられる。しかし，1950年代以降この島を訪れた多くの採集者が発見出来なかっただけに，その侵入が人為的なのか自然飛来かは不明のままである。食餌植物クチナシは各島に普通。

●オオゴマダラ *Idea leuconoe*
　八重山諸島から与論島まで生息していたが，途中の3島（沖永良部島，徳之島，奄美大島）を飛び越えて1970年に喜界島で発見され，1974年から定着が確認されている。これら3島に定着しないのは，食餌植物のホウライカガミが少ないためと考えられるが，奄美大島では近年その植栽が進んでいる（金井，未発表）。喜界島では食餌植物の植栽も盛んで，これが現在の豊産の原因となっている。成虫の採集記録は各島にあるが，蝶園からの逃亡個体が混じっている可能性もある。

●コノハチョウ *Kallima inachus*
　八重山諸島と沖縄本島に生息していたが，1980年代に沖永良部島に定着した。2005年には徳之島で発見され，2008年には発生も確認された。この北進地2島には，食餌植物オキナワスズムシソウが自生している。沖永良部では放チョウした人を特定したという話も聞いたことがあり，人為的移入の

10 九州及び南西諸島におけるチョウの分布拡大

可能性も否定できない。

● **アオタテハモドキ** *Junonia orithya*

徳之島付近を定着北限として，何年かおきに侵入と消滅を繰り返している。奄美大島では2010年頃には発生を繰り返していた。これらの地域では，定着個体群の他に，南方からの迷チョウが加わっていると思われる。

以上の6種は，南西諸島でそれぞれ異なる分布，分散パターンを示している。前記の6種は本諸島を南から北へと分布拡大したが，これらの例はこの大陸島の島々でチョウの分散パターンが多様であることを示唆している。

■ 分布拡大の過程

福田（2012c）は，6種のチョウの北進が，(1) 個体数増加，(2) 分散・移動，(3) 発生，(4) 越冬・定着の4段階に分けられるとしている。

(1) 個体数増加

分布が拡大する前には，定着地での個体数増加が見られる。ウスキシロチョウのように，食餌植物のタガヤサンやナンバンサイカチの植栽がきっかけになった場合は原因を特定しやすい。ベニモンアゲハやツマムラサキマダラでは，台風などの気象条件で新芽が増えたことなども，個体数増加に大きく影響していると思われる。

(2) 分散・移動

これは自然分散と人為分散とに分けられるが，人為分散を証明することは難しい。タイワンクロボシシジミのように，食餌植物や生きた個体を人が移動する可能性が低い種では，かなり強く自然飛来であろうと推定されるが，クロボシセセリのように移出入が激しい食餌植物を利用する場合には，造園業者や公園整備計画の記録を確認するなどの必要も出てくる。加えて近年では，愛好家による放チョウが行われていることも，移動・分散の原因の特定を混乱させ，問題を複雑化させている。

(3) 発生

発生するためには食餌植物が必要不可欠であるが，これには人による植栽

Ⅱ．各地で何が起こっているのか？

や撹乱も大きく影響している。特に明るい林縁に生える植物は，伐採や道路整備などによって自然状態に比べて増えることがある。ただし，これらが明確に北進にかかわったと言えるのはウスキシロチョウのみであろう。

他にも競争種や天敵などの影響も考えられるが，クロボシセセリの寄生者など若干の記録があるものの，具体的に分布拡大に影響を及ぼしたという事例は知られていない。

（4）越冬・定着

南西諸島での冬季とは12月下旬から2月中旬ごろの気温の低い時期のことで，北進した6種の越冬状況も南と北ではかなり異なるが，大まかには以下の通りである。

①特定のステージではなく非休眠の卵・幼虫・蛹（まれに成虫？）を主とするもの：クロボシセセリ，タイワンクロボシシジミ。
②蛹を主とするもの（休眠性あり？）：ベニモンアゲハ（まれに幼虫？）。
③成虫を主とするもの：ナミエシロチョウ（休眠性あり？），ウスキシロチョウ（越冬するのはギンモン型・休眠性あり），ツマムラサキマダラ（休眠性あり？　八重山諸島では幼虫・蛹でも越冬）。

これらの6種は基本的には周年発生する種で，原産地の気候あるいは食餌植物の状態の変化などに応じた休眠性や移動性を発達させていると考えられる。南西諸島の中でも，八重山諸島のような暖地では周年発生する傾向が残り，北限の奄美大島や九州本島では特定の越冬態に限られていると思われる。

ナミエシロチョウのツゲモドキ，タイワンクロボシシジミのクスノハガシワのように，食餌植物が北限を決定している場合もあるが，食餌植物があるにもかかわらず北限が北上しない場合には，越冬できるか否かが決め手となっていると思われる。近年気候が温暖化したことを北上の原因として疑いたくなるが，それが証明されたものはほとんどない。単純に年平均や月平均，最低気温などとチョウの増減の関係を読み取ることは現時点では不可能である。温暖化が原因であると言うためには，採集記録の増減だけでなく，分布拡大地での耐寒性や休眠性のような生理機能に変化が起こっていないことを証明しなければならず，現在はナガサキアゲハ（吉尾，2004）などごく一部の種でそれが証明されているに過ぎない。

■ 分布域変動の例

近年分布拡大が見られる種でも，その分布域は一方的に拡大しているとは限らず，常に変動している。ここでは近年のトピックを挙げて，そのような分布域が変動している様子を紹介したい。

(1) ヒメシルビアシジミ *Zizina otis*

本種は本土に産するシルビアシジミ *Z. emelina* と長く混同されていたが，最近別種とされたものである（Yago *et al.*, 2008）。筆者はトカラ列島口之島において，本種の分布域が後退した現場を確認したので，以下に紹介する（金井・守山，2012b）（図7）。

奄美大島での初記録は1953年で，徳之島では1959年，沖永良部島では1962年，喜界島では1963年に記録された（吉岡，1954；福田，1959；遠竹，1962；豊沢，1963）。与論島は初記録年が不明だが，奄美諸島には元々生息していたと思われる。

調査記録 西暦 下二桁	19 53	64	71	72	84	85	93	94	98	99	20 00	04	07	09	10	11	12	13	14	15
口之島									×	初記録	×	×	採集	採集	×				×	×
平島 （定着北限）				×		×							初記録				多発	採集	採集	
宝島	初記録	多発	採集		×	×	×			×		採集	採集		採集					
奄美大島	初記録	定着域																		

図7 ヒメシルビアシジミの北上と消滅
調査記録のある年を取り上げ，調査したが発見できなかった年には×を示した。空欄はその島での調査記録が無いことを示す。黒い太矢印は飛来した可能性を示しているが，その年や飛来源は大まかにしか推定できない。

II. 各地で何が起こっているのか？

　トカラ列島では，宝島で1953年に初めて記録されたが，この時に多数の個体が採集されており（宮本ほか，1954），さらに1964年と1971年にも多数採集された（嶌ほか，1966；坂下，1976）が，その後1984年（福田，1986），1993年（黒江，1994），1994年（江平，1995），1999年（廣森，2000）に調査された際には発見されなかった。2004年に再発見され（高橋・薗部，2005），2009年，2012年にも確認されている（中峯・守山，2010；金井・守山，2014a）。恐らく宝島は元々生息していた地域だが，しばらく生息が途切れていた可能性がある。小宝島では2010年に1♂の記録がある（細谷忠嗣氏，私信）。悪石島，諏訪瀬島では2011年，2012年に筆者らが探したが見つからず，両島では他者による記録も無い。平島では1972年と1985年に行われた採集の記録（田中，1973；福田，1987）では報告されていないが，2007年に初めて記録され（中峯，2007），2012年，2014年にも多数確認され（金井・守山，2014b；守山・金井，2015），現在定着している。特に発生が安定しているのはグラウンドや学校の校庭，ヘリポートなどで，人による除草作業が地面を覆う食餌植物のウマゴヤシ類やハイメドハギなどのマメ科植物の維持に貢献していると思われる。中之島では再三の調査にもかかわらず発見できない。ここでは運動場などにマメ科植物がほとんど見られず，食餌植物が不足しているように思われる。さて，口之島では1999年9月に4♂2♀が初めて記録された（守山，2012）。2000年7月下旬（守山，2012）と2004年3月上旬（中峯，2005）には確認できなかったが，2009年10月に8♂5♀が採集され（中峯・守山，2010），2010年10月には筆者が3♂3♀を採集した（金井・守山，2012a）。しかし，2010年から2011年にかけて強い寒波が襲来した。2011年4月と10月に念入りに調査したが，発生地にあったウマゴヤシ群落が消失し（金井・守山，2013），それ以後口之島からはヒメシルビアシジミは見つからない（守山・金井，2015，2016）。屋久島でも2008年10月と2009年10月に数頭ずつ採集されたが，2010年は秋に10回ほど調査しても見つからず，以後記録は無い（久保田，2009，2010，2011）。

　上記の結果から，筆者は1990年代から2000年代の間にヒメシルビアシジミが定着地から北上し，一時的に口之島や屋久島で発生したものの定着できず，現在の北限は平島であろうという報告を行った（金井・守山，2012b）。

10 九州及び南西諸島におけるチョウの分布拡大

1990年代に分布拡大した原因はやはり分からないが，もし再び分布拡大した際には，そのきっかけを明らかにしたいと思い，口之島及び屋久島で，モニタリングを継続している．

なお十島村では2004年6月に昆虫保護条例が施行されており，調査には許可が必要となっている．筆者らは鹿児島県立博物館として申請し，許可を受けた．

(2) タテハモドキ *Junonia almana*

本種は従来種子島以南に分布していたが，1958年に大隅半島南部で多発し，その後2〜3年で大隅半島・薩摩半島の各地で記録されるようになった．このことについては，福田晴夫氏が著作「チョウの履歴書」で以下のように詳しく紹介している（福田，1974）．大隅半島南部では越冬後成虫が海岸砂浜に生えるクマツヅラ科のイワダレソウに産卵し，次世代が1958年頃から始まったイネの早期栽培により，水田の雑草として増えたゴマノハグサ科のスズメノトウガラシを利用して増加・定着した．さらに，食性の広さから放棄水田に雑草として増えていたキツネノマゴ科のオギノツメをも利用して北進している，というものである．

2000年代になり，グラウンドカバー植物として芝生以外に有効なものとしてイワダレソウの仲間が利用され始めた．南アメリカ原産のヒメイワダレソウ（リッピア）や，在来種の交配によって開発された品種が含まれるスーパーイワダレソウ（クラピア）などが公園や花壇などに用いられ，タテハモドキもそれを利用して増え始めている（熊谷信晴氏，私信）．2015年に鹿児島市上荒田に移転した鹿児島市立病院の駐車場脇にもヒメイワダレソウと思われる植物が繁茂し，9月には往来の激しい道路脇でタテハモドキが多数飛んでいた（金井，未発表）．佐賀県でも，同様に園芸用に植えられたイワダレソウ類を利用して本種が発生しているらしい（上田恭一郎氏，私信）．

■人による撹乱とチョウの分布の変動

今まで見てきたように，分布を拡大してきた多くのチョウが，人が植えたり，人為的な環境で増えたりする植物を利用している．本来であれば崖崩れなどで局地的に出現する生息地を利用する習性のある種が，その移動性を発

II. 各地で何が起こっているのか？

揮して人の作り出した新天地に進出しているのではないだろうか。

2007年に初めて九州本土まで飛来したクロマダラソテツシジミ *Chilades pandava* (中峯・中峯, 2008) は，その後毎年鹿児島県本土で確認されているが，越冬後発生・定着できたという報告はない。4月下旬から見られるソテツの新芽で発生した形跡はなく，毎年6～7月になって初確認が起こっている（例えば金井，2015）。今のうちに休眠性や耐寒性を調査しておけば，将来九州本土や奄美諸島に定着した際に，その原因が生理的性質の変化によるのか，温暖化の影響かについて論ずることができるであろう。しかし，なかなかアマチュアの手に負える研究課題ではなく，残念な思いをしている。本種も人により植栽されたソテツを好んでいるように見えるが…。

謝辞

福田晴夫氏には論文をご教示頂き，草稿を何度も見て頂きご指導を頂いた。守山泰司氏にはトカラ列島の調査において協力頂き，ご指導・ご助言を頂いた。熊谷信晴氏・上田恭一郎氏・細谷忠嗣氏には貴重な情報を頂いた。高崎浩幸氏には，英文題名作成に関してご指導頂いだいた。ここに厚くお礼申し上げる。

〔引用文献〕

陳維寿 (1977) 謎を秘める胡蝶の谷．昆虫と自然，12(4): 7-10.
江平憲治 (1995) トカラ列島・宝島，11月の昆虫．鹿児島県立博物館研究報告，(14): 43-49.
福田晴夫 (1959) 春の徳之島蝶類採集報告．Satsuma, (21): 1-11.
福田晴夫 (1974) チョウの履歴書．誠文堂新光社，東京．
福田晴夫 (1986) 宝島の昆虫類．宝島自然環境調査報告書（鹿児島県発行），(2-2): 39-54.
福田晴夫 (1987) 西旨義氏によるチョウ類の記録．Satsuma, (97): 46.
福田晴夫 (2003) カバマダラは日本列島を北進するか (1)．Butterflies, (38): 12-25.
福田晴夫 (2004) カバマダラは日本列島を北進するか (2)．やどりが，(201): 48-55.
福田晴夫 (2012a) 1950年以降に南西諸島を北上したチョウ類 (1)．やどりが，(232): 16-33.
福田晴夫 (2012b) 1950年以降に南西諸島を北上したチョウ類 (2)．やどりが，(234): 28-39.
福田晴夫 (2012c) なぜ6種のチョウが南西諸島を北上したか？．やどりが，(235): 20-28.
廣森敏昭 (2000) 1999年11月，トカラ列島宝島の昆虫類．鹿児島県立博物館研究報告，

(19): 53-60.
金井賢一 (2015) 2015年クロマダラソテツシジミの鹿児島市市街地での初見日．Satsuma, (155): 62.
金井賢一・守山泰司 (2012a) 2010年10月口之島・中之島における昆虫記録．鹿児島県立博物館研究報告, (31): 67-72.
金井賢一・守山泰司 (2012b) トカラ列島における近年のヒメシルビアシジミ調査．Pulex, (91): 588.
金井賢一・守山泰司 (2013) 2011年4月と10月の口之島における昆虫記録．鹿児島県立博物館研究報告, (32): 11-16.
金井賢一・守山泰司 (2014a) 2012年4月および10月のトカラ列島宝島の昆虫記録．鹿児島県立博物館研究報告, (33): 39-44.
金井賢一・守山泰司 (2014b) 諏訪瀬島と平島における2012年10月と2013年4月の昆虫記録．鹿児島県立博物館研究報告, (33): 45-50.
久保田義則 (2009) 屋久島にヒメシルビアシジミがいた！ Satsuma, (141): 79-83.
久保田義則 (2010) 2009年屋久島における迷蝶記録．Satsuma, (143): 1-10.
久保田義則 (2011) 2010年屋久島における迷蝶記録．Satsuma, (146): 131-135.
熊谷信晴 (2013) 2011年，2012年のカバマダラについて．Satsuma, (149): 118.
黒江修一 (1994) トカラ列島－宝島－の動物資料収集記録．鹿児島県立博物館研究報告, (13): 5-10.
宮本正一・中根猛彦・上野俊一 (1954) 吐噶喇採集記（1）．新昆虫, 7(1): 24-29.
守山泰司 (2012) トカラ口之島におけるヒメシルビアシジミ1999年の記録．Satsuma, (148): 152.
守山泰司・金井賢一 (2015) トカラ列島口之島・中之島・平島の昆虫．鹿児島県立博物館研究報告, (34): 69-77.
守山泰司・金井賢一 (2016) トカラ列島口之島・中之島・諏訪瀬島の昆虫 (2015)．鹿児島県立博物館研究報告, (35): 57-66.
中峯浩司 (2005) トカラ列島中之島2003年6月の昆虫．鹿児島県立博物館研究報告, (24): 28-45.
中峯浩司 (2007) トカラ列島平島及び中之島の昆虫（2007年秋）．鹿児島県立博物館研究報告, (27): 83-92.
中峯浩司・守山泰司 (2010) 2009年秋トカラ列島口之島・諏訪之瀬島・宝島のチョウ類．鹿児島県立博物館研究報告, (29): 55-64.
中峯芳郎・中峯浩司 (2008) 鹿昆MLに寄せられたクロマダラソテツシジミの情報と分布拡大の様子について．Satsuma, (138): 10-44.
野林千枝 (2002) 2001年沖縄島のツマムラサキマダラの記録．蝶研フィールド, (196): 11-13.
野林千枝 (2004) 2002年・2003年の沖縄島のツマムラサキマダラの記録．蝶研フィールド, (219): 11-14.
坂下茂 (1976) トカラ列島蝶類調査報告．早稲田生物, (18): 65-75.
嶌洪・田中章・大我俊輔・上宮健吉 (1966) トカラ列島の昆虫採集報告 (2)．Satsuma, (45): 11-19.
楚南仁博 (1924) 沖縄諸島の蝶類．台湾博物学会会報, 13(68): 77-104.

Ⅱ. 各地で何が起こっているのか？

高橋龍・薗部礼 (2005) トカラ列島紀行．蝦夷白蝶, (18): 47-63.
田中洋 (1973) 佐藤憲司氏採集のトカラ列島の蝶類 (1)．Satsuma, (66): 85-86.
遠竹登 (1962) 沖永良部島で蝶を採る．Satsuma, (33): 20.
豊沢隆 (1963) 喜界島産のチョウ類．Satsuma, (36): 69-73.
Yago M, Hirai N, Kondo M, Tanikawa T, Ishii M, Wang M, Williams M, Ueshima R (2008) Molecular systematics and biogeography of the genus *Zizina* (Lepidoptera: Lycaenidae). Zootaxa, 1746: 15-38.
吉尾政信 (2004) 分布拡大と越冬休眠―ナガサキアゲハなど―．昆虫と自然, 39(13): 15-18.
吉岡勝弘 (1954) 奄美大島の昆虫採集．新昆虫, 7(12): 18.

（金井賢一）

Ⅲ. 様々な視点からチョウの分布拡大を捉える

III. 様々な視点からチョウの分布拡大を捉える

1 熱帯におけるチョウ類の分布拡大と人為のかかわり

　気候温暖化によるとされるチョウ類の北上分布拡大の事例が国内・国外（北半球）から数多く報告されている（白水，1985; Parmesan *et al.*, 1999; Parmesan, 2006; Hill *et al.*, 2010; 吉尾，2010; Kwon *et al.*, 2014）。しかし，生物の分布限界を決めている要因には，海峡や山脈などの地理的な分布障壁，気候要因や水質・土壌・地形等の非生物的要因，食物資源・天敵・競争種・植生等の生物的要因があり，当該生物が拡散的分布拡大の途上にあって生息可能な限界には達していない場合もありうる。気温はこれらの諸要因の一つにすぎない。チョウ類の分布域の拡大は熱帯でも起きているが，その拡大方向は必ずしも高緯度地方に向かっていない。このことは熱帯では温暖化以外の要因がチョウの分布拡大をもたらしていることを示唆している。もしそうならば温暖化以外の要因は，温帯においても同様に分布拡大に関与しているのではないだろうか。本稿では筆者が直接分布拡大の現場を見ることのできた4種を含む5種の熱帯アジアのチョウ類の最近の分布拡大事例を取り上げて，これらのチョウ類の分布拡大をもたらした要因を考察してみたい。

■ 東南アジアにおけるチョウ類の分布拡大例

(1) オナシアゲハ *Papilio demoleus*

　本種は1960年代まで，アジアとオーストラリアに隔離分布し，小スンダの一部の島とニューギニア東南部を除く両大陸の間の島嶼には分布していないという「不思議な」分布であったことがCorbet & Pendlebury（1956）により分布図とともに述べられている（図1）。その後本種は広い範囲に分布を拡大し，熱帯におけるチョウ類の分布拡大の諸様相を典型的に示しているので，少し詳しく述べてみたい。

　オナシアゲハには翅の斑紋により区別できる地理的な集団（亜種）がアジア側に3つ，オーストラリア側に3ないし4つあり，分布拡大したオナシアゲハの由来を特定することができる。オナシアゲハは中国の広東付近の標本に基づいて記載されたようで，これと同様の形質を持つ名義タイプ亜種（名

1 熱帯におけるチョウ類の分布拡大と人為のかかわり

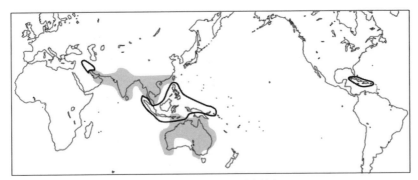

図1 オナシアゲハの分布拡大

網掛けはアジア系亜種の1950年代に知られていた分布範囲（Corbet & Pendlebury, 1956より変写）とオーストラリア系亜種の分布範囲（Braby, 2000より変写）。太線内は1960年代以降にアジア系亜種が分布拡大した範囲。

義亜種，原名亜種，基亜種等とも言う；種小名と同じ *demoleus* が亜種名）が中国南部とベトナム北部に分布する。マレー半島亜種（*malayanus*）は黄色部が発達して明るい印象，台湾亜種（*libanius*）は黒色部が発達して暗い印象で，名義タイプ亜種は中間的である。特に前翅後縁近くの2つの黄色斑がマレー亜種では横長で台湾亜種では短いことから容易に識別できる（図2）。なお，ベトナム北部を除くインドシナ半島から西アジアにかけてのオナシアゲハは名義タイプ亜種とされることが多いが，黄色部が発達していてマレー亜種と区別できない。

東南アジアで分布拡大しているのは台湾亜種とマレー亜種である。台湾亜種は，1967年にフィリピンに侵入し，ボルネオ，タラウド，サンギール，スラウェシ，マルク諸島へと南へ広がった（Jumalon, 1968; 日浦，1973; 宮田，1973; 石井，1991; Rawlins, 2007）。マレー亜種は塚田・西山（1980）によりスマトラに分布することが示されたが，これは1970年代に侵入したのであろう。同亜種はジャワで1988年に記録された後（加藤，1989），スンダ列島を急速に東進した（Okano, 1990; Matsumoto & Noerdjito, 1996; Matsumoto, 2002; 松本，2006; Matsumoto *et al.*, 2012）。マルク以東は亜種が不明瞭になるが，1997年にニューギニア（Moonen, 1999），2005年にビスマルク諸島（Tennent *et al.*, 2011）からもアジア由来と見られるオナシアゲハの記録が出た。なお，海外の文献では本種の分布域に「沖縄」が含まれていることが多いが，これ

図2 現在ボルネオ島に見られるオナシアゲハ
左：亜種 *malayanus* 的な個体（前翅後縁近くの黄色紋が横に長い）／中：中間的な個体／
右：亜種 *libanius* 的な個体（前翅後縁近くの黄色紋が短い）。

は台湾亜種の与那国島における採集例が多いためだと思われる。しかし与那国島では一時的な繁殖はあるがなかなか定着しない。このように定着が進まないのは本種の侵入地としては珍しい。

Rawlins（2007）は台湾亜種がレティ，ババールにも分布するとしている。一方，西村（2008）は，レティ，ババール，ヤームデナ各島で採集された個体を「名義亜種」としているが，示された標本写真を見る限りマレー亜種のようである。マルク諸島には台湾亜種，マレー亜種が侵入して混在しているのであろう。ボルネオでも後からマレー亜種が侵入し，一見名義タイプ亜種のような個体も見られるが（図2），これは台湾亜種とマレー亜種の交雑の結果かもしれない（Matsumoto & Noerdjito, 1996）。Moonenn（1999）はニューギニアとティモール産の個体を図示し，マレー亜種に近いが亜種間交雑しているだろうと述べている。アジア系亜種が侵入した小スンダやニューギニアのオーストラリア系亜種 *sthenelinus* や *novoguineennsis* はアジア系亜種との交雑あるいは繁殖干渉により衰退している可能性があり，どうなったかは気になるところだが，情報はない。アンダマン諸島への分布拡大も確認され，西村（2008）が2007年採集の標本写真を「名義亜種」として図示している。

オナシアゲハ（マレー亜種）はさらにカリブ海のドミニカ共和国（Guerrero et al., 2004），プエルトリコ（Homziak & Homziak, 2006），ジャマイカ（Garraway et al., 2009），キューバ（Lauranzón Meléndez & Gulli, 2011）にも侵入し，オレンジの害虫として警戒されている。

オナシアゲハは西アジアでも1950年代後半から1960年代前半にイラクに侵入し（Larsen, 1984a・b），現在では北イラク，シリアに分布拡大してお

1 熱帯におけるチョウ類の分布拡大と人為のかかわり

り，トルコ領内にも達して今後南欧を含む地中海沿岸にも分布拡大する可能性が示唆されている（Morgun & Wiemers, 2012）。Morgun & Wiemers（2012）はポルトガルにおける採集記録も報告しているが，これはマレー亜種であり，アジアから来たものか，最近定着したカリブ海域から来たものか判然としない。また，酒井（1981）は本種がアフガニスタン南東部のパキスタンとの国境に近いナングラハールに産し，普通であると述べているが，Corbet & Pendlebury（1956）の分布図はパキスタン北部のアフガニスタンに近い地域までは含んでいない。Corbet & Pendlebury（1956）の分布図はかなり大まかなので本来の分布がこの地域まで及んでいたのかどうか確かではないが，これも分布拡大の結果かもしれない（図1）。

オナシアゲハは都市，農村などの人為的な環境に普通である。自然植生では季節林，サバンナ，さらに西アジアやオーストラリアでは半砂漠的な植生の貧弱な環境にも現れるが，熱帯降雨林内部には入り込まない。東南アジアの島嶼の多くは元々熱帯降雨林が卓越していたので，本種の生息には好適ではなかったろう。日浦（1973）はこのことが東南アジア島嶼部における本種の欠除の理由だと考え，フィリピンにおいては商業伐採により森林が減少したためオナシアゲハの生息が可能になったと考えている。また，マレー半島における分布も拡大の結果ではないかと推測している。タイのオナシアゲハはマレー亜種と区別できないのでこの推測も正しいかもしれない。天然林の伐採は通常皆伐ではなく，商品価値のある大径木の択伐であり，直ちにオナシアゲハの生息できる環境になるわけではないが，伐採はしばしば森林消失と農地化のきっかけとなってきた。伐採道路を通って移住農民が入り込み，移動焼畑耕作，火災，農民の定住などが進行して，森林はオナシアゲハの好む開放的な環境になっていく。このようなプロセスはスマトラとボルネオでも頻繁に繰り返されてきた（図3）。

ジャワは人口が多く早くから開発が進んだ島で，オナシアゲハの定着には好適な状態であった。小スンダの島々はモンスーン気候で比較的乾燥しており，オーストラリア系の亜種が一部の島に生息していたことからも察せられるようにやはりオナシアゲハの生息には好適である。マレー亜種のジャワから東への分布拡大が急速であったのはこのためではないかと考えられる。逆に人口が少なく森林が比較的多いスマトラやニューギニアの通過には時間が

III. 様々な視点からチョウの分布拡大を捉える

図3　熱帯林の消失と農地・農村化
(1)攪乱を受けていない天然林の林内／(2)伐採を経た二次林の林内（東カリマンタン）／(3)二次林に発生した森林火災（南スマトラ）／(4)森林が消失し草原化した土地（南スマトラ）／(5)入植定住が進みつつある荒廃草原（東カリマンタン）／(6)入植後40年くらいたっている村（東カリマンタン）。

かかっている。

　分布拡大しているのはアジアの系統で，オーストラリア系は分布拡大していない。これには幼虫の食草が関係していると考えられる。オーストラリア亜種（*sthenelus*）やニューギニア亜種（*novoguineennsis*）は，マメ科の *Psoralea* 属在来種（*Cullen* 属とすることもある）や帰化植物 *P. pinnata* など野生種を食草としている（小スンダでの食草は未知）。これらの植物は東南アジア島嶼部の森林消失地にはない。一方アジア系の亜種は栽培ミカン類 *Citrus* 属を食草にしている。ミカン類は農地・農村の拡大にともなって植栽によって増える。特にライム *Citrus aurantifolia* は香酸柑橘として食事に常用されるため，森林消失後に入植する移住農民もよく植える。アジア系オナシアゲハの分布拡大は人間が用意した食草によっても支えられている。Larsen (1984a・b) によればアラビアでの分布も栽培植物であるオレンジ *C. sinensis* に完全に依存しているという。

(2) ヒメトガリシロチョウ *Appias olferna*

　矢田（1981）によれば本種は東南アジア大陸部，スマトラ，西部ジャワ，フィリピンに分布するとされている。さらに周(1994)は，名義亜種が広東に，フィ

リピン亜種（*peducaea*）が海南島に分布するとしているが，これは本来の分布ではないかもしれない。フィリピン産は亜種として区別されているが，矢田（1981）は，フィリピン，マレー半島，スマトラの分布は最近の分布拡大の結果ではないかと推測している。確かな分布拡大の記録としては，台湾で 2002 年に記録されて以来定着しており（徐，2007），筆者らは東カリマンタン（Matsumoto et al., 2015）とロンボク（Matsumoto et al., 2012）で定着を確認している。

　カリマンタン，ロンボクの侵入地では森林消失後の荒廃地，若い造林地，村落内でよく見られた。食草はフウチョウソウ科（APG 分類体系のギョボク科を含む）とアブラナ科が記録されているが（Robinson et al., 2001），フウチョウソウ科が本来の食草であろう。台湾では逸出により広く生育するようになったアフリカフウソウチョウ *Cleome rutidosperma*（南アメリカ原産）が利用されているという（徐，2007）。筆者はロンボクで造林地に自生する *Capparis micrantha* への産卵を観察している。東南アジアには野生のフウチョウソウ科が多いので，人為的に導入された植物に依存しなくても定着できるのであろう。

(3) ビリダタテハモドキ *Junonia villida*

　本種は，マルク諸島，ニューギニア，オーストラリア，ミクロネシア，メラネシア，ポリネシア南部に広い分布圏を持ち（Tennent, 2002），迷蝶の記録もチャゴス諸島，ジャワ，フロレス，スンバ，タニンバル，フィリピン，ニュージーランドと広範囲に及ぶ（塚田，1985; Parsons, 1999）。筆者らはロンボクにおいて 2003 〜 2006 年及び 2011 年に調査を行い，本種を 2004 年に初めて記録した（Matsumoto et al., 2012）。当初個体数は少なかったが，調査を重ねるにつれて増え，2011 年にはかなり多くなっていた。2004 年かその少し前に定着したようである。典型的な開放環境に生息する種で（Tennent, 2002），ロンボクでも成虫は森林消失後の荒廃草原の特に植生被覆の乏しいところに見られた。

(4) ヘリグロホソチョウ *Acraea terpsicore*

　本種は長く *Acraea violae* の名でインドとスリランカから知られていた（Talbot, 1947）。D'Abrera（1985）は "?Burma" と疑問符付きでミャンマーも

Ⅲ. 様々な視点からチョウの分布拡大を捉える

図4 ロンボク島で見られたヘリグロホソチョウ *Acraea terepschore*
左：雄成虫／中：トケイソウ科の外来食草 *Passiflora foetida* ／右：終齢幼虫。

分布域に含めた。Mani（1986）のヒマラヤのチョウのリストに本種はないが，Smith（1989）はネパールに産することを記している。後から追加されたミャンマーとネパールの分布は拡大の結果かもしれない。本種はさらに，タイ（高西，1988; 西村，1994），ラオス（長田ほか，1999），ベトナム（西村，1994），マレー半島（Arshad *et al*., 1996; Eliot, 2006），シンガポール（Khew, 2008），海南島（周，1994; 顧・陳，1997）からも記録され，分布拡大が明らかになった。筆者らはロンボク島で調査を行い，2011年に本種を記録した（Matsumoto *et al*., 2012）。2003〜2006年にも同じ場所で調査を行っているがこの期間は本種を全く見ていないので（Nakamuta *et al*., 2008），2006年と2011年の間にロンボクに定着したはずである。Braby *et al*.（2013）は最近インドネシアの各地からの本種の写真記録がインターネット上で見られること，及び2009年にスマトラ（博物館標本による），2012年に東チモールとオーストラリア北西部で記録されたことを報告した。タイのチェンマイからマレーシアのペルリスまでの約1500kmの南下に8.7年（170km/y），ペルリスから北西オーストラリアまでの4500kmの東進に19.3年（230km/y）と年間200km前後の速度で分布拡大していることになり，拡大速度は非常に早い（Braby *et al*., 2013）。なお，Larsen（1984b）は"Butterflies of Saudi Arabia and its neighbours"の図版に他のアラビア半島産 *Acraea* 属5種とともに本種のスリランカ産の標本を図示し，本文でアラビア半島に生息する *Acraea* 属は6種であると述べて5種について解説しているが，*A. terpsicore* だけ全く言及がない。また，本種はイランには記録がないようで，西への分布拡大は認められないので，なぜ同書に図示されたのか明らかではないがアラビアでも記録があるのかもしれない。

① 熱帯におけるチョウ類の分布拡大と人為のかかわり

ロンボクでは森林消失後の荒廃草原に成虫が多く，トケイソウ科の *Passiflora foetida* を摂食している幼虫も確認した（図4）。この食草はタイでも記録されている（Kimura, 1994）。*P. foetida* は世界の熱帯に広がっている南アメリカ原産のつる性草本で，東南アジアでも都市の空き地から造林地にまではびこっている。オーストラリアではスミレ科の *Hybanthus emeaspermus* が食草になっていて，やはり森林消失後の荒廃草原に多いという（Braby *et al.*, 2013）。

(5) クロマダラソテツシジミ *Chilades pandava*

クロマダラソテツシジミは，1980年代まで台湾からは未知であったが，Hsu（1987），は台湾在来の個体群（現在の扱いは台湾固有の亜種；徐，2015）を発見した。その後の Wu *et al.*（2009, 2010）のハプロタイプの解析によれば台湾産は大陸産とは異なる独自の集団である。台湾の本種は希少在来種のタイトウソテツ *Cycas taitungensis* に依存して細々と生息していた種であったらしい。この発見の直後，台湾ではクロマダラソテツシジミが植栽された（日本の）ソテツ *Cycas revoluta* に依存して爆発的に増え（徐，2015），沖縄で記録されたのもこの頃である（三橋，1992）。ソテツは日本の奄美諸島から種子が輸出されており（与路ソテツ生産組合，2000；安庭，2010；金城・寺林，2012），緑化樹・庭園樹として世界中に広まっている。クロマダラソテツシジミはソテツが広く植栽されるようになったために個体数が増えるとともに分布を拡大したらしい。これまでに日本本土（平井，2009など），韓国済州島（Takeuchi, 2006），ミクロネシア，モーリシャス，南アフリカからも記録されている（Wu *et al.*, 2009, 2010；徐，2015）。

クロマダラソテツシジミの古い分布記録はインド，インドネシア，インドシナ等に限られ，フィリピンや中国南部の記録が現れるのは最近であることから，アジア熱帯域でまず西部から東部に分布拡大したという考えも提出されたが（岩ほか，2009），熱帯アジアの東端に位置する台湾で固有の亜種が発見されているのでこの考えは否定される。アジア東部の熱帯・亜熱帯の記録が少なかったのは，ソテツの植栽が普及する以前，クロマダラソテツシジミは在来の野生ソテツに依存していて目立たない種だったためであろう。

III. 様々な視点からチョウの分布拡大を捉える

■ 熱帯のチョウの分布拡大の要因
(1) 森林の消失
　オナシアゲハ，ヒメトガリシロチョウ，ビリダタテハモドキ，ヘリグロホソチョウの東南アジアにおける分布拡大方向は，大まかには高緯度から低緯度に向かっている。これは熱帯降雨林が成立しないやや高緯度の熱帯季節林やオーストラリアやインドの草原環境を本来の生息環境とする種が，熱帯降雨林の消失が進んだ低緯度地域に侵入したためで，オナシアゲハとヒメトガリシロチョウでは熱帯降雨林の消失が分布拡大を促したと見て間違いないであろう。ロンボクはモンスーン気候の島であるが，ビリダタテハモドキは森林消失後の荒廃草原に定着したことと，特に植生被覆の乏しい所に固執していることから，やはり森林消失が分布拡大の主要因であろう。ヘリグロホソチョウは大陸での東進，マレー半島での南下の際に人里を中心に分布拡大したようで，この場合も広い意味で人為的に創出された非森林環境に進出したと見なすことができるだろう。ロンボクでの生息地は森林消失後の荒廃草原であり，Braby *et al.*（2013）も（気候変動よりも）森林消失による開放的な環境の拡大が東南アジアにおけるヘリグロホソチョウの分布拡大の主因であると考えている。

(2) 食草の人為的導入
　分布拡大が人為的に導入された植物の存在に支えられていることも少なくない。古くから知られる例として，オオカバマダラ *Danaus plexippus* は19世紀後期にトウワタ *Asclepias curassavica* の栽培の拡大にともなって太平洋の島々とオーストラリアに広がった（Clarke & Zalucki, 2004）。侵入地での食草はオナシアゲハでは栽培種，ヘリグロホソチョウでは外来雑草で，台湾でのヒメトガリシロチョウの食草も外来種であり，意図的であるにせよ非意図的であるにせよ人為的に運ばれることで用意された食草が分布拡大を支えたと言える。
　クロマダラソテツシジミはソテツの植栽が世界各地に普及したことが分布拡大の主要因と見て間違いないであろう。沖縄には元々ソテツがあったのでクロマダラソテツシジミが最近になって侵入定着したのは温暖化のせいかもしれない。しかし，沖縄に侵入した台湾のクロマダラソテツシジミは，まず

1 熱帯におけるチョウ類の分布拡大と人為のかかわり

　台湾の島内で植栽されたソテツに依存して分布拡大し，個体数も大幅に増えているという点はここで考慮しておくべきである。沖縄にも植栽されたソテツは非常に多い。ソテツ属は世界の熱帯・亜熱帯に多くの種があり，在来のソテツが自生していてもクロマダラソテツシジミは元々いなかったという地域は多い。そのようなインド洋の島や南アフリカにもクロマダラソテツシジミは侵入している。

　人為的な食草の導入は，意図的な植栽にせよ，非意図的な帰化植物の繁茂にせよ，その植物が広くふんだんに存在するような状態になった場合に分布拡大をもたらす可能性が高まるだろう。このような状態の下ではその植物を利用するチョウの個体数が増え，分布拡大経路も確保された状態となって，分布拡大が起こりやすいと考えられる。

(3) 人為的運搬

　オナシアゲハがカリブ海諸国に侵入したりポルトガルで記録されたりしたのは人為的な運搬によるとしか考えられない。アジアからドミニカ共和国へ，さらに近隣カリブ海諸国へどのように運ばれたかについて，Guerrero et al.（2004）及び Garraway et al.（2009）は，ミカン類ないしミカン科植物についた卵や幼虫の非意図的な持ち込みの可能性の他に，結婚式のアトラクションとして放すためにチョウが輸入されていることから，これが侵入の原因になった可能性も示唆している。徐（2007）は台湾に侵入したシラホシヒメワモン *Faunis eumeus* とトガリワモン *Discophora sondaica* が中国南部から貿易船で運ばれた可能性を示唆している。ワモンチョウ類は夕刻に活動し，灯火に誘引されて屋内に入り込むことがよくあるので，船で運ばれやすいだろう。フロリダ・カリブ海の島嶼・南アメリカ北岸のメスアカムラサキ *Hypolymnas misippus* は，これらの地域で自然史的な記録が残され始めた時代に既に生息していたので，いつから分布しているのか判然としないものの，古い時代にアフリカから（奴隷貿易船によって）運ばれたのではないかと推測されている（Corbet & Pendlebury, 1956; Brown, 1978）。本種はメスがカバマダラ *Danaus chrysippus* に擬態しているが，モデルのカバマダラがいないところに擬態種のみがいる不自然さ，及びアフリカのものと形態差がないことなどがその理由である。

325

(4) 気候温暖化

　熱帯のチョウ類の分布拡大範囲を温帯域まで含めて考えれば，熱帯での分布拡大が進んだ結果，熱帯から過去の気候条件では生息できなかった温帯に侵入し，気候温暖化の下で定着する種もありうる。熱帯から温帯に進出して定着したチョウ類が生息可能な気候条件はあまり詳しく調べられていないが，生息地の気候条件を組み込んだモデルにより，Morgun & Wiemers (2012) はオナシアゲハが地中海域に定着する可能性を，Braby et al. (2013) はヘリグロホソチョウがオーストラリア国内で分布範囲が拡大する可能性を予測している。熱帯のチョウ類の温帯域への分布拡大は，日本では温帯国の視点から直ちに気候温暖化と結びつけて考えられがちであり，それが全くの間違いであるとも言い切れないが，背景に熱帯での温暖化によらない分布拡大があることには注意すべきである。また，分布拡大は好適な生息環境の拡大によっている場合が多いため，個体数の増加をともなっていることが多く，これが温帯への侵入機会を増していることにも注意すべきである。

　これまで地理的な分布拡大を中心に述べて来たが，熱帯域内のチョウ類の分布拡大に関して，この点で気候温暖化が要因となる可能性はほとんどないと思われる。しかし，気候温暖化が要因となる分布標高の上昇は可能性があり，ガ類ではサバ州（マレーシア）のキナバル山で垂直方向の分布変化（上昇）が観測されている (Chen et al., 2009, 2011)。チョウ類についての検討例は今のところ見当たらないが，調査すれば該当例が見つかる可能性は高いと思われる。

まとめ

　熱帯のチョウ類の分布拡大をもたらしているのは，環境改変，食草の栽培，交通や物資の流通にともなう運搬などの人為的要因が主因であると考えられる。メスアカムラサキのように記録に残っていない分布拡大もあるだろう。植民地時代のプランテーションの拡大，人口増加にともなう農地，農村，都市の拡大，植民地間の有用植物の移送や貿易船の往来は，いずれも熱帯の昆虫の分布拡大を促進した可能性がある。分布拡大がどの要素に最も強く支えられているかを特定することは難しい。近年北半球温帯域で多数確認されて

いるチョウ類の北上分布拡大においても，温暖化以外にこれらの人為的要因が関与している可能性は考慮すべきであろう．

〔引用文献〕

Arshad SJ, IChong CY, Basri KJ, Storey HRM (1996) Butterfly news. Malayan Naturalist, 49(3): 9-12.

Braby MF (2000) Butterflies of Australia. CSIRO Publishing, Collingwood.

Braby MF, Bertelsmeier C, Sanderson C, Thistleton BM (2013) Spatial distribution and range expansion of the Tawny Coster butterfly, *Acraea terpsicore* (Linnaeus, 1758) (Lepidoptera: Nymphalidae), in South-East Asia and Australia. Insect Conservation and Diversity, doi: 10.1111/icad.12038.

Brown FM (1978) The origins of the west Indian butterfly fauna. In: Gill FB (ed) Zoologeography in the Caribbean. Journal of the Academy of Natural Science of Philadelphia, The 1975 Leidy Medals Symposium Special Publication No. 13: 5-30. Academy of Natural Science of Philadelphia, Philadelphia.

Chen IC, Shiu HJ, Benedick S, Holloway JD, Chey VK, Barlow HS, Hill JK, Thomas CD (2009) Elevation increases in moth assemblages over 42 years on a tropical mountain. Proceedings of the National Academy of Sciences of the United States of America, 106: 1479-1483.

Chen IC, Hill JK, Shiu HJ, Holloway JD, Benedick S, Chey VK, Barlow HS, Thomas CD (2011) Asymmetric boundary shifts of tropical montane Lepidoptera over four decades of climate warming. Global Ecology and Biogeography, 20: 34-45.

周堯 (1994) 中国蝶類誌．河南科学技術出版社，鄭州．

Clarke AR, Zalucki MP (2004) Monarchs in Australia: on the winds of a storm? Biological Invasions, 6: 123-127.

Corbet AS, Pendlebury HM (1956) The butterflies of the Malay Penninsula 2nd ed. Oliver and Boyd, Edinburgh.

D'Abrera B (1985) Butterflies of Oriental region. Part II. Hill House, Melbourne.

Eliot JN (2006) Updating the Butterflies of Malay Peninsula. The Malayan Nature Journal, 59(1): 1-49.

Garraway E, Murphy CP, Allen GA (2009) *Papilio demoleus* (the Lime Swallowtail) (Lepidoptera: Papilionidae), a potential pest of citrus, expanding its range in the Caribbean. Tropical Lepidoptera Research, 19: 58-59.

Guerrero KA, Veloz D, Boyce SL, Farrell BD (2004) First New World documentation of an Old World citrus pest, the Lime Swallowtail *Papilio demoleus* (Lepidoptera: Papilionidae), in the Dominican Republic (Hispaniola). American Entomologist, 50: 227-229.

顧茂彬・陳佩珍 (1997) 海南島胡蝶．中国林業出版社，北京．

Hill JK, Thomas CD, Fox R, Telfer MG, Willis SG, Asher J, Huntley B (2010) Responses of butterflies to twentieth century climate warming: implications for future ranges. Proceedings of the royal Society B Biological Sciences, 269: 2163-2171.

平井規央 (2009) 本州と四国におけるクロマダラソテツシジミの記録．やどりが，220: 2-19.

III. 様々な視点からチョウの分布拡大を捉える

日浦勇 (1973) 海を渡る蝶．蒼樹書房，東京．

Homziak NT, Homziak J (2006) *Papilio demoleus* (Lepidoptera: Papilionidae): a new record for the United States, Commonwealth of Puerto Rico. Florida Entomologist, 89: 485-488.

Hsu YF (1987) Notes on *Chilades pandava pandava* Horsfield from Taiwan (Lepidoptera, Lycaenidae). Transactions of the Lepidopterological Society of Japan, 38: 9-12.

徐堉峰 (2007) 台湾の蝶相における最近の知見．昆虫と自然，42(14): 5-9.

徐堉峰 (2015) 絶滅に瀕するソテツ植物を脅かすクロマダラソテツシジミ．熱帯アジアのチョウ（矢田脩編）: 81-91, 北隆館，東京．

石井実 (1991) チョウたちの熱帯．ボルネオの生き物たち（日高敏隆・石井実編著）: 59-84．東京科学同人，東京．

岩智洋・図師朋弘・槇原寛 (2009) クロマダラソテツシジミの文献目録とそれから得られた知見．森林防疫，58: 94-104.

Jumalon JN (1968) A comment on that new papilionid from the Philippines. Tyô to Ga, 19: 105-110.

加藤信一郎 (1989) ジャワ島（インドネシア）で採集したオナシアゲハについて．蝶と蛾，40: 189-191.

Khew SK (2008) Voyage of the towny coster. Butterflies of Singapore. http://butterflycircle.blogspot.com/2008/03/voyage-of-tawny-coster.html

Kimura Y (1994) Newly recorded nymphalid butterflies from Thailand since 1979. Butterflies, (7): 18-26.

金城達也・寺林暁良 (2012) 徳之島におけるソテツ景観の意味：生業活動の組み合わせとその変遷から．北海道大学大学院文学研究科研究論集，(12): 469-489.

Kwon TS, Lee, CM, Kim SS (2014) Northward range shifts in Korean butterflies. Climatic change, 126: 163-174.

Larsen TB (1984a) The zoogeographical composition and distribution of the Arabian butterflies (Lepidoptera; Rhopalocera). Journal of Biogeography, 11: 119-158.

Larsen TB (1984b) Butterflies of Saudi Arabia and its neighbours. Stacey International, London.

Lauranzón Meléndez B, Gulli G (2011) Observaciones sobre *Papilio demoleus* (Lepidoptera: Papilionidae), una especie invasola en Cuba. Solenodon, 9: 81-87.

Mani MS (1986) Butterflies of Himalaya. Dr W. Junk Publishers, Dordrecht.

Matsumoto K (2002) *Papilio demoleus*. (Papilionidae) in Borneo and Bali. Journal of the Lepidopterists' Society, 56: 108- 111.

松本和馬 (2006) 東南アジア島嶼におけるオナシアゲハの分布拡大．熱帯林業，(67): 2-9.

Matsumoto K, Noerdjito WA (1996) Establishment of *Papilio demoleus* L. (Papilionidae) in Java. Journal of the Lepidopterists' Society, 50: 139-140.

Matsumoto K, Noerdjito WA, Cholik E (2012) Butterflies recently recorded from Lombok. Treubia, 39: 27-40.

Matsumoto K, Noerdjito WA, Fukuyama K (2015) Restration of butterflies in *Acacia mangium* plantations established on degraded grasslands in East Kalimantan. Journal of Tropical Forest Science, 27: 47-59.

三橋渡 (1992) 日本未記録種クロマダラソテツシジミ *Chilades pandava* を沖縄本島で採

集. 蝶研フィールド, 81: 8-9.

宮田彬 (1973) フィリピンのオナシアゲハについて. 蝶と蛾, 24: 37-41.

Moonen JJM (1999) *Papilio demoleus* L. (Lepidoptera, Papilionidae) in West Irian. Transactions of the Lepidopterological Society of Japan, 50: 82-84.

Morgun DV, Wiemers M (2012) First record of the Lime Swallowtail *Papilio demoleus* Linnaeus, 1758 (Lepidoptera, Papilionidae) in Europe. The Journal of Research on the Lepidoptera, 45: 85-89.

長田志郎・植村好延・上原二郎 (1999) ラオス蝶類図譜. 木曜社, 東京.

Nakamuta K, Matsumoto K, Noerdjito WA (2008) Butterfly assemblages in plantation forest and degraded land, and their importance to Clean Development Mechanism-Afforestation and Reforestation. Tropics, 17: 237-250.

西村正賢 (1994) インドシナにおけるヘリグロホソチョウ *Acraea violae* の確認状況. 蝶と蛾, 45: 200-202.

西村正賢 (2008) 沖縄島南部のフタオチョウと東南アジア島嶼におけるオナシアゲハの分布拡大について. やどりが, (216): 4-17.

Okano K (1990) Some notes on butterflies (Rhopalocera) from Lombok & Sumbawa Islands, Lesser Sunda Islands, Indonesia, with description of a new species. Tokurana, 16(2): 1-4.

Parmesan C (2006) Ecological and evolutionary responses to recent climate change. Annual Review of Ecology, Evolution and Systematics, 37: 637-669.

Parmesan C, Rytrholm N, Stefanescu C, Hill JK, Thomas CD, Descimon H, Huntley B, Kaila L, Kullberg J, Tammaru T, Tennent WJ, Thomas JA, Warren MS (1999) Poleward shifts in geographical ranges of butterfly species associated with regional warming. Nature, 399: 579-583.

Parsons M (1999) Butterflies of Papua New Guinea. Academic Press, San Diego.

Rawlins A (2007) An annotated and illustrated checklist of the butterflies (Papilionoidea) of Wetar Island, Maluku, Indonesia. Rawlins (個人出版), Maidstone.

Robinson GS, Ackery PR, Kitching IJ, Beccaloni GW, Hernández LM (2001) Hostplants of the moth and butterfly caterpillars of the Oriental Region. The Natural History Museum and Southdene SDN. BHD., Kuala Lumpur.

酒井成司 (1981) アフガニスタン蝶類図鑑. 講談社, 東京.

白水 隆 (1985) 蝶類の分布から見た日本およびその近隣地区の生物地理学的問題の2～3について. 白水隆著作集Ⅰ (白水隆先生退官記念事業会編): 1-33. 白水隆先生退官記念事業会, 福岡.

Smith C (1989) Butterflies of Nepal. Tecpress Service, Bangkok.

高西雅也 (1988) タイのヘリグロホソチョウ. 月刊むし, (209): 37.

Takeuchi T (2006) A new record of *Chilades pandava* (Horsfield) (Lepidoptera, Lycaenidae) from Korea. Transactions of the Lepidopterological Society of Japan, 57: 325-326.

Talbot G (1947) The fauna of British India including Ceylone and Burma. Taylor and Francis, London.

Tennent J (2002) Butterflies of the Solomon Islands. Systematics and bibliography. Storm Entomological Publications, Dereham.

Tennent WJ, Dewhurst CF, Müller CJ (2011) On the recent spread of *Papilio demoleus*

III. 様々な視点からチョウの分布拡大を捉える

Linnaeus, 1758 in Papua New Guinea (Lepidoptera, Papilionidae). Butterflies (*Teinopalpus*), (58): 30-33.

塚田悦造 (1985) 東南アジア島嶼の蝶 第4巻（上）．プラパック，東京．

塚田悦造・西山保典 (1980) 東南アジア島嶼の蝶 第1巻．プラパック，東京．

Wu LW, Lees DC, Hsu YF (2009) Tracing the origin of *Chilades pandava* (Lepidoptera, Lycaenidae) found at Kinmen Island using mitochontrial COI and COII genes. BioFormosa, 44(2): 61-68.

Wu LW, Yen SH, Lees DC, Hsu YF (2010) Elucidating genetic signatures of native and introduced populations of the Cycad Blue, *Chilades pandava* to Taiwan: a threat both to Sago palm and to native *Cycas* populations world wide. Biological Invasions, 12: 2649-2669.

矢田脩 (1981) シロチョウ科．東南アジア島嶼の蝶 第2巻（塚田悦造編）．プラパック，東京．

安庭誠 (2010) 風とソテツとさとうきび～第三話 最強の防風樹ソテツ～．http://sugar.alic.go.jp/tisiki/tisiki/tisiki0804a.htm

与路ソテツ生産組合 (2000) 鹿児島県・与路ソテツ生産組合（全林協会長賞）．林業グループ活動・研究事例集（平成11年度）：210-213．全国林業研究グループ連絡協議会，東京．

吉尾政信 (2010) 気候温暖化によるチョウ類の分布拡大と絶滅のリスク．日本の昆虫の衰亡と保護（石井実監修）：204-213．北隆館，東京．

（松本和馬）

Ⅲ. 様々な視点からチョウの分布拡大を捉える

> ② 九州におけるタテハモドキの分布拡大と
> コンピューターシミュレーションによる今後の予測

　気候変動に関する政府間パネルの第5次評価報告書（IPCC, 2013）は，気候は今後も温暖化していくと予測しているが，特に，2001年に発表された第3次評価報告書では100年後には最悪5.8℃もの温暖化を予測していたため，人間の生活や生物へどのような影響が及ぶのかについて，世間の大きな関心が集まった。その中で，白水（1985）が指摘したようなチョウ類を含む昆虫類の分布拡大が，気候の温暖化で説明できるのではないかという報告が相次いだ（北原ほか，2001）。

　一方，2001年以降，気温上昇率は10年あたり0.03℃に鈍化し，ハイエスタスと呼ばれる温暖化の停滞状態を示すようになった。このため，人々の関心は温暖化から離れ，地震や火山活動の方に注がれることとなった。この間，気温の上昇率は停滞しているものの，それまで気温の上昇と平行的に分布を拡大していると思われていた生物の分布の拡大は止まらなかったものが多かった。このことから，分布拡大の原因が気温の変化であると考えられてきたツマグロヒョウモン *Argyreus hyperbius* などについて再検討が行われるようになった。

　さらに，イギリスの気象庁の発表によれば，2015年の地球全体の平均気温は，1850年以降の過去最高値であった2014年を0.13℃上回った。このような気候の温暖化傾向は，1980年から2000年までの顕著な温度の上昇を示していた状態に回帰することを予感させるものである。

　気温上昇の停滞が止まり，再上昇を始める兆しがする現在は，生物の分布拡大と気温がどのような関係にあるのかを客観的に検証する良い機会である。生物の分布の変化を安易に気温と結びつけて解釈することを見直し，気候要因以外の影響も考慮する必要が高まっている中，気温によって生物の分布状況の変化がどこまで再現できるかを検証・評価することは，気候変動の影響を正しく評価する上で非常に重要であり，そのためのツールとしてコンピューターを用いたシミュレーションは非常に重要である。このため，昆虫の分布拡大シミュレーションが，タテハモドキ *Junonia almana*（紙谷・矢

III. 様々な視点からチョウの分布拡大を捉える

田, 2002；紙谷, 2010), ミナミアオカメムシ *Nezara viridula*（Yukawa *et al.*, 2007, 2009；湯川・桐谷, 2010）とクマゼミ *Cryptotympana facialis*（紙谷, 2010), エゾゼミ *Lyristes japonicus*（初宿, 2008）などで行われている。

シミュレーションを行う場合，生物に関する詳細な位置情報のほか，年平均気温や各月平均気温などに関するできるだけ詳細な地理的データ（GIS）が最低限必要になる。日本では気象庁が気象台やアメダス観測所の無い場所の気象平年値を地形等の影響を考慮にいれて，1km四方の網目（メッシュ）状に推定している。さらに，環境省や国土交通省は，1km^2 あるいは100m^2 単位で，土地の植生・利用状況を公開しており，シミュレーションを行う条件がよく整っている。

■ タテハモドキの九州における分布拡大

タテハモドキは，1970年ごろまで，九州では鹿児島県や宮崎県の温暖な地域にのみ記録があり，九州中部や北部では迷蝶とされていた（図1）。九

図1 タテハモドキの生息状況（迫田ほか, 2007を改変）
左上，越冬成虫／右上，3齢幼虫／左下，生息環境／右下，オギノツメ

② 九州におけるタテハモドキの分布拡大とコンピューターシミュレーションによる今後の予測

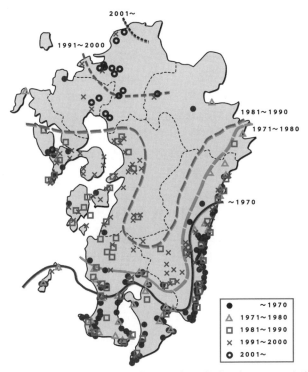

図2 タテハモドキの分布及び土着北限の変遷（紙谷・矢田，2002を改変）

州南部では，第1化の食草である海浜性のイワダレソウの有無が定着できるかどうかを決定し，1957年頃から水稲の早期栽培の影響で増えたスズメノトウガラシが第2世代以降の食草として個体数の増加をもたらしたと考えられている（福田，1964）。しかし，1970年から2000年にかけて分布が次第に北上し，1980年までは大分県佐伯～鹿児島県川内，1990年までは佐伯～熊本県菊水～長崎県西彼杵，2000年頃には大分県日田～福岡県久留米あたりまで土着北限が変化した（紙谷・矢田，2002）（図2）。そして，2000年，それまでほとんど記録のなかった福岡市内でイワダレソウへの産卵と次世代の羽化が確認された（西日本新聞2000年9月21日）。

九州南部における本種の観察では，成虫の移動性はあまり高くないと考えられていた（福田，1964）。しかし一方では，タテハモドキは迷蝶として九

III. 様々な視点からチョウの分布拡大を捉える

州各地で記録されてきた（福田ほか，1983）。近縁種では，高い移動性に関する報告が世界各地で観察されている。例えば，1984年，ニュージーランドに生息する近縁種の *J. villida calybe* の多数の個体が突如現れたことから，この種が移動していると考察している（Harris, 1988）。また，1987～88年，アメリカ・フロリダ州において，アメリカタテハモドキ *J. corenia* の長距離移動が観察されている（Walker, 2001）。さらに，アルゼンチンでも *Junonia* 属の種の大群による移動が観察されている（Gemmell *et al.*, 2014）。このようなことから考察すると，何らかの条件（台風など）が与えられると，タテハモドキは大きな移動を行うと推察される。

分布拡大のコンピューターシミュレーション

タテハモドキの分布の拡大について，紙谷・矢田（2002）は気温のみならず植生の2つの要素に関連していると考えたが，紙谷（2010）は気温の影響を明確にするために，気温のみを使ってシミュレーションを行った。九州での土着地において，越冬に最も影響を与えると思われる1月平均気温と，年間を通じた生存のしやすさを反映していると思われる年平均気温のどちらが，より分布を正確に説明できるかを比較した。シミュレーションには，プログラミング言語であるVisual Basicを用い，日本地図上にある一定以上の気温となる場所を表示させる非常に簡単な物を使用した。

まず，1月平均気温では，すべての生息地の中で最も寒い場合は4.1℃であったが，生息地数が多くなりはじめるのは5.0℃以上からで，5.6℃を超えると生息地数の頻度はかなり多くなり，8℃まで徐々に生息地数が増えていった。次に，年平均気温では，すべての生息地の中で最も寒い場所は15.1℃で，15.8℃を超えると生息地数の頻度はかなり多くなり，16.6℃では急激に頻度が多くなった。1970年の1月平均気温と当時のタテハモドキの土着地とを比較すると，おおよそ5.8℃以上となる場所と生息域が一致した（図3）。

次に，2000年及び2007年のタテハモドキの生息可能域を予測した（図3）。図2に示した土着北限と同じものを図3中にも示しているが，予測した範囲と土着北限は，1月平均気温5.8℃を用いると過大評価する傾向が強く，年平均気温16.5℃を用いた場合の方がより一致した。

[2] 九州におけるタテハモドキの分布拡大とコンピューターシミュレーションによる今後の予測

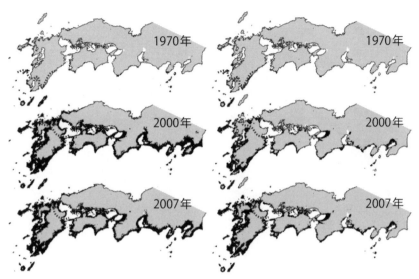

図3 1月の平均気温（5.8℃以上，左列）と年平均気温（16.5℃以上，右列）に基づいて推定した1970，2000，2007年におけるタテハモドキの分布（紙谷，2010を改変）
九州において点線で示した場所は，その年代における土着北限。

■ ミナミアオカメムシの分布拡大シミュレーション

　タテハモドキの場合，その土着北限よりも餌となるオギノツメの分布の方が広く，生息可能域の制限要素にはなっていなかった。同様のシミュレーションを行ったイネ等の害虫であるミナミアオカメムシ *Nezara viridula* も，餌は様々な植物・作物の種子であるため生息可能域を制限しないと考えられるため，分布拡大シミュレーションの比較を行う。

　ミナミアオカメムシの分布域は，1960年ごろから2010年にかけて九州，四国，紀伊半島などで北上し，タテハモドキよりも非常に北上速度が速い点が特徴である。湯川・桐谷（2010）は，最寒月（多くの場所・年で1月）の気温が5℃以下の地域では，冬の間の死亡率が高いことを指摘している。このカメムシの生息地数も，やはり多くの場合，1月の平均気温が5℃を越えると急激に増える。このことから，5.8℃以上を要求するタテハモドキよりも北上速度が速いと考えられる。また，1月平均気温を用いた生息可能域のシミュレーションを行った結果，実際の分布変化と一致性が見られた。タテ

■ Ⅲ. 様々な視点からチョウの分布拡大を捉える

図4 1月の平均気温（5℃以上）に基づいて推定した2007年におけるミナミアオカメムシの分布

ハモドキでは1月平均気温よりも年平均気温によるシミュレーションの方が，より一致していたが，ミナミアオカメムシではどうであろうか。生息地数と年平均気温の関係から，15.7℃が基準温度であると考えられ，意外にも1月平均気温によるシミュレーションとほぼ同じ結果であった。

2007年における1月平均気温5℃以上を用いたシミュレーションでは千葉県・茨城県を分布の東限と予測していた（図4）。2007年以降，気温が高い年もあれば寒い年もあったが，気温上昇のハイエスタス状態で2013年頃まで気温上昇が停滞しており，シミュレーション結果に大きな変化は見られない。一方，2013年における，実際の分布東限は千葉県であり（水谷，2013），予測結果とほぼ一致している。予測の若干のズレは，気温が高かった年，寒かった年による分布域の拡大と縮小によるものと考察される。

■ 今後の予測

福岡県や佐賀県の南部においてタテハモドキは，2000年以降ほぼ毎年多くの記録があり，特に緯度的に福岡県の中央に位置する筑紫野市では2007年から2008年にかけての冬などに越冬した記録がある（宮田ほか，2008）。一方，福岡市は太宰府市水城にある標高の低い分水嶺の北側に位置しており，分水嶺の南側となる筑紫野市などを含む福岡県南部とは地理的・気象的に若

② 九州におけるタテハモドキの分布拡大とコンピューターシミュレーションによる今後の予測

表1 2000年以降に福岡市及びその近郊で観察されたタテハモドキの記録

年	月	備考
2000年	8-12月	福岡市西区: http://www.g-hopper.ne.jp/free/fukuda/field_report/tatehamodoki/tatehamodoki-1.htm
2001年	9-10月	太宰府市: 田畑莞爾 (2004) 博多虫 (8): 70-71
2002年	11月	川上太郎 (2004) 博多虫 (8): 55
2005年	10月	那珂川町: 青木卓也 (2007) 博多虫 (10): 71
2007年	9月	福岡市西区: 中村悠一 (2008) 博多虫 (11): 82
2008年	10月	福岡市西区: http://www.geocities.jp/kumotuki24/syashin-c-tatehamodoki.htm
		宗像市: 西田迪雄・加藤陽一 (2015) 博多虫 (16・17): 72
	10-11月	糟屋郡志免町: 牟田澄雄 (2009) 博多虫 (12): 74
2009年	8月	福津市: http://knet-niji.jp/
	9月	糟屋郡志免町: 牟田澄雄 (2010) 博多虫 (13): 91
	10月	糟屋郡粕屋町: 下司順治 (2010) 博多虫 (13): 91
		太宰府市: 小野裕 (2015) 博多虫 (16・17): 5-14
2010年	9月	岡垣町: 西島敬一朗 (2012) 博多虫 (15): 24-25
	10月	糟屋郡粕屋町: 下司順治 (2012) 博多虫 (14): 88
		宗像市: 西田迪雄・加藤陽一 (2015) 博多虫 (16・17): 72
2012年		遠賀郡岡垣町: 西島敬一朗 (2012) 博多虫 (15): 24
2013年	10月	福岡市中央区: http://pieris55.exblog.jp/20583587/
2014年	1月	不明: http://tori-mako.sakura.ne.jp/blog/archives/2014/01/post-1232.html
	4月	福岡市早良区: 坂本正昭 (2015) 博多虫 (16・17): 73
	6月	宗像市: 西田迪雄・加藤陽一 (2015) 博多虫 (16・17): 72
	9月	宗像市: 西田迪雄 (2015) 博多虫 (16・17): 15-18
		宗像市: 西田迪雄・加藤陽一 (2015) 博多虫 (16・17): 72
	10月	福岡市西区: http://blogs.yahoo.co.jp/cmike01/34943640.html
2015年	11月	太宰府市: http://www2.ezbbs.net/

干異なっている。それでも，2000年以降ほぼ毎年数件が記録されており（表1），福岡市を越えて福津市や宗像市，岡垣町でも確認されるようになっている。

福岡市では2000年以降，年平均気温が16.5℃を下回った年は一度もなく，1月平均気温も2011年の大寒波を除くとすべて5.8℃以上であり，1960年に比べると非常に温暖である（図5）。福岡市で年平均気温が16.5℃を上回るようになったのは1990年頃であったが，継続的に記録されるようになったのはこの約10年後であることや，確実な越冬記録は2014年しかないことから，温度条件を満たしてもすぐには定着できないと推察される。

もし，気温上昇のハイエスタス状態が終わり，ふたたび気温が上昇するのであれば，土着北限はどんどん北上し，分布域は拡大していくであろうと考えられる。タテハモドキを含む5種のチョウと4種のクワガタムシについて，2007年の年平均気温から1℃上昇したときの分布域の増加率を図6に示した（紙谷，2010を改変）。基本的に現在の分布域が北方に偏っている種は分布

■ Ⅲ．様々な視点からチョウの分布拡大を捉える

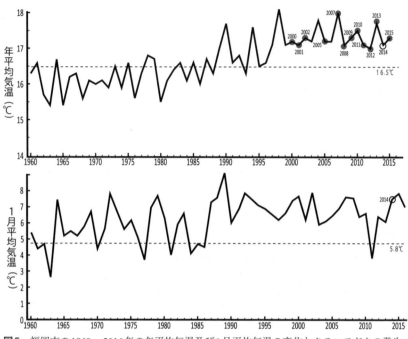

図5 福岡市の1960～2016年の年平均気温及び1月平均気温の変化とタテハモドキの発生・越冬状況
　　黒丸は発生年，白丸（2014年）は越冬年。

域が縮小し，南方に偏っている種は拡大すると予測される。ただし，継続的に土着・越冬が記録されるようになるまでには，ミナミアオカメムシの場合と同様に，温度のみで予測したシミュレーション結果よりも遅れると考えられる。一方，IPCC（2013）の予測の通り年平均気温が上昇して暖冬が続くようになっても，2013～14年の冬や2015～16年の冬のように突然の大雪で一時的に気温が低下することが予測される。このため，タテハモドキの分布も，ミナミアオカメムシのように気温が高い年は分布域が拡大し，寒い年には縮小するものと思われる。

　最後に，タテハモドキに関する情報を提供いただいた九州大学名誉教授の矢田脩博士並びに九州産業高等学校の佐々木公隆氏に心からお礼申し上げる。

[2] 九州におけるタテハモドキの分布拡大とコンピューターシミュレーションによる今後の予測

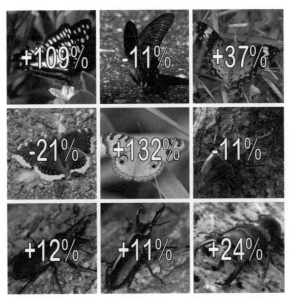

図6 2007年の年平均気温から1℃上昇したときの分布域の増加率（紙谷，2010を改変）
上段（ミカドアゲハ，ミヤマカラスアゲハ，ツマグロヒョウモン），中段（キベリタテハ，タテハモドキ，ミヤマクワガタ），下段（ノコギリクワガタ，コクワガタ，ヒラタクワガタ）。タテハモドキのみ1.4℃上昇したときの増加率。

〔引用文献〕

福田晴夫 (1964) 南九州におけるタテハモドキの個体数および分布の変動．蝶と蛾，15: 8-14.

福田晴夫・浜栄一・葛谷健・高橋昭・高橋真弓・田中蕃・田中洋・若林守男・渡辺康之 (1983) 原色日本蝶類生態図鑑Ⅱ，保育社，大阪．

Gemmell AP, Borchers TE, Marcus JM (2014) Molecular Population Structure of *Junonia* Butterflies from French Guiana, Guadeloupe, and Martinique. Psyche. Article ID 897596

Harris AC (1988) A large migration of the Australian meadow argus butterfly *Junonia villida calybe* (Lepidoptera; Nymphalidae) to southern New Zealand. New Zealand Entomologist, 11: 67-68.

IPCC (2013) IPCC 第5次評価報告書，第1作業部会報告書，概要．気象庁訳．

紙谷聡志 (2010) 土着可能域の広がりと縮小の予測．地球温暖化と昆虫（桐谷圭治・湯川淳一編）: 90-106，全国農村教育協会，東京．

紙谷聡志・矢田脩 (2002) 地球温暖化に伴うタテハモドキの分布拡大のコンピューターシミュレーション．昆虫と自然，37(1): 8-11.

北原正彦・入夾正躬・清水剛 (2001) 日本におけるナガサキアゲハ（*Papilio memnon* Linnaeus）の分布の拡大と気候温暖化の関係．蝶と蛾，52: 253-264.

Ⅲ．様々な視点からチョウの分布拡大を捉える

宮田紘明・中島理人・山崎貴之 (2008) タテハモドキ. 九州産業大学付属九州産業学校理科研究会報告書, 1-7.

水谷信夫 (2013) 我が国におけるミナミアオカメムシの最近の分布および発生状況. 植物防疫, 67: 595-601.

迫田隆宏・北島達也・高倉貴志・宮田紘明・花田和馬・砥板純一 (2007) タテハモドキ. 九州産業大学付属九州産業学校理科研究会報告書, 1-6.

初宿成彦 (2008) 温暖化とセミの分布変化. 昆虫と自然, 43(4): 6-10.

白水隆 (1985) 蝶類の分布からみた日本およびその近隣地区の生物地理学的問題の2～3について. 白水隆著作集Ⅰ, 1-33, 白水隆先生退官記念事業会, 福岡.

Yukawa J, Kiritani K, Gyotoku N, Uechi N, Yamaguchi D, Kamitani S (2007) Distribution range shift of two allied species, *Nezara viridula* and *N. antennata* (Hemiptera: Pentatomidae), in Japan, possibly due to global warming. Applied Entomology and Zoology, 42: 205-215.

Yukawa J, Kiritani K, Kawasawa T, Higashiura Y, Sawamura N, Nakada K, Gyotoku N, Tanaka A, Kamitani S, Matsuo K, Yamauchi S, Takematsu Y (2009) Northward range expansion by *Nezara viridula* (Hemiptera: Pentatomidae) in Shikoku and Chugoku Districts, Japan, possibly due to global warming. Applied Entomology and Zoology, 44: 429-437.

湯川淳一・桐谷圭治 (2010) 北上するミナミアオカメムシと局所的に絶滅するアオクサカメムシ―温暖化による地理的分布と種構成の変化―. 地球温暖化と昆虫（桐谷圭治・湯川淳一編）: 72-89, 全国農村教育協会, 東京.

Walker TJ (2001) Butterfly Migrations in Florida: Seasonal Patterns and Long-Term Changes. Population Ecology, 30: 1052-1060.

（紙谷聡志）

Ⅲ．様々な視点からチョウの分布拡大を捉える

③ 大陸産アカボシゴマダラの移入・拡散による在来種ゴマダラチョウへの影響

　アカボシゴマダラ大陸亜種 *Hestina assimilis assimilis* の日本への違法な持ち込みとその逸出，さらには放蝶に起因するとみなされる個体群（以下，アカボシゴマダラまたは本種；図1，バーは1cm）が1998年に神奈川県藤沢市で確認され，同県内での拡散・北上を経て，10年ほどで房総半島を除く南関東に拡散し，さらにその後，関東全都県からその近隣県，あるいは飛び離れた愛知（間野・岩本，2011），京都（渡邊，2013）の各府県での確認記録が現れるに至った（2015年末現在）。

図1　アカボシゴマダラ（左♂，右♀）

図2　ゴマダラチョウ（左♂，右♀）

■ Ⅲ．様々な視点からチョウの分布拡大を捉える

　これらの地域を含む日本の北海道から九州に至る広い範囲には同属の在来種ゴマダラチョウ *H. persimilis japonica*（図2，バーは1cm）が生息しており，また幼虫期にエノキを利用するオオムラサキ *Sasakia charonda* も分布域を共有することから，この外来種による在来チョウ類への影響が懸念されている（国立環境研究所，2013）。

■ 自然分布域でのアカボシゴマダラの生息環境

　本種の自然分布域，すなわち大陸での生息環境を考慮することは，日本への持ち込みとその拡散を考える上で一つの前提となる。筆者はその元来の生息環境を実見してはいないが，文献から以下の特徴が指摘できる。

・人里における普通種としての生態的地位を占める（増井・猪又，1997）。
・公園や付近の人的環境（大島，2005）。
・庭園，平地及び低山帯のいずれでも見ることが出来る（禹，1994）。

　これらの記述から，日本に持ち込まれた本種の生息環境は，日本における在来種ゴマダラチョウのそれとさほど変わらないことがわかる。

　大陸でアカボシゴマダラとマクロに共存するゴマダラチョウ *H. persimilis persimilis* は，アカボシゴマダラと比較して，「より山地的な環境に主な生息地がある」（増井・猪又，1997）ということから，両種間には一定のすみ分けが成立していると推測できる。従って，日本列島のゴマダラチョウが地史的な隔離（大陸からの分離）を経て現在のニッチを得ているところへ，アカボシゴマダラの違法な持ち込みと放蝶によって，環境選好が重複した同属種との「禁断の出会い」が"仕組まれた"ことになるのではないだろうか。

■ アカボシゴマダラの移入と拡散

（1）移入・拡散の経過

　我が国で最初に本種が野外で見つかったのは，1995年，埼玉県南部の浦和市（現・さいたま市）（柴田，1998），戸田市，朝霞市においてであった。矢野（1998）によれば，それらは荒川左岸河川敷（さいたま市秋ヶ瀬公園）に何者かによって放たれたものに由来すると推定され，翌年に発生は終息した。

3 大陸産アカボシゴマダラの移入・拡散による在来種ゴマダラチョウへの影響

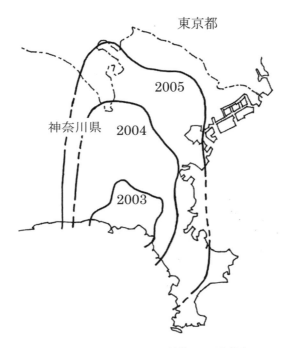

図3　アカボシゴマダラの拡散フロント推定

　よく知られる2回目の発生は，1998年に神奈川県藤沢市辻堂での目撃記事（同年9月6日付「朝日新聞湘南版」）に端を発する（中村ほか，2003）。翌年にはその西方の大磯町で1例が目撃されたが，次年には記録がなかった。2001年からは，3年前とほぼ同一地域で再発し，2003年には藤沢市東部，鎌倉市，横浜市南部と逗子市の一部へ，2004年には藤沢市，茅ヶ崎市，横浜市，逗子市へと広がり，2005年には一気に北上して相模野台地，横浜市全域，川崎市，一部は町田市南部までをカバーし，2006年には川崎市を通過して，東京都に侵入した。これらの発生地点と発生年の記録を集積，図示した岩野・菅井（2007）に基づいて，初期の拡散フロントを推定したのが図3である。

　やがて2011年には埼玉県中南部までに広がり（星野，2012），2011～2012年には千葉，群馬，栃木，茨城，山梨，静岡の各県と伊豆大島での確認記録が公表されるに至り（矢後，2012，2013），引き続き拡散の勢いは衰えず，

III. 様々な視点からチョウの分布拡大を捉える

福島（2013年：正木・大塚，2013），長野（2014年：栗岩ほか，2015）などの各県での記録が続いた。これらの間に伊豆大島（林，2013），愛知（間野・岩本，2011），京都（渡邊，2013）といった離れた地域でも確認された（前述）。他方で，神奈川，東京，埼玉など既往の地域では毎年発生を繰り返して定着し，いわば普通に見られるチョウとなりつつある。

なお，当初，拡散が主として北東に向かい，西進と南進が遅かったことから，本種の飛翔への風の影響から拡散の主因を季節風（南西風）に求めた考察がある（針谷・矢野，2008）が，その後の経過を見るとそれだけでは説明がつかないと思われる（後述）。

（2）どこまで広がるのか

本種の拡散が一体どこまで進むのかを予測する研究も既になされている。斎藤ほか（2014）は大陸産の標本情報による自然分布域の気候及び食樹エノキ属の分布情報を解析した結果，本種は日本各地で気候による制限を受けにくく，分布するエノキ属各種の生息適合度（気候や人為的環境要素）に影響されるものの，日本全域が潜在的生息適地となる可能性を示した。

また，小林・小池（2010）は，統計的な手法によりエノキの分布を予測した上で，前述の菅井らが集積したデータとモデル選択によって本種の分布拡大をフォローし，関東地方から西方向へは直線的には拡大せず，海岸線沿いや谷沿いの民家が散在する地域を通って分布を広げる，と予想した。

ところで，移入された鱗翅目昆虫の分布拡大例としては，戦後日本に移入されたアメリカシロヒトリ *Hyphantria cunea* がよく知られている。この場合は，1948年に東京・横浜から拡散し始め，10年後には東海・北陸から東北中部，京阪神，北九州で発生し，1970年代には本州のほぼ全域に広がった。この事例には，寄主植物が600種に及ぶという広食性と気候適応（化数の変化）とが寄与し，それとともに交通，物流の関与もあったとされている（伊藤，1972）。

アカボシゴマダラの場合，食樹はエノキ属に限定されるものの国内に広く分布し，また気候に適応できる可能性も高く（斎藤ほか，2014），次にふれる作為的放蝶を含め，アメリカシロヒトリのように全国規模に拡散する可能性が潜在しており，その上，集中的防除によって大発生が抑えこまれたアメ

3 大陸産アカボシゴマダラの移入・拡散による在来種ゴマダラチョウへの影響

リカシロヒトリとは異なり，有効な拡散防止策がとられる見込みがないので，事態は深刻である。

(3) 放蝶による撹乱

既に述べたような劇的な拡散は，チョウの能力，つまり生物学的な特性によるものだろうか。

岩野（2010）は，2010年夏の愛知県（名古屋市）での発見情報を「南関東の分布範囲とはかけ離れているため，明らかに人為による放蝶であろう」と判断した。高桑（2012）はさらに踏み込んで，本種は「神奈川県南部では少なくとも1998年以降，複数回にわたって放蝶された可能性が強い」とし，それらは「飼育によって多数に増殖」したものと考えてよいと，「蝶の飼育にたけた人のかかわり」を疑った。筆者も「外来種アカボシゴマダラは藤沢付近で飼育中の中国産の幼虫が逃げだし，神奈川全域，東京，埼玉，群馬，栃木，千葉，静岡に拡散していること」が語られたという会合の雑誌記事（早野，2013）を読んだが，そのような逸出からだけでは起こりえない大繁殖をみるにつけ，ある時期に相当な個体数と回数の放蝶行為が行われたことを疑っている。後述するように，それは生態系を撹乱する行為として糾弾されるべきである。

この件に関しては，既に新聞紙上でも「マニアが放蝶？ 中国原産種，首都圏で繁殖 在来種駆逐」などと取り上げられ（「朝日」2008年2月13日），1970年代末〜80年代初め，あるいはそれ以後も頻発したホソオチョウ *Sericinus montela* の放蝶を想起して報じられた。しかし，本種の拡散は，その凄まじさにおいてホソオチョウの比ではなかった。

■ アカボシゴマダラによる在来ゴマダラチョウへの影響

冒頭に記したように，アカボシゴマダラの移入による在来ゴマダラチョウへの影響が懸念されるが，これについて在来種をベースに定量的な追跡調査した例は，これまでのところ筆者による報告（松井，2010）のほかは知られていないと思われる。共同研究者・星光流は筆者と，東京の小平市と東村山市の水路沿いのエノキを多く含む緑地帯で，2005年からゴマダラチョウの越冬世代に5%ほど出現する非休眠個体の動態をルート・センサスによって

III. 様々な視点からチョウの分布拡大を捉える

調査していたが，2年後にアカボシゴマダラが現れた．その結果，アカボシゴマダラのゼロベースから両種の変動を記録することとなったのである．ここでは，上記既報以後のデータを含め，ゴマダラチョウ生息域にアカボシゴマダラが侵入した前後の両種の個体数変動など紹介する．

(1) 両種の越冬世代幼虫を追跡する

両種個体数の追跡調査は，毎年1または2回，越冬前幼虫の活動期（10月中旬から11月初旬）に実施した．この時期の両種は頭部突起が短くなる休眠期型の中齢幼虫（図4）を主体としており，形態上の特徴（胸背部，腹背部，肛上板後側縁の突起の形状）による両種の類別・判定が容易であること，及び，ともに複数世代の発生を経て，生息数が当該年の到達レベルを示していると考えられたからである．

地表から高さ約3mまでの範囲を目途として，エノキ葉上の幼虫を，主として目視で数えた．高い位置については用具を用いて手元に引き寄せるか，

図4 越冬世代幼虫
アカボシゴマダラ（上）／ゴマダラチョウ（下）

3 大陸産アカボシゴマダラの移入・拡散による在来種ゴマダラチョウへの影響

双眼鏡を用いて，2名の調査者がともに識別して，そのステージと葉上位置（地上高及び平面的な位置）とを記録した。

(2) アカボシゴマダラが2年でゴマダラチョウ生息域を席巻

小平市の調査地（調査路長2.5km）における2005年からのゴマダラチョウ幼虫の個体数は100程度であったが，2007年に初めて僅少数（4頭）の侵入を認めたアカボシゴマダラは2008年に急増し，両種の総個体数の40%を占めてゴマダラチョウと拮抗し，さらに2009年には98%となって優勢化すると，以降はその状態を保った（図5）。また，両種幼虫の食樹での位置取り（高さ）分布はほぼ同様であり（図6），台座をつくって先端（外縁）部の葉表を排他的に占有することも共通で，変化が生じたのは個体数での優劣だけであった。

東村山市の調査地（調査路長1.3km）では，2005年から2007年までは未確認だったアカボシゴマダラは，2008年には両種総数の30%を超え，2009年には96%に至り，2010年以降もそのまま優勢となった。結論的には，2か所の調査地とも，アカボシゴマダラがわずか2年でゴマダラチョウの生息域を席巻するかのように優勢化したのである。

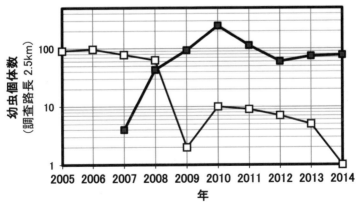

図5　アカボシゴマダラとゴマダラチョウの個体数変動
　小平市の調査域（調査路長2.5km）における両種越冬世代幼虫の個体数（■アカボシゴマダラ，□ゴマダラチョウ）

347

III. 様々な視点からチョウの分布拡大を捉える

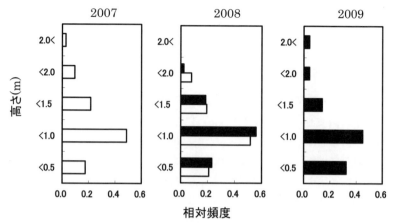

図6 幼虫の樹上位置（高さ）の分布
両種の個体数は図5参照。■アカボシゴマダラ，□ゴマダラチョウ。

アカボシゴマダラ優勢化のメカニズムを考える

　ゴマダラチョウの生息域に侵入したアカボシゴマダラの急激な優勢化の原因は何だろうか。アカボシゴマダラは，ゴマダラチョウに先行して越冬から覚醒し，食餌を獲得する。したがって新成虫の発生が早く，発生回数もゴマダラチョウの年2〜3回に対して3〜4回と多い。しかし，これらの繁殖特性の差を含め，資源競争での優位性が本種の優勢化の原因なのだろうか。

　鱗翅目など食植性昆虫では食餌資源量は大きいため，通常，餌をめぐる種間競争は生じにくいか，あるいは確認しにくいとされる（例えばLawton & Hassell, 1984）。本件についても，両種幼虫の食樹上における排他的占有位置分布様式が重複するため，食餌資源をめぐる競合は一時的には現れたと推測できるが，利用可能な食餌資源は十分に存在するにもかかわらず，わずか2〜3年という短期間に侵入者が在来種を一方的に圧倒する現象が起こっていることから，そのメカニズムについては単に食餌資源をめぐる競合からではなく，別のアプローチが必要ではないかと思われる。

　Inoue *et al.* (2008) はハウス栽培トマトなどの花粉媒介用に移入されたセイヨウオオマルハナバチ *Bombus terrestris* が野生化し，在来のオオマルハナバチ（北海道亜種）*B. hypocrita sapporoensis* ほか数種と混生する北海道鵡川町で，両種越冬女王の捕獲・発見頻度を調べ，2003年から2005年の2年間で前者の頻度が倍以上に高まったのに対して後者では1/100以下に急落したことか

3 大陸産アカボシゴマダラの移入・拡散による在来種ゴマダラチョウへの影響

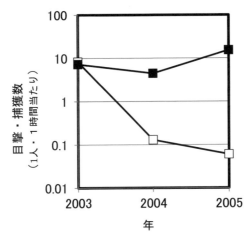

図7 北海道鵡川町におけるオオマルハナバチ属2種の越冬女王の目撃・捕獲数
Inoue *et al.*（2008）のデータにより，アカボシゴマダラ－ゴマダラチョウの種間関係（図5）と比較するため，筆者が作図。■セイヨウオオマルハナバチ，□オオマルハナバチ。

ら，女王の巣作り場所をめぐる種間競争で外来種が優勢化したことを示した（図7）。さらに，この2種に関して Kondo *et al.*（2009）は，越冬後の女王の受精嚢に存在する精子の遺伝子型を解析し，在来のオオマルハナバチ本州以南亜種 *B. hypocrita hypocrita* の雌が野生化したセイヨウオオマルハナバチの雄と交尾している頻度が30％に及んだことから，外来種の在来種に対する繁殖干渉を明らかにした。

マルハナバチ類で示されたような，外来種による繁殖干渉に起因するとみなされる近縁在来種の激減は，繁殖様式や生活型の相違などを考慮しつつも，ここで取り上げたゴマダラチョウ属の2種の関係によく類似しており，筆者はこのことに注目した。というのは，外来のアカボシゴマダラの在来種との異種間交尾例（石垣，2009）を挙げるまでもなく，両種の野外での性的コンタクトは十分に想定でき，侵入種の在来種に対する一方的な優勢化にも繁殖干渉がかかわっている可能性が考えられるからである。

繁殖干渉は，異種間交尾がなくても，雄が他種の雌を追いかけ，雌が異種の雄から逃げたり，同種雄を忌避したりすることでも起こり，いったん繁殖成功率に偏りが生ずれば，そのまま頻度依存的にワンサイド・ゲームとなってしまうという，ある意味シンプルなメカニズムなのである。

外来種問題の顕在化にみる種間関係が生態学の新しい研究課題となってい

る。生態学では，長い時間をかけた適応によって調和的に成立した種間関係を，これまでは主として資源競争によって説明してきた。しかし，近年，資源競争説が"衰退"（西田，2012）し，代わって，これまであまり顧みられなかった繁殖干渉説に関心が高まり，植物では，セイヨウタンポポと在来タンポポ（西田ほか，2015），オオオナモミとイガオナモミ，オオイヌノフグリとイヌノフグリなどで（高倉ほか，2010），チョウに関しても，ウラナミジャノメ *Ypthima multistriata* とヒメウラナミジャノメ *Y. argus*（気候適応によらない—繁殖干渉を推測した—化性の進化：鈴木・西田，2007；Suzuki *et. al.*, 2011），ヤマトスジグロシロチョウ *Pieris nesis*[注1] とスジグロシロチョウ *P. melete*（繁殖干渉による食性の進化：大秦・大崎，2012）などで取り上げられている。

■ 両種の「すみ分け」論をめぐって

　両種の関係をめぐって，アカボシゴマダラは「一般道路脇や小さな公園，民家の庭先などに生えている小木や実生苗木などに好んで産卵するようで」あり，ゴマダラチョウは「自然度の比較的高い緑地が残っているエノキの大木に産卵することが多いようで，越冬幼虫も大木付近の落葉下でみつかることが圧倒的に多く，市街地内のエノキ小木から幼虫が得られることは多くない」（岩野，2005），あるいは「食樹の産付部位の好み，成虫や幼虫の生息圏まで多少の重複はあっても，確実な競合関係は見られないように思われる」というような"すみ分け"が論じられる（岩野，2010）。

　既述のように，筆者らの調査では，利用する食樹の性状と幼虫の利用部位には両種間にほとんど差が見いだせなかった。また，これまでの観察では，越冬世代幼虫がエノキ樹幹の高い位置で見つかることも共通している。しばしば高木となる食樹エノキの高位部（樹冠部，高枝，梢部）を，両種がどのように利用するかについての詳しい観察例はないと思われるが，それを保留しても，本種の移入から十数年という短い期間に食樹の利用形態によって在来種との「すみ分け」が成立するということは，やや考えにくい。

　在来種が外来種との食餌資源をめぐる競争によって既得のハビタットを奪われても，利用可能な食餌資源に依存して生息し得る（すみ分ける）という考え方から，外来種による在来種への影響を過小評価ないし容認することは

誤りである（松井，2010）。

　稿を閉じるにあたって，外来種問題で積極的な発信をされている高桑正敏氏（元神奈川県立生命の星・地球博物館）をはじめ「*Hestina* 研究会」の各位と有益な議論を共有させていただいたことに，深く感謝したい。

〔注〕

（注1）大秦・大崎 (2012) の発表では「エゾスジグロシロチョウ」（種小名 *napi*）として扱われているが，これは大陸に自然分布する種なので，スジグロシロチョウ（*melete*）との種間関係で該当するのは「ヤマトスジグロシロチョウ」（*nesis*）であるとみなされる。

〔引用文献〕

針谷毅・矢野高広 (2008) アカボシゴマダラと卓越風—北上東進の要因に関する一考察．相模の記録蝶，(22): 59-61.

早野育男 (2013) 第7回鎌倉蝶談話会の記録．月刊むし，(508): 36.

林秀信 (2013) アカボシゴマダラを伊豆諸島・大島で採集．月刊むし，(503): 42.

星野正博 (2012) 報文"アカボシゴマダラの目撃例"への補完メモ．寄せ蛾記，(146): 70-71.

Inoue MN, Yokoyama J, Washitani I (2008) Displacement of Japanese native bumblebees by the recently introduced *Bombus terrestris* (L.) (Hymenoptera: Apidae). Journal of Insect Conservation, 12: 135-146.

石垣彰一 (2009) 本州産アカボシゴマダラとゴマダラチョウの雑交実験について．やどりが，(219): 42-45.

伊藤嘉昭編 (1972) アメリカシロヒトリ　種の歴史の断面．中央公論社，東京．

岩野秀俊 (2005) 神奈川県におけるアカボシゴマダラの分布拡大の過程．昆虫と自然，40(4): 6-8.

岩野秀俊 (2010) 外来チョウ類の分布拡大と在来生態系へのリスク．日本の昆虫の衰亡と保護（石井実監修）: 248-258, 北隆館，東京．

岩野秀俊・菅井忠雄 (2007) 神奈川県に侵入したアカボシゴマダラの分布拡大．昆虫と自然，42(7): 18-21.

国立環境研究所 (2013) アカボシゴマダラ．昆虫類，侵入生物データベース．https://www.nies.go.jp/biodiversity/invasive/DB/detail/60400.html（2016年3月参照）．

小林弘幸・小池文人 (2010) 外来蝶アカボシゴマダラの分布拡大予測．日本生態学会第57回全国大会講演要旨: H2-03.

Kondo NK, Yamanaka D, Kanbe Y, Kunitake KY, Yoneda M, Tsuchida K., Goka K (2009) Reproductive disturbance of Japanese bumblebees by the introduced European bumblebee *Bombus terrestris*. Naturwissenschaften, 96: 467-475.

栗岩竜雄・大塚孝一・堀田昌伸 (2015) 長野県軽井沢町における外来生物アカボシゴマダラ（タテハチョウ科）の生息確認．長野県環境保全研究所研究報告，(11): 37-40.

Lawton JH, Hassell MP (1984) Interspecific Competition in Insects. In: Huffaker, CB and Rabb,

III. 様々な視点からチョウの分布拡大を捉える

RL (eds) Entomological Ecology: 451-495. John Wiley & Sons, New York.
増井暁夫・猪又敏男 (1997) 世界のコムラサキ (8). やどりが, (170): 7-23.
間野隆裕・岩本やよい (2011) 遂に名古屋市で確認されたアカボシゴマダラ. 佳香蝶, 63(248): 89.
正木滉己・大塚市郎 (2013) 福島県猪苗代町にてアカボシゴマダラを採集. InsecTOHOKU, (32): 16.
松井安俊 (2010) ゴマダラチョウへの脅威, 放蝶アカボシゴマダラ問題を憂慮する. 月刊むし, (475): 17-21.
中村進一・菅井忠雄・岸 一弘 (2003) 神奈川県におけるアカボシゴマダラの発生. 月刊むし, (384): 38-41.
西田佐知子・高倉耕一・西田隆義 (2015) 伊豆における在来タンポポと外来タンポポ間の繁殖干渉. 分類, 15(1): 41-45.
西田隆義 (2012) 特集2 いま種間競争を問いなおす:繁殖干渉による挑戦 総括. 日本生態学会誌, 62: 287-293.
大島良美 (2005) 神奈川県におけるアカボシゴマダラ分布拡大要因の考察～中国大陸での観察経験より～. 相模の記録蝶, (18): 20-21.
大秦正揚・大崎直太 (2012) 親の過ちが子の食物を決める:チョウの食草決定と繁殖干渉. 日本生態学会第59回全国大会講演要旨: C2-15.
斎藤昌幸・矢後勝矢・神保宇嗣・倉島治・伊藤元己 (2014) 外来種アカボシゴマダラの潜在的生息適地:原産地の標本情報と寄主植物の分布情報を用いた推定. 蝶と蛾, 65: 79-87.
柴田直之 (1998) 秋ヶ瀬公園のアカボシゴマダラの採集記録. 寄せ蛾記, (85): 2430.
鈴木紀之・西田隆義 (2007) ウラナミジャノメにみられる特異な化生の地理的変異. 日本生態学会第54大会一般講演要旨: F1-12.
Suzuki N, Akiyama K, Nishida T (2011) Life-history traits related to diapause in univoltine and bivoltine populations of *Ypthima multistriata* (Lepidoptera: Satyridae) inhabiting similar latitudes. Entomological Science, 14: 254-261.
高倉耕一・西田佐知子・西田隆義 (2010) 植物における繁殖干渉とその生態・生物地理に与える影響. 分類, 10(2): 151-152.
高桑正敏 (2012) 日本の昆虫における外来種問題 (1) 中国から持ち込まれたアカボシゴマダラをめぐって. 月刊むし, (497): 36-40.
渡邊永悠 (2013) 京都府におけるアカボシゴマダラの記録. 月刊むし, (503): 42.
矢後勝也 (2012) 2011年の昆虫界をふりかえって 蝶界. 月刊むし, (495): 2-18.
矢後勝也 (2013) 2012年の昆虫界をふりかえって 蝶界. 月刊むし, (507): 2-19.
矢野高広 (1998) 1995年度アカボシゴマダラ発生について. 寄せ蛾記, (87): 2495-2497.
禹平 (1994) 黒緑蛺蝶. 北京蝶類原色図鑒(楊宏・王春浩・禹平著): 38, 科学技術文献出版, 北京.

(松井安俊)

III. 様々な視点からチョウの分布拡大を捉える

④ 名古屋市におけるムシャクロツバメシジミの発生と駆除活動

ムシャクロツバメシジミの発見

　2013年10月12日，日本鱗翅学会会員の橋本里志氏から間野宛に，名古屋市内を流れる新川（一級河川，愛知県管理）河川敷で散歩中にクロツバメシジミらしきチョウを採集したとの情報が送られた。クロツバメシジミと言えば，九州沿岸・朝鮮半島亜種 *Tongeia fischeri caudalis*（九州沿岸は亜種 *shirozui* とされることもある），東日本亜種 *T. f. japonica*，西日本亜種 *T. f. shojii* に分けられており（白水，2006），いずれの亜種とも，国のレッドリストで準絶滅危惧（NT）にランクされている（環境省，2005）。この亜種関係は，DNAによっても支持されている（Jeratthitikul *et al.*, 2013）。愛知県においても県南部の1か所のみに生息するレッドリスト種（絶滅危惧Ⅱ類）であり（愛知県，2015），筆者が愛知県希少野生動植物種の関連検討会（レッドデータブック作成含む）座長代理であったため，橋本氏からの連絡は，その対応を依頼してのことであった。即日その情報をチョウ類保全協会会員で名古屋昆虫同好会幹事の中橋徹氏に伝えたところ，翌日現地調査を実施され，間野も現地に入り採集した。それらの個体を東京大学総合研究博物館の矢後勝也博士に送ったところ，日本では初めて確認されたムシャクロツバメシジミ *Tongeia filicaudis*（中国産）であることが判明した（図1）。ムシャクロツバメシジミは，1940年1月に台湾の中部山地帯に位置する南投県仁愛郷霧社（標高1148m）で発見されたことが和名の由来で，台湾のほか中国にも広く分布する（白水，1960；矢後勝也氏，私信）。

　発見後まもなくして，名古屋昆虫同好会幹事を通じて，外来種で

図1　ムシャクロツバメシジミ（名古屋市産）

III. 様々な視点からチョウの分布拡大を捉える

ある本種への採集圧を掛けるべく広く情報を公開し，調査と共に同好者からの情報も収集するなどして発生状況等を確認した。

ここでは，ムシャクロツバメシジミ発見から2014年秋までのおおよそ1年間の状況について，日本鱗翅学会第61回大会で発表したこと（間野，2014）を中心にその後の知見も含めて報告する。

■ 名古屋市における当初の発生状況

発見された2013年10月から飛翔の見られなくなる12月（一部翌年2月）まで，現地で調査を行うとともに，同好者からの情報を得て，採集者とその採集個体数をまとめる形で発生消長を推定した。調査結果の要点は次の通りである（中橋・横地，2014）。

1. ムシャクロツバメシジミの発生地は，名古屋市北西部を流れる新川両岸の概ね2km範囲に限定され（図2），成虫は発生地に生育する各種草本で吸蜜していた。

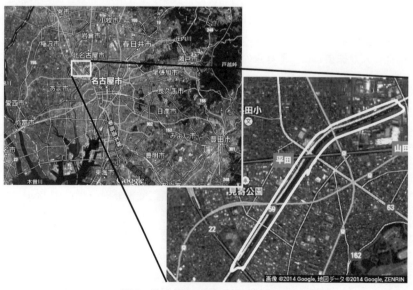

図2　発見当時の発生地（2013年秋）

4 名古屋市におけるムシャクロツバメシジミの発生と駆除活動

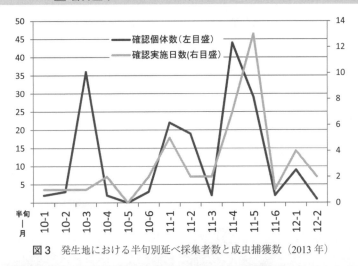

図3 発生地における半旬別延べ採集者数と成虫捕獲数（2013年）

図4：発見当時の発生環境と食餌植物

1～3：セダム／4：河川敷左岸（堤外地）における生育状況（図6の③地点）／5：堤内地で栽培されていた個人所有のセダム（③-0地点）

2. 少なくとも10月以降ほぼ連続発生するが，低温で飛翔力が低下していき，12月上旬を最後に成虫が見られなくなった（図3）。室内飼育では冬期にも成長し，2月に野外で幼虫と蛹が確認された。

Ⅲ. 様々な視点からチョウの分布拡大を捉える

図5 ムシャクロツバメシジミの幼生期
1：卵／2・3：終齢幼虫／4：蛹

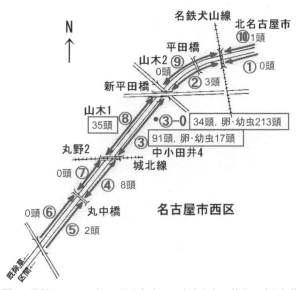

図6 発見から2013年12月上旬までの成虫と卵・幼虫の確認個体数
※②〜⑤までの距離は約2km

4 名古屋市におけるムシャクロツバメシジミの発生と駆除活動

3. 幼虫は少なくともツルマンネングサとオカタイトゴメを食べていたが，他の植物を食べるかどうかは不明であった（図4）。
4. 成虫のほとんどは堤外地（堤防と川との間）で採集されたが，一部堤内地（堤防よりも住宅地側）の栽培マンネングサ類（以下セダムと略す）上でも見られた。また卵と幼虫は（図5）特定の場所で確認され，その付近では成虫密度も特に高かった（図6）。
5. 現地に最も多産するツルマンネングサは，新川の最上流から河口域まで，一部整備のため刈り取られている部分以外，連続的に自生していた。
6. ハエの幼虫への寄生と鳥（ハクセキレイ），トンボとムシヒキアブによる成虫の捕食を確認した。

駆除に向けて

　発生地は，冬季には「伊吹おろし」という冷涼な北西風で吹きさらしとなり，夏季には日光を遮るものがない都会の炎天下で，コンクリート上が50℃を超える暑さになるという劣悪環境である。ムシャクロツバメシジミは，その河畔のコンクリート上に張り付いて生育するセダムを食べて世代を繰り返すなど，極めて強靭な環境適応性を有していることが明らかとなった。在来のクロツバメシジミは分布が限られ特定の場所に固有の個体群が存在している。ムシャクロツバメシジミはクロツバメシジミとの近縁性が不明で，もし同所的に生息するようになった場合，種間交雑が起こることも考えられ，クロツバメシジミ個体群に与える影響は大きいことが否定出来ない。ムシャクロツバメシジミをそのままにしておくと，広範囲に繁殖し，ほかの生態的影響も出る可能性が高くなる。心ない同好者が放チョウする可能性も考えられる。また今回の場合は特に，ムシャクロツバメシジミが特定の範囲に分布するだけであるため，外来種の昆虫を根絶できる可能性のある極めてまれなケースであった。さらに餌植物が屋上緑化で使われているため，駆除をアピールすることは極めて重要であると考えた。そこで，なごや生物多様性保全活動協議会[注1]に予算も含めた全面的協力を仰ぎ，ムシャクロツバメシジミ問題検討会を立ち上げた（表1）。
　可能であれば根絶を目指すためには，多くの人の協力と効果的な駆除が欠

Ⅲ. 様々な視点からチョウの分布拡大を捉える

表1　ムシャクロツバメシジミ問題検討会

委員長	なごや生物多様性保全活動協議会（以下協議会）副会長　名古屋昆虫同好会会長　日本鱗翅学会理事　愛知県希少野生動植物種検討会座長代理	間野隆裕
委員	協議会会長　なごや生き物調査の会会長　NPO法人なごや東山の森づくりの会理事長	滝川正子
委員	協議会幹事　名城大学農学部助教　（社）日本造園学会支部事務局	橋本啓史
委員	協議会幹事　雑木林研究会事務局長　（社）日本造園学会所属	真弓浩二
委員	協議会幹事　名古屋自然観察会事務局長　愛知県自然観察指導員連絡協議会事務局	石原則義
委員	協議会会員　名古屋自然観察会　名古屋昆虫同好会会員	佐藤裕美子
委員	協議会会員　名古屋昆虫同好会副会長　日本甲虫学会会員	蟹江昇
委員	協議会会員　名古屋昆虫同好会幹事　日本チョウ類保全協会会員	中橋徹
委員	協議会会員　名古屋昆虫同好会幹事　日本甲虫学会会員	戸田尚希
委員	協議会会員　名古屋昆虫同好会幹事　日本チョウ類保全協会会員　日本鱗翅学会東海地区自然保護委員会委員長	高橋匡司
委員	協議会会員　名古屋昆虫同好会幹事	吉岡政幸
委員	協議会会員　名古屋昆虫同好会会員　地元住民	大草伸治
事務局	なごや生物多様性センター	
顧問	東京大学総合研究博物館助教	矢後勝也
顧問	神奈川県立生命の星・地球博物館主任学芸員	苅部治紀
オブザーバー	名城大学農学部教授	山岸健三
オブザーバー	中部地方環境事務所野生生物課長	遠藤誠
オブザーバー	愛知県河川課　愛知県尾張建設事務所　愛知県自然環境課	

2014年2月発足　肩書きは当時

かせない。そのためムシャクロツバメシジミ問題検討会では，立ち上げの前後に次のようなことを実施した。

外来種駆除に関するコンセンサス協議
現地分布生態調査と報告書取り纏め
検討会立ち上げと個人・各団体への協力要請
現地管理者（愛知県河川課），各自然環境部門担当課及び名古屋市との協議，協力要請
推進計画策定と駆除方法の検討（物品，車両等の手配を含む）
会議，事前研修（リーダー研修を含む），実施日等の日程調整
地元対応（セダム栽培家庭を含む）
生息状況を踏まえた駆除日の決定
事前及び駆除当日に配付する資料作成
各地での宣伝・事前講演，参加者募集と講師決定

駆除方法の具体的内容決定，リーダー研修，グループ分け
マスコミ対応
駆除活動事後処理
駆除実施後のモニタリング

表2　ムシャクロツバメシジミ駆除活動募集要項

```
【目　的】：楽しく，ちょっぴり勉強，しっかり駆除。
【日　時】：平成26年4月5日（土）
【会　場】：名古屋市西区役所山田支所・新川河川敷
【内　容】：
　(1)外来種や蝶，植物などの話
　　東京大学総合研究博物館　矢後勝也博士
　　神奈川県立生命の星・地球博物館　苅部治紀氏
　　緑・花文化士　飯尾俊介氏
　(2)現地で成虫・幼虫その他昆虫の採集と，ベンケイソウ類の駆除
　(3)随時生き物(蝶，昆虫，植物)観察
　★3月29日(土)事前リーダー研修会の参加者も募集
【申込み】：先着200名。
　申込先：「なごや生物多様性センター」〒468-0066　名古屋市天白区元八事
5-230(または間野宛(メールアドレス))
　○申込締め切り：平成26年3月25日(火)必着
　○申込み後，別途詳細を連絡
```

　最も苦心したのは当日に向けての参加者募集で，外来種問題をアピールすると同時に，広く自然に関心のある人の参加を促すことであった。ムシャクロツバメシジミは日本では初めて発見された外来種で，恐らく外来チョウ類の初の駆除活動ということもあり，NHKに問題検討会立ち上げや現地の様子を，参加者募集時に全国放送していただいたことは大きな後押しとなった。また「楽しく，ちょっぴり勉強，しっかり駆除」を目的にし，当日に専門家からの学習の機会を作ったことも地元住民等の参加に拍車をかけた（表2）。

■駆除活動

　様々な準備が功を奏し，募集定員200名に対して，申し込み実数は246名であった。当日は，ムシャクロツバメシジミとクロツバメシジミの分布や生態，駆除方法と外来種問題，現地で見られるシジミチョウとの区別点や当日採集できる昆虫，餌となっているツルマンネングサとその近縁種や当日観察

III. 様々な視点からチョウの分布拡大を捉える

できる植物などについて，資料を作成（カラー印刷）して配付した。東京大学の矢後勝也博士から本種と近縁種に関する詳細な説明，神奈川県立生命の星・地球博物館の苅部治紀氏から外来種問題についての解説，緑・花文化士の飯尾俊介氏からマンネングサ類と現地の生育植物についての解説を実施した後，発生地で駆除活動を行った。駆除活動は7〜9人のグループ行動を基本とし，昆虫（特にチョウ類）に精通したリーダーの他に自然観察に長けた指導員などを配置し，駆除兼観察会形式とした。

駆除方法として，事前にはムシャクロツバメシジミの採集捕獲法，マンネングサ類の抜き取り除去法，焼き払い法，マルチ覆い法，殺虫剤・除草剤散布など様々な方法を考えた。しかし予算や参加人数規模の制限はもとより，土を含むゴミ処理は不可能である事や，住宅地を流れる河川敷で行うという立地的な制限などがあるため，最終的には，現地で実施したリーダー研修を踏まえて，セダムを繁茂場所でひっくり返し，土で一定期間覆うという方法を採用した。駆除実施前には連日同好者が採集に訪れていたため，常に新鮮なわずかな個体数の成虫しか採集できないという状況になっており，採集圧が卓効を示していたことが背景としてあった。そのため，発生地の一部のセダムをそのまま残しておき，羽化してきた雌成虫の産卵を誘導するなど，その後に採集しやすい環境も作り，根絶を願った。

参加者の概要は次の通りであった。

申込者総数：246名（予定数200名）
　当日参加者数：219名
　事前欠席者数：21名（愛知県自然環境課9名含む）
　当日欠席者数：6名
参加者の内訳（判明している参加者のみ掲載，重複あり）
　名古屋昆虫同好会等の昆虫関係：51名
　観察指導員・自然環境保全関連団体等：26名
　公務員：17名（公的参加者のみ，環境省3名，愛知県10名，名古屋市4名）
　地元住民：30名
　大学生：12名　高校生：12名　中学生：6名　小学生以下：16名

4 名古屋市におけるムシャクロツバメシジミの発生と駆除活動

 ただ残念な点は、多くの方に協力いただいたにもかかわらず、両岸2kmという繁殖範囲のうち、左岸約850mと右岸約30mだけの駆除に終わったことである。これは発生地の一部には10年以上前からの木本も生育していてその根元に繁茂するセダムを駆除することが出来そうにない河畔が広がっていたことや、繁殖面積に比べて参加人数が少なかったことが挙げられる。

■ 駆除のその後

 2014年4月5日に駆除活動を実施した（図7）。駆除活動後1〜2か月はセダムの繁殖をかなり抑えることが出来（図8）、成虫も5月から8月末までの間、ほとんど発生しなかった（図9）。このことは当初の予定通りで、このまま発生が収束するかに思えた。しかし同年秋に、危惧していたことが起こってしまった。駆除活動を実施した場所の南東部に隣接する堤内地住宅街の庭先で栽培されたり、道路脇に逸出したりして生えているセダムからの発生が8月末以降に確認されたのである。付近ではしばしば北西風が吹き抜けるが、河川敷で発生した成虫がその風に流され分布拡大したことは十分に考えられた。さらに2015年には、発生地から約2km南東を流れる一級河川庄

図7　駆除活動当日の様子

III. 様々な視点からチョウの分布拡大を捉える

図8 駆除活動後の現地の状況

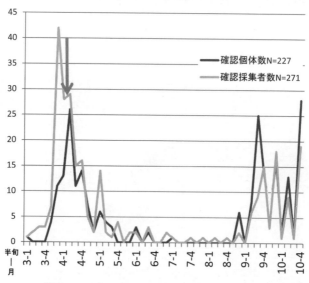

図9 2014年に確認された成虫個体数と採集者数
下向き矢印は駆除日，採集者からの聞き取り調査による

4 名古屋市におけるムシャクロツバメシジミの発生と駆除活動

内川河川敷でも発生が確認されるなど，ムシャクロツバメシジミの発生地は広がりを見せている。

■ 駆除活動の意義

　ムシャクロツバメシジミの駆除活動立ち上げの際，駆除の必要性を理解する協力者がいる一方で，否定する同好者や専門家の意見もいくつかあった。例えば「既に侵入してしまっている外来種について，一般市民に悪影響を及ぼさないと考えられる状況で，公的資金を導入して根絶事業を行うことはいかがなものか」，「外来種は『日本に入れない』ことが最も重要だが，定着してしまった外来種は人間にとって実害がなければ放置しておいてもかまわない」，「駆除活動は生態的情報が集積してリスクが判明してからでも遅くない」などであった。現在要注意外来生物であるアカボシゴマダラ *Hestina assimilis assimilis* は，指定当初外来種としてのリスク実態は不確かであった（環境省，2005）。「在来種で近縁なゴマダラチョウとの食草をめぐる競合が懸念され，分布拡大を防ぐ普及啓発が必要」，「準絶滅危惧のオオムラサキの生息地に侵入した場合，競合する可能性も考えられる」，「ゴマダラチョウ幼虫よりアカボシゴマダラ幼虫の方が（食草獲得上）優位ではないかと推察される」などと指定時の説明がなされ，ここからも当時その外来種としてのリスクが曖昧であったことがわかる。そして生態系に与える影響，特にゴマダラチョウ *Hestina persimilis* へのリスクが明らかになったのは随分後のことである（例えば松井・星，2014ほか）。しかし，起こるであろうリスクを見極め，アカボシゴマダラを要注意外来生物に指定したこと（環境省，2005）は，現在では間違いなかったと言える。ましてや今回のような新たに発見された外来種では，日本における生態が未解明で，近縁種との交雑の可能性も全く未知である。日本には既に多くの外来種が生息しているが，それに対して研究者が圧倒的に不足している現在，誰がいつムシャクロツバメシジミの生態を解明するのか？　多くの特定外来生物が根絶不可能となっているように，その実態把握を待っていては手遅れになることを私たちは懸念した。今回駆除を決断実行した理由はもう一つあった。それは限られた範囲だけで繁殖している極めてまれなケースであったために，根絶も可能では？　という考えを持た

Ⅲ．様々な視点からチョウの分布拡大を捉える

せたことである。

　駆除活動によっても，残念ながら根絶はもちろん，分布拡大を抑えることすら出来なかった。しかし今回の取り組みの結果，多くのことを得，学ぶことが出来た。地元自治体の全家庭に取り組みを事前回覧して参加者を募り，事後にも多くのマスコミが取り上げたこともあり，駆除活動後，現地での採集中に地元住民からは外来種の駆除？ と言われるなど理解が深まった。また，造園学会などに対して屋上緑化などの際の注意喚起に一役買うこともできた。最も効果があったことは，多くの参加者に，個々のネットワークを通して活動に対するスピーカーとなっていただけたことであろう。2015年に実施した名古屋カマキリ一斉調査（なごや生物多様性保全活動協議会主催）で，504名の参加者が集ったことは，その効果の現れであったと考えている。

　今回の駆除活動には，上述したようにチョウの愛好者・同好者などの力が欠かせなかった。発生状況の情報公開後から，多くの愛好者・同好者が現地に採集に来られた。中には中国地方や北海道から来られた人も見えた。この採集圧がなければ，駆除活動は困難なものとなっていたであろう。一部の人は幼虫等を持ち帰って飼育した。そのほとんどの人は羽化成虫を標本箱に並べたであろうが，中にはその幼虫を販売する人もいた。購入者も成虫を標本箱に並べたと思うが，生き虫が拡散するうちに飼育中に野外に逃げ出し，その地域で繁殖するというリスクも広がる。餌となるセダムは，園芸用や屋上緑化などで多く利用されている。今回の発生地からセダムを持ち出すことによって，ムシャクロツバメシジミが他の地域で繁殖しないとも限らない。これまでの現地調査や近隣住民からの聞き取りなどから，元々今回の繁殖は，外国から持ち込んだセダムに付着して日本に持ち込まれた結果であると推測している。今後，名古屋市内での分布拡大と共に，他地域におけるムシャクロツバメシジミの発生にも注意していきたい。

〔注〕

（注1）なごや生物多様性保全活動協議会：名古屋市で生物多様性条約第10回締約国会議いわゆるCOP10が開催された事を機に，それまで活動していた名古屋ため池生物多様性保全協議会を核として結成された。なごやの生物多様性を守り育てるため，市民・専門家・行政が協働で生きもの調査や保全活動を行う任意団体。22の個人会員，37の団体会員（平成28年4月末現在），名古屋市で構成。事務局は名古屋市環境局なごや生物多様性センター内に置く。

〔引用文献〕

愛知県 (2015) レッドデータブック 2009. 分類群で調べる. 第三次レッドリスト「レッドリストあいち 2015」対応版. http://www.pref.aichi.jp/kankyo/sizen-ka/shizen/yasei/rdb/b_bunrui.html.（2016 年 3 月確認）.

Jeratthitikul E, Hara T, Yago M, Itoh T, Wang M, Usami S, Hikida T (2013) Phylogeography of Fischer's blue, *Tongeia fischeri*, in Japan: Evidence for introgressive hybridization. Molecular Phylogenetics and Evolution, 66: 316–326.

環境省 (2005) 第 3 回特定外来生物等分類群専門家グループ会合（昆虫類）議事概要. http://www.env.go.jp/nature/intro/4document/sentei/insect03/indexa.html.（2016年3月確認）.

間野隆裕 (2014) ムシャクロツバメシジミの発生と駆除対策. 日本鱗翅学会第 61 回大会プログラム講演要旨集: 41.

松井安俊・星光流 (2014) 在来種ゴマダラチョウ生息域での外来種アカボシゴマダラの優勢化. 日本鱗翅学会第 61 回大会プログラム講演要旨集: 40.

中橋徹・横地鋭典 (2014) 名古屋市内におけるムシャクロツバメシジミの発生. 佳香蝶, 66(257): 1-13.

白水隆 (1960) 原色台湾蝶類大図鑑. 保育社, 大阪.

白水隆 (2006) 日本産蝶類標準図鑑. 学習研究社, 東京.

（間野隆裕）

III. 様々な視点からチョウの分布拡大を捉える

5 オオモンシロチョウの分布拡大と天敵寄生蜂の関係

■ オオモンシロチョウの定着の条件

　日本では，これまでに何種類ものチョウの侵入が報告されてきた．チョウセンシロチョウ *Pontia edusa* など定着せずに姿を消したものがいる一方で，ホソオチョウ *Sericinus montela* などのように定着し，要注意外来生物に指定されているものもいる．北海道に侵入したオオモンシロチョウ *Pieris brassicae* も，我が国に定着した外来種の一つである．このような侵入種の定着の成否は，どのような要因によって決まるのだろうか．

　基本的な条件として，侵入先の環境条件が生存に適しているか否かという問題がある．気温や降水量等の気象条件のほか，休眠とそれを引き起こす日長や気温などの物理的な環境条件が生存に適していることは大前提として，そのほかに重要な制限要因となるのが生物的要因である．生物的要因は，餌となる植物の分布や質や発生パターンといった下位の栄養段階との関係，他のチョウや植食者との競争関係などの同位栄養段階との関係，それに天敵による捕食圧といった上位栄養段階からの影響に大きく分けることができる．オオモンシロチョウの場合，日長や気候といった物理的環境（北原，1997；橋本・八谷，1999）や，食草（上野，1999）については問題が無いことが明らかにされている．また，植食者については，一般に餌となる資源が豊富にあるため，資源を巡る競争は生じにくいと考えられている．そこで，本稿では天敵との関係に着目し，オオモンシロチョウの分布拡大と定着の要因について考察する．

■ 侵入種を迎え入れる日本の在来群集

　北海道には，モンシロチョウ *Pieris rapae*，スジグロシロチョウ *P. melete*，エゾスジグロシロチョウ *P. dulcinea*，ヤマトスジグロシロチョウ *P. nesis nesis* の，4種の在来のモンシロチョウ属のチョウが生息している．これらの種では，卵は個別に食草上に産み付けられ，そこから孵化した幼虫は単独で生活し，幼虫の体色は緑色で植物上にあっても比較的目立たないなど，生態に似

5 オオモンシロチョウの分布拡大と天敵寄生蜂の関係

通っている面がある。しかし，幼虫が利用する環境はそれぞれに特徴がある。4種共に幼虫はアブラナ科の植物を利用する狭食性のチョウだが，モンシロチョウが畑作地など日向にあるキャベツなどのアブラナ科蔬菜類を利用するのに対し，スジグロシロチョウ，ヤマトスジグロシロチョウ，エゾスジグロシロチョウは，林縁などに生える野生種を食草として主に利用している（例えば白水，2006）。

モンシロチョウ属各種の食草の違いは，寄生者に対する適応策であると考えられている（大崎，1996；Ohsaki & Sato, 1999）[注1]。野外でこれらの寄生者を調べると，モンシロチョウは主にアオムシコマユバチ *Cotesia glomerata*，スジグロシロチョウはマガタマハリバエ *Epicampocera succincta* に寄生されているが，エゾスジグロシロチョウ（現在のヤマトスジグロシロチョウ本土亜種 *P. nesis japonica* にあたる）で優占する寄生者は見つかっていない。これは，エゾスジグロシロチョウは他の植物の下に隠れるように生えるハタザオ属の食草を利用することで，チョウの幼虫が植物を食害したときに発生する揮発性物質を寄主探索の手掛かりとする寄生者から発見されるのを防いでいるためと考えられている。スジグロシロチョウは，アオムシコマユバチに産卵されても，体内で血球により寄生蜂の卵を包囲して殺してしまう能力を持つため，その能力を発揮できないマガタマハリバエが主な寄生者となっている。モンシロチョウは，アオムシコマユバチからもマガタマハリバエからも寄生されるが，両者が同じ寄主幼虫の個体に寄生した場合，先に寄主を利用し終えるアオムシコマユバチが常に資源利用競争に勝つため，実際にはモンシロチョウの寄生者はアオムシコマユバチが優占する結果となっている。

以上の関係は京都近郊で観察された結果であるが，北海道においてもモンシロチョウは日当たりの良い環境を利用し，スジグロシロチョウなどは林縁部や山間部でよく見られるため，基本的な関係は同様であると考えられる。

■ オオモンシロチョウの侵入と分布拡大

1990年代後半に，それまで日本では存在が確認されていなかったオオモンシロチョウが北海道各地で発見された（例えば小路，1996；対馬ほか，1997；本間ほか，1997）。オオモンシロチョウはシロチョウ科モンシロチョ

III. 様々な視点からチョウの分布拡大を捉える

図1　モンシロチョウとオオモンシロチョウの比較
A-1：モンシロチョウ雌成虫／A-2：モンシロチョウ終齢幼虫／B-1：オオモンシロチョウ雌成虫／B-2：オオモンシロチョウ終齢幼虫

ウ属に属するチョウで，地中海周辺を中心として北アフリカとヨーロッパに広く分布している（Feltwell, 1982）。成虫の外見は比較的モンシロチョウに似ているが，名前の示す通りモンシロチョウに比べて大型で，より力強く直線的に飛ぶ。ヨーロッパでは，比較的長距離を移動することが知られている（Feltwell, 1982）。二種のチョウは，成虫の外見が似ているのとは対照的に，卵から蛹までの生態は著しく異なる（図1）。オオモンシロチョウは，卵期から幼虫期にかけて群生する。また，幼虫の外見は黒地に黄色や青灰白色の模様があり，群生していることもあって食草上ではよく目立つ。食草は，キャベツなどのアブラナ科蔬菜類を利用していることが多く，モンシロチョウと同じような環境で多く発見されている（例えば対馬ほか，1997）。

北海道における最初のオオモンシロチョウ発見は，1995年とされている（八谷，1997）。翌年には日本海側の複数の地点で発見されていることや，蛹で越冬したと見られる春型個体が採集されていることなどから，1995年ころには既にある程度の個体数が北海道に侵入していたと考えられている（小

5 オオモンシロチョウの分布拡大と天敵寄生蜂の関係

路, 1996；上野, 2001)。オオモンシロチョウが日本に侵入した経路については, 未だに憶測の域を出ないが, 我が国の検疫体制や, 複数か所で同時期に発見されていることから推測すると, 人為的な導入によるものとは考えにくい。北海道とは日本海を挟んで対岸にあたるロシア沿海州では, 以前からオオモンシロチョウの発生が確認されており, その個体群の一部が北海道に飛来した可能性が指摘されている (矢田, 1996；上野, 1997)。当初は侵入地点と思われる日本海側でも個体数は少なかったが, その後瞬く間に個体数を増やすと共に北海道東部へと分布を拡大し, 2000年には北海道全域で確認されるようになった (上野, 2001)。

では, 北海道におけるオオモンシロチョウの発生パターンはどのようなものなのだろうか。オオモンシロチョウは, モンシロチョウと同じような環境で幼虫が発育することと, 室内実験による発育時間はモンシロチョウとほぼ変わらないことから (Davies & Gilbert, 1985), 野外における世代数はモンシロチョウとほぼ同じであると考えられる。上野 (2001) によると, オオモンシロチョウが北海道全域に分布を拡大するまでに6年間はかかっているという。すなわち, オオモンシロチョウが比較的初期に侵入した北海道西部と, 最後に発見された北海道東部では, おおよそ6年間の時間差があると考えられる。その期間に, 北海道各地でどれだけの世代をくり返しているのかを大まかに把握するため, 1年間に繰り返す世代数を算出し, 推定される侵入年度から累積して各地における経過世代数を推定した。この数値を明らかにすることで, 侵入種であるオオモンシロチョウと, それを受け入れる在来種との関係を, オオモンシロチョウが侵入してからの世代数という単一の指標に基づいて比較することができる。北海道は西部と東部では気候の差が大きいため, 地域によって年間の世代数が異なる可能性があり, 侵入年度に基づく比較では精度を欠く恐れがある。

一般に昆虫は, 種特異的・発育段階特異的なある一定以上の温度で発育が進む。この閾値となる温度を, 発育零点と呼ぶ。日平均気温と発育零点の差を累積していき, 卵から蛹までの各発育段階で一定以上の累積値を超えると成虫となる。また, 温帯や亜寒帯に生息する昆虫は, 発育に適していない冬季を休眠によって回避することが知られており, 発育期間中に日長が一定の値より短くなったことを感知すると, オオモンシロチョウでは休眠蛹 (越冬

III. 様々な視点からチョウの分布拡大を捉える

表1 北海道各地におけるオオモンシロチョウの年あたり世代数と侵入から採集時点までの経過世代数

地域区分		採集地	侵入年	採集年	年あたり世代数	経過世代数（侵入順）
個体群内比較	西部	札幌	1995	1999	3	15
	西部	札幌	1995	2000	3	18
	西部	札幌	1995	2001	3	21
	西部	札幌	1995	2002	3	24
個体群間比較	東部	浜小清水	2000	2001	2	4
	中部	音更	1999	2001	3	9
	中部	富良野	1998	2001	3	12
	中部	青山	1997	2001	3	15
	西部	共和	1996	2001	3	18
	西部	札幌	1995	2001	3	21

採集年は，オオモンシロチョウに対する産卵行動を調査するために，各地でアオムシコマユバチを採集した年を示している。(Tanaka et al., 2007)

後の春にならないと羽化しない蛹）になるスイッチが入る。この日長を臨界日長と呼ぶ。オオモンシロチョウの世代数を推定するにあたって，発育零点と発育積算温量は Davies & Gilbert（1985）を参考にし，臨界日長の値には橋本・八谷（1999）による13時間50分を利用した。また，道内各地の日平均気温については日本気象協会のウェブサイトを，日長に関するデータは国立天文台のウェブサイトを参照した。各採集地における侵入年は，上野（2001）を参考にした。これらのデータをもとに道内各地において同様の計算を行ったところ，道東では年2世代，そのほかの各地では年間3世代発生を繰り返していると推定され，地域によって発生パターンが異なる可能性が高いことが示唆された（表1；Tanaka et al., 2007）。また，この結果をもとに，道内各地におけるオオモンシロチョウの発見からの経過時間を，オオモンシロチョウの世代数で示すことができるようになった。

■ 侵入種オオモンシロチョウの爆発的な増加とその後

オオモンシロチョウ発見の報告が相次いだ1996年当時は，ごく少数の個体による報告だったことから，生息密度はかなり低かったものと思われる。しかし，1997年までには北海道内の64市町村で採集されたり羽化殻などが

5 オオモンシロチョウの分布拡大と天敵寄生蜂の関係

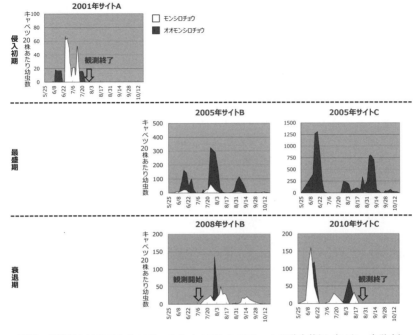

図2 札幌におけるモンシロチョウとオオモンシロチョウの発生状況（田中，未発表）
キャベツ20株あたりで発見した1〜3齢の幼虫数を数えた。白抜きのヒストグラムがモンシロチョウの発生状況を，黒塗りのヒストグラムがオオモンシロチョウの発生状況を示している。各年度の途中から観測を開始または終了した年度については，図中に矢印でそれらの時期を示した。オオモンシロチョウの発生数に基づき，便宜的に侵入初期，最盛期，衰退期に区分している。

発見されたりしていることから（八谷，1997），急激に個体数を増すと共に，北海道内各地へと拡散したことが予測される。そこで，野外圃場での発生数を継続的に観察することにより，自然界におけるオオモンシロチョウとモンシロチョウの個体数の推移を推察した。

札幌市内の複数のキャベツ圃場で食草上の幼虫の個体数をもとに両種の発生状況を調査したところ，2001年の段階では両種の個体数に，明確な差は認められなかった。しかし，2005年には観察した二か所の圃場で共にオオモンシロチョウが著しく増加しており，うち一か所ではモンシロチョウをほとんど見かけない状況となっていた（図2）。しかし，その後状況は再び大きく変わる。わずか3年後の2008年には，オオモンシロチョウの密度は2001年時点とほぼ同じ程度にまで減少し，一時期はモンシロチョウがほと

んど見られなかった圃場でも，再びモンシロチョウの発生が認められた。ただし，今回観察した圃場はいずれも林縁から離れた開放空間だったため，オオモンシロチョウが利用する環境が変化して，スジグロシロチョウのように林縁部などを利用するようになったという可能性は完全には排除できない。とはいえ，オオモンシロチョウはヨーロッパでもキャベツなど畑地で栽培されるアブラナ科蔬菜類が最も重要な食草であり（Feltwel, 1982），また定量的データをともなわない筆者の個人的観察によれば，2005年頃に比べるとオオモンシロチョウが減少しているという印象を強く受けている。もっとも，この観察は札幌市近郊に限ったものなので，そのほかの地域では，依然としてオオモンシロチョウが高頻度で生息している地域がある可能性も排除できず，野外における観察報告が期待されるところである。なお，ヨーロッパにおいてもオオモンシロチョウの生息密度は変動することが知られており，同じ地域であっても大量発生する年からほとんど見かけなくなる年まで，その変動幅は大きいことが知られている（Feltwel, 1982）。

■ 在来寄生蜂アオムシコマユバチによる侵入種オオモンシロチョウへの急速な適応

　日本ではアオムシコマユバチがモンシロチョウの主要な寄生者であることは既に述べた。メスの寄生蜂は，1～3齢のチョウ幼虫の体内に，一度に20～30個程度の卵を産みつける。寄生された後もチョウ幼虫は成長を続けるが，チョウ幼虫の体内で孵化したアオムシコマユバチの幼虫は，チョウ幼虫の血リンパや脂肪体を食べて成長し，寄生したチョウ幼虫が5齢になると一斉に体外に脱出して繭を形成し，成虫になる準備をする。アオムシコマユバチは，ヨーロッパではむしろオオモンシロチョウの寄生蜂として知られている（Laing & Levin, 1982）。実際に，オオモンシロチョウが北海道に侵入した当初から，少数ながらアオムシコマユバチに寄生されているオオモンシロチョウの幼虫が発見されていることからも（八谷，1997；Sato & Ohsaki, 2004），日本にもオオモンシロチョウを利用できるアオムシコマユバチがいたことがわかる。従って，オオモンシロチョウの個体数が増加するにともない，オオモンシロチョウを利用するアオムシコマユバチもまた増加すること

5 オオモンシロチョウの分布拡大と天敵寄生蜂の関係

表2 札幌におけるモンシロチョウとオオモンシロチョウに対するアオムシコマユバチの寄生率の推移

チョウの種	年	寄主植物	チョウ幼虫の個体数とアオムシコマユバチの寄生率		
			集団数	個体数	寄生率 (%)
オオモンシロチョウ					
	1999	キャベツ	-	75	6.67
	2001	キャベツ	5	235	13.62
	2004	キャベツ	7	403	23.08
	2005	キャベツ	-	486	26.75
	1999	キカラシ	7	243	22.63
	2002	キカラシ	4	283	37.45
	2005	キカラシ	3	244	37.7
モンシロチョウ					
	2001	キャベツ	-	191	60.21
	2004	キャベツ	-	137	24.09
	1999	キカラシ	-	58	77.59
	2005	キカラシ	-	75	52

キャベツとキカラシの2種類の寄主植物上における寄生率を調査した。オオモンシロチョウは集団で生息するため,データがある年度については,採集した集団数も示している。(Tanaka *et al*., 2007 を改変)

が予想された。なお,そのほかのオオモンシロチョウの天敵としては,ノコギリハリバエや寄生蠅 *Zenillia dolosa* が報告されているが(上野,1998),前述の理由によりアオムシコマユバチとの資源競争に負けるため,これらの寄生蠅はオオモンシロチョウに大きな影響を及ぼすことはないと考えられた。

そこで,まずはモンシロチョウとオオモンシロチョウにおけるアオムシコマユバチの寄生率を,野外から採集してきたチョウの幼虫で比較した(Tanaka *et al*., 2007)。オオモンシロチョウとの同居期間が長い方が,オオモンシロチョウに適応した個体の比率が高くなると考え,数年間にわたって同じ圃場でアオムシコマユバチによるオオモンシロチョウとモンシロチョウの寄生率を観察した。すると,予想通りオオモンシロチョウに対するアオムシコマユバチの寄生率が年々増加していた。一方で,従来利用していたモンシロチョウに対する寄生率は低下していることが明らかになった(表2)。

■ III. 様々な視点からチョウの分布拡大を捉える

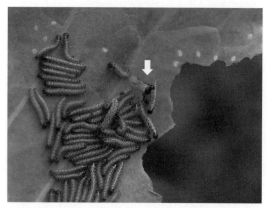

図3　オオモンシロチョウの1齢幼虫に産卵するアオムシコマユバチ（写真中央）

　つぎに，アオムシコマユバチの産卵行動に変化が生じているかどうかを調べた（図3）。アオムシコマユバチは，チョウ幼虫1匹に対して複数の卵を産みつけるため，この卵の数を指標としてアオムシコマユバチの産卵行動の変化を調べた。実験手法は，室内でチョウの幼虫を与えて産卵させたのち，解剖して体内の卵数を数えるという方法である。野外寄生率を調べた時と同様に，オオモンシロチョウとの同居期間がアオムシコマユバチの産卵行動に影響を与えると予想し，同じ圃場で複数年にわたってアオムシコマユバチを採集して産卵行動を調べると共に，オオモンシロチョウの侵入時期が異なる複数の地点から同一年度にアオムシコマユバチを採集して産卵行動を調べた。後者の個体群間比較には，オオモンシロチョウが最初に侵入したと思われる道央，道内で最後に侵入したと思われる道東と，その中間地点からそれぞれ複数の個体群を採集して実験に供した（図4）。なお，それぞれの調査地にオオモンシロチョウが侵入してからの経過時間は，その世代数で換算した。これによって，アオムシコマユバチの産卵行動について，同一個体群の経時変化と個体群間比較の結果を，オオモンシロチョウとの同居期間という同一の指標に基づいて比較することができる。

　同一個体群内で複数年にわたってアオムシコマユバチがチョウの幼虫に産み付ける産卵数を調べた結果，オオモンシロチョウが侵入してからの時間が経過するほど，オオモンシロチョウ幼虫1個体あたりに対する産卵数が増加していることが明らかになった。一方で，モンシロチョウ幼虫1個体あたりに対するアオムシコマユバチの産卵数は減少していることが分かった（図5）。

5 オオモンシロチョウの分布拡大と天敵寄生蜂の関係

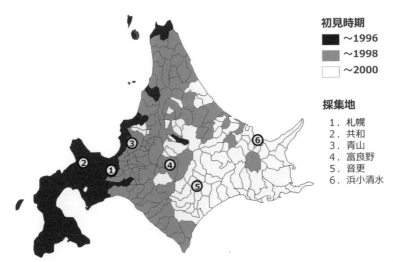

図4 北海道におけるオオモンシロチョウの分布拡大の様子（上野，2001を基に作成）
濃色ほど侵入時期が早いことを示している。なお，図中に数字で示した採集地は，オオモンシロチョウに対するアオムシコマユバチの寄生行動を調査するために2001年にアオムシコマユバチを採集した地点を示している。

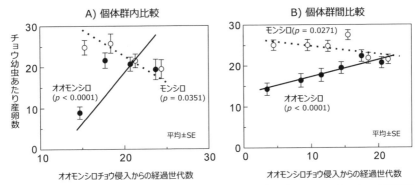

図5 寄生蜂アオムシコマユバチによるモンシロチョウとオオモンシロチョウへの産卵数の変化（Tanaka et al., 2007）
A）札幌個体群における1999年から2002年の経時変化。B）オオモンシロチョウ侵入時期が異なる個体群間の2001年における比較。共に○と破線がモンシロチョウに対する，●と実線がオオモンシロチョウに対するアオムシコマユバチの産卵数を示している。p値は回帰分析による。オオモンシロチョウ侵入からの経過世代数は表1を参照。

375

同様の傾向が，個体群間比較によっても明らかになった。どちらの結果も，オオモンシロチョウとの共存を通して，アオムシコマユバチの個体群中にオオモンシロチョウに適応した個体が増加してきたことを示唆している。なお，寄生蜂は学習能力に優れ，遭遇する頻度が高い寄主を選好することが知られているが，本実験では一度も産卵行動を行っていないアオムシコマユバチを実験に使用しているため，チョウの幼虫に対する産卵行動の変化は，アオムシコマユバチが本来備えている遺伝的な形質を反映していると考えられた。この結果により，オオモンシロチョウの侵入から長くても20世代ほどの間に，アオムシコマユバチはオオモンシロチョウという侵入種に対して適応を果たしたものと考えられた（Tanaka *et al*., 2007）。

■ 寄生蜂の適応はオオモンシロチョウの個体群動態を左右するか

侵入種にしばしば見られる個体群動態のパターンとして，アメリカシロヒトリ *Hyphantria cunea* などのように，一度定着に成功すると短期間で爆発的に個体数を増加させた後，新たな群集に組み込まれる過程で急激に個体数を減少させていく例が知られており，Boom & Bust Patternと呼ばれている（例えばSimberloff & Gibbons, 2004）。札幌における発生状況を見る限り，オオモンシロチョウの場合も，このパターンに当てはまると言えそうだ。では，日本におけるオオモンシロチョウの急激な個体数増加の原因は何であろうか。ヨーロッパにおけるオオモンシロチョウに対するアオムシコマユバチの寄生率は平均的に高く，50%から時には100%にも達することがある（Feltwell, 1982）。そのような環境に適応してきたオオモンシロチョウだが，日本に侵入した当初は，まだ北海道のアオムシコマユバチ個体群がオオモンシロチョウに適応しておらず，その寄生率は高くても20%程度だったことが明らかになっている（Sato & Ohsaki, 2004）。この時期，北海道に侵入したオオモンシロチョウは，一時的に寄生圧から解放された状態となったものと思われる。オオモンシロチョウの爆発的な個体数増加の背景の一つには，寄生圧からの解放という環境の変化があったと言えるだろう。その後，アオムシコマユバチは迅速にオオモンシロチョウに適応し，野外での寄生率も上昇

5 オオモンシロチョウの分布拡大と天敵寄生蜂の関係

した。では、アオムシコマユバチの適応がオオモンシロチョウの個体数減少の主要な要因であると言えるのだろうか。依然として日本におけるアオムシコマユバチの寄生率は、ヨーロッパにおいて観察されるそれと比べると高いとは言えず、アオムシコマユバチのオオモンシロチョウへの適応が、オオモンシロチョウの急激な個体数減少の直接の原因となったとは言い難い。

それでは、ほかにどのような要因が影響しているのだろうか。オオモンシロチョウは地中海周辺が原産といわれており（Feltwell, 1982）、比較的乾燥した環境に適応しているものと思われる。実際に、特に盛夏の高温多湿になりやすい日本の環境では、オオモンシロチョウの幼虫は核多角体ウィルスに感染し死亡しやすいという報告がある（北原、1997）。そのため、夏季に降雨が多いなどの年次変動によっては、オオモンシロチョウの個体群に大規模な感染を引き起こし、個体数の減少へとつながるのかもしれない。岩手県北部まではオオモンシロチョウの発見記録が報告されているのに対し（平成16年度病害虫発生予察情報特殊報第2号、岩手県病害虫防除所）、それ以南ではなかなか恒常的な発生の報告が聞かれないという事実も、間接的にオオモンシロチョウが高温多湿に弱いということを示唆しているのかもしれない。また、オオモンシロチョウは長距離の移動分散を行うことが知られており、そういった性質が地域ごとの個体群動態に影響を与えている可能性も否定できない。ヨーロッパ域内でも北欧やイギリス・アイルランドで大規模な発生が確認された年がある一方で、それまで生息していたドイツ北部から一時的に姿を消したなどの報告があるという（Feltwell, 1982）。これらの現象を合わせて考えると、日本におけるオオモンシロチョウの個体群動態は、依然として予断を許さない状況にあると言えるだろう。

〔注〕

(注1) 大崎 (1996), Ohsaki & Sato (1999) の研究時点では、ヤマトスジグロシロチョウはエゾスジグロシロチョウと区別されていなかった。本稿ではオリジナルに従ってエゾスジグロシロチョウ（*Pieris napi*）のままの表記とした。

〔引用文献〕

Davies CR, Gilbert N (1985) A comparative study of the egg-laying behaviour and larval development of *Pieris rapae* L. and *P. brassicae* L. on the same host plants. Oecologia, 67: 278-281.

III. 様々な視点からチョウの分布拡大を捉える

Feltwell J (1982) Large white butterfly. The biology, biochemistry and physiology of *Pieris brassicae* (Linnaeus). Dr. W. Junk Publishers, Hague.

八谷和彦 (1997) 北海道に侵入したオオモンシロチョウの発生状況. 植物防疫, 51: 127-130.

橋本健一・八谷和彦 (1999) オオモンシロチョウ北海道個体群の季節適応. 昆虫と自然, 34(11): 8-13.

本間定利・森一弘・寒沢正明・川田光政・神田正五 (1997) 北海道におけるオオモンシロチョウの発生状況. jezoensis, 24: 21-23.

北原曜 (1997) オオモンシロチョウの累代飼育. 蝶研フィールド, 131: 22-23.

Laing J A E, Levins DB (1982) A review of the biology and a bibliography of *Apanteles glomeratus* (L.) (Hymenoptera: Braconidae). Biocontrol News Information, 3: 7-23.

大崎直太 (1996) モンシロチョウ属の食性幅を決めている要因. 昆虫個体群生態学の展開（久野英二編）. 京都大学学術出版会, 323-346.

Ohsaki N, Sato Y (1999) The role of parasitoids in evolution of habitat and larval food plant preference by three *Pieris* butterflies. Researches on Population Ecology, 41: 107-119.

Sato Y, Ohsaki N (2004) Response of the wasp (*Cotesia glomerata*) to larvae of the large white butterfly (*Pieris brassicae*). Ecological Research, 19: 445-449.

白水隆 (2006) 日本産蝶類標準図鑑. 学習研究社, 東京.

Simberloff D, Gibbons L (2004) Now you see them, now don't! – population of crashes of established introduced species. Biological Invasions, 6: 161-172.

小路嘉明 (1996) オオモンシロチョウ見聞録. 蝶研フィールド, 126: 14-20.

Tanaka S, Nishida T, Ohsaki N (2007) Sequential rapid adaptation of indigenous parasitoid wasps to the invasive butterfly *Pieris brassicae*. Evolution, 61: 1791-1802.

対馬誠・猪子龍夫・井本暢正・国兼信之・小松利民・関謙容・田川眞煕・安井徹 (1997) 渡島支庁管内におけるオオモンシロチョウの記録. jezoensis, 24: 17-20.

上野雅史 (1997) オオモンシロチョウについての一考察（第2報）: オオモンシロチョウの飛来日の気象解析による推定. やどりが, 172: 2-16.

上野雅史 (1998) オオモンシロチョウについての一考察（第3報）: オオモンシロチョウの幼虫及び蛹の死因について. やどりが, 174: 7-11.

上野雅史 (1999) 国内で確認されたオオモンシロチョウの食草について. 昆虫と自然, 34(11): 14-18.

上野雅史 (2001) オオモンシロチョウについての一考察（第5報）北海道に侵入したオオモンシロチョウについて. やどりが, 189: 14-19.

矢田脩 (1996) 日本から発見されたオオモンシロチョウ *Pieris brassicae* (Linnaeus) の由来について. 蝶研フィールド, 126: 6-11.

（田中晋吾）

Ⅲ. 様々な視点からチョウの分布拡大を捉える

6 外来植物を利用する希少種Ⅰ―ミヤマシジミ―

ミヤマシジミの生態

(1) 減少するミヤマシジミ

　ミヤマシジミ *Plebejus argyrognomon* は，開翅長 2〜3cm のシジミチョウである。翅表は雄が青紫色であるのに対して雌は茶色である（図1）。長野県の伊那・諏訪地方では年3回（江田ほか，2010），塩尻市や北安曇地方では年2回発生し，静岡県などの低地帯では，条件さえ恵まれれば年5回発生する（福田ほか，1984）。最終世代が産んだ卵は，孵化せずに越冬する。
　本種は，日本・朝鮮半島・中国東北部からヨーロッパまで広くユーラシ

図1　ミヤマシジミ
A：雌成虫。長野県伊那市／B：食草コマツナギと雄成虫。信州大学農学部構内／C：交尾／D：卵（大きさは 0.6〜0.8mm）

ア大陸に分布している（白水，2006）。Kim *et al.*（2012）によると，韓国における生息地の南限は北緯35度30分9.35秒の地点と報告されており，浜松市の天竜川河原の生息地（北緯34度44分9.52秒）の方が南にあるため，日本は本種の分布の南限といえるであろう。

　日本では本州の特産種で，かつては東北・関東・中部地方の低地帯に生息していたが，近年は茨城，東京，神奈川，石川では絶滅したと見られており，また東北地方の生息地もわずかとなった（白水，2006）。中部地方の長野県や静岡県でも，生息地が減少してきている（高橋，2004；天野，2005）。そのため，2000年の第2次レッドリストでは絶滅危惧Ⅱ類（UV）に指定されていたが，2012年の第4次改訂版では絶滅危惧ⅠB類（EN）にランクアップされている（環境省，2000，2015）。さらに全都道府県のレッドリストを調べたところ，長野県をはじめ15県でリストに掲げられていた。

　長野県では，かつて全県的に生息していたが，近年は松本や伊那地方の河川敷には個体群は維持されているものの，野焼きや草刈りが行われず草原環境が減少してきたことにともない，北信地方ではほとんど見られなくなった（浜ほか，1996；長野県，2004）。そのため2014年の長野県のレッドリスト改定時に，準絶滅危惧種から絶滅危惧Ⅱ類にランクアップされている（長野県，2015）。また日本国内での分布の南限にもあたる静岡県などにおいても，河川敷の環境が河川改修や植生遷移によって変化し，本種の重要な生息場所が激減していることが報告されている（清，1996；高橋，2004；井上，2005）。

(2) ミヤマシジミの食草

　日本産のミヤマシジミの食草は，わずかに例外的報告はあるが，一般にマメ科の落葉小低木であるコマツナギのみとされている（福田ほか，1984；白水，2006など）。一方，高橋（2007）によると，海外のミヤマシジミ幼虫は様々なマメ科の植物を食草としており，朝鮮半島やロシア産はノハラクサフジを，ドイツ産はレンゲソウ属の植物やミヤコグサなど摂食する。またカザフスタン産は，3種のレンゲソウ属の植物を摂食し，東シベリア産はイガマメ属の1種を摂食することが報告されているという。これらの報告から，海外では本種はコマツナギを食草としていないことが分かる。

6 外来植物を利用する希少種Ⅰ―ミヤマシジミ―

　コマツナギは熱帯地方に約350種分布している *Indigofera* 属の1種で，主に中国に分布し，日本の本州が分布の最北端となっている（大井，1967）。従って海外のミヤマシジミが生息している地域には，コマツナギが分布していないと考えられることから，日本において分布の最南端に生息していたチョウが，分布の最北端の植物と出会って，これを選んで食草としたことになる。

■ 外来のコマツナギでの飼育
（1）外来コマツナギ

　1980年代ごろから，道路法面や工業団地造成法面の緑化にマメ科低木類が用いられるようになってきた。初めのうちは在来のコマツナギが使用されていたが，種子の需要が増加したため種子生産地を国内から中国にシフトし，1990年代より中国産のコマツナギが用いられるようになってきた（吉田・森本，2005）。これらの外来コマツナギは，アロザイム分析により在来のコマツナギとは別種であることは報告されているが（阿部ほか，2004），トウコマツナギ，シナコマツナギ，キダチコマツナギなど様々な和名で呼ばれており，多種のコマツナギが混合して日本に輸入され，外来種が正確に同定されていないのが現状である（植村ほか，2010）。在来種は高さ50cmほどであるが，外来種は1～3mと大きくなり，花の色も在来種より濃いピンク色となるのが特徴である（図2）。このように緑化に使われたために，中国産

図2　在来コマツナギ，信州大学農学部構内（A）と外来コマツナギ，長野県箕輪町（B）（Koda & Nakamura, 2011 を一部改変）

の外来コマツナギは日本各地で分布を広げている。

(2) 飼育実験の方法

　インターネット上では日本に持ち込まれた外来のコマツナギをミヤマシジミが食べているらしいとの記事も見られるが，実験室内で飼育して確認した報告はない。そこでミヤマシジミ幼虫が外来コマツナギを摂食して正常に成長するかどうかを確認し，その生存率と発育状態について在来コマツナギを与えた個体と比較した（Koda & Nakamura, 2011; Koda et al., 2012）。

　2010年6月に長野県駒ケ根市から採集したミヤマシジミの雌成虫に，信州大学農学部の実験室内で産卵させた。その卵から孵化した幼虫を，在来コマツナギを与えるグループ（43個体）と中国産コマツナギを与えるグループ（65個体）に分け，温度25℃，日長16時間明期：8時間暗期の恒温器で成虫まで飼育した。幼虫と蛹の発育の様子や各ステージでの死亡数を毎日記録した。蛹化した日に蛹体重を電子天秤で量り，成虫の前翅長を展翅後にノギスで測った。与えた在来コマツナギは信州大学農学部構内に自生していたもので，外来コマツナギは長野県箕輪町の道路法面緑化のために植栽されていたものである。

(3) 生存率と発育期間

　幼虫期の生存率は在来コマツナギで67.4%，外来コマツナギで69.2%，蛹期はいずれもほぼ100%で，2種の食草間には差はなく，また成虫の性比にも有意な差はなかった（表1）。成虫になった個体のうち，在来コマツナギを与えた場合には2個体（7.1%），外来コマツナギでは4個体（8.9%）で翅が正常でない羽化不全が見られたが，食草間で有意な差ではなかった。

　発育期間に関する結果を表2に示した。在来コマツナギを与えた雄の平均

表1　2種のコマツナギを与えて飼育したミヤマシジミの生存率と性比

食草	個体数			生存率 (%)		性比
	1齢	蛹	成虫	幼虫期	蛹期	♂/(♀+♂)
在来コマツナギ	43	29	28	67.4%	96.6%	0.429
外来コマツナギ	65	45	45	69.2%	100.0%	0.556

（Koda & Nakamura, 2011 を一部改変）

[6] 外来植物を利用する希少種 I ―ミヤマシジミ―

表2 2種のコマツナギを与えて飼育したミヤマシジミの幼虫期と蛹期の平均発育日数

食草	性	幼虫期		蛹期	
		個体数	平均値±SE （日）	個体数	平均値±SE （日）
在来コマツナギ	♂	16	17.00 ± 0.18	16	7.50 ± 0.22
	♀	12	18.33 ± 0.26	10	8.20 ± 0.20
外来コマツナギ	♂	20	16.40 ± 0.32	20	7.55 ± 0.15
	♀	25	18.72 ± 0.25	24	7.83 ± 0.16

（Koda & Nakamura, 2011 を一部改変）

幼虫期間は17日で，雌では18.33日となり，雌の方が長かった。外来コマツナギを与えた場合の幼虫期間も雄より雌の方が長く，また蛹期間もいずれの食草を与えた場合でも雌の方が長かった。その結果，雌は雄より2日ほど遅れて成虫が羽化した。幼虫・蛹期の発育日数には，食草間で差が見られなかった。

(4) 蛹体重と前翅長

蛹体重と前翅長の平均値を表3に示した。雌雄間では有意な差は見られなかったが，たとえば在来コマツナギで飼育された雄の蛹体重の平均値が51.70mgであったのに対して，外来コマツナギの雄では64.39mgであったように，蛹体重と前翅長は，在来コマツナギで飼育された個体より，外来コマツナギで飼育された個体の平均値の方が雌雄共に有意に大きくなった（表3）。

数種のアゲハチョウでは，与える食草によって生存率や発育期間が異なることが知られている（長沢・中山，1969）。また若いクマザサの葉を食べたクロヒカゲ Lethe diana の幼虫は古い葉を食べた個体よりも成長が良いこと

表3 2種のコマツナギを与えて飼育したミヤマシジミの蛹体重と前翅長の平均値

食草	性	蛹体重		前翅長	
		個体数	平均値±SE （mg）	個体数	平均値±SE （mm）
在来コマツナギ	♂	16	51.70 ± 0.95	16	13.01 ± 0.11
	♀	12	53.33 ± 1.13	12	13.06 ± 0.16
外来コマツナギ	♂	20	64.39 ± 1.64	20	13.97 ± 0.15
	♀	25	60.04 ± 1.45	25	13.66 ± 0.16

（Koda & Nakamura, 2011 を一部改変）

が報告されている (Ide, 2003)。この実験において見られた蛹体重や前翅長など発育の差は，外来コマツナギと在来コマツナギの成分の違いによるものなのか，それとも葉の柔らかさなどに起因しているかは今後の研究課題である。いずれにしても，いま日本各地に緑化のために植栽されている中国産の外来コマツナギは，ミヤマシジミ幼虫にとって摂食ができる条件が整えば，十分以上に発育できる食草であることが分かった。

■ 様々な植物での飼育

(1) コマツナギ以外の食草

前節でミヤマシジミは外来コマツナギでも正常に成虫に発育し，在来コマツナギで飼育した場合よりもむしろ大きな蛹・成虫になることを述べた。コマツナギ以外でも，長野県三峰川では卵や幼虫がイワオウギについていたという報告がある（信州昆虫学会，1976）。また矢後（2007）によれば，タイツリオウギにつく幼虫を羽化させた記録があり，さらにダイズでの飼育でも発育は良好であるという。海外では様々なマメ科植物を食草としているので，日本においてコマツナギ食に特化しただけで，ミヤマシジミ幼虫はもともと多様な植物を摂食するポテンシャルを持っていると考えられる。ここでは本当にコマツナギ以外の植物では成長できないのかを確かめるために，様々なマメ科植物を与えて飼育した実験（Koda *et al*., 2012）について述べる。

(2) 10種の植物を与える

2011年6月に長野県駒ヶ根市で捕獲した雌成虫が，6月6日から6月12日までに産んだ卵から孵化した幼虫を実験に用いた。図3に，幼虫に与えた10種のマメ科植物を示した。インゲンマメ，ダイズの葉は，研究室の圃場で栽培したものを用いた。ダイズの豆は，スーパーマーケットで購入した群馬県産のものである。クサフジ，ナヨクサフジ，メドハギは伊那市内で採取した。ツルフジバカマ，ヤマハギ，シロツメクサ，アカツメクサ，ネムノキは，信州大学農学部構内に生育していたものを用いた。

飼育方法は外来コマツナギを与えた実験と同じで，幼虫や蛹の死亡数の記録や蛹体重と成虫の前翅長の測定も同様に行った。

6 外来植物を利用する希少種Ⅰ―ミヤマシジミ―

図3 ミヤマシジミの幼虫に与えた10種のマメ科の植物（Koda *et al*., 2012を一部改変）
A：インゲンマメ／B：ダイズ（葉）／C：ダイズ（豆）／D：クサフジ／E：ナヨクサフジ／F：ツルフジバカマ／G：ヤマハギ／H：メドハギ／I：シロツメクサ／J：アカツメクサ／K：ネムノキ

表4 異なる植物で飼育したミヤマシジミの幼虫と蛹の生存率

食草	個体数			生存率 (%)		
	1齢幼虫	蛹	成虫	幼虫期	蛹期	幼虫－蛹期
インゲンマメ	40	0	-	0.0	-	0.0
ダイズ（葉）	18	8	8	44.4	100.0	44.4
ダイズ（豆）	19	0	-	0.0	-	0.0
クサフジ	22	12	10	54.5	83.3	45.5
ナヨクサフジ	31	19	19	61.3	100.0	61.3
ツルフジバカマ	30	0	-	0.0	-	0.0
ヤマハギ	32	0	-	0.0	-	0.0
メドハギ	26	0	-	0.0	-	0.0
シロツメクサ	24	6	5	25.0	83.3	20.8
アカツメクサ	30	0	-	0.0	-	0.0
ネムノキ	12	0	-	0.0	-	0.0
コマツナギ*	43	29	28	67.4	96.6	65.1

＊：表1より　　　　　　　　　　　　　　　（Koda *et al*., 2012を一部改変）

(3) 幼虫期と蛹期の生存率

　異なる10種の植物を与えて飼育したミヤマシジミの生存率を表4に示した。与えた植物のうちインゲンマメ、ダイズの豆、ツルフジバカマ、ヤマハギ、メドハギ、アカツメクサ、ネムノキでは幼虫期ですべて死亡した。一方、ダイズの葉、クサフジ、ナヨクサフジ、シロツメクサを与えた幼虫は、

Ⅲ. 様々な視点からチョウの分布拡大を捉える

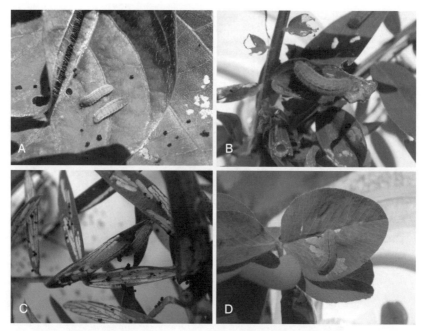

図4 ミヤマシジミの4齢幼虫がコマツナギ以外の植物を摂食している様子（Koda *et al.*, 2012 一部改変）
A：ダイズ（葉）／B：クサフジ／C：ナヨクサフジ／D：シロツメクサ

蛹化・羽化した。幼虫期の生存率は，ダイズの葉では44.4％，クサフジでは54.5％，ナヨクサフジでは61.3％，シロツメクサでは25.0％であった。これらの植物を幼虫が摂食している様子を図4に示した。また，蛹期の生存率は，ダイズの葉とナヨクサフジでは100％，クサフジとシロツメクサでは83.3％であった。

蛹まで発育できなかった植物のうち，インゲンマメ，メドハギ，ネムノキは幼虫が全く摂食せずに，孵化後5日目までにほとんど死亡してしまった。ダイズの豆，ツルフジバカマ，ヤマハギ，アカツメクサは少し摂食したものの，成長できずに死亡した。また蛹にまで発育した植物のうち，ダイズの葉では蛹化するときの死亡率が高く，シロツメクサでは4齢幼虫のときの死亡率が高かった。

この飼育実験では4種のマメ科植物で成虫が羽化した。これを在来コマツナギで飼育した羽化までの生存率の65.1％（表1）と比較してみると，ナヨ

表5 コマツナギ以外の4種の植物で飼育したミヤマシジミの幼虫期と蛹期の平均発育日数

食草	性	幼虫期		蛹期	
		個体数	平均値±SE（日）	個体数	平均値±SE（日）
ダイズ（葉）	♂	4	20.75 ± 1.26	4	7.00 ± 0.00
	♀	4	24.50 ± 2.89	4	7.50 ± 0.58
クサフジ	♂	5	23.20 ± 2.17	5	7.20 ± 0.84
	♀	5	24.00 ± 3.24	5	7.40 ± 0.55
ナヨクサフジ	♂	13	17.92 ± 1.19	13	7.08 ± 0.28
	♀	6	19.67 ± 1.51	6	7.50 ± 0.56
シロツメクサ	♂	4	21.75 ± 1.26	4	6.75 ± 0.25
	♀	1	23.00	1	7.00

（Koda et al., 2012 を一部改変）

クサジでは 61.3% と同じような値であったが，他の3種での生存率は在来コマツナギよりも低くなった。

(4) 幼虫期と蛹期の発育日数

　成虫まで生存した4種の植物における発育日数を，表5に示した。コマツナギによる飼育実験と同じく，どの植物でも雄より雌の方が発育日数は長かった。幼虫期の日数は，ナヨクサフジで最も短く，クサフジで最も長くなり，与えた植物間で有意な差が見られた。蛹期の日数は 6.75〜7.50 日の範囲で，植物間で有意な差はなかった。コマツナギを与えた場合の幼虫期間は，雄が 17.00 日，雌が 18.33 日（表2）であったのに対して，4種の植物ではすべてコマツナギよりも長くなった。特にクサフジでは，コマツナギよりも蛹化までに約6日間長くかかった。

(5) 蛹体重と成虫の前翅長

　それぞれの植物における蛹体重と成虫の前翅長を表6に示した。蛹体重と前翅長ともに，与えた植物間で有意な差が見られ，蛹体重はダイズの葉で最も重く，シロツメクサで最も軽かった。また前翅長も同様に，ダイズの葉で最大，シロツメクサで最小となった。コマツナギを与えた場合（表3）と比較すると，4種の植物を摂食した個体の蛹体重と成虫の前翅長はともに小さな値となった。特にシロツメクサではコマツナギの半分以下となった。この

表6 コマツナギ以外の4種の植物で飼育したミヤマシジミの蛹体重と前翅長の平均値

食草	性	蛹体重		前翅長	
		個体数	平均値±SE (mg)	個体数	平均値±SE (mm)
ダイズ（葉）	♂	4	46.35 ± 5.87	4	12.83 ± 0.87
	♀	3	49.80 ± 4.95	2	13.75 ± 0.35
クサフジ	♂	5	34.06 ± 5.86	4	11.43 ± 0.56
	♀	5	43.16 ± 10.31	4	11.73 ± 0.93
ナヨクサフジ	♂	13	43.69 ± 4.65	12	12.67 ± 0.44
	♀	6	42.77 ± 5.29	6	11.93 ± 0.70
シロツメクサ	♂	4	21.80 ± 4.56	4	10.00 ± 0.77
	♀	1	22.20	1	10.50

(Koda *et al*., 2012 を一部改変)

飼育実験の結果から，生存率や発育速度などはコマツナギには及ばないものの，コマツナギ以外の植物でも成虫まで発育できることが分かった。

最近ツマグロキチョウ *Eurema laeta*（上山，2009）やシルビアシジミ *Zizina emelina*（Ishii *et al*., 2008）などの絶滅危惧種のチョウが，帰化植物に食草転換して個体群を回復しつつあるという報告がある。これまで述べてきた飼育実験の結果からみると，外来のコマツナギや帰化植物であるナヨクサフジを与えても，ミヤマシジミ幼虫は十分に発育できることが明らかになった。実際に，これらの植物はコマツナギと混在している場合もあり，野外の個体群でこれらの外来植物に食草転換が起こる可能性は十分にあると言える。現在までに野外で幼虫が外来コマツナギやナヨクサフジを利用する個体群が発見されたという報告はほとんどないが，最近，長野県で帰化植物であるシロバナシナガワハギを食草としているミヤマシジミ個体群が確認されている（田下ほか，2013）。

母親の産卵選好性実験

(1) 3つの植物に産卵させる実験

食草を転換するには幼虫が摂食して成長できるだけではなく，母蝶がコマツナギ以外の植物に産卵するかどうかが重要な問題となってくる。これまでに野外で雌成虫がコマツナギ以外の植物に産卵しているという報告は少ない。そこで本来の食草である在来コマツナギと，幼虫が摂食して成虫まで発

6 外来植物を利用する希少種 I —ミヤマシジミ—

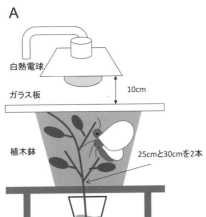

図5 リシャール法の略図
A：装置の概要図
B：在来コマツナギで実験中の写真

表7 在来コマツナギ・外来コマツナギ・クサフジへの産卵数

グループ	個体番号	在来コマツナギ	外来コマツナギ	クサフジ	計
A	1	19	0	0	19
	2	48	13	0	61
	3	100	45	0	145
B	4	37	0	0	37
	5	11	0	0	11
	6	28	13	0	41
C	7	63	12	0	75
	8	8	7	0	15
	9	58	16	0	74
	計	372 (77.8%)	106 (22.2%)	0 (0.0%)	478

(Ozaki *et al.*, 2013 を一部改変)

育できた外来コマツナギ及びクサフジに対するミヤマシジミの産卵選択性を調べることにした。そのため2011年7月に雌9個体を長野県駒ケ根市で採集し，3種の植物を別々に入れた植木鉢を3セット作り（計9鉢），そこに雌成虫を1個体ずつ入れてリシャール法で産卵させた。リシャール法とは素焼きの植木鉢に産卵させる植物をセットし，そこに母蝶を入れてガラス板で蓋をし，上から白熱電球を当て強制的に産卵させる方法である（図5）。

採集してきた9個体の母蝶を3つのグループに分け，3種の植物をローテーションして1日おきに3回の産卵実験を行った。その結果を表7に示し

表8 在来コマツナギと外来コマツナギへの産卵数

個体番号	在来コマツナギ	外来コマツナギ	計
10	79	10	89
11	70	1	71
12	66	6	72
13	96	23	119
14	145	24	169
計	456 (87.7%)	64 (12.3%)	520

(Ozaki *et al.*, 2013 を一部改変)

た。No.3 のように合計 145 卵産んだ個体もいれば，No.5 のように 11 卵しか産まなかった個体もいて，産卵数には個体差が大きかったが，3 種の植物への産卵選好性は明らかであった。すなわち，どの個体もクサフジには産卵せず，外来コマツナギには 9 個体中 6 個体（66.7%）が産卵した。在来コマツナギへの産卵数は 372 卵（77.8%）であったのに対して，外来コマツナギへの産卵数は 106 卵（22.2%）であった。この実験より，在来コマツナギより少ないものの，ミヤマシジミは外来コマツナギにも産卵することが明らかになった。

(2) 混在している在来コマツナギと外来コマツナギの選択

在来コマツナギと外来コマツナギが混在している場合に，母蝶はどちらを選ぶかを調べるために 2011 年 8 月に長野県駒ヶ根市で採集した雌 5 個体を使って実験した。植木鉢の中に在来コマツナギと外来コマツナギの枝を一本ずつ入れ，リシャール法で産卵させる実験を 1 日おきに 4 回行った。産卵数は，在来コマツナギで 456 卵（87.7%），外来コマツナギで 64 卵（12.3%）であった（表 8）。外来コマツナギへの産卵割合は，単独の場合より在来コマツナギと混在している場合の方が低くなることが分かった。

(3) 食草転換の可能性

今まで述べてきた一連の実験結果から，日本のミヤマシジミ幼虫は海外のミヤマシジミが食草としているクサフジ属の植物を摂食して発育できるポテンシャルは持っているが，日本でそれらの植物を食草としていない理由は，母蝶が全く産卵しないからであることが分かった。一方，外来コマツナギでは幼虫が十分に発育でき，しかもわずかではあるが母蝶が産卵することが分かった。生息地が離れている場合には，成虫が長距離を飛翔して，道路法面

6 外来植物を利用する希少種 I —ミヤマシジミ—

などに植栽された外来コマツナギの群落までたどり着いて産卵する可能性は低いであろう．しかし，静岡県浜松市の天竜川河川敷のように在来コマツナギと外来コマツナギが混生しているところが増えてくれば，今後，外来コマツナギへ食草転換した個体群が出てくる可能性は十分にあると考えられる．

〔引用文献〕

阿部智明・中野裕司・倉本宣 (2004) 中国産コマツナギを自生のコマツナギとして扱ってよいか．日本緑化工学会誌，30: 344-347.

天野市郎 (2005) 2004年秋期の静岡県安部川筋のミヤマシジミ生息状況資料．駿河の昆虫，210: 5840-5841.

福田晴夫・浜栄一・葛谷健・高橋昭・高橋真弓・田中蕃・田中洋・若林守男・渡辺康之 (1984) 日本原色蝶類生態図鑑III．保育社，大阪．

浜栄一・栗田貞多男・田下昌志 (1996) 信州の蝶．信濃毎日新聞社，長野市．

Ide J (2003) Age patterns in leaves used by larvae of the satyrine butterfly *Lethe diana*. Transactions of the Lepidopterological Society of Japan, 54: 40-46.

井上大成 (2005) 日本のチョウ類の衰亡理由．昆蟲ニューシリーズ，8: 43-64.

Ishii M, Hirai N, Hirowatari T (2008) The occurrence of an endangered lycaenid, *Zizina emelina* (de l'Orza) (Lepidoptera, Lycaenidae), in Osaka International Airport, central Japan. Transactions of the Lepidopterological Society of Japan, 59: 78-82.

環境省 (2000) 日本産昆虫類レッドリスト．(http://www.env.go.jp/press/files/jp/1151.pdf，2016年3月確認)

環境省編 (2015) レッドデータブック2014—日本の絶滅のおそれのある野生生物—5 昆虫．ぎょうせい，東京．

Kim SS, Lee CM, Kwon TS, Joo HZ, Sung JH (2012) Korean Butterfly Atlas (1996-2011). Korea Forest Research Institute, Seoul.

江田慧子・古井宏幸・大須賀はるい・中村寛志 (2010) 三峰川河川敷におけるミヤマシジミの季節変動と日周活動について．信州大学環境科学年報，32: 65-68.

Koda K, Nakamura H (2011) Comparison of survival and development of *Lycaeides argyrognomon* (Bergsträsser) (Lepidoptera: Lycaenidae) reared on two different food plants, *Indigofera pseudo-tinctoria* and Chinese-grown *Indigofera* sp. Lepidoptera Science, 62: 121-126.

Koda K, Ozaki E, Nakamura H (2012) The survival and development of *Lycaeides argyrognomon* (Bergsträsser) (Lepidoptera: Lycaenidae) reared on ten different leguminous plants for searching the potential feeding habits. Lepidoptera Science, 63: 178-185.

長野県 (2004) 長野県版レッドデータブック—長野県の絶滅のおそれのある野生生物—動物編 2004．長野県，長野．

長野県 (2015) 長野県版レッドリスト—長野県の絶滅のおそれのある野生動植物—動物編 2015．長野県，長野．

長沢純夫・中山勇 (1969) アゲハ属数種の成長と食草．蝶と蛾，20(1): 30-36.

大井次三郎 (1967) 標準原色図鑑全集9 植物 I．保育社，大阪．

Ozaki E, Koda K, Nakamura H (2013) Oviposition preference of adult females of *Lycaeides argyrognomon* (Bergstrasser) (Lepidoptera: Lycaenidae) for three food plants: *Indigofera pseudo-tinctoria*, Chinese-grown *Indigofera* sp. and *Vicia cracca*. Lepidoptera Science, 64: 103-107.

清邦彦 (1996) 河川環境と蝶相．日本産蝶類の衰亡と保護　第4集（田中蕃・有田豊編）: 113-117, 日本鱗翅学会, 大阪．

信州昆虫学会 (1976) 信濃の蝶 3. 信学会, 長野．

白水隆 (2006) 日本産蝶類標準図鑑．学習研究社, 東京．

高橋真弓 (2004) 安部川流域におけるミヤマシジミの衰退と現存標本．駿河の昆虫, 206: 5741-5746.

高橋真弓 (2007) 日本とその周辺のミヤマシジミの食草についての問題．月刊むし, 439: 18-21.

田下昌志・山崎浩希・上田昇平・宇佐美真一・江田慧子・中村寛志 (2013) 希少種ミヤマシジミの帰化植物シロバナシナガワハギ（マメ科シナガワハギ属）への産卵に伴う生存率の低下．蝶と蛾, 64: 10-17.

植村修二・勝山輝男・清水矩宏・水田光雄・森田弘彦・廣田伸七・池原直樹 (2010) 日本帰化植物写真図鑑．全農教, 東京．

上山智嗣 (2009) アレチケツメイを食べる安倍川のツマグロキチョウ．駿河の昆虫, 228: 6312-6315.

矢後勝也 (2007) ミヤマシジミ．新訂原色昆虫大図鑑Ⅰ（矢田脩編）: 79 -81, 北隆館, 東京．

吉田寛・森本幸裕 (2005) 法面緑化における中国産コマツナギと常緑広葉樹の混播効果に関する研究．日本緑化工学会誌, 31: 269-277.

（江田慧子・中村寛志）

7 外来植物を利用する希少種Ⅱ－シルビアシジミ－

■ はじめに

「シルビア（Sylvia）」という外国の女性名が付いているので、おや？　と思われた方もいるかもしれないが、本種は、古くから日本に生息する「在来種」である。「シルビア」は、命名者[注1]である中原和郎博士が、アメリカ留学中に結婚したドロシー夫人との間にもうけた娘の名にちなんでいる。

シルビアシジミ *Zizina emelina*（以下、本種）は、前翅長が1.5cmほどの小型のシジミチョウで、関東地方以西の本州、四国、九州、隠岐、壱岐、対馬、五島列島、種子島（南限）などに分布し、海浜、河川や池の堤防、田んぼの畔などの丈の低い草地に生息する（図1）。幼虫は、主にミヤコグサ（マメ科）（図2）を利用する（福田ほか、1984）。本種は、ここ数十年の間に、全国的に個体数が激減しており、環境省のレッドリストには絶滅危惧ⅠB類として掲載されている（環境省、2015）。本種が衰退した要因は、河川のコンクリート護岸化・水田の基盤整備・草地の管理方法の変化によって、寄主植物であ

図1　兵庫県相生市のシルビアシジミ生息地（2010年8月11日撮影）
　この日は、数時間探索して10個体見つかる程度の密度で生息していた。もう少し草丈が低ければ、さらに好適な生息地となるかもしれない。

Ⅲ．様々な視点からチョウの分布拡大を捉える

図2　開花時のミヤコグサ

るミヤコグサや生息地自体が減少したためであると考えられている（井上，2005；矢後ほか，2016）。

シロツメクサを利用する個体群の発見

しかし，近年，大阪府豊中市と兵庫県伊丹市にまたがる大阪国際空港とその周辺で，本種が高密度に生息していることが確認された（Minohara *et al*., 2007；Ishii *et al*., 2008）（図3）。この生息地の植生を調査してみると，ほとんどの地点でミヤコグサは自生しておらず，本種がシロツメクサ（マメ科）

図3　伊丹市スカイパークより撮影した大阪国際空港
空港内外の草地は定期的に刈り込まれており，シルビアシジミの絶好の生息地となっている。

[7] 外来植物を利用する希少種Ⅱ－シルビアシジミ－

図4 シロツメクサに産卵するシルビアシジミ（提供：小松貴氏）

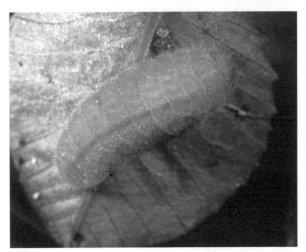

図5 シロツメクサを摂食するシルビアシジミ終齢幼虫（提供：平井規央氏）

に頻繁に産卵する姿が確認された（図4）。この場所で雌成虫を採集・採卵し，子世代の幼虫にシロツメクサを与えると，問題なく発育し羽化にいたり（図5），また，短日条件下では幼虫の発育が著しく遅延した。これらのことから，大阪空港個体群は，シロツメクサを利用して，春から秋にかけて5～6世代を経過し，冬季に幼虫休眠することが明らかになった（Sakamoto et al., 2015a）（図6）。野外では，ヤハズソウ（マメ科）への産卵も確認されていたが，ヤハズソウは11月初旬に地上部が枯死するため，越冬前及び越冬

III. 様々な視点からチョウの分布拡大を捉える

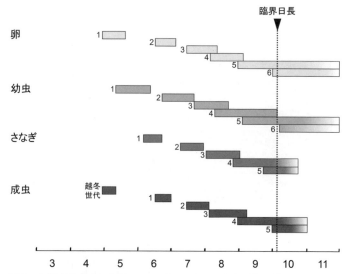

図6 大阪府豊中市におけるシルビアシジミの成虫・卵・幼虫・蛹の推定発生消長（Sakamoto *et al.*, 2015a を改変）
横軸は月，図中の数字は世代を示す。

中の幼虫が利用できるのはシロツメクサのみとなる（Minohara *et al.*, 2007）。これらのことから，大阪空港の個体群が，シロツメクサに依存して経年繁殖していることは確実であると考えられた。

「シロツメクサ」というと，個人的には，幼少期に花茎を摘み取って首飾りを編んだ経験があり，慣れ親しんだ植物の一つであるが，歴とした外来種である。シロツメクサの侵入記録は，江戸時代後期に，舶来のガラス製品の詰め物として干し草に混ざって種子が渡来した（貴志，1856），というのが最も古いもので，明治時代以降，牧草や緑肥として本格的に輸入されるようになり，現在では，全国どこでも，草地であればたいてい目にする帰化植物となった（清水，2003）。本種が，一時的にシロツメクサを利用することは，それまでにも報告があったが（中邨・田西，1988；岩坂，2004），完全にシロツメクサに依存するというのは，大阪空港個体群（Minohara *et al.*, 2007; Ishii *et al.*, 2008）が初の事例だろう。当時，絶滅危惧種であるシルビアシジミが，外来植物に依存し繁殖している，という意外性が注目を集めた。

大阪空港個体群の他には，千葉県鴨川市でもシロツメクサを（鈴木，2007；Kobayashi *et al.*, 2009；美ノ谷，2015），大阪府吹田市では外来種であるセイ

7 外来植物を利用する希少種Ⅱ－シルビアシジミ－

ヨウミヤコグサを利用することが知られているが（Minohara *et al.*, 2007），全国的に見ると，ほとんどの個体群がミヤコグサに依存している。このことは，個体群によって寄主植物の利用能力に違いがあることを示している。そこで，日本各地から本種雌成虫を採集し，飼育ケースの中でミヤコグサとシロツメクサを提示し，各寄主植物への産卵数を調べたところ，予想通り，シロツメクサへの産卵率は個体群によって著しく異なった（坂本ほか，未発表）。シロツメクサに産卵可能であったいずれの個体群でも，ミヤコグサへの産卵能力は失っていなかったことから，ミヤコグサからシロツメクサへ寄主範囲が拡大したと解釈された。また，本種における遺伝子の多様性を調べた結果，移動性はとても低く，個体群が孤立しており，個体群間の遺伝子の交流はほとんどないことが明らかになった（Sakamoto *et al.*, 2015b）。恐らく，寄主利用能力にかかわる遺伝子基盤は，個体群単位で保持されていると考えられる。

今後の展望

さて，シロツメクサを利用できる個体群が，寄主の分布に従って，生息域を拡大するかと言えば，そう単純な話ではないようだ。現在のところ，シロツメクサを利用する個体群の分布が著しく広がっている様子はない。つまり，本種の繁殖に対して，寄主の存在は「十分条件ではない」ということなのだろう。寄主植物の他に，気候，景観，遺伝的多様性，共生細菌の感染（Sakamoto *et al.*, 2011），寄生者といった様々な要因が複雑に絡み合って分布が決まっているものと推察される。今後，本種の分布変化に注目しながら，これらの要因をさらに詳しく調査することによって，有効な保全対策へのヒントが見つかることを期待したい。

謝辞

本稿で紹介した未発表データについては，平井規央博士（大阪府立大学），石井実博士（大阪府立大学），矢後勝也博士（東京大学博物館）との共同研究の成果であることを申し添える。また，サンプルをご提供いただいた森地重氏，蓑原茂氏，小林隆人博士，並びに写真をご提供いただいた平井規央博士，小松貴博士に感謝を申し上げる。

Ⅲ. 様々な視点からチョウの分布拡大を捉える

〔注1〕

(注1) 中原和郎博士によって記載された *Zizera sylvia* は，後にシノニム扱いとなり使用されなくなったが，和名「シルビアシジミ」は残った。

〔引用文献〕

福田晴夫・浜栄一・葛谷健・高橋昭・高橋真弓・田中蕃・田中洋・若林守男・渡辺康之(1984) 原色蝶類生態図鑑（Ⅲ）．保育社，大阪．

井上大成 (2005) 日本のチョウ類の衰亡理由．昆虫（ニューシリーズ），8: 43-64.

Ishii M, Hirai N, Hirowatari T (2008) The occurrence of an endangered lycaenid, *Zizina emelina* (de l'Orza) (Lepidoptera, Lycaenidae), in Osaka International Airport, central Japan. Transactions of the Lepidopterological Society of Japan, 59: 78-82.

岩坂佳和 (2004) ふぉとぎゃらりーⅡ：鴨川市嶺岡のシルビアシジミ生態写真．房総の昆虫，32: 68-69.

環境省編 (2015) レッドデータブック 2014―日本の絶滅のおそれのある野生生物―5 昆虫．ぎょうせい，東京．

貴志孫太夫忠美 (1856) 竹園草木図譜 21 巻．

Kobayashi T, Kitahara M, Suzuki Y, Tachikawa S (2009) Assessment of the habitat quality of the threatened butterfly, *Zizina emelina* (Lepidoptera, Lycaenidae) in the agro-ecosystem of Japan and implications for conservation. Transactions of the Lepidopterological Society of Japan, 60: 25-36.

Minohara S, Morichi S, Hirai N, Ishii M (2007) Distribution and seasonal occurrence of the lycaenid, *Zizina emelina* (de l'Orza) (Lepidoptera, Lycaenidae), around the Osaka International Airport, central Japan. Transactions of the Lepidopterological Society of Japan, 58: 421-432.

美ノ谷憲久 (2015) 南房総におけるシルビアシジミの分布と生態．房総の昆虫，(55): 24-29.

中邨徹・田西一義 (1988) シルビアシジミの一食草．蝶研フィールド，(28): 40.

Sakamoto Y, Hirai N, Tanikawa T, Yago M, Ishii M (2011) Infection by two strains of Wolbachia and sex ratio distortion in a population of the endangered butterfly *Zizina emelina* (lepidoptera: Lycaenidae) in northern Osaka Prefecture, central Japan. Annals of the Entomological Society of America, 104: 483-487.

Sakamoto Y, Hirai N, Ishii M (2015a) Effects of photoperiod and temperature on the development and diapause of the endangered butterfly *Zizina emelina* (Lepidoptera: Lycaenidae). Journal of Insect Conservation, 19(4): 639-645.

Sakamoto Y, Hirai N, Tanikawa T, Yago M, Ishii M (2015b) Population genetic structure and Wolbachia infection in an endangered butterfly, *Zizina emelina* (Lepidoptera, Lycaenidae), in Japan. Bulletin of Entomological Research, 105: 152-165.

清水建美編 (2003) 日本の帰化植物．平凡社，東京．

鈴木雄太 (2007) シルビアシジミの生息条件と保全．昆虫と自然，42: 10-12.

矢後勝也・平井規央・神保宇嗣編 (2016) 日本産チョウ類の衰亡と保護．第7集．日本鱗翅学会，東京．

（坂本佳子）

Ⅲ. 様々な視点からチョウの分布拡大を捉える

8 外来植物を利用する希少種Ⅲ ーツマグロキチョウー

■ はじめに

　ツマグロキチョウ *Eurema laeta* は，年3～4回発生し，幼虫の食草としてはカワラケツメイ（マメ科）のみが知られていた（福田ほか，1982）。

　近年，そのカワラケツメイの減少とともにツマグロキチョウが減り，愛知・岐阜・三重の東海地区3県でも本種を絶滅危惧種として評価した。しかしながら，愛知県では名古屋市守山区の大型区画整理事業地や近隣の春日井市，瀬戸市，日進市，長久手市などで本種の産地や個体数が増えたことなどから，2009年に本種を絶滅危惧Ⅱ類からランク外に見直しをしている（愛知県自然環境課，2009）。

　筆者は名古屋市守山区下志段味地区で，2001年から本種を継続して観察する機会に恵まれた（高橋，2004）。2003年8月には幼虫を見つけ，現地で食草としていた植物を用いて室内飼育し，成虫を羽化させた（図1，2）。

　その植物が外来植物のアレチケツメイ（マメ科）であると知ったのは，岐阜県植物研究会誌の報文（須賀・山口，2006）を目にした2006年の12月であった。

　名古屋市志段味地区での本種の顕著な増加の理由は，大型区画整理事業地などの造成により表層土が取り払われ，その下にある拳と同じくらいの大き

図1　透けて翅が見えている蛹・2012年8月13日（名古屋市産の幼虫を飼育）

図2　脱皮殻に止まる羽化した夏型雌・2012年8月13日（名古屋市産の幼虫を飼育）

■ Ⅲ. 様々な視点からチョウの分布拡大を捉える

さの礫を含む地層が計画的に長期間にわたり露出され，そこに進出したアレチケツメイを，本種が新たに食草とて利用したことであったと考えられる。

その分布動態を 2009 年の日本鱗翅学会第 8 回自然保護セミナー（大阪市開催）で口頭発表し，2012 年に「昆虫と自然」に投稿した（高橋，2012）。本稿では，これらの内容をもとにして，本種が外来植物を利用して増えている実態などを名古屋市（高橋，2003；高橋，2009；矢崎，2003；横地，2013；山田，2008，2011），春日井市（高橋，未発表），瀬戸市（高橋，未発表；水谷孝夫氏，私信；山田，2006a），尾張旭市（高橋，未発表；池竹弘旭氏，私信），長久手市（川崎洋揮氏，私信），日進市（山田，2006b），豊田市（高橋，2003；矢崎，2003；山中，2004；吉鶴，2013）などの調査結果を加えて概要報告したい。

■ ツマグロキチョウの分布と食草

本種は本州，四国，九州に分布するが，発生地はやや局地的な傾向がある。太平洋側の分布北限は福島県，日本海側では福井県南部である。国外では，台湾，中国，インドシナ半島，ボルネオ島，オーストラリアなどに分布している（白水，2006）。

本種の幼虫の食草は，カワラケツメイ（マメ科）のみとされていた（福田ほか，1982）が，最近，愛知県（須賀・山口，2006），静岡県安倍川左岸河川敷（上山，2009），岐阜県可児市（水谷治雄氏，私信），山梨県富士川河川敷（高橋真弓氏，私信）では，アレチケツメイも利用していることが明らかになり，国内における本種の食草としては 2 種が確認されたことになる。

ことに愛知県では，守山区志段味地区の大型商業施設周辺や放置された宅地や空地，春日井市西山町の大型多目的都市公園（運動場，遊戯場）内や高蔵寺運動公園，瀬戸市の新規大型宅地開発地区，尾張旭市の森林公園周辺などで，アレチケツメイを食草として利用したことで，最近の十数年の間に，発生地と個体数が増加している。

■ 希少性の変遷

本種は，食草の減少とともに産地や個体数も減少する傾向がある。一方，アレチケツメイの利用により産地も個体数も増加している地域もある。しか

⑧ 外来植物を利用する希少種Ⅲ－ツマグロキチョウ－

しながら今後，高茎植物や外来植物の侵入によって食草が被圧されて減少し，本種も減少していくこともあり得る。

日本鱗翅学会発行の「日本産チョウ類の衰亡と保護」（巣瀬・枝，2003；間野・藤井，2009；矢後ほか，2016）から，本種のレッドリストにおけるカテゴリーの変遷を調べてみた（表1）。

本種が生息していると考えられる37都府県のうち，レッドリストに掲げられたのは29都府県（78.4％）であった。その中でも希少度合いが高い絶滅危惧以上にランク付けされたのは21都府県（56.8％）に及んでいる。

本種は，1950〜1970年頃より全国的に減りだしているが，その要因としては，食草カワラケツメイの生育地（河川敷，堤防，土堤，畔，路傍など）の減少や，河川改修・圃場整備・道路の新設や舗装化・宅地の拡大や新規開発・大型商業用地の増大などが考えられる（井上，2005；矢後ほか，2016）。

2種の食草の分布が4県で確認されているので今後の調査に期待したいものの，全国的には食草の衰退によって，漸減していくと推定される。

表1 ツマグロキチョウのレッドリストにおける都府県別カテゴリー

都府県名	衰亡と保護 第5集 2002年	衰亡と保護 第6集 2009年	衰亡と保護 第7集 2015年	備 考
福島	NT	NT	NT	
茨城	VU	VU	VU	
栃木	−	−	NT	
群馬	EN	EN	EN	
埼玉	VU	EN	EN	
千葉	−	EX	EX	
東京	EN	EN	EN	
神奈川	EX	EX	EN	再記録有
山梨	EN	EN	EN	アレチケツメイ生育
長野	EN	EN	EN	
岐阜	EN	VU	VU	アレチケツメイ生育
静岡	−	−	−	アレチケツメイ生育
愛知	−	−	−	アレチケツメイ生育
三重	VU	VU	EN	
福井	NT	NT	NT	
滋賀	EN	EN	EN	
京都	EN	EN	EN	
大阪	EN	EN	EN	
兵庫	−	−	−	
奈良	−	−	−	
和歌山	EN	EN	EN	
鳥取	VU	VU	VU	
島根	VU	NT	VU	
岡山	VU	VU	NT	
広島	−	−	−	
山口	EN	EN	EN	
香川	EN	EN	VU	
徳島	NT	NT	NT	
愛媛	VU	VU	EN	
高知	−	−	−	
大分	NT	NT	NT	
福岡	VU	VU	VU	
佐賀	NT	NT	VU	
長崎	VU	NT	NT	
熊本	VU	−	−	
宮崎	−	−	NT	
鹿児島	−	−	−	

EX（絶滅），EN（絶滅危惧Ⅰ類），VU（絶滅危惧Ⅱ類），NT（準絶滅危惧）

III. 様々な視点からチョウの分布拡大を捉える

■愛知県における 1949 ～ 2011 年までの記録の推移

　名古屋市内及びそれに隣接する尾張地区（春日井市，瀬戸市など）と西三河地区（日進市，豊田市西部地区，長久手市など）に限定した地域で，名古屋昆虫同好会の会誌「佳香蝶」に発表された本種の報告地数を表2に示す。

表2　名古屋市とその周辺におけるツマグロキチョウの確認地数（佳香蝶に報告された記録）

年代	報告地数	確認地
1949～2000	2	名古屋市守山区，千種区など2地区
2001～2003	4	名古屋市2地区，豊田市八草など2地区
2004～2006	9	名古屋市，瀬戸市，豊田市3地区，日進市4地区
2007～2011	67	守山区志段味の2003～2004年調査時の67地区

　本種の確認地数は，2000年頃までは名古屋市千種区平和公園と，守山区志段味地区（野田，1977）の2地点に限られていたが，その後2004年以降にかけて確認地が急増している（高橋，未発表；山田，2011）。

　守山区志段味地区の記録では，食草はカワラケツメイとされている（山田，2008）が，その調査地域は志段味の大型区画整理事業地と大半が重なっていること及び調査時期から，食草はアレチケツメイと考えるのが妥当と思われる。

　このほか，アレチケツメイを食して発生が確認されている地区は，「佳香蝶」には発表されていないが，春日井市西尾町の路傍（高橋・未発表），瀬戸市の海上の森（高橋，未発表），尾張旭市の農業用溜池周辺（高橋・池竹弘旭氏，未発表），長久手市（川崎洋揮氏，私信）などであり，その一部では年代を追って産地や個体数が漸増している。

■名古屋市守山区志段味地区での発生状況

　筆者は，志段味地区の本種の発生地の一角に新設された産業総合技術研究所中部センター内にある産官学の研究開発機構に2001年4月から9年間勤務し，昼休みには本種やアレチケツメイの観察，調査をする機会に恵まれた。2001年6月，拳程度の大きさの石（礫）混じりの赤土の見える構内やテニス

⑧ 外来植物を利用する希少種Ⅲ－ツマグロキチョウ－

　場の周辺に点々とアレチケツメイの若い個体が生育していることに気づき，同年9月には放置された造成地や路傍に生育する食草（図3）の近辺で本種1♂を初確認（高橋，2004）している。当地の食草は，畑の畔で確認したカワラケツメイと比べると，子葉の長さや形や群落の様相が異なるなと思いつつも，2006年の年末に岐阜県植物研究会誌の報文（須賀・山口，2006）の存在を知るまでは，このアレチケツメイをカワラケツメイだと思いこんでいた。

　2003年の7～8月には，放置された住宅造成地の荒れ地の一角で幼虫を確認し，室内飼育した蛹（図1）から成虫1♀が羽化（図2）している。これによって，本種が当地でアレチケツメイを食草として発生を繰り返していることが確認された。

　下志段味地区の区画整理事業地を主体に歩き回ることにより，当地の全体の様相も判るようになり，本種の産卵する場所，個体数が多い場所，吸蜜植物，夏場の集団吸水する場所，午後の高温時の避暑の場所，夕方になるとセイタカアワダチソウの茎高30cm程度の葉裏に集団で一夜を過ごす習性，その場合は太陽が沈むまでに西日の当たる傾斜地を選んでいると思われる習性などを見る機会に恵まれ，活動時間帯や産卵期，発生数，越冬場所などを確認できた。

　観察を通して以下のことが分かるようになった。
- 6～8月は夏型，9月は夏型と秋型が混じる，10月～翌年の5月初旬までは秋型。
- 個体数は，夏型（図4, 5）より秋型（図6）の方が圧倒的に多い。
- 発生地や晩秋の一夜を過ごす場所は，放置された住宅造成地，大型建造物周囲の礫の混じる法面や路傍を好む。

図3　路側沿いに点在するアレチケツメイ群落・2003年7月25日，名古屋市

図4　シロツメクサで吸蜜する夏型雌・2003年7月25日，名古屋市

Ⅲ．様々な視点からチョウの分布拡大を捉える

図5　交尾する夏型の雄（上）と雌・2003年7月25日，名古屋市

図6　ササの葉裏で休息する秋型雌・2007年10月9日，名古屋市

- 晩秋の夜は，西日が長時間当る場所を好む。
- ススキ，セイタカアワダチソウ，クズなどの茎丈が高くなるとこの食草は衰退する。
- 日中の暑い時間帯は，背丈の高いイネ科植物が繁茂した空間に入り込み休止している個体が多かった。
- 越冬中には，枯れたススキなどに好んで潜り込んでいる。

図7　腹部を上げて交尾拒否する雌（矢印）・2016年4月9日，春日井市

- 晩秋の折，都市公園や住宅地の路傍の草刈りが実施されると，成虫の多くが逃げて分散してしまう。多くの場合は，植え込みの枯れ木の中などに潜り込むものの，後日観察に出かけてその周辺を探してもほとんど確認できない。
- 越冬後の成虫は，サクラの花が散り始める頃から飛翔するのが確認できる（図7）。
- 16時過ぎになると，一夜を過ごすためにススキ，セイタカアワダチソウやクズなどの葉裏に集まって止まっている。最多期には1m四方あたり10頭程度が個別に地上10〜30cm付近の葉裏に止まっていた。
- 2001〜2003年ころの下志段味地区の住宅地は，現在の50％程度の建設率であった。宅地の法面では，茎丈が30〜80cm程度で西日が遅くまで当たるセイタカアワダチソウの葉裏に，一葉につき2〜3頭ず

つが合計 10 枚くらいの葉に止まって夜を過ごしている情景を確認している。礫が混じった土壌で，水はけが良く適度に乾燥する環境が，好ましい住処となっていたのではないかと推定される。
・秋型は，小規模の移動を繰り返している可能性があるといわれている（福田ほか，1982）。当地では，一定の地区内を周回しつつ集団で移動している傾向が見られた（高橋，2004）。

下志段味地区 760ha の新しい町づくりが完了するに従い，小学校の新設，道路の新設や舗装化，さらに周辺の雑木林の管理放棄などによって，礫混じりの荒れ地が減り，アレチケツメイが衰退するとともに本種も再び減少している。

志段味地区は本種の拡散源

2003 年には，晩秋の休日などに，マーキング調査を実施した。計 230 頭程度の後翅の裏に油性ペンで番号を書き込み，どこまで移動するか観察した（図 8）。調査地の一部が，廃棄物の埋め立て地で一般人の立ち入り禁止となり，調査を完結することはできなかった。1 例のみ 2 日後に落下している個体を再確認したが，この個体は直線距離にして約 1km 移動していた。

一方，当調査地からは北西方向に直線距離にして 1km 離れた中志段味地区，その北側の庄内川左岸の大留橋の生息地（高橋，未発表）を経て庄内川上流部の新東谷橋の河川敷（高橋，未発表）に拡散しアレチケツメイを食して安定的に発生している。

図 8　移動調査でマーキングされた個体・2003 年 11 月 23 日，名古屋市

図 9　初夏になるとアレチケツメイが群生する新規大規模造成地・2016 年 4 月 19 日，瀬戸市

III. 様々な視点からチョウの分布拡大を捉える

図10 食草の若葉に産み付けられた紡錘型の卵（矢印）・2016年4月9日，春日井市

図11 散策路法面に芽生えた食草の双葉と子葉・2016年5月7日，春日井市

図12 保護色となり確認しにくい中肋に止まる中齢幼虫・2015年8月29日，春日井市

志段味地区から地続きの尾張旭市の森林公園，更にはその周辺の公園用駐車場を通して瀬戸市内（図9）にも進入している。

名古屋市志段味地区は，規模の大きな拡散源であるとともに，移動個体の受け皿地であり成虫の越冬地の一つであると推定される。

場所によっては，アレチケツメイを食して本種がもっと生息している可能性もある。卵（図10）は食草の芽生え初期（図11）のころ斜面でよく確認でき，また幼虫（図12）は低層の植え込みなどの近傍の食草で発見しやすいと考えているので，更なる調査を継続したい。

食草アレチケツメイの判別ポイント

アレチケツメイは北アメリカ・西インド諸島原産の一年生草本であり，カワラケツメイに似ているが，以下の点などが異なる（植村ほか，2010）ので判別は容易である。

- 葉柄にある腺：キノコ状の有柄の腺が小葉の基部から少し離れた位置にある（図13）。
- 花弁：5枚あるうち4枚は同じ形，同じ大きさで，最下の花弁がひときわ大きく幅広い（図14）。

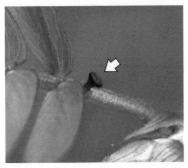

図13 アレチケツメイ特有のキノコ型蜜腺（矢印）・2012年7月9日，名古屋市

図14 下部花弁がひときわ大きいアレチケツメイの花・2012年7月9日，名古屋市

■ おわりに

　名古屋市志段味地区は，名古屋市の都心から10km北東に位置し，北は伊勢湾に流下する庄内川，南は都市公園の小幡緑地に近く自然の豊かな地域であり，エコタウンなどの街づくりも進んでいる。

　この区画整理地一帯で，本種が2000年代初期からアレチケツメイを利用し大発生しているが，その食草拡大・利用に至った要因などの本格的な解明は残されたままになっている。

　筆者が見ることのできた，春日井市の大型都市公園の環境や，瀬戸市の新規大規模宅地の開発と地ならしのための計画的な放置などから考察すると，礫が混じる空間を長期間確保すると，アレチケツメイが進入し，その後，高茎植物などがアレチケツメイを被圧するまでの間は，その群落は，本種にとって好都合な生息地になっていると思われる。本種の保全のためにも，礫を含む草地空間を市民の憩いの場にできないだろうか。

　一方，東海地区の豊富な砂礫層や礫層地が，アレチケツメイの群生に効果的に寄与していると考えられるため，礫地の確保も今後は必要になると思われる。

　新しい街づくりの中に，アレチケツメイがいつまでも安定的に生育できるよう，ヒトと本種が共生できる憩いの場として"礫のある草地"を残していける保全を具体化していきたいと思う。

　アレチケツメイとツマグロキチョウが安定的に生育・生息できるようにするために，礫のある都市公園で，ススキ，メドハギ，クズなどの他の植物も含めて適切にコントロールするための草刈り管理システムを構築することが必要であろう。

Ⅲ. 様々な視点からチョウの分布拡大を捉える

謝辞

最後に，多くの貴重な情報を提供いただいた静岡市在住の高橋真弓氏，名古屋昆虫同好会員に厚くお礼申しあげる。

〔引用文献〕

愛知県自然環境課 (2009) レッドデータブックあいち 2009 動物編．愛知県自然環境課，名古屋．

福田晴夫・浜栄一・葛谷健・高橋昭・高橋真弓・田中蕃・田中洋・若林守男・渡辺康之 (1982) 原色日本蝶類生態図鑑（Ⅰ）．保育社，大阪．

井上大成 (2005) 日本のチョウ類の衰亡理由．昆虫 (N.S.)，8: 43-64.

間野隆裕・藤井恒 (2009) 日本産蝶類都道府県別レッドリスト（三訂版）．日本産チョウ類の衰亡と保護第 6 集（間野隆裕・藤井恒編）: 107-265，日本鱗翅学会，東京．

野田正一 (1977) 名古屋市守山区でみられる蝶（第 1 報）．佳香蝶，(111): 31.

白水隆 (2006) 日本産蝶類標準図鑑．学習研究社，東京．

須賀瑛文・山口宏子 (2006) 岐阜県に帰化した *Chamaecrista nictitans*（アレチケツメイ）．岐阜県植物研究会誌，22: 11-15.

巣瀬司・枝恵太郎 (2003) 日本産蝶類のレッドデータ・リスト（2002 年）．日本産蝶類の衰亡と保護第 5 集（巣瀬司・枝恵太郎編）: 1-169，日本鱗翅学会，東京．

高橋匡司 (2003) ツマグロキチョウを愛知県豊田市で確認．佳香蝶，(214): 20.

高橋匡司 (2004) 愛知県のチョウの現況．NAPI NEWS, (300): 2878-2879.

高橋匡司 (2012) 名古屋におけるツマグロキチョウの増加．昆虫と自然，47(10): 27-29.

高橋泰之 (2009) ツマグロキチョウの食草新知見．だんだらちょう，(27): 14-15.

植村修二・勝山輝男・清水矩宏・水田光男・森田弘彦・廣田伸七・池原直樹 (2010) 日本帰化植物写真図鑑第 2 巻．全国農村教育協会，東京．

上山智嗣 (2009) アレチケツメイを食べる安倍川のツマグロキチョウ．駿河の昆虫，(228): 6312-6315.

矢後勝也・平井規央・神保宇嗣 (2016) 日本産蝶類都道府県別レッドリスト—四訂版（2015 年版）—．日本産チョウ類の衰亡と保護第 7 集（矢後勝也ほか編）: 83-351，日本鱗翅学会，東京．

山田芳郎 (2006a) 愛知県瀬戸市でツマグロキチョウを採集．佳香蝶，(227): 54.

山田芳郎 (2006b) 愛知県日進市でツマグロキチョウが発生．佳香蝶，(227): 56.

山田芳郎 (2008) チョウ目（チョウ類）．新修名古屋市史資料編 自然: 464-475, 名古屋市．

山田芳郎 (2011) ツマグロキチョウの名古屋市の記録（1999 年〜2005 年）．佳香蝶，(245): 11-12.

山中洋 (2004) 豊田市のツマグロキチョウの記録．佳香蝶，(218): 32.

矢崎充彦 (2003) 豊田市でツマグロキチョウを採集．佳香蝶，(214): 20.

横地鋭典 (2013) ツマグロキチョウ秋型の多産とその越冬について．佳香蝶，(255): 32

吉鶴靖則 (2013) 旧豊田市で記録が少ない種類についての報告（その 5）．三河の昆虫，(60): 795.

（高橋匡司）

Ⅲ．様々な視点からチョウの分布拡大を捉える

9 海外におけるチョウの分布拡大と動態

■ 海外でも進行しているチョウ類の分布拡大・変化

　本稿では海外におけるチョウ類の分布拡大・変化に関する事例について紹介する．はじめに，海外ではどのような分布拡大・変化に関する事例が報告されているのか，チョウ類も含めた昆虫類について，その概要（Menéndez，2007）を紹介しておく（表1）．

　鱗翅類の分布域北上現象は，日本だけでなく海外でもヨーロッパや北アメリカ大陸，アジアでも韓国などから報告されている．また一部の種では分布南限域の減退現象も報告がある．また標高的にも，ヨーロッパアルプスやスペインのシェラネバダ山脈では，分布域の上昇や減退の報告がある．以上のような事例は鱗翅類に止まらず，トンボ類，アミメカゲロウ類，甲虫類，半翅類，バッタ類など広範な昆虫類で確認されており，分布域の拡大現象は正にグローバルなレベルで進行しつつある生物界の大きな変化事象の1つといえる．

表1　海外における昆虫類の分布・生息域の水平（緯度）及び垂直（標高）変化の報告事例
　　〜類，〜科と記載したものは，複数種で確認された報告事例（Menéndez，2007を改変）．

水平（緯度）変化		垂直（標高）変化	
北限域拡大	南限域減退	上限域上昇	下限域減退
鱗翅類（ヨーロッパ）	鱗翅類（ヨーロッパ）	鱗翅類（チェコ共和国）	鱗翅類（グアダラーマ，スペイン）
鱗翅類（イギリス）	鱗翅類（イギリス）	シャチホコガ科（アルプス，イタリア）	マルバネヒョウモンモドキ（北アメリカ） *Euphydryas editha*
鱗翅類（フィンランド）	マルバネヒョウモンモドキ（北アメリカ） *Euphydryas editha*	シャチホコガ科（シエラネバダ，スペイン）	エビブロンベニヒカゲ（イギリス） *Erebia epiphron*
マルバネヒョウモンモドキ（北アメリカ） *Euphydryas editha*		トンボ類（イギリス）	アポロウスバシロチョウ（ヨーロッパアルプス） *Parnassius appollo*
キャンベストリスセセリ（北アメリカ） *Atalopedes campestris*		アミメカゲロウ類（イギリス）	
ヒトリガ（イギリス） *Arctia caja*		甲虫類（イギリス）	
トンボ類（イギリス）		半翅類（イギリス）	
アミメカゲロウ類（イギリス）		バッタ類（イギリス）	
甲虫類（イギリス）			
半翅類（イギリス）			
バッタ類（イギリス）			

III. 様々な視点からチョウの分布拡大を捉える

　以下の節では，海外におけるチョウ類の分布拡大の代表的事例について紹介してみたい。なお，あらかじめお断りしておくが，上記したように，海外では分布域が拡大する事例だけでなく，分布域が減退・縮小する事例も数多く報告されている。そこで以下の節では，何らかの要因により，分布域が変化した事象全てを取り上げることにする。同様に，海外における昆虫類の分布変化に関する研究はほぼ欧米を中心に行われてきた。そこで以下で取り上げる事例のほとんどが欧米の研究事例であることもお断りしておきたい。

■ 海外におけるチョウ類の分布拡大・変化に関する研究事例

(1) ヨーロッパのチョウ類における緯度的な分布変化の解析事例

　最初にヨーロッパにおけるチョウ類の緯度的な分布変化を解析した研究事例（Parmesan et al., 1999）を紹介する。この事例では，比較的移動性の少ない多種のチョウ類について，その分布の北限域や南限域が時代と共にどのように変化したかが解析された。

　まず，分布北限域の挙動が明白な52種のチョウ類を対象に，過去100年から過去30年の間でその分布域の北限がどのように変化したかを解析した（表2）。その結果，34種（65%）のチョウは分布域の北限が北に移動した。一方，17種（33%）のチョウは分布北限が変化せず，分布北限が南に下がっ

表2　ヨーロッパのチョウ類における分布北限域（イギリス，スウェーデン，フィンランド，エストニア地域）の動態分析（Parmesan et al., 1999を改変）

科／亜科名	分布北限域の動態		
	北方へ拡大	安定（不変）	南方へ減退
アゲハチョウ科	2種		
シロチョウ科	2種	1種	
シジミチョウ科	7種	7種	
タテハチョウ科	10種	4種	1種
ジャノメチョウ科	9種	3種	
セセリチョウ科	4種	2種	
合計	34種(65.4%)	17種(32.7%)	1種(2.0%)

表3 ヨーロッパのチョウ類における分布南限域（フランス，スペイン，モロッコ，アルジェリア，チュニジア地域）の動態分析（Parmesan et al., 1999 を改変）

科／亜科名	分布南限域の動態		
	北方へ減退	安定(不変)	南方へ拡大
アゲハチョウ科	2種		
シロチョウ科		1種	
シジミチョウ科	4種	8種	
タテハチョウ科	2種	10種	2種
ジャノメチョウ科	2種	6種	
セセリチョウ科		3種	
合計	10種(25%)	28種(70%)	2種(5%)

たのはわずかに1種(2%)であった。以上より，対象となった多くのチョウは，過去100年から30年の間に分布域を北に拡大したことが分かった。著者らはこの結果について，気温の解析も交えてほぼ気候の温暖化が主因であると結論している。

　次に同様な解析を分布域の挙動が明白な40種のチョウ類を対象にして，過去100年から30年の間での分布南限域の挙動を解析した（表3）。その結果，分布の南限域が北に減退したチョウが10種（25%），分布域の南限が変化しなかった（安定していた）チョウが28種（70%），分布南限が南方に下がったチョウが2種（5%）あった。先ほどの分布北限域の状況と比べて，分布南限域は変化しなかった種が多く，分布南限域が北に減退した種はそれほど多くはなかった。著者らはこの原因について，分布南限域の挙動は気温よりも湿度とか，競争などの種間の相互作用などの影響を強く受けるのではないかと述べ，さらには，今回分析した多くの種の分布南限域は山間地帯が多く，緯度的な分布変化があまり明白ではないが，高度的には上昇している可能性があることを指摘し，大胆な推論を展開している。

　最後に著者らは，1900年代（100年間）の分布域の挙動がよく分かっている35種のチョウを対象に，分布域全体の動態解析を行った。その結果，分布域全体が北方に移動したチョウが22種（63%），分布域全体が変化しなかった（安定していた）チョウが10種（29%），分布域が南方にずれたチョウが2種（6%），そして分布域が北方にも南方にも拡大したチョウが1種（3%）

■ III．様々な視点からチョウの分布拡大を捉える

あった。すなわち，約3分の2にあたる種で分布範囲が北に移動し，分布域の北方へのずれ幅は，最小35kmから最大240kmもあった。ヨーロッパではこの100年間（1900年代）に約0.8℃の温暖化が生じ，この気温変化に対応した等温線は平均で約120kmも北にずれることが判明した。このことから，著者らはこの100年間のヨーロッパにおける気候の温暖化が，上記の一連のチョウの分布変化の最大要因であると結論づけている。

(2) イギリスのチョウ類における緯度的な分布変化の解析事例

次に，イギリスに生息する46種のチョウ類を対象にして，その分布北限地域の変化を解析した研究事例について紹介する（Warren *et al.*, 2001）。対象となった46種はイギリスにほぼ定住的に生息しているチョウで，これらのチョウの分布北限地域における夏から春にかけての気温は，この過去25年間に約1〜1.5℃上昇したことが分かっている。対象種の多くはイギリスの温暖な地域を主要生息地としており，相対的に幼虫の成長速度が速く，成虫の出現時期も早く，高温下では個体数が増えるといった特性を有していた。また生態的特性から，対象46種のうち28種が生息場所スペシャリスト（特定の生息場所に住む種），18種が生息場所ジェネラリスト（様々な生息場所に住む種）と分類され，先行研究（Dennis & Shreeve, 1997）で考案された移動性指数（7つの移動分散性に関連すると思われる観察記録（海の横断，長距離の移動，分布域拡大，集団での移動など）の有無の合計値）を基に，26種を定住的な種，20種を移動性のある種に分けた。

この研究では，2期間（1970〜82年と1995〜99年）の間の各種の分布変化（生息確認された10km区画の数）について解析された。その結果，76%（35/46種）の種は北限域の分布範囲が減退した（図1）。特に大部分の生息場所スペシャリスト（26種）は，生息場所ジェネラリスト（9種）に比べて大幅に分布域を減退・縮小した。一方，定住的な種（24種）も移動性のある種（11種）に比べ分布域が減退した。もちろん，上記の事象は強い相関を持っており，28種の生息場所スペシャリストのうち26種が定住的な種であり，生息場所ジェネラリスト（18種）は全てが移動性のある種であった。

次に，分布北限地域の120か所の固定調査地区における1976年と2000年の個体数調査の結果について比較検討した。その結果，移動性のある生息場

9 海外におけるチョウの分布拡大と動態

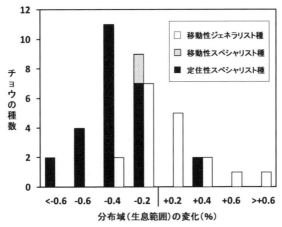

図1 イギリスにおける 1970〜1982 年と 1995〜1999 年の 2 期間のチョウ類の分布域の変化（Warren *et al.*, 2001 を改変）

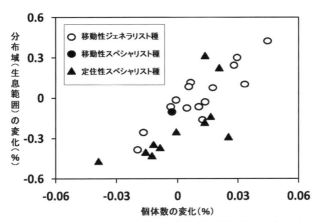

図2 イギリスにおけるチョウ類各種の分布域（生息範囲）の変化（%）（1970〜1982 年と 1995〜1999 年の 2 期間）と個体数の変化（%）（1976 年と 2000 年）の間に見られた相関関係（Warren *et al.*, 2001 を改変）

所ジェネラリストが定住的な生息場所スペシャリストに比べ個体数が増大したことが分かった。また，各種の個体数と分布範囲の時代的変遷には強い相関関係があることが分かった（図2）。すなわち，この間に個体数を増大した種が分布範囲を拡大していることが明白になったが，個体数が増加したにもかかわらず分布範囲が減退・縮小している種も多くいることも分った。個

413

■ III. 様々な視点からチョウの分布拡大を捉える

　体数が増加して分布域が拡大した種の多くは移動性も持つ生息場所ジェネラリストであり，個体数が減少し分布域が減退した種の多くは定住的な生息場所スペシャリスト種であった．
　以上から，解析対象となったチョウ類の分布北限地域では，この25年間に確かに温暖化が生じ，どのチョウに対しても生理的な分布可能域は北方に拡大したと考えられるが，実際には温暖化という気候要因で分布域を北方に拡大したのは一部の種に限られたこと（多くは移動性のある生息場所ジェネラリスト種），一方，大部分の種は，温暖化によって生理的な分布可能範囲は拡大したにも関らず，逆に個体数が減少し分布域が減退・縮小したこと（多くは定住的な生息場所スペシャリスト種）が判明した．解析対象となった種の分布北限地域は1940年以降，農地への改変で半自然環境の約70%（これは対象46種の分布域の40〜97%にあたる）が消失した．今回の解析で，個体数を減らし分布域を減少させた種の主要生息場所は半自然環境なので，これらの種はこの25年間に生息場所が消失したり断片化したりして個体数を大きく減じ，生息範囲を狭めたものと推定された．
　このようにイギリスのチョウ類では，温暖化で生息域を北方に拡大したのは一部のチョウ類であり，それも多くが移動分散力を持ったジェネラリスト種であることが分かった．そして，スペシャリスト種をはじめ大部分の種は，生息場所が消失したり分断化したりすることで個体数を大きく減じ，生息域が縮小したことが判明した．以上から，著者らはイギリスのチョウ類群集は現在，スペシャリスト種の減少による総種数の減少，及びジェネラリスト種の増加と群集内優占による多様性の著しい低下現象に直面していると述べている．

(3) フィンランドのチョウ類における緯度的な分布変化の解析事例

　本節では北欧フィンランドのチョウ類を対象に，近年における分布変化を解析した研究事例を紹介する（Pöyry *et al.*, 2009）．この研究ではフィンランドに生息する48種のチョウ類を対象にして，2期間（1992〜1996年と2000〜2004年）の間の生息北限域での分布変化（生息確認された10km区画の数）について解析が行われた．フィンランドではこの2期間に夏季（6〜8月）の平均気温が0.45〜1.8℃上昇し，この変化に対応する等温線は約200〜

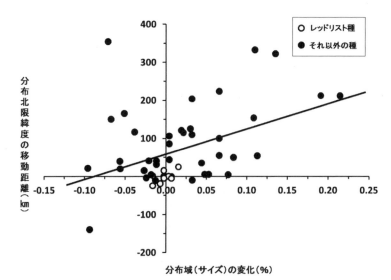

図3 フィンランドにおける解析対象となった48種のチョウ類の分布域（生息範囲）の変化と分布北限緯度の移動距離の関係。回帰直線：Y（移動距離）= 671.33 ± 206.24 × x + 59.88 ± 13.95（係数± SE）（Pöyry et al., 2009を改変）

300km北に移動した。

　チョウの解析においては，各種の分布範囲（サイズ）の変化と分布北限緯度の変化の間に明白な正の相関関係が認められ（図3），39種（81%）は北方に分布が拡大し，残りの9種（19%）は北限域が南方に下がった。そして48種の平均では，この期間に分布北限が59.9km北に移動した。このうち3種はなんと分布北限が300km以上北に移動し生息域が拡大した。著者らはこのフィンランドにおけるチョウ類の分布の北方拡大は，世界中から報告された分布拡大事例の中でも最大級のものであることを述べ，その理由として，本研究が従来の事例よりも極めて高緯度地方のチョウ類を対象にしたことや，温暖化が最も顕著なこの10〜15年間の分布変化を解析したからではないかと述べている。

　この研究ではさらに各種の生態などの特性と分布変化の関係についても調べられた。北方への分布拡大が顕著であった種の多くが個体数の多い普通種であり（平均84.5km北に拡大），幼虫が木本植物を食べ林縁部に生息する移動力の大きなチョウ類であることが分かった。一方，絶滅危惧種は分布北限が相対的に安定しており（平均2.1km南に移動），しばしば幼虫が草本植物

■ Ⅲ. 様々な視点からチョウの分布拡大を捉える

を食べ半自然草原(フィンランドで最も減少している生息場所の1つ)に生息している定住性の強いチョウ類であることも分かった。著者らは今後の温暖化環境下で分布域が拡大できるかどうかは,各々のチョウ類が有する生態的特性(生息場所利用能力と分散力)に掛かっていると結んでいる。

(4) スペインのチョウ類における高度的な分布変化の解析事例

本節では南欧スペインに生息するチョウ類を対象に,近年の高度的な分布変化を解析した研究事例を紹介する (Wilson *et al*., 2007)。この研究ではスペインのグアダラーマ山脈で生息確認された99種のチョウ類を対象にして,2期間(1967～1973年と2004～2005年)の間の種数と種構成の高度的な分布変化について解析を行った。解析対象の地域ではこの2期間の間に年間平均気温が1.3℃上昇し,この変化に対応する等温線は高度(標高)で約225m上昇した。

統計的な手法を用いることで,2期間で各種が生息していた標高を比較してみたところ,全種平均で293m生息高度が上昇した。この値は上記の等温線の高度上昇とほぼ一致し,チョウ類群集全体で生息範囲が高度上昇したのは温暖化が主因であるとしている。一方,群集の総種数は,両期間共に低標高域(1000m以下)や高標高域(1800m以上)よりも中標高域(1400m付近)で最も高かったが,全標高域共に2004～2005年には種数が減少した(図4)。特に種数の減少は低標高域で顕著であった。また,この間の群集全体の種数の減少は,高標高域生息種の(恐らく温暖化による)種数の減少も関与していたが,多くは温暖化が直接関与していない思われる低標高域に生息する生息場所スペシャリスト種の減少が大きく関係していた。これについて著者らは,低標高スペシャリスト種は,この間の低標高域の生息場所の消失や断片化により著しく減少し,なおかつより高標高域も温暖化によって生理的には生息可能になったと思われるが,実際には彼らが適応している特定の生息場所はなく分布域を上昇させることもできなかったと考察している。一方,この間の減少率が最も低かったのは広範分布種であり,生息高度を上げた種の代表格としている。

全体として,調査地域全体の約90%のエリアで,この間にチョウの種数が大きく減少し,群集は広範分布種が優占するような構造に変化した。著者

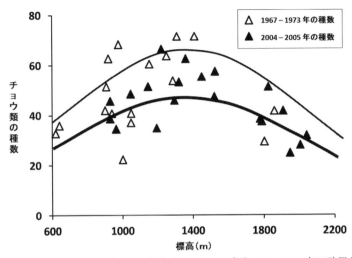

図4 スペインのグアダラーマ山脈で1967〜1973年と2004〜2005年に確認されたチョウ類の種数と標高の関係（Wilson *et al.*, 2007を改変）

らは，この事例のような山岳域や種の分布域の低緯度地方（南限域）では，温暖化やそれに加えて生息場所の消失や分断化，また種間の相互作用の変化といった様々な要因が，チョウ類群集の多様性の著しい低下を引き起こしていると述べている。

(5) チェコ共和国のチョウ類における高度的な分布変化の解析事例

本節では東欧チェコ共和国に生息するチョウ類を対象に，1900年代後半における生息分布の高度的な変化を解析した研究事例について紹介する（Konvicka *et al.*, 2003）。この研究では，チェコ共和国で長年にわたり実施されてきたチョウ類分布地図をベースにして，2期間（1951〜80年，1995〜2001年）の間の各種チョウ類の生息分布の高度変化について解析を行った。

解析対象となった117種のチョウ類について，2期間の間における各種の生息域の標高を比較したところ，15種がこの間に生息域の標高を上げたことが分かった（表4）。また，生息域の高度上昇の平均値は60m，中央値が90m，最大値はウスイロヒョウモンモドキの近縁種で148mであった。さらに，これらの生息域高度の上昇した15種について，その生態的特性や保全的地位について調べたところ，生息域の上昇が低地における生息場所の消失や分断化によるものでないことや，種特性（山岳種，南方系種，移動性のある種，

III. 様々な視点からチョウの分布拡大を捉える

表4 20世紀後半に生息域の標高上昇が確認されたチェコ共和国のチョウ類（Konvicka *et al.*, 2003 を改変）

種名	平均標高(m)	
	1951-1980年代	1995-2001年代
チョウセンキボシセセリ（*Heteropterus morpheus*）	266	336
セルトリウスチビチャマダラセセリ（*Spialia sertorius*）	355	402
クモマツマキチョウ（*Anthocharis cardamines*）	458	497
ヤマキチョウ（*Gonepteryx rhamni*）	479	510
イチモンジチョウ（*Limenitis camilla*）	412	467
キベリタテハ（*Nymphalis antiopa*）	485	525
アカマダラ（*Araschnia levana*）	455	485
ウスイロヒョウモンモドキの近縁種（*Melitaea diamina*）	597	745
クモマベニヒカゲ（*Erebia ligea*）	663	735
ハナモンヒカゲ（*Arethusana arethusa*）	327	426
マイラツマジロウラジャノメ（*Lasiommata maera*）	501	542
リンゴシジミ（*Satyrium pruni*）	357	404
メスグロベニシジミ（*Lycaena hippothoe*）	557	614
オオベニシジミ（*Lycaena dispar*）	320	376
イースタンツバメシジミ（*Cupido decoloratus*）	310	391

絶滅危惧種など）とも関連性のないことが分かった．以上より著者らは，この間に15種が生息域の高度を上昇させた共通の要因は温暖化以外には考えられないと結んでいる．

(6) アメリカのチョウ類における高度的な分布変化の解析事例

最後にアメリカ西部カリフォルニア州の山岳域に生息するチョウ類を対象に，近年の高度的な分布変化を解析した研究事例を紹介する（Forister *et al.*, 2010）．この研究では，同州のシェラネバダ山脈の標高0～2775mにわたる10か所の調査区で，過去35年間に記録された159種を対象にして，群集の種数と種構成の高度的な分布変化について解析を行った．

結果は明快で，群集の総種数は半数（5か所）の調査区で減少し，低標高の調査区では減少が著しく，その主因は生息場所の破壊（消失）であった．高標高域の調査地では明白な生息場所の高度上昇が確認され，その主因は温暖化によるものと推定された．過去35年の解析を通じて，カリフォルニア州のチョウ類の動態に最も影響した要因は2つあり，1つは温暖化で種の分布の拡大や個体数増加に，もう1つは生息場所の消失や分断化で種の分布の縮小や個体数の減少に寄与したとしている．また本解析では，定住的な生息

9 海外におけるチョウの分布拡大と動態

場所スペシャリスト種はもちろんのこと，人里に生息する撹乱耐性型の種の個体数減少も顕著であり，今後の保全の対象は全群集に向けるべきであると結んでいる．

■ 海外におけるチョウ類の分布変化事例に関するまとめ

　以上，海外における近年のチョウ類の分布変化に関する代表的研究事例について紹介した．読んでいただいてお分かりのように，事例ごとに類似した結果や異なる結果が得られており，海外のチョウ類の分布変化について普遍的かつ一貫性を持ったパターンについて述べるのはなかなか難しい面があるが，ここではほぼ共通して確認できた事象について述べてみようと思う．

　まず，分布・生息域の北方への拡大であるが，地域により種数の多少はあるが，明らかに一部の種において分布域の北方拡大が確認されている．そして特徴的なのは，多くの地域で北方拡大を引き起こしている主要種は移動性・分散性を有する生息場所ジェネラリスト種であり，いずれの著者も分布域の北方拡大は温暖化が主因であると結論している．一方，地域によっては分布北限域が安定もしくは逆に縮小した種も存在し，それらは定住的な生息場所スペシャリスト種が多く，その主因は北方域における生息場所の消失や断片化であると述べている．

　分布南限域については，今回紹介した中では Parmesan *et al.*（1999）が詳しく解析している．これによると，約70%の種は南限域が変化せず安定しており，約20%の種の分布南限が北方に移動したとしている．多くの種の分布南限が安定し変化しなかった理由について，著者らは温暖化以外の要因（湿度や種間の相互作用）が影響したのではないかとしている．

　次に，分布域の垂直的な変化であるが，まず高標高の分布変化については，緯度的な変化同様，地域により種数の多少はあるが，明らかに生息域の高度上昇が確認されている．生息高度を上げた種の特性としては広範分布種（生息場所ジェネラリスト種）が挙げられており，全ての事例が等温線の高度上昇などを理由にして，温暖化が主因であると主張している．一方，垂直的な分布解析では生息域を上昇させた種がいる反面，高山性の種が消失するという事例も報告されている．もちろん，緯度的な解析同様，垂直分布の変化しなかった種も多く見られる（Pöyry *et al.*, 2009）．

III. 様々な視点からチョウの分布拡大を捉える

　一方，低標高域については，分布変化というよりは著しい種数の減少を挙げている事例がほとんどである。多くの事例の対象とした低標高域は人間活動の活発なエリアで，そこでは生息場所の消失や断片化が顕著であり，特に定住性の強い生息場所スペシャリスト種はこの影響をまともに受け，多くの種が生息範囲を狭め個体数を減らし消滅した。低標高域のチョウ類群集は，スペシャリスト種の減少で多様性を著しく低下させ，人為撹乱の影響をあまり受けない少数のジェネラリスト種が優占する貧弱な群集に移行しつつあるという。

　以上，紹介した事例を基に，海外のチョウ類の分布変化の一面についてまとめてみた。本節を閉じるにあたり最後に付記しておきたいことがある。海外で実施されてきた多くの研究事例では，分布域の北方拡大や高度上昇について，まず解析した期間の気温変化（温暖化）を調べ，それに基づき等温線がどのように変化（移動）したかを議論し，それと分布変化の整合性を基盤にして，温暖化が分布変化の主因であるというような論調がとられている。この論議には大きな飛躍があると思われ，分布の北方拡大や高度上昇が真に温暖化が主因であることを主張するためには，わが国のナガサキアゲハ *Papilio memnon* の事例（Yoshio & Ishii, 1998, 2001；北原ほか，2001）のように，内因，外因両面から温暖化との関係について詳しく解析し議論する必要がある。今日まで，上記した事例を含め，海外ではチョウ類の分布域拡大や変化に関する研究が数多く成されてきたが，温暖化が主因であることを気温解析のみで軽く主張しているように思われ，今後は議論に客観性を持たせるために，気温などの外因のみでなく，生理的実験に基づく内因解析を含めた検討が大いに必要であると感じている。

日本における長期モニタリング調査の重要性

　上記したように，海外，特に欧米においてはチョウ類の分布変化・動態やその要因解明の研究が盛んに行われてきた。その背景には，それを可能としたしっかりとした基盤（データベース）があったからであり，それらは早くから確立されたモニタリング体制の基で集積されてきたものである。それに対し，日本の生物モニタリング体制はまだまだ不十分で，基盤となるデータベースも詳細な解析に耐えうるものはほとんどないのが現状である。

⑨ 海外におけるチョウの分布拡大と動態

　今後，生物の分布の変遷や個体群の動態，それに基づく生態系の変化などを詳細に把握し，その原因解明や将来予測などを高い精度で行なっていくために，長期的かつ広域的に行なう分布・個体数モニタリングは必須の事項といえ，そのための体制作りに早急に取り組んでいく必要性があるだろう。

〔引用文献〕

Dennis RL, Shreeve TG (1997) Diversity of butterflies on British islands: ecological influences underlying the roles of area, isolation and the size of the faunal source. Biological Journal of the Linnean Society, 60(2): 257-275.

Forister ML, McCall AC, Sanders NJ, Fordyce JA, Thorne JH, O'Brien J, Waetjen DP, Shapiro AM (2010) Compounded effects of climate change and habitat alteration shift patterns of butterfly diversity. Proceedings of the National Academy of Sciences, 107(5): 2088-2092.

北原正彦・入來正躬・清水剛 (2001) 日本におけるナガサキアゲハ（*Papilio memnon* Linnaeus）の分布の拡大と気候温暖化の関係．蝶と蛾，52(4): 253-264.

Konvicka M, Maradova M, Benes J, Fric Z, Kepka P (2003) Uphill shifts in distribution of butterflies in the Czech Republic: effects of changing climate detected on a regional scale. Global Ecology and Biogeography, 12(5): 403-410.

Menéndez R (2007) How are insects responding to global warming?. Tijdschrift voor Entomologie, 150(2): 355-365.

Parmesan C, Ryrholm N, Stefanescu C, Hill JK, Thomas CD, Descimon H, Huntley B, Kaila L, Kullberg J, Tammaru T, Tennent WJ, Thomas JA, Warren M (1999) Poleward shifts in geographical ranges of butterfly species associated with regional warming. Nature, 399(6736): 579-583.

Pöyry J, Luoto M, Heikkinen RK, Kuussaari M, Saarinen K (2009) Species traits explain recent range shifts of Finnish butterflies. Global Change Biology, 15(3): 732-743.

Warren MS, Hill JK, Thomas JA, Asher J, Fox R, Huntley B, Roy DB, Telfer MG, Jeffcoate S, Harding P, Jeffcoate G, Willis G, Greatorex-Davies JN, Moss D, Thomas CD (2001) Rapid responses of British butterflies to opposing forces of climate and habitat change. Nature, 414(6859): 65-69.

Wilson RJ, Gutierrez D, Gutierrez J, Monserrat VJ (2007) An elevational shift in butterfly species richness and composition accompanying recent climate change. Global Change Biology, 13(9): 1873-1887.

Yoshio M, Ishii M (1998) Geographical variation of pupal diapause in the great mormon butterfly, *Papilio memnon* L.(Lepidoptera: Papilionidae), in Western Japan. Applied Entomology and Zoology, 33(2): 281-288.

Yoshio M, Ishii M (2001) Relationship between cold hardiness and northward invasion in the great mormon butterfly, *Papilio memnon* L.(Lepidoptera: Papilionidae) in Japan. Applied Entomology and Zoology, 36(3): 329-335.

〈北原正彦〉

III. 様々な視点からチョウの分布拡大を捉える

10 在来種の放チョウによる分布拡大

■ 在来種の放チョウとは

　放チョウとは，飼育したチョウなどを自然界に再び放すことを意味する。中でも「在来種の放チョウ」は外国産のチョウを日本国内に放つ場合と異なり，元々国内に生息するチョウを飼ったり増やしたりして原産地あるいは国内の他産地に放すことに限定される。ただし，国内の他産地に逃がす時は，在来種でなく国内外来種と呼ぶ場合もある。一般市民や愛好家等が放チョウを行う理由も様々で，自然愛護，環境教育，エゴイズム，ゲリラ放チョウ，保全などが挙げられるだろう。このように目的は様々だが，放チョウされた種は時に想像を超えるスピードや範囲の分布拡大を示すことがある。以下では，その目的ごとに放チョウまたはその疑いのある在来種と各種の事実関係，分布拡大の様相などを概説する。

■ 自然愛護

(1) ギフチョウ *Luehdorfia japonica*

　本種は早春に舞う可憐な姿や多様な地理的変異からチョウ愛好家からの人気が非常に高く，毎年，春先になるとメディアで報道されて知名度も高いため，各地で保全の取り組みが行なわれている。その一方で，他産地の個体群を飼育して放つ過度な愛護的活動も少なからず見られる。

　例えば，長野県開田村はギフチョウとヒメギフチョウ *Luehdorfia puziloi* の混棲地として知られるが，いずれもごく少数の記録しかなく，特にギフチョウは1970年以降の記録がなかった。2002年から再び見られるようになったものの，得られた個体の半数は長野県北部の白馬村で時々見られるイエローバンド型（翅が一様に黄色で縁取られた遺伝型）で，斑紋も北部個体群と同様であることから，現在の開田村産は人為的な放チョウに起因することが知られている（猪又，2009）。また，これらは地域の自治体が管理する観光用として放していることも判明している（野村・長谷川，2012）。

　同様な目的による放チョウは以前から全国各地で散見され，岡山県では本

種の生息しない地域に他県産の個体が導入され，発生しているという報告も見られる（石井，2011）．最近では，既に絶滅したと思われる神奈川県西丹沢でも記録され，人為的な放チョウ由来である可能性が極めて高いことが報じられている（加賀・木村，2015）．

(2) オオムラサキ *Sasakia charonda*

日本の国蝶として知られる本種（図1）も，前記のギフチョウと同様の愛護的活動から分布を広げたと思われる事例がある．千葉県の例を挙げると，本県では元々分布が限られていて個体数も少なかったため，県内全域では減少傾向であった．ところが，近年では一部放チョウによる定着化が見られ，特に成田市や長柄町のように公園や小学校での放チョウが常習化している地域もある（矢後ほか，2016）．これが要因なのか分布も拡大傾向に見え（西原，2009），既存生息地への侵入による遺伝子撹乱（後述）も懸念される．事実，大塚（2013）によれば千葉市産の裏面は本来黄色であるが，最近の個体では淡黄色化が進んでおり，白色型も得られている．近畿地区の個体群の放チョウも発覚し，その由来の影響を受けている可能性が高く，大塚はこの現状を問題提起している．

千葉県と同様の事例として，鈴木（2011）は非分布地が広がる静岡県富士山の西麓でこれまで分布していなかった2か所から本種を記録したが，記録地のすぐ南側に位置する小学校では1982年から毎年のように本種の放チョウが行われているため，これらの記録が自然分布なのか，それとも放チョウ由来なのか分からなくなっている．このことについて高桑（2012）は，本ケースのような自然分布域外（それも自然分布域から近い場所）での放チョウにより自然史に混乱をもたらす可能性を懸念している．

図1 日本の国蝶として知られるオオムラサキ（埼玉県嵐山町，2010年7月3日，小田康弘撮影）

里山を代表する大型美麗種であることから，自然愛護の対象になりやすい．

III. 様々な視点からチョウの分布拡大を捉える

■ エゴイズムやゲリラ放チョウ

(1) ヒメギフチョウ *Luehdorfia puziloi*

ギフチョウに近縁な本種も愛好家からの人気が高いため，自己満足的（エゴイズム）な放チョウ行為が由来と思われる発生が時折見られる。船越ほか（2009）によると，岐阜県唯一の本種の生息地である高山市（旧上宝村）平湯では，1956～1969 年まで継続的に生息が確認されていたが，それ以降の記録が途絶えていた。ところが 1980～1981 年に久しぶりに確認され，その後は 15 年後の 1996 年に記録された。これらの標本を比較検討した結果，1956～1969 年に生息していたかつての個体群と，1980～1981 年及び 1996 年から記録されるようになった個体群とは，斑紋がかなり異なることから，近年の個体群は人為的に持ち込まれた可能性が高いことを述べている。一方で，日比野（2010）は，2003 年 6 月に同地で採集してきた幼虫を飼育・羽化させたところ，少なくとも雄個体では以前の平湯産の特徴を保持すると報告しており，本来の系統が残っている可能性もある。

(2) チョウセンアカシジミ *Coreana raphaelis*

本種は岩手県，山形県，新潟県の 3 県のみから知られ，新潟県では県北部の村上市（旧朝日村）と関川村のみが自然分布地として記録されていた。最近では新発田市からも自然発生と思われる産地が複数発見されている（矢後

図2 人為的な放チョウで定着したとされる新潟市のチョウセンアカシジミ（2010 年 6 月 26 日，小田康弘撮影）

図3 新潟県におけるチョウセンアカシジミの分布（吉崎（2014）と矢後ほか（2016）のデータより）
○自然分布地；●放チョウ由来と思われる人為分布地。

ほか，2016）。その一方で，これらの産地とはやや離れた新潟県中部の三条市，新潟市（図2；新津市含む），加茂市，見附市，長岡市（旧栃尾市含む）でも最近多くの地で記録されており（図3），吉崎（2014）は明言を避けているものの，放チョウ由来である可能性を指摘している。このような突発的で局地的かつ複数地域にまたがる放チョウ行為を「ゲリラ放チョウ」と呼ぶこともある（自然愛護を目的とした一部地域もあるらしい）。この分布拡大により，従来から生息する大型の特徴を持ったウラキンシジミ *Ussuriana stygiana* が激減し，生息が危惧される状況にもある（吉崎，2014）。また，文献上で公表はされていないかもしれないが，この他に福島県や千葉県の一部などで，放チョウ由来の継続発生または過去の一時発生も確認されたことがある。

(3) ウラゴマダラシジミ *Artopoetes pryeri*

　千葉県の本種が発見されたのは割と最近のことで，1993年に木更津市と袖ケ浦市から初めて記録された。発見当初は上記2市から続く房総丘陵一帯に広く分布すると想定されたが，その後の綿密な調査から，周辺では隣接する君津市，市原市の狭い地域を追加するに留まり（矢後ほか，2016），この不自然な分布から放チョウを含めた人為的分布の可能性が強く疑われている（松井・松井，1993）。ただし，刈谷（2011）は人為分布の可能性を示しながらも，本地域の翅の斑紋は茨城県南部産に最も近いが，固有の特徴も若干見られるために再吟味が必要としている。また，県北では我孫子市や野田市，流山市からも最近記録され，特に野田市では分布拡大の傾向も見られるが，少なくとも我孫子市では過去に放チョウが行われたこともあるという（矢後ほか，2016）。

(4) コノハチョウ *Kallima inachus*

　本種の分布はかつて沖縄島以南とされていたが，それより北の奄美諸島に属する沖永良部島で1981年頃から発生し，一時は個体数も非常に多くなった。現在では食草の自生地が工事等で縮小したため，その発生面積が減少したものの，今もかなりの発生が見られるという（福田ほか，2009；矢後ほか，2016）。この沖永良部島での発生は放チョウによる定着とも考えられているが(植村，2007 など)，本種は1969年に沖縄県の天然記念物に指定されており，

III. 様々な視点からチョウの分布拡大を捉える

本来の分布域では合法的に採集できる場所が国内になかったため，もし本当に人為的な放チョウ由来であるとすれば，法に縛られずに採集したいというエゴイズムが働いたのかもしれない。

一方，2005年から沖永良部島よりさらに北方の徳之島でも記録され，発生も確認されているが，この徳之島産について，福田ほか（2009）は沖永良部島または沖縄本島から2005年以前に飛来し，それが継続的に発生している可能性を示している。ただし，人為的移入の可能性がゼロではないことも指摘されている（福田，2012）。

◼ 遺伝子撹乱

(1) ギフチョウ

本種の放チョウによる分布拡大の事例は既に述べたが，さらに在来個体群の生息する地域に他個体群が放チョウされている事例を紹介する。かつて神奈川県では丹沢の広範囲で記録されていたが，1970年代に入ると各地で絶滅したため，本県で唯一の安定した産地であった石砂山一帯を含む旧藤野

図4　別個体群の放チョウにより遺伝子撹乱が懸念される神奈川県石砂山のギフチョウ（2012年4月10日，小田康弘撮影）

町（現・相模原市緑区）の本種（図4）が1982年に県の天然記念物に指定された。しかしながら，最近の石砂山周辺では久しく記録のなかった地域でも見られるだけでなく，新潟や富士川流域の個体群が放たれ，在来個体群との遺伝的撹乱が生じているという（高桑，2000；石井，2011）。隣接する旧津久井町（現・相模原市緑区）では分布拡大も一時期見られ，イエローバンド型（前述）まで各地で出現するという噂も耳にしている。これは前述のゲリラ放チョウの事例の一つとも言えよう。

(2) ツマベニチョウ *Hebomoia glaucippe*

本種は九州南部〜南西諸島に分布し，国内最大のシロチョウ科で，前翅先端に和名の由来となる紅色を呈した美麗種（図5）であることから，このチョウ

10 在来種の放チョウによる分布拡大

ウを増やそうという運動が各地で見られる。薩摩半島では1977～1978年頃から山川町，枕崎市，鹿児島市，指宿市などの市町の事業や民間団体の活動として本種の積極的な放チョウや食樹ギョボクの植栽が行われている。その結果として，著しく個体数が増加して，本来生息していなかった地域にまで進行し，生息地を少しずつ北方に広げたことに加え

図5　南国の代表種ツマベニチョウ（沖縄県北中城村，2014年6月23日，小田康弘撮影）鹿児島県指宿市では種子島産の個体が放チョウされたこともある。

て，特に指宿市では種子島の個体群を導入したことがあることも知られている（福田，1984）。本種の生息する地域での保全活動については実に素晴らしいことと思われるが，他地域の個体まで放つ行為は遺伝子攪乱に繋がるため，行き過ぎた自然愛護の一例と言えるかもしれない。

(3) シロオビヒメヒカゲ *Coenonympha hero*

国内の本種は北海道のみに産し，道東～中部の草地帯に広く分布する裏面の白帯が太い道東亜種と，札幌市豊平川流域の崖帯のみに生息する裏面の白帯が細い道西亜種の2亜種が知られる。ところが，近年では道東亜種が道西亜種の分布域に進入してきている状況が見られるだけでなく，さらに深刻なことに，本来，道東亜種は撹乱された草地環境で見られるにもかかわらず，道西亜種の生息する札幌市定山渓方面の渓流沿いの林道奥や崖のような妙に自然度の高い所で道東亜種が見られたことが報告された（黒田・井上，2015）。一方で，千歳市・恵庭市方面からの分散により札幌市に進入する道東亜種はまだまれであることから，この定山渓方面で得られた道東亜種は人為的導入の可能性が考えられている。仮に人為的な放チョウの事例とすれば，このような行為は遺伝子汚染による貴重な固有亜種の消失にも繋がる。

■ 温暖化・植栽と放チョウ等の相乗効果？

(1) ナガサキアゲハ *Papilio memnon* とムラサキツバメ *Arhopala bazalus*

ナガサキアゲハとムラサキツバメ（図6）の2種は，1990年代前半くら

Ⅲ. 様々な視点からチョウの分布拡大を捉える

図6 関東一円に分布拡大したムラサキツバメ（東京都千代田区，2012年9月11日，矢後勝也撮影）

いまでは紀伊半島東部あたりが土着地の東限であった．それが1990年代後半から東海地方を一気に駆け抜けて，あるいは飛び越えて，関東地方に急進してきた経緯がある．特に記録が目立つようになったのは1999年以降で，現在では完全に定着してしまった．これには地球温暖化等による越冬可能な地域の北上とともに，植栽による食樹の分布拡大が大前提となるが，さらに初期進出の要因をめぐって，高桑（2001，2012）は人為的な関与の可能性を強く唱えている．ここでの人為的関与とは，1）放チョウ行為（飼育下の逸出含む），2）食樹の植栽にともなう個体の移動，3）輸送機関による移動，の3つを挙げている．特に放チョウについては，昨今の情勢から成虫の標本作成を目的とせず，純粋に成虫まで飼育して楽しむ飼育愛好家も増加しており，その販売流通ルートも普及していることから，羽化した成虫を野に放つケースがあるとすれば，今回起こった状況を無理なく説明できるとしている．

その一方で，江村（2002）は，1996年以降のナガサキアゲハとムラサキツバメの分布拡大とハスモンヨトウ *Spodoptera litura* の大発生のメカニズムを気象との関連で解析したところ，冬季の関東地方，特に南関東が南九州と同じ気候となっていることや食樹が近年多く植栽されていることの2要素が，各種の分布拡大や大発生に強く影響していると推定している．さらに江村は1999〜2000年の暖冬が上記の暖地系チョウ目を一気に分布拡大させたと考えている．

■ 保全的導入，再導入及び補強

(1) オオルリシジミ *Shijimiaeoides divinus*

保全のための放チョウには，「保全的導入」（生息が未確認の場所に放チョウする），「再導入」（一度絶滅した場所に放チョウする），「補強」（まだ生息

している場所に放チョウする)の3タイプがある(日本鱗翅学会自然保護委員会, 2013)。綿密な調査と計画に基づいて保全のために行われる放チョウは,絶滅寸前のチョウの個体群回復には非常に有効な手段となりうる。実際に海外では専門家による指導下でよく行われており,

図7 保護回復を目的として放チョウが続けられた長野県東御市のオオルリシジミ(2016年5月28日,矢後勝也撮影)

英国のアリオンゴマシジミ *Phengaris arion* やオランダのゴマシジミ類のように再導入で成果が上がっている例もある(Wynhoff *et al.*, 2001; Thomas *et al.*, 2009)。

　国内での放チョウをともなう保全的取り組みでは,オオルリシジミがよく知られる(図7)。本種は本州の青森,岩手,福島,新潟,群馬,長野及び九州の熊本,大分の火山性草原や田園地帯等の狭い地域から記録されていた。ところが多くの産地で壊滅状態となり,現在では長野県と九州の数か所のみから生息が確認されているにすぎない。そのため,長野県の安曇野市,東御市,飯山市では放チョウによる補強が行われた(清水, 2011;矢後ほか, 2016など)。実際にその効果が現れて一時ほどの衰退は避けられ,一部地域では分布の安定,拡大も見られる(清水, 2011など)。特に西尾(2012)の報告では,2004年に東御市御牧原地区で蛹やマーキングした成虫を放チョウした結果,これらの個体による最遠距離の卵確認地点は放チョウ場所から1.5kmで,マーキング個体と多数の産付卵が確認できたのは半径500～700m圏内だったという。さらに翌2005年以降は累代個体が分布を広げ,半径2kmより広範囲に卵を確認できたことが述べられている。

(2) ツシマウラボシシジミ *Pithecops fulgens*

　国内の本種(図8)は対馬のみに生息する日本固有の貴重な亜種で,2005年には対馬市の天然記念物に指定されているが,わずか数年で激減してしま

III. 様々な視点からチョウの分布拡大を捉える

図8 日本で最も絶滅が危惧されるツシマウラボシシジミ（長崎県対馬市産，2014年9月9日，矢後勝也撮影）
シカ食害により生息地が激減し，組織的な環境復元と繁殖事業が進められている。

い，2013年までに自然発生地はごく狭い一角の1か所だけとなってしまった。この要因としては，急激なシカの増加にともなう林床植生の食害及びこれにともなう林内の乾燥化で，食草のヌスビトハギ類が激減したところが大きい（中村ほか，2015；矢後ほか，2016）。そのため，現在では環境省，長崎県，対馬市，自然環境研究センター，日本チョウ類保全協会，東京大学，足立区生物園，国立科学博物館附属自然教育園等が連携して生息域内外の保全を進めており，さらに日本鱗翅学会も専門的立場として携わっている。

保全の取り組みの中でも域内保全では，生息地の面積を増やすためにシカ防護柵やシカ防止ネットを島内各地に設置し，食草の植栽を始めとする植生等の環境回復後，そこに域外保全で繁殖させた個体を再導入（放チョウ）することで，本種の増殖を行っている。このような試行を現在までに3つのエリアで実施し，徐々に生息地を拡大させている（日本チョウ類保全協会編集部，2016）。

今後の課題と展望

ここまで述べてきたように，放チョウには方法や場面により良い面と悪い面があり，本来，放チョウを行うにはきちんとした専門的知識を要する。良い面としては，例えば絶滅が危惧される種を増殖して放チョウを行うことで，個体群が回復して定着や拡大が進めば，絶滅から免れる有効な手段となる。また，放チョウがテレビや新聞等で報道されることで，そのチョウ自体が世間に広く知れわたり，チョウを保護する動きが活発化する。一方で悪い面と

しては，生態系を無視した放チョウを行うと，逆に生態系のバランスを崩して絶滅させる恐れがある。分布拡大が進んで在来個体群との交雑が起これば，そこで遺伝子汚染が生じてしまう。あるいは，島嶼部のような隔離環境で生息する種に対して，これまでいなかった病原体を撒き散らす可能性もある。自然史学的には，そのチョウが辿った進化史や本来持つ生物地理的情報を狂わす事態が考えられる。ただし，このような善悪の判断も立場や主義によって難しい場面に遭遇することもあるだろう。

　理由はどうであれ，放チョウを行う人達は皆，恐らく「チョウが好きである」という点では共通しているに違いない。だが，環境の回復をきちんとせずに放チョウばかりしても，まず定着することはないし，逆に放チョウによって予想以上に分布を拡大させる状況が起これば，別個体群に遺伝子撹乱のような悪影響を及ぼしたり，在来の近縁種との間で繁殖干渉や生息地競合が起こったりするなど，何より好きなチョウ達自身に不幸な結果が訪れることになる。ゲリラ放チョウのような行為に対して今更戒めても仕方ないが，自然愛護のような精神から放チョウする場合は，必ず専門的な知識を持ち合わせることや，保全生物学の専門家と連携して取り組むことが重要であろう。

　筆者も属する日本鱗翅学会は，IUCN/SSC（国際自然保護連合／種の保存委員会）の再導入専門家グループにより定義された「再導入のためのIUCN/SSCのガイドライン」（IUCN, 1998）などを参考に，放チョウの善悪を見定める判断基準を示すガイドラインを策定している（日本鱗翅学会自然保護委員会，2013）。国内での放チョウに関する標準的な指針あるいは他の生物の放飼の規範となるべく，本学会のWebページにも掲載（http://www.lepi-jp.org/inf/fr_inf.htm）しているので，放チョウの実施に関して参考になれば幸いである。

　本稿の作成にあたり，小田康弘氏には貴重なコメントとともに，多くの写真のご提供を頂いた。原田一志氏には分布図を作成頂いた。末文ながら心よりお礼を申し上げる。

〔引用文献〕

江村薫 (2002) 関東地方におけるチョウ目の分布拡大．昆虫と自然，37(1): 16-20．
福田晴夫 (1984) 薩摩半島におけるギョボクの植栽とツマベニチョウの分布．鹿児島県

III. 様々な視点からチョウの分布拡大を捉える

立博物館研究報告，(3): 1-16.
福田晴夫 (2012) 1950 年以降に南西諸島を北上したチョウ類［2］．やどりが，(234): 28-39.
福田晴夫・中峯芳郎・大坪博文・岡崎幹人 (2009) 奄美諸島の徳之島で発生したコノハチョウ．やどりが，(221): 18-23.
船越進太郎・鈴木俊文・榎信好 (2009) 1956〜1969 年の岐阜県平湯産ヒメギフチョウ個体群と今日保管される標本について．やどりが，(223): 8-9.
日比野米昭 (2010) 岐阜県平湯産のヒメギフチョウについて．月刊むし，(478): 27.
石井実 (2011) 里山の崩壊で急速に衰退する日本的なチョウ類．Makoto，(156): 1-6. http://www5.kcn.ne.jp/%7Eobk-s/makoto.156/honbun.html
猪又敏男 (2009) 長野県とその周辺のギフチョウ．月刊むし，(458): 2-11.
IUCN (1998) Guidelines for Re-introductions. Prepared by the IUCN/SSC Re-introduction Specialist Group. IUCN, Gland, Switzerland and Cambridge, UK.
加賀玲子・木村洋子 (2015) 西丹沢でギフチョウを採集．神奈川虫報，(186): 69.
刈谷啓三 (2011) 千葉県のウラゴマダラシジミ．Butterflies-F, (53): 55-58.
黒田哲・井上大成 (2015) 羊ヶ丘で撮影したシロオビヒメヒカゲと道東亜種の札幌市侵入の考察．jezoensis, (41): 121-122.
松井安俊・松井安子 (1993) 房総のウラゴマダラシジミは自然分布か？　房総の昆虫，(9): 7-23.
中村康弘・永幡嘉之・久壽米木大五郎・神宮周作・西野雄一・深澤いぶき・矢後勝也 (2015) ツシマウラボシシジミの現状と生息域外保全．昆虫と自然，50(2): 4-7.
日本チョウ類保全協会編集部 (2016) Action for Butterflies チョウの舞う豊かな自然を将来へ．チョウの舞う自然，(22): 14-17.
日本鱗翅学会自然保護委員会 (2013) 日本鱗翅学会「保全のための放蝶に関するガイドライン」について．やどりが，(238): 47.
西原幸雄 (2009) 千葉県産オオムラサキ分布調査報告．房総の昆虫，(42): 27-31.
西尾規孝 (2012) オオルリシジミの移動範囲と生息地のクララ群落分布．やどりが，(232): 13-15.
野村賢二・長谷川好昭 (2012) ギフチョウのイエローバンド・開田高原・木曽町（長野県）．めもてふ，(293): 3249.
大塚市郎 (2013) 千葉市におけるオオムラサキ後翅裏面白色系個体の記録と放蝶との関連性．房総の昆虫，(51): 64-70.
清水敏道 (2011) 長野県東御市でのオオルリシジミ保護活動．New Entomologist, 60(3/4): 76-80.
鈴木英文 (2011) 大草原の困った蝶．ちゃっきりむし，(169): 599-600.
高桑正敏 (2000) ギフチョウ—保全の立場から．虫と自然，(3): 20-23.
高桑正敏 (2001) 亜熱帯性チョウ 2 種の関東における発生の謎(1)–(2)．月刊むし, (364): 18-25; (365): 2-9.
高桑正敏 (2012) 日本の昆虫における外来種問題 (1)–(3)．月刊むし, (497): 36-40; (499): 29-34; (501): 36-42.
Thomas JA, Simcox DJ, Clarke RT (2009) Successful conservation of a threatened *Maculinea*

butterfly. Science, 325(5936): 80-83.
植村好延 (2007) コノハチョウ．新訂原色昆虫大圖鑑（矢田脩編）: 95. 北隆館，東京．
Wynhoff I, van Swaay CAM, Brunsting AMH, vander Made JG (2001) Conservation of *Maculinea* butterflies at landscape level. Proceedings of the Section Experimental and Applied Entomology – Netherlands Entomological Society, 12: 135-140.
矢後勝也・平井規央・神保宇嗣編 (2016) 日本産蝶類都道府県別レッドリスト ―四訂版(2015年版)―．日本産チョウ類の衰亡と保護第7集（矢後勝也・平井規央・神保宇嗣編）: 83-351. 日本鱗翅学会，東京．
吉崎孝 (2014) チョウセンアカシジミとイチモンジチョウ．Butterflies-F, (64): 41-43.

（矢後勝也）

総論②：分布型と生活史特性からみたチョウ類の分布変化

　本書には多くのチョウの分布拡大の状況が報告されている。成虫が大きな翅をもつチョウ類は，大きな飛翔力をもち，もともと分布拡大の潜在能力の高い生物群である。これは，高い移動能力により季節によって生息場所を変える北米のオオカバマダラ *Danaus plexippus*（Urquhart & Urquhart, 1971；Brower, 1977 など）や日本のアサギマダラ *Parantica sita*（福田，1991；金沢，2012 など）をはじめ，ホシボシキチョウ *Eurema brigitta* やヤエヤマムラサキ *Hypolimnas anomala* のように各地で不定期に記録される「迷蝶」と呼ばれるチョウ類の例がよく示している（日浦，1973 など）。一方で，分布域がほとんど変わらない種や，むしろ分布が縮小している種がいるのも事実である。前者の例としてタカネヒカゲ *Oeneis norna* やミヤマモンキチョウ *Colias palaeno* のような高山蝶，オガサワラシジミ *Celastrina ogasawaraensis* やアサヒナキマダラセセリ *Ochlodes subhyalinus* のような島嶼性の種，後者の例としてゴイシツバメシジミ *Shijimia moorei* やルーミスシジミ *Arhopala ganesa* のような照葉樹林の種などをあげることができる（環境省編，2015 など）。

　では，どんなチョウが近年分布拡大をしているのだろう。また，分布拡大の背景にはどんな要因があるのだろうか。ここでは，世界と国内での分布型や寄主植物，生活史などの種の属性などからチョウ類の分布拡大の背景について考察してみたい。

■ 分布型別にみた日本産チョウ類の分布動向

　日浦（1973）は，日本産のチョウ類はキアゲハ *Papilio machaon* やクジャクチョウ *Inachis io* のように旧北区や全北区といった北半球の高緯度地域に広域に分布する北方系（シベリア型分布）の要素と，アオスジアゲハ *Graphium sarpedon* やウスキシロチョウ *Catopsilia pomona* のように東洋区などアジアの熱帯・亜熱帯地域に広く分布する南方系（マレー型分布）の要素に加えて，東アジアの温帯地域にのみ分布する「日華区」系の要素からなることを指摘した。日華区系の種には，日本にのみ分布する固有種のギフチョ

総論②：分布型と生活史特性からみたチョウ類の分布変化

ウ *Luehdorfia japonica* やヒカゲチョウ *Lethe sicelis*（日本型分布），日本及び対岸の朝鮮半島，中国東北部，ロシア南東部，サハリンなど日本海・東シナ海を取り巻く地域に分布するヒメギフチョウ *Luehdorfia puziloi* やアカシジミ *Japonica lutea*（アムール型分布），日本から西へ台湾，中国南部，インドシナ北部，インド北東部，ヒマラヤ地方にまで及ぶ地域に分布するルーミスシジミやヒメジャノメ *Mycalesis gotama*（ヒマラヤ型分布）の3タイプの分布，及びそれらの一部または複合型の分布をするものが含まれる（日浦，1973）。

表1は主として白水編（1958），矢田（1998），石井（2002），白水（1988，1993, 2006），矢田編（2007），日本チョウ類保全協会編（2012）にもとづき，筆者の判断により，日本産のチョウ類各種の世界分布を「北方広域分布」（以下，北方系），「南方広域分布」（南方系），「日華区系温帯分布」（日華系）の3タイプに分けて，概ね1980年代以降の国内での分布の現状を示したものである。またこの表では，石井（2002）を参考に，各種の国内での分布状態を，北海道を含む地域に分布する「北偏型」，本州・四国・九州に分布する「中央型」，北海道から南西諸島まで日本全土の広域に分布する「全国型」，南西諸島を含む地域に分布する「南偏型」の4タイプに分類した。なお，全国型には，越冬は確認されていないが，季節的な移住により夏季に北海道でも見られるアサギマダラやイチモンジセセリ *Parnara guttata*，ウラナミシジミ *Lampides boeticus* のようなチョウも含めた。このようにして，表1では日本産のチョウ類を世界分布で3タイプ，国内分布で4タイプ，合計12タイプの分布型に分けている。

一方，この表に含まれる各種を，上記の文献を参考に土着種（10～20年以上国内の特定地域で継続的に発生している種）と非土着種に分け，土着種については，さらに「日本固有種」，「レッド種」（環境省第4次レッドリスト掲載種），「1化性種」（日本全国で年1回成虫が出現する種），「分布拡大種」（北限や東限など分布限界の前進が認められる種），「勢力拡大種」（従来の分布域内で一部の地域個体群による勢力の拡大が認められる種）の評価を行った。また，国外から人為により持ち込まれた可能性の高い種を「国外外来種」，国内の他地域から人為により導入され，定着することで新たな個体群を形成した種を「国内外来種」とした。表2は上記12タイプの分布型別にそれらに該当する種数を集計したものである。これらの解析は種のレベルで行った

表1 日本産チョウ類各種の1980年代以降の分布状況

○は現在その地域で記録されることを示す。◆と下線付き太字：分布限界の前進を含む分布拡大種、◇と下線付き太字：分布域内での地域個体群の勢力拡大種。△：季節的移入種、■：国外外来種、□：国内他地域からの導

分布型	北海道	東北北部	東北南部	関東中部	近畿・紀伊半島	中国	四国	九州北部	九州南部	屋久島	奄美諸島	沖縄諸島	先島諸島	小笠原諸島	北方広域分布種（旧北区・全北区など）	日華区系温帯分布種（日本型、ウスリー型、ヒマラヤ型など）	南方広域分布種（東洋区・オーストラリア区など）
北偏型（北海道およびそれ以南の地域に分布）	○														①ウスバキチョウ、①エゾシロチョウ、エゾヒメシロチョウ、●①リンゴシジミ、ジョウザンシジミ、①カラフトルリシジミ、●①カラフトヒョウモン、①ホソバヒョウモン、●①アサヒヒョウモン、アカマダラ、◆①シロオビヒメヒカゲ、●①ダイセツタカネヒカゲ、●①ヒメチャマダラセセリ、①カラフトタカネキマダラセセリ、◆■カラフトセセリ、▲チョウセンシロチョウ	①ヒメウスバシロチョウ、エゾスジグロシロチョウ	
	○	○													◆オオモンシロチョウ	●①カバイロシジミ	
	○	○	○	○											クジャクチョウ、●①ヒョウモンチョウ、①ギンボシヒョウモン、①フタスジチョウ、①エルタテハ、①キベリタテハ	①ヒメギフチョウ、①ムモンアカシジミ、①オオゴマシジミ、①オオミスジ、●①ベニヒカゲ	
	○		○												①コヒオドシ、①コヒョウモン、●①オオイチモンジ、①クモマベニヒカゲ	①アサマシジミ	
	○	○	○	○	○										①コキマダラセセリ	①ジョウザンミドリシジミ、①オオヒカゲ	
	○	○														①カシワアカシジミ	
	○	○	○	○	○	○									◇ウスバシロチョウ、ウラナミアカシジミ、●チャマダラセセリ		
	○	○	○		○										ツマジロウラジャノメ		
	○	○	○	○	○	○	○								①ミドリシジミ		
	○	○	○	○	○	○	○	○	○						①カラスシジミ、①ミドリヒョウモン、①ウラギンスジヒョウモン、シータテハ、イチモンジチョウ	オナガアゲハ、★ヤマトスジグロシロチョウ、①ウラゴマダラシジミ、★①ウラキンシジミ、①アカシジミ、①オナガシジミ、①ミズイロオナガシジミ、①メスアカミドリシジミ、①アイノミドリシジミ、①オオミドリシジミ、①エゾミドリシジミ、★フジミドリシジミ、①ウラクロシジミ、★①ミヤマカラスシジミ、①★スギタニルリシジミ1)、①モガヒョウモン、●メスグロヒョウモン、ゴマダラチョウ、●①オオムラサキ、①ミスジチョウ、キタテハ、●ヒメキマダラヒカゲ、ヤマキマダラヒカゲ、●①キマダラモドキ、①ミヤマセセリ、ダイミョウセセリ、●ギンイチモンジセセリ、①キバネセセリ、①ヘリグロチャバネセセリ、ヒメキマダラセセリ、コチャバネセセリ、オオチャバネセセリ	
	○	○	○	○	○		○	○							●①ゴマシジミ、●①ヒメシジミ	ヒメシロチョウ、①ハヤシミドリシジミ、①ウラミスジシジミ、①ウスイロオナガシジミ、①ウラジロミドリシジミ、●①スジグロチャバネセセリ	
	○	○	○	○	○	○	○	○	○						キアゲハ、ベニシジミ、ツバメシジミ、ルリシジミ、①ウラギンヒョウモン、◇コムラサキ、①ヒオドシチョウ、◇コムラサキ、①ジャノメチョウ	キマダラセセリ、カラスアゲハ、ミヤマカラスアゲハ、スジグロシロチョウ、◇ツマキチョウ、①オオウラギンスジヒョウモン、サカハチチョウ、ヒメウラナミジャノメ、ヒメジャノメ、クロヒカゲ、★サトキマダラヒカゲ	ゴイシシジミ
中央型その1（本州・四国・九州に分布）		○	○	○											●①ヤマキチョウ、①ミヤマシジミ	◆□①チョウセンアカシジミ	
		○	○	○	○											●①キマダラルリツバメ、★①アサマイチモンジ	
		○	○	○	○										①ウラジャノメ		
			○	○	○	○	○									◇ホシミスジ	
			○	○	○	○	○(2)									●ホシチャバネセセリ	
				○	○	○	○(2)									タイワンモンシロチョウ（対馬亜種）、●ツシマウラボシシジミ	
				○	○	○	○	○	○							①スジボソヤマキチョウ、●①クロシジミ、★ヒカゲチョウ、ゴジャノメ、ヤマキマチャバネセセリ	
				○	○	○	○									①クロミドリシジミ	
					○	○										■ホソオチョウ	
				○	○										●①ヒメヒカゲ	●★①ギフチョウ	
				○	○	○									●①クモマツマキチョウ、①①ヤマキマンモドキ、●①コヒョウモンモドキ、①タカネヒカゲ、①タカネキマダラセセリ	①ミヤマシロチョウ、◆■アカボシゴマダラ（名義タイプ亜種）、①アカセセリ、▲ムシャクロツバメシジミ3)	
					○											●①ヒョウモンモドキ	
				○	○	○										①ヒロオビミドリシジミ、①ウスイロヒョウモンモドキ	
				○	○	○	○									●①ベニモンカラスシジミ	

入による分布拡大が認められる在来種（国内外来種）、▲：非土着種（「迷蝶」など発生が10年以上継続していない種）、★：日本固有種、①：1化性種（部分化性種を含む。①＊は2化の報告のある種）。引用表示のない情報は、白水編（1958）、矢田（1998）、石井（2002）、白水（1988, 1993, 2006）、矢田編（2007）、日本チョウ類保全協会編（2012）にもとづく著者の評価による。●は環境省第4次レッドリストの掲載種（環境省編、2015）。

分布型	北海道	東北北部	東北南部	関東・中部	近畿・紀伊半島	中国	四国	九州北部	九州南部	屋久島	奄美諸島	沖縄諸島	先島諸島	小笠原諸島	北方広域分布種（旧北区・全北区など）	日華区系温帯分布種（日本型、ウスリー型、ヒマラヤ型など）	南方広域分布種（東洋区・オーストラリア区など）
中央型その2				○		○										●①オオルリシジミ	
			○	○	○	○	○									●①ルーミスシジミ、①ヒサマツミドリシジミ、●シルビアシジミ、●クロツバメシジミ、●①クロヒカゲモドキ、●ウラナミジャノメ、ホソバセセリ	
				○												①キリシマミドリシジミ	
					○	○	○									◆サツマシジミ	
					○	○	○									ゴイシツバメシジミ	
						○	○	○							●①オオウラギンヒョウモン	
全国型	○	○	○	○	○	○	○	○	○	○	○	○	○	○(4)	モンシロチョウ	アゲハ、モンキチョウ、テングチョウ、△アサギマダラ	△ウラナミシジミ、ルリタテハ、アカタテハ、△ヒメアカタテハ、△イチモンジセセリ
		○	○	○	○	○	○	○	○	○	○	○	○		◇クロアゲハ、ジャコウアゲハ、キタキチョウ	◆ヤマトシジミ、スミナガシ、アオバセセリ
			○	○	○	○	○	○	○	○	○	○	○			◇モンキアゲハ
				○	○	○	○	○	○	○	○	○	○			◇●ツマグロキチョウ
				○	○	○	○	○	○	○	○	○	○		◇ムラサキシジミ	◆アオスジアゲハ、チャバネセセリ
					○	○	○	○	○	○	○	○	○			●ウラギンシジミ
						○	○	○	○	○	○	○	○			◆ナガサキアゲハ、◆ムラサキツバメ、◆ツマグロヒョウモン、◇クロコノマチョウ
							○	○	○	○	○	○	○			ヤクシマルリシジミ
								○	○	○	○	○	○			◆ミカドアゲハ、●タイワンツバメシジミ、◆イシガケチョウ、◆クロセセリ
南偏型（南西諸島およびそれ以北の地域に分布）									○	○	○	○	○			▲ホシボシキアゲハ、▲タッパンルリシジミ
									○	○	○	○	○			●ツマベニチョウ、◆タテハモドキ、◆クロボシセセリ、ウスコモンマダラ
										○	○	○	○			●◆イワカワシジミ、◆クロマダラソテツシジミ、◆カバマダラ
										○					●アカボシゴマダラ（奄美亜種）	
										○	○				★オキナワカラスアゲハ	
										○	○	○		★リュウキュウヒメジャノメ		◆ベニモンアゲハ、シロオビアゲハ、ウスキシロチョウ、◆ナミエシロチョウ、キチョウ、アマミウラナミシジミ、●ヒメルピアシジミ、オジロシジミ、◆タイワンクロボシシジミ、リュウキュウミスジ、オキナワビロウドセセリ、●メイチモンジセセリ、オオシモンセセリ、オオゴマダラ、リュウキュウアサギマダラ、ウスイロコノマチョウ、△カワカミシロチョウ、▲イワサキコノハ、▲タイワンアサギマダラ
											○	○		●★リュウキュウウラナミジャノメ		●フタオチョウ
											○	○				ウラナミシロチョウ、●リュウキュウラボシシジミ、△ハヤマヤマトシジミ
											○	○				◆●コノハチョウ、◆アオタテハモドキ、◆ツマムラサキマダラ、■バナナセセリ、ユウイセセリ、△ウラベニヒョウモン、▲マルバネルリマダラ
												○		●★マサキウラナミジャノメ、●★ヤエヤマウラナミジャノメ、●★①アサヒナキマダラセセリ、◆タイワンモンシロチョウ（名義タイプ亜種）		ヤエヤマカラスアゲハ、タイワンキチョウ、クロテンシロチョウ、タイワンシロチョウ、ヒメウラナミシジミ、ルリウラナミシジミ、●ヒウラボシシジミ、スジグロカバマダラ、リュウキュウムラサキ、ヤエヤマイチモンジ、シロミスジ、タイワンキマダラ、カバテハ、◆シロオビヒカゲ、テンイビロウドセセリ、タイワンアオバセセリ、コウトウシロシタセセリ、ネッタイアカセセリ、トガリチャバネセセリ、▲キシタアゲハ、▲シロモンクロシジミ、▲オナシアゲハ、▲シロモンクロマイ、▲カッコモンシジミ、▲シロウラナミシジミ、▲ウスアオオナガウラナミシジミ、▲タイワンヒメシジミ、▲メスアカムラサキ、▲ヤエヤマムラサキ、▲イワサキタテハモドキ、▲キミスジ、▲ヒメアサギマダラ、▲ミナミコモンマダラ、▲シロオビマダラ、▲キシタウスキシチョウ
												○	○			▲ホリイコシジミ
													○		●★オガサワラシジミ、●★オガサワラセセリ		▲マルバネウラナミシジミ

1) 岩野ほか(2006)、2) 対馬のみ、3) 間野ほか(2014)、4) 一部の種は分布しない。

表2 日本産チョウ類の分布型別に見た土着種，固有種，レッド種，外来種，1化性種，分布拡大種，勢力拡大種，非土着種の種数（表1にもとづき集計した）

分布型	北方広域分布種								日華区系温帯分布種								南方広域分布種								合計							
	土着種	固有種	レッド種	外来種	1化性	分布拡大種	勢力拡大種	非土着種	土着種	固有種	レッド種	外来種	1化性	分布拡大種	勢力拡大種	非土着種	土着種	固有種	レッド種	外来種	1化性	分布拡大種	勢力拡大種	非土着種	土着種	固有種	レッド種	外来種	1化性	分布拡大種	勢力拡大種	非土着種
北偏型	43	0	12	1	30	3	2	1	68	5	13	0	43	0	3	0	1	0	0	0	0	0	0	0	112	5	25	1	73	3	5	1
中央型	9	0	8	0	8	0	0	0	34	3	19	2	18	4	1	1	0	0	0	0	0	0	0	0	43	3	27	2	26	4	1	1
全国型	1	0	0	0	0	0	0	0	4	0	0	0	0	0	0	0	5	0	0	0	0	0	0	0	10	0	0	0	0	0	0	0
南偏型	0	0	0	0	0	0	0	0	13	8	7	0	1	0	2	1	67	0	11	1	0	24	2	27	80	8	18	1	1	24	4	28
合計	53	0	20	1	38	3	2	1	119	16	39	2	62	4	6	2	73	0	11	1	0	24	2	27	245	16	70	4	100	31	10	30

が，アカボシゴマダラ Hestina assimilis については，1998年に神奈川県で発見され分布拡大中の名義タイプ亜種 H. a. assimilis（岩野，2010など）と日本固有の奄美亜種 H. a. shirakii を別の種として扱った．また，タイワンモンシロチョウ Pieris canidia についても，対馬に分布する対馬亜種 P. c. kaolicola と与那国島などで確認される名義タイプ亜種 P. c. canidia（白水，2006など）を別種扱いとした．

このような解析をすると，現在の日本産チョウ類の土着種は245種となり，世界分布のタイプでは日華系の種が約半数の119種を占め，南方系と北方系の種がそれぞれ，約3割（73種），約2割（53種）となった（図1，表2）．また国内分布のタイプでは，北偏型が約半数近い46%（112種）を占め，次いで南偏型33%（80種），中央型17%（43種）と続き，全国型（4%，10

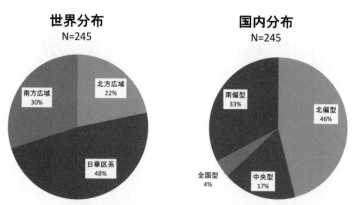

図1 日本産土着チョウ類の世界分布型，国内分布型別にみた種数の割合

総論②：分布型と生活史特性からみたチョウ類の分布変化

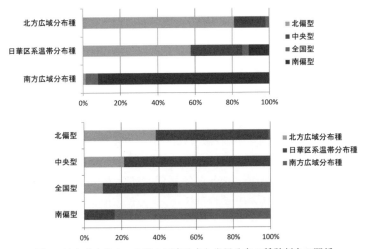

図2 日本産土着チョウ類の国内分布と世界分布の種数割合の関係

種）が最も少なかった．全国型の分布をする種は，北方系はモンシロチョウ *Pieris rapae* の1種のみであるのに対して，南方系はルリタテハ *Kaniska canace* など5種，日華系はアゲハ *Papilio xuthus* など4種が含まれる（表1）．これらの種のうち，モンシロチョウ，アカタテハ *Vanessa indica*，ヒメアカタテハ *Vanessa cardui*，アサギマダラ，ウラナミシジミ，イチモンジセセリは高い移動性が知られ，気象庁の南方定点（室戸岬の南方約500km）や東シナ海定点（種子島の西約450km）の気象観測船でも記録されている（朝比奈・鶴岡，1968，1969，1970；吉松，1991など）．テングチョウ *Libythea lepita* についても，筆者は和歌山県北部で成虫の集団移動を観察している（石井，2001）ことから一定の移動性をもつ種と考えられる．

　世界分布と国内分布をクロス集計すると，北方系種の約8割は北偏型であり，南方系種の約9割は南偏型の分布を示す．これらは当然と言えるかもしれないが，日華系の種は北偏型（57%）と中央型（29%）が合わせて8割を超える一方で，南偏型が約1割と少なく，日本国内では北寄りに分布していることがわかる（図2）．逆に，世界分布各型の種の分布を国内分布の方からみると，北偏型分布種の約6割を日華系種が占め，残りの約4割が北方系であるのに対して，南偏型では8割以上が南方系であり，残りの2割弱が日

総論②：分布型と生活史特性からみたチョウ類の分布変化

華系であった。また、中央型分布をする種では、約8割が日華系、残り2割が北方系の種であった。

◾ 分布拡大種の特徴

概ね1980年代を基準として日本産チョウ類の分布の動向をみると、大きな変化のない種が204種（全土着種の83%）と大部分を占めるが、分布拡大の顕著な種や新たに定着した種がいる一方で、衰退の著しい種も少なからず認められる（表1, 2, 図3）。ここでは分布の拡大の認められる種を前述のように、分布域の境界の前進をともなう「分布拡大種」と、分布域内での地域個体群の生息場所の拡大が認められる「勢力拡大種」の2類型に分けて議論したい。

前者の分布拡大種は31種（全土着種の13%）が認められ、北方系では3種、日華系では4種にすぎないが、南方系では24種が含まれる（表1, 2, 図3）。北方系の分布拡大種については、旧来の土着種はシロオビヒメヒカゲ *Coenonympha hero* のみであり、残りの2種は、近年北米から北海道内に

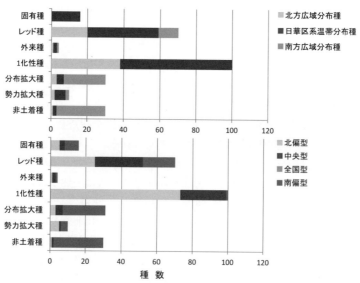

図3 固有種、レッド種、外来種、1化性種、非土着種に占める各分布型の割合

総論②：分布型と生活史特性からみたチョウ類の分布変化

持ち込まれたとされる国外外来種のカラフトセセリ *Thymelicus lineola*（白水，2006；島谷，2014 など），ロシア南東部から北海道や東北地方などに飛来し近年定着したとされるオオモンシロチョウ *Pieris brassicae*（矢田，1996；工藤，1997；上野，2001 など）である．両種はもともと北方系の要素であるため，北日本における定着・分布拡大に季節適応上の支障がなかったものと思われ，オオモンシロチョウについては，侵入個体群の蛹休眠誘起のタイミングや休眠の深さの適合性が指摘されている（橋本・八谷，2006 など）．なお，カラフトセセリについては，国内での二次的な導入も行われているという（島谷，2014 など）．シロオビヒメヒカゲの場合は，道東の亜種 *C. h. latifasciata* が道路の法面緑化に使われている外来牧草を寄主植物として利用しながら分布拡大しているという（白水，2006 など）．

日華系の4種の分布拡大種についても，ホソオチョウ *Sericinus montela*（小路，1997；岩野，2010 など）とアカボシゴマダラ名義タイプ亜種（岩野，2010 など）はそれぞれ朝鮮半島，中国から導入された国外外来種，チョウセンアカシジミ *Coreana raphaelis* の新潟県の一部の個体群は人為導入種（白水，2006；矢田編，2007；矢後ほか，2016 など）とされ，旧来の土着種は近畿から東海地方などで顕著な北上・東進が認められるサツマシジミ *Udara albocaerulea* のみである（表1）．前3種は同じ温帯地域内での導入による定着・分布拡大であり，生活史の成立における気候適応の困難はなかったと考えられる．実際，ホソオチョウとアカボシゴマダラ外来亜種については，温度・日長反応の観点から導入された地域での生活史の成立が指摘されている（谷，1994；加藤・宮内，2008 など）．一方，サツマシジミはアジアの暖温帯域に生息域をもつ「ヒマラヤ型」の分布種であり，気候の温暖化が有利にはたらく「準南方系」の要素と言えるかもしれない．なお，日華系では，中国から持ち込まれた国外外来種と考えられるムシャクロツバメシジミ *Tongeia filicaudis* が2013年に愛知県で発見され，定着・分布拡大の様相を呈しているが（間野ほか，2014；杉原，2015），ここでは非土着種として扱った．

南方系の分布拡大種については，24種すべてが南偏型の分布種であり，米軍によりベトナム周辺から持ち込まれたとされる国外外来種のバナナセセリ *Erionota torus*（白水，2006；矢田編，2007 など）を除くと残りの23種は在来種と考えられ，南西諸島から東北地方までの各地で近年，分布域の

総論②：分布型と生活史特性からみたチョウ類の分布変化

顕著な北上あるいは東進傾向を示している（表1, 2）。最北のグループはヤマトシジミ *Zizeeria maha* やアオスジアゲハで，近年秋田県から青森県に分布を広げつつある（工藤，2008；工藤・市田，2002など）。また，関東・中部から東北南部ではナガサキアゲハ *Papilio memnon*，ツマグロヒョウモン *Argyreus hyperbius*，クロコノマチョウ *Melanitis phedima*，ムラサキツバメ *Arhopala bazalus* などが，中国・四国・近畿から東海地方ではミカドアゲハ *Graphium dorson*，ヤクシマルリシジミ *Acytolepis puspa*，イシガケチョウ *Cyrestis thyodamas*，クロセセリ *Notocrypta curvifascia* などが，九州ではタテハモドキ *Junonia almana*，クロボシセセリ *Suastus gremius* などが，それぞれ分布を北あるいは東に向かって拡大しつつある（白水，1988，1993，2006；石井，2002；吉尾，2002，2010；矢田編，2007；井上，2011など）が，詳細は本書の各項に譲りたい。

南西諸島では，もともと南方系種が67種（南偏型分布種の84%）と多く分布するが，ベニモンアゲハ *Pachiliopta aristlochiae*，イワカワシジミ *Artipe eryx*，カバマダラ *Danaus chrysippus* など分布拡大傾向の顕著な種が10種と少なくない。その中にはクロマダラソテツシジミ *Chilades pandava* やツマムラサキマダラ *Euploea mulciber* のように，ごく最近まで「迷蝶」として扱われてきた種も含まれている（白水，2006；矢田編，2007など）。

「迷蝶」として各地で記録される種は多いが，ここでは「非土着種」として主要な31種を選んだ。非土着種のほとんどは国内で南偏型の分布をする南方系の種であり（表2，図3），先島諸島が特に多い（表1）。たとえば今回，先島諸島の土着種としたクロテンシロチョウ *Leptosia nina* やカバタテハ *Ariadne ariadne* はごく最近までは「迷蝶」として扱われていた種である（矢田，1998；白水，2006など）。先島諸島から入り，その一部が定着し，さらにその一部が北方へ分布を広げるという南方系種の分布拡大のひとつのパターンが見てとれる。

■ 勢力拡大種の特徴

勢力拡大種については，ここでは10種を顕著なものとして取り上げた。その内訳は，北方系では北偏型分布のコミスジ *Neptis sappho*，コムラサキ *Apatura metis* の2種，日華系では北偏型分布のウスバシロチョウ

総論②：分布型と生活史特性からみたチョウ類の分布変化

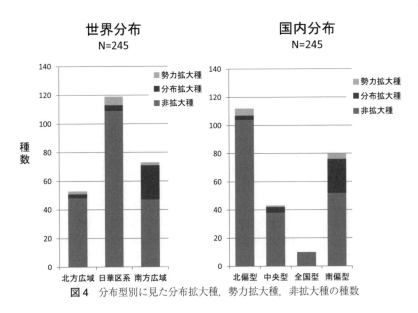

図4 分布型別に見た分布拡大種，勢力拡大種，非拡大種の種数

Parnassius citrinarius，スギタニルリシジミ *Celastrina sugitanii*，ツマキチョウ *Anthocharis scolymus*，中央型分布のホシミスジ *Neptis pryeri*，南偏分布のクロアゲハ *Papilio protenor*，ムラサキシジミ *Arhopala japonica* の計6種，南方系では南偏分布のモンキアゲハ *Papilio helenus*，ツマグロキチョウ *Eurema laeta* の2種である（石井，2002；白水，2006；矢田編，2007など）。南方系の2種を含め生息地の拡大が観察されているのは主に本州地域であり，分布拡大種とは異なり，日本産チョウ類の勢力拡大は温帯地域での現象と言える（表1，2，図3，4）。これら10種の勢力拡大の様相は種により様々であるが，寄主植物や生息環境の変化などにより，都市や里地里山での個体数の増加や新たな生息場所への進出の形をとっているようである。詳細は本書の各項に譲り，ここでは分布型や生活史特性から勢力拡大種の特徴を見てみたい。

前述の分布拡大種（31種）とこれらの勢力拡大種に共通する特徴はいずれも固有種が含まれない点である（表1）。これらの種の属性を245種の土着種全体と比較すると，森林性の種の割合はほとんど変わらないが，1化性種やレッド種の割合が小さい傾向が認められる（図5）。分布拡大種と比較すると，勢力拡大種は外来種を含まず，草本を寄主植物とするものや成虫が

443

■ 総論②：分布型と生活史特性からみたチョウ類の分布変化

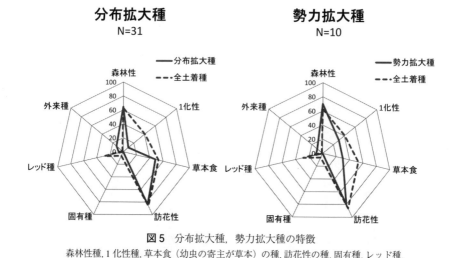

図5 分布拡大種，勢力拡大種の特徴
森林性種，1化性種，草本食（幼虫の寄主が草本）の種，訪花性の種，固有種，レッド種，外来種の割合をそれぞれ百分率で示している。点線は全土着種（245種）の解析結果。

訪花性の種の割合がやや少ないのも特徴である（図5）。勢力拡大は，里地里山の特に樹林環境を好む種で起こっていると言えるかもしれない。

日本のチョウ類に起こっている変化

日本産245種のチョウ類を見渡すと，分布拡大や勢力拡大を示している種よりもレッドリストに名を連ねるレッド種の方が多い（図3）。前者に南方系で南偏型分布の種が多く含まれるのに対して，後者は日華系と北方系で北偏型分布や中央型分布をするものが多いのが特徴である（図3）。日本産チョウ類にとって近年の環境は，全体として南方系の種に有利で，北方系・温帯系の種に不利な状況にあると言えそうである。

南方系の種に有利なのは，やはり気候の温暖化である。たとえば，*Papilio*属のアゲハチョウ類の場合，熱帯や亜熱帯地域の種や個体群では蛹休眠に入る休眠率が低いばかりでなく，休眠そのものも浅い（石井，1986）。これは北上傾向の顕著なナガサキアゲハでも同様であり，九州以北の個体群では休眠率が高く休眠も深いが，南西諸島の個体群と休眠蛹の耐寒性は同程度であった（Yoshio & Ishii, 1998, 2001）。本種の例が示すように，気候の温暖化は，特に冬季の気温の上昇により，耐寒性の低い種でもより北方あるいは高標高

総論②：分布型と生活史特性からみたチョウ類の分布変化

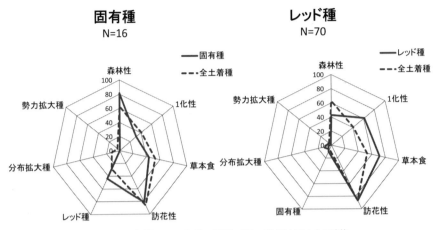

図6 固有種，レッド種の特徴（図の見方は図5と同様）

の地域でも越冬を可能にすると考えられる。

また，温暖化は南方系植物の寒冷地への分布拡大を後押しすることにもなり，これも南方系のチョウ類には有利にはたらくだろう。それがアオスジアゲハやムラサキシジミといった暖温帯林の種の分布・勢力拡大の要因になっている可能性が高い。ムラサキシジミの場合は，アラカシなどの常緑カシ類とコナラやクヌギなどの落葉ナラ類を寄主植物として利用することから，管理水準が低下して両タイプの食樹が混じる里山放棄林がこのチョウに好適な生息環境を提供することになったと言えるかもしれない。

一方で，北方系・温帯系のチョウ類にとっては，気候の温暖化は不利にはたらく可能性がある。図6は日本固有種（16種）とレッド種（70種）の生活史特性を生息場所や寄主植物，化性といった観点から解析したものである。固有種については，すべて日華区系の温帯要素であるが，在来種全体と比較すると，やや森林性の種の割合が高いことがわかる。また，固有種はレッド種の割合が在来種と比べて大きく，危機的な状況にあると言えるだろう。これに対して，レッド種は固有種とは異なる傾向を示し，全土着種と比べると森林性の種の割合が小さく，1化性の種，草本を食草とする種の割合が大きい。これは環境省第4次レッドリスト（環境省編，2015）で草原性のチョウ類の掲載種が増加し，ランクアップしたことを反映している（石井，2016）。気候の温暖化は，里地里山の放棄に続く遷移の進行に拍車をかけ，特に草地

総論②：分布型と生活史特性からみたチョウ類の分布変化

の樹林化，落葉広葉樹林の常緑広葉樹林化を促すことで，草原性の種，温帯性落葉樹林性の種を衰退させ，上記の分布・勢力拡大種に有利にはたらいているとみることができそうである（石井，2009，2010b など）。

おわりに

　分布拡大や勢力拡大する種の陰には，レッド種以外でも分布域が縮小しているチョウもいるはずである。チョウは，関心をもつ研究者や愛好家が多く，特にある場所で見知らぬ種が出現した場合にはすぐに記録が公表され，分布の最前線を把握することができる。しかし，ある地域から姿を消した種がいたとしても，わかりにくく，報告が出にくいのも事実である。

　Parmesan（1996）が北米産のヒョウモンモドキの一種において，低地の個体群の絶滅率が高いことから温暖化の影響を指摘したのはよく知られている。日本でもギフチョウでは，産地単位の絶滅率は太平洋側で高く，日本海側では低い傾向が認められる（石井，2010a など）。本種の蛹の冬休眠の消去には低温が必要なことから（Ishii & Hidaka, 1983），近年の暖冬傾向が太平洋側個体群の衰退にかかわっている可能性がある（谷川・石井，2010 など）。また，南方系の昆虫であっても，幼虫の発育の障害や遅延，生存率の低下，成虫の小型化や産卵数の減少など，猛暑による高温障害が起こる可能性が指摘されており（桐谷，2010；藤崎，2010；積木，2011 など），常に優勢とは限らない。北方系や温帯系の種の動向を含め，日本産のチョウ類全体に起こっている変化がなお一層把握され，生物多様性の保全に結び付けられるようになることを期待したい。

〔引用文献〕

朝比奈正二郎・鶴岡保明 (1968) 南方定点観測船に飛来した昆虫　第2報．昆蟲, 36: 190-202.
朝比奈正二郎・鶴岡保明 (1969) 南方定点観測船に飛来した昆虫　第3報．昆蟲, 37: 290-304.
朝比奈正二郎・鶴岡保明 (1970) 南方定点観測船に飛来した昆虫　第5報．昆蟲, 38: 318-330.
Brower LP (1977) Monarch Migration. Natural History, 86(6): 40-53.
藤崎憲治 (2010) ミナミアオカメムシの高温障害．植物防疫, 64: 434-438.
福田晴夫 (1991) アサギマダラの季節的移動．インセクタリゥム, 28: 384-393.

総論②:分布型と生活史特性からみたチョウ類の分布変化

橋本健一・八谷和彦 (2006) オオモンシロチョウ北海道個体群の光周反応と季節適応. 蝶と蛾, 57: 229-236.

日浦勇 (1973) 海を渡る蝶. 蒼樹書房, 東京.

石井実 (1986) アゲハチョウ類—北上と季節適応.「日本の昆虫—侵略と撹乱の生態学(桐谷圭治編)」, pp.24-32. 東海大学出版会, 東京.

石井実 (2001) 能勢初谷におけるテングチョウの大発生. 南大阪の昆虫, 3(3): 5-6.

石井実 (2002) 考察. 生物多様性調査 動物分布調査・昆虫(チョウ)類報告書, pp. 314-332. 環境省自然環境局生物多様性センター, 東京.

石井実 (2009) 生物多様性からみた里山環境保全の重要性. 日本産チョウ類の衰亡と保護第6集(間野隆裕・藤井恒編), pp. 3-11. 日本鱗翅学会, 八王子.

石井実 (2010a) ギフチョウの生息の現状と保全の課題. 昆虫と自然, 45(6): 2-3,

石井実 (2010b) レッドデータブックからみた日本の昆虫の衰退と危機要因. 日本の昆虫の衰亡と保護(石井実監修), pp.6-22. 北隆館, 東京.

石井実 (2016) 環境省第4次レッドリストからみた日本の昆虫の現状と危機要因. 日本産チョウ類の衰亡と保護第7集(矢後勝也・平井規央・神保宇嗣編), pp. 9-13. 日本鱗翅学会, 東京.

Ishii M, Hidaka T (1983) The second pupal diapause in the univoltine papilionid, *Luehdorfia japonica* (Lepidoptera: Papilionidae) and its terminating factor. Applied Entomology and Zoology, 18: 456-463.

井上大成 (2011) ムラサキツバメの分布拡大と生活史. 地球温暖化と南方性害虫(積木久明編): 72-83, 北隆館, 東京.

岩野秀俊 (2010) 外来チョウ類の分布拡大と在来生態系へのリスク. 日本の昆虫の衰亡と保護(石井実監修), pp.248-258. 北隆館, 東京.

岩野秀俊・山本嘉彰・梅村三千夫・畠山吉則 (2006) 関東南部産スギタニルリシジミの食餌植物と寄主転換. 蝶と蛾, 57(4): 327-334.

金沢至 (2012) 旅をする蝶・アサギマダラの標識再捕獲調査. 科学, 82: 907-910.

環境省編 (2015) レッドデータブック 2014—日本の絶滅のおそれのある野生生物—5 昆虫類. ぎょうせい, 東京.

加藤義臣・宮内司 (2008)「神奈川県産」アカボシゴマダラにおける幼虫の発育と休眠に対する光周期と温度の影響. 蝶と蛾, 59: 293-300.

桐谷圭治 (2010) 昆虫の温度反応と分布域の変化. 植物防疫, 64: 419-423.

工藤誠也 (2008) 青森県におけるアオスジアゲハの発生記録. 月刊むし, (445): 9-12.

工藤忠 (1997) 青森県におけるオオモンシロチョウの発生状況. やどりが, (169): 43-46.

工藤忠・市田忠夫 (2002) 温暖化によって青森県へ侵入したクロアゲハとヤマトシジミ. 昆虫と自然, 37(1): 21-24.

間野隆裕・中橋徹・横地鋭典 (2014) ムシャクロツバメシジミの発生と駆除対策. 日本鱗翅学会第61回大会プログラム講演要旨集: 41.

日本チョウ類保全協会編 (2012) フィールドガイド日本のチョウ. 誠文堂新光社, 東京.

Parmesan C (1996) Climate and species's range. Nature, 382: 765-766.

島谷光二 (2014) カラフトセセリの生息分布の拡大についてⅡ. Ⅲ. jezoensis, 40: 106-119.

総論②：分布型と生活史特性からみたチョウ類の分布変化

白水隆 (1988) 考察．第3回自然環境保全基礎調査　動植物分布調査報告書（昆虫（チョウ）類），pp. 297-324．環境庁，東京．

白水隆 (1993) 考察．第4回自然環境保全基礎調査　動植物分布調査報告書（昆虫（チョウ）類），pp. 298-334．環境庁自然保護局，東京．

白水隆 (2006) 日本産蝶類標準図鑑．学習研究社，東京．

白水隆編 (1958) 日本産蝶類分布表．北隆館，東京．

小路嘉明 (1997) ホソオチョウ．日本動物大百科9　昆虫Ⅱ（石井実・大谷剛・常喜豊編），pp.33. 平凡社，東京．

杉原由一 (2015) 名古屋市で発生中のムシャクロツバメシジミの状況．ゆずりは，(64): 58-59.

谷晋 (1994) ホソオチョウの発育速度と休眠誘起に関する光周反応．自然環境科学研究 7: 35-40.

谷川哲朗・石井実 (2010) ギフチョウの生息する地域の気候条件．昆虫と自然 45(6): 4-7.

積木久明 (2011) 温暖化と南方性害虫の生活史と耐寒性．地球温暖化と南方性害虫（積木久明編）: 7-14, 北隆館，東京．

上野雅史 (2001) オオモンシロチョウについての一考察（第5報）北海道に侵入したオオモンシロチョウについて．やどりが，189: 14-19.

Urquhart FA, Urquhart NR (1971) Overwintering areas and migratory routes of the monarch butterfly (*Danaus plexippus*, Lepidoptera: Danaidae) in North America with special reference to the western population. The Canadian Entomologist, 109: 1583-1589.

矢後勝也・平井規央・神保宇嗣編 (2016) 日本産蝶類都道府県別レッドリスト—四訂版（2015年版）．日本産チョウ類の衰亡と保護第7集（矢後勝也・平井規央・神保宇嗣編），pp. 83-351. 日本鱗翅学会．

矢田脩 (1996) 日本から発見されたオオモンシロチョウ *Pieris brassicae* (Linnaeus) の由来について．蝶研フィールド，126: 6-11.

矢田脩 (1998) 日本産チョウ類のデータ・バンク．チョウの調べ方（日本環境動物昆虫学会編），pp.211-257. 文教出版，大阪．

矢田脩編 (2007) 新訂原色昆虫大図鑑第Ⅰ巻（蝶・蛾篇）．北隆館，東京．

吉松慎一 (1991) 東シナ海定点において1981年から1987年にかけて採集された鱗翅目昆虫．昆蟲，59: 811-820.

Yoshio M, Ishii M (1998) Geographical variation of pupal diapause in the great mormon butterfly, *Papilio memnon* L. (Lepidoptera: Papilionidae), in western Japan. Applied Entomology and Zoology, 33: 281-288.

Yoshio M, Ishii M (2001) Relationship between cold hardiness and northward invasion in the great mormon butterfly, *Papilio memnon* L. (Lepidoptera: Papilionidae), in Japan. Applied Entomology and Zoology, 36: 329-335.

吉尾政信 (2002) チョウの分布拡大と気候温暖化．昆虫と自然，37(1): 4-7.

吉尾政信 (2010) 気候温暖化によるチョウ類の分布拡大と絶滅のリスク．日本の昆虫の衰亡と保護（石井実監修），pp.204-213, 北隆館，東京．

（石井　実）

チョウ種名索引

この索引は，本書で取り上げたチョウの種名（和名）の索引である．ただし，図表にのみ出てくる種名については割愛した．

ア

アオスジアゲハ　37, 174, 244, 434, 442, 445
アオタテハモドキ　Ⅲ, 23, 116, 118, 244, 307
アカシジミ　Ⅰ, 27, 192–194, 256, 435
アカタテハ　439
アカボシゴマダラ　Ⅳ, 26, 112, 189, 191, 201, 203, 216, 224, 341, 342, 344–350, 363, 438, 441
アゲハ　439
アサギマダラ　158, 434, 435, 439
アサヒナキマダラセセリ　434
アサマシジミ　204
アメリカタテハモドキ　334
アリオンゴマシジミ　429

イ

イシガケチョウ　Ⅱ, 216, 244, 247, 272, 279, 282, 283, 442
イチモンジセセリ　158, 435, 439
イワカワシジミ　306, 442

ウ

ウスイロコノマチョウ　244
ウスキシロチョウ　Ⅱ, 23, 28, 121, 293, 307, 308, 442
ウスバシロチョウ（ウスバアゲハ）　Ⅲ, 20, 22, 44, 46, 47, 49, 50, 53, 61, 63, 65, 170, 174, 179, 181, 254, 255, 260, 264, 272, 275, 442

ウラキンシジミ　425
ウラギンシジミ　22, 174, 201, 206
ウラギンスジヒョウモン　204
ウラギンヒョウモン　Ⅰ, 17, 18
ウラゴマダラシジミ　256, 425
ウラナミシジミ　158, 209, 244, 435, 439
ウラナミアカシジミ　Ⅰ, 27, 192–194
ウラナミジャノメ　255, 350

エ

エゾスジグロシロチョウ　351, 366, 367, 377
エルタテハ　238, 241, 248

オ

オオウラギンスジヒョウモン　112, 231, 232
オオウラギンヒョウモン　204, 255
オオカバマダラ　324, 434
オオゴマダラ　306
オオチャバネセセリ　Ⅱ, 260, 267
オオミスジ　158, 162, 163, 171, 248
オオムラサキ　Ⅳ, 27, 67, 68, 210, 342, 423
オオモンシロチョウ　Ⅰ, 27, 158, 171, 174, 177, 179, 181, 366–374, 376, 377, 441
オオルリシジミ　428, 429
オガサワラシジミ　434
オナガシジミ　214
オナシアゲハ　316–320, 324, 325, 326

449

索引

カ

カバタテハ　442
カバマダラ　183, 216, 220, 244, 293, 324, 325, 442
カフトヒョウモン　171
カラフトセセリ　Ⅰ, 26, 27, 148–150, 153–156, 158, 168, 171, 441

キ

キアゲハ　434
キタキチョウ　206, 207
キバネセセリ　248
ギフチョウ　Ⅳ, 26, 63, 71, 203, 422, 423, 426, 434, 446
キベリタテハ　248
キマダラモドキ　205
キリシマミドリシジミ　37, 113

ク

クジャクチョウ　248, 434
クモガタヒョウモン　203, 204, 232
クロアゲハ　174, 443
クロコノマチョウ　Ⅲ, 13, 137, 141–146, 183, 201, 216, 225, 244, 247, 248, 256, 272, 279, 283, 284, 442
クロセセリ　Ⅱ, 249, 251–253, 256, 260, 262, 272, 284, 442
クロツバメシジミ　353, 357, 359
クロテンシロチョウ　442
クロヒカゲ　Ⅱ, 203, 205, 260, 265, 266, 270, 383
クロボシセセリ　Ⅱ, 27, 293, 301, 307, 308, 442
クロマダラソテツシジミ　Ⅲ, 27, 82, 83, 183, 249, 256, 272, 280, 287, 312, 322–325, 442

クロミドリシジミ　17, 18, 28

コ

ゴイシツバメシジミ　434
コジャノメ　205
コノハチョウ　306, 425
ゴマシジミ　Ⅰ, 158, 165–167, 170, 171
ゴマダラチョウ　Ⅳ, 112, 191, 342, 345–350, 363
コミスジ　206, 442
コムラサキ　Ⅲ, 16, 17, 104, 105, 108, 110–112, 195, 442

サ

サカハチチョウ　206
サツマシジミ　Ⅰ, 37, 216, 219, 244, 246, 441

シ

シータテハ　248
ジャコウアゲハ　189, 201, 203, 210
シラホシヒメワモン　325
シルビアシジミ　Ⅳ, 28, 309, 388, 393, 396
シロオビヒメヒカゲ　Ⅰ, 28, 158, 163, 170, 171, 427, 440, 441

ス

スギタニルリシジミ　Ⅲ, 15, 27, 71–77, 79, 80, 216, 443
スジグロシロチョウ　17, 350, 351, 366, 367, 372
スジグロチャバネセセリ　158, 167, 168, 171, 213, 214

ソ

ソテツシジミ（キヤムラシジミ）　89

チョウ種名索引

タ

タイワンクロボシシジミ　293, 299, 301, 307, 308
タイワンモンシロチョウ　438
タカネヒカゲ　434
タテハモドキ　Ⅱ, 23, 25, 116–118, 270, 311, 331–338, 442

チ

チャバネセセリ　213, 235
チャマダラセセリ　170
チョウセンアカシジミ　Ⅳ, 26, 424, 441
チョウセンシロチョウ　158, 159, 161, 170, 171, 366

ツ

ツシマウラボシシジミ　429
ツマキチョウ　Ⅰ, 16, 17, 112, 174, 176, 177, 181, 443
ツマグロキチョウ　Ⅳ, 28, 388, 399, 400, 407, 443
ツマグロヒョウモン　Ⅲ, 8, 11, 12, 13, 93, 94–97, 99, 102, 110, 112, 183, 184, 203, 206, 209, 212, 213, 216, 221, 231–233, 241, 244, 248, 331, 442
ツマベニチョウ　26, 28, 426
ツマムラサキマダラ　Ⅱ, 293, 303, 307, 308, 442

テ

テングチョウ　112, 256, 439

ト

トガリワモン　325

ナ

ナガサキアゲハ　Ⅲ, 8, 9, 11, 13, 56, 107, 183, 187, 216, 236, 241, 244, 245, 256, 420, 427, 428, 442, 444
ナミエシロチョウ　293, 295, 298, 308

ハ

バナナセセリ　27, 306, 441

ヒ

ヒオドシチョウ　112
ヒカゲチョウ　435
ヒサマツミドリシジミ　Ⅰ, 37, 233, 241
ヒメアカタテハ　233, 439
ヒメウスバシロチョウ　170
ヒメウラナミジャノメ　206, 350
ヒメギフチョウ　203, 422, 424, 435
ヒメキマダラセセリ　256
ヒメシジミ　27, 240, 241
ヒメジャノメ　158, 162, 171, 435
ヒメシルビアシジミ　309, 310
ヒメシロチョウ　104, 204
ヒメトガリシロチョウ　320, 324
ビリダタテハモドキ　321, 324
ヒョウモンモドキの一種　446

フ

フタスジチョウ　203, 208, 209

ヘ

ベニヒカゲ　170, 171
ベニモンアゲハ　Ⅱ, 293, 297, 307, 308, 442
ヘリグロチャバネセセリ　104, 214
ヘリグロホソチョウ　321, 324, 326

索引

ホ

ホシボシキチョウ　434

ホシミスジ　27, 124, 125, 127–135, 191, 207, 209, 256, 443

ホソオチョウ　Ⅳ, 26, 188, 201, 203, 210, 249, 253, 257, 366, 441

ミ

ミカドアゲハ　Ⅱ, 28, 34, 37, 38, 40, 42, 244, 272, 276, 277, 442

ミズイロオナガシジミ　195

ミドリヒョウモン　112, 203, 204, 205, 207, 232

ミヤマカラスアゲハ　112

ミヤマシジミ　Ⅳ, 28, 204, 379–382, 384, 385, 388–390

ミヤマセセリ　205

ミヤマチャバネセセリ　255

ミヤマモンキチョウ　434

ム

ムシャクロツバメシジミ　Ⅳ, 353, 354, 357, 359, 360, 363, 364, 441

ムモンアカシジミ　27, 205, 248

ムラサキシジミ　13, 14, 37, 174, 197, 239, 443, 445

ムラサキツバメ　8, 9, 13, 28, 37, 183, 185, 201, 207, 216, 218, 237, 249, 253, 256, 272, 278, 279, 427, 428, 442

メ

メスアカムラサキ　23, 244, 325, 326

メスグロヒョウモン　203, 204, 205

モ

モンキアゲハ　209, 244, 248, 443

モンキチョウ　171, 207

モンシロチョウ　27, 93, 177, 205, 207, 366–369, 371–374, 439

ヤ

ヤエヤマムラサキ　434

ヤクシマルリシジミ　Ⅱ, 37, 216, 244, 245, 247, 260, 261, 272, 279, 281, 442

ヤマトシジミ　174, 203, 205, 211, 212, 442

ヤマトスジグロシロチョウ　350, 351, 366, 367, 377

ユ

ユウレイセセリ　306

リ

リュウキュウムラサキ　23, 244

リンゴシジミ　158, 167, 169–172

ル

ルーミスシジミ　15, 37, 434, 435

ルリウラナミシジミ　244

ルリシジミ　76, 171

ルリタテハ　439

その他の生物名索引

この索引は，本書で取り上げたチョウ以外の主な生物名の索引である．ただし，図表にのみ出てくる種名については割愛した．

ア

アオムシコマユバチ　367, 372–374, 376, 377
アカギモドキ　301
アカツメクサ　207, 384–386
アカトンボ類　94
アカメガシワ　301
アシブトコバチ科　89
アブラナ科　321, 367, 368, 372
アブラムシ　99
アフリカフウソウチョウ　321
アベマキ　18
アミメカゲロウ類　409
アメリカシロヒトリ　344, 376
アメリカスミレサイシン　102
アメリカセンダングサ　95
アレチケツメイ　399, 400, 402, 403, 405–407

イ

イガオナモミ　350
イガマメ属　380
イスノキ　279, 280
イタチハギ　240
イタビカズラ　282, 283
イチジク　282, 283
イヌガラシ　175
イヌノフグリ　350
イヌビワ　282, 283
イネ　311, 335
イネ科　165, 306, 404
イブキシモツケ　124, 125, 127, 128, 131

イワオウギ　384
イワガサ　124, 127, 128
イワシモツケ　124, 130
イワダレソウ　311, 333
インゲンマメ　384–386

ウ

ウツボグサ　268
ウバメガシ　281
ウマゴヤシ類　310
ウマノスズクサ／ウマノスズクサ類　188, 189, 203, 210, 254, 299
ウメ　170, 171
ウラジロアカメガシワ　301

エ

エゾエンゴサク　179
エゾゼミ　332
エノキ／エノキ属　67, 68, 112, 191, 210, 344

オ

オオアワガエリ　168, 171
オオイタドリ　167
オオイヌノフグリ　350
オオオナモミ　350
オーチャードグラス　150, 153
オオバウマノスズクサ　299
オオバギ　301
オオバコ　123
オオマルハナバチ　348, 349
オカタイトゴメ　357

索引

オガタマノキ　37, 38, 40, 276–278
オキナワスズムシソウ　306
オギノツメ　311, 335
オニグルミ　214
オレンジ　318, 320

カ

外来コマツナギ　381–384, 388–391
カシ・ナラ類　13
カタバミ　211
カブトムシ　42
カヤツリグサ科　165
カラシナ　175
カラマツ　164, 170
カリフラワー　177
カワラケツメイ　399–403, 406
カンキツ／柑橘類　11, 267

キ

キダチコマツナギ　381
キツネノマゴ　118, 123
キツネノマゴ科　311
キハダ　15, 73, 75, 77–79
キブシ　72
キャベツ　176, 177, 179, 207, 367, 368, 371, 372
キョウチクトウ科　304
ギョボク／ギョボク科　321, 427
ギンケハラボソコマユバチ　89

ク

クサフジ　384–390
クズ　22, 404, 407
クスノハガシワ　301, 308
クチナシ　306
クヌギ　18, 194, 195, 205, 210
クマザサ　383

クマゼミ　332
クマツヅラ科　311
クロツグ　302
クロマツ　278
クロメンガタスズメ　201
クワガタムシ　42, 337
クワ科　304

ケ

ケマルバスミレ　95
ケマンソウ類　53

コ

コウシュンウマノスズクサ　299
甲虫類　409
コウライタチバナ　11
コツクバネウツギ　75
コデマリ　124, 128, 191, 208, 209, 256
コナラ　194, 195
コマツナ　176
コマツナギ　380, 381, 384, 387, 388, 390, 391
ゴマノハグサ科　311
コメガヤ　150
コンゴウダケ　269
コンロンソウ　175

サ

在来コマツナギ　382–384, 386–388, 390, 391
在来タンポポ　350
サクラ　404
ササ類　267
サンゴジュ　219, 220

シ

シカ　61, 62, 179, 255, 430

その他の生物名索引

シダレヤナギ　106, 108–110
シナコマツナギ　381
シモツケ　124, 191
シモツケ属　124, 131
ジャニンジン　175
ジュズダマ　284
ショウガ科　284, 285
ショッカサイ（オオアラセイトウ）　17
シラカシ　14
シリブカガシ　10, 185, 253
シロツメクサ　161, 181, 207, 276, 384–387, 394–397
シロバナシナガワハギ　388
ジロボウエンゴサク　44, 61

ス

スーパーイワダレソウ（クラピア）　311
スカシタゴボウ　161, 171
スギ　19
スゲ類　162
ススキ　66, 137, 162, 404, 407
スズダケ　267
スズメノカタビラ　150
スズメノトウガラシ　270, 311, 333
スダジイ　194, 231
スミレ科／スミレ属／スミレ類　12, 13, 18, 95, 96, 99, 100, 102, 170, 203, 204, 207, 209, 323
スモモ　163, 169, 170, 171

セ

セイタカアワダチソウ　403, 404
セイヨウオオマルハナバチ　348, 349
セイヨウカラシナ　112, 175–177, 181
セイヨウタンポポ　181, 350
セイヨウバラ　281
セイヨウミヤコグサ　397

ソ

ソテツ／ソテツ属　82, 88–90, 312, 323–325

タ

ダイコン　175, 177, 179
タイサンボク　38, 40, 276–278
ダイズ　384–387
タイツリオウギ　384
タイトウソテツ　323
タイワンオガタマノキ　38
タガヤサン　294, 295, 307
タケ　60, 278
ダケカンバ　231
タチツボスミレ　95, 100
タチバナ　11
タチヤナギ　105, 108
タニウツギ科　75
タネツケバナ　175
タブノキ　194, 231, 278
タマゴコバチ科　89

チ

チヂミザサ　150
チマキザサ　267
チモシー（オオアワガエリ）　149, 150, 153, 154

ツ

ツゲモドキ　296, 308
ツルフジバカマ　384–386
ツルマンネングサ　357, 359
ツルヨシ　140, 144

テ

テリハノイバラ　279, 280

455

索引

ト

トウコマツナギ　381
トウダイグサ科　301
トウワタ　220, 221, 324
トケイソウ科　323
トチノキ　15, 16, 72–74, 79, 80
トマト　348
トンボ／トンボ類　357, 409

ナ

ナガハグサ（ケンタッキーブルーグラス）　150, 164, 171
ナガボノシロワレモコウ　165, 166, 171
ナヨクサフジ　384–388
ナンバンサイカチ　295, 307

ヌ

ヌスビトハギ　430

ネ

ネムノキ　384–386

ノ

ノイバラ　279, 280
ノザワナ　207
ノジスミレ　100, 207
ノハラクサフジ　380

ハ

ハイマツ　231
ハイメドハギ　310
ハギ類　207
ハクサイ　177
ハクセキレイ　357
ハコネウツギ　75
ハスモンヨトウ　428

ハタザオ　175
ハダニ　99
バッタ類　409
ハナシュクシャ　263, 285
ハナダイコン　176
ハナミョウガ　263, 284, 285
パピリオナケア　207, 212
ハマオモトヨトウ　56
ハラビロカマキリ　201
ハラン　285
バラ科　281
ハリエンジュ（ニセアカシア）　15, 79, 80
ハルザキヤマガラシ　67
ハルジオン　56, 67, 181
パンジー　12, 13, 96–102, 185
半翅類　409

ヒ

ヒイラギズイナ　301
ビオラ　96, 99, 101
ヒノキ　19
ヒメイワダレソウ（リッピア）　311
ヒメジョオン　268
ヒメバチ類　172
ヒラミレモン（シイクワシャー）　11
ビロウ　302

フ

フウセントウワタ　220, 221
フウチョウソウ科　321
フジ　73, 80
ブナ　231
ブナ科　281
ブロッコリー　177, 179

ホ

ホウライカガミ　306

その他の生物名索引

マ

マガタマハリバエ　367
マスミレ　207
マテバシイ　10, 11, 185, 186, 207, 218, 238, 253, 278, 279
マメ科／マメ類　73–75, 77, 209, 310, 320, 380, 381, 384, 386, 393–395, 399, 400
マンサク科　281
マンネングサ類（セダム）　357, 360

ミ

ミカン／ミカン類　263, 320, 325
ミカン科　73
ミズキ／ミズキ科　15, 73–80
ミツバウツギ／ミツバウツギ科　74, 75
ミナミアオカメムシ　332, 335, 336, 338
ミミズバイ　220
ミヤコグサ　380, 393, 394, 397
ミョウガ　252, 263

ム

ムクロジ科　72, 301
ムシヒキアブ　357
ムラサキケマン　21, 44, 46, 56, 61, 64, 66, 67, 179, 180, 264, 272, 275, 276

メ

メダケ／メダケ属　267, 269
メドハギ　384–386

ヤ

ヤシ科　302
ヤナギ／ヤナギ類　104, 108, 110, 111, 195, 196
ヤハズソウ　395
ヤブツバキ　231
ヤブデマリ　74, 75
ヤブニッケイ　278
ヤマエンゴサク　179
ヤマハギ　384–386
ヤマハタザオ　175
ヤマフジ　15, 74–76, 79, 80
ヤマモモ　281
ヤンバルアカメガシワ　301

ユ

ユキノシタ科　301
ユキヤナギ　124, 125, 127–132, 203, 208, 209, 256

ヨ

ヨシ　137
ヨトウガ　156

ラ

ライム　320

リ

リュウキュウウマノスズクサ　299
鱗翅類　409
リンネソウ科　75

ル

ルンフィー　88

レ

レンゲソウ属　380
レンプクソウ科　74, 75

環境 Eco 選書 ⑫

チョウの分布拡大

平成 28 年 10 月 20 日　初版発行
〈図版の転載を禁ず〉

編集	井上	大成	
	石井	実	
発行者	福田 久子		

発行所　株式会社　北隆館
〒153-0051　東京都目黒区上目黒3-17-8
電話03(5720)1161　振替00140-3-750
http://www.hokuryukan-ns.co.jp/
e-mail : hk-ns2@hokuryukan-ns.co.jp

印刷所　大盛印刷株式会社

© 2016 HOKURYUKAN Printed in Japan
ISBN978-4-8326-0762-0 C0345

当社は,その理由の如何に係わらず,本書掲載の記事(図版・写真等を含む)について,当社の許諾なしにコピー機による複写,他の印刷物への転載等,複写・転載に係わる一切の行為,並びに翻訳,デジタルデータ化等を行うことを禁じます。無断でこれらの行為を行いますと損害賠償の対象となります。
また,本書のコピー,スキャン,デジタル化等の無断複製は著作権法上での例外を除き禁じられています。本書を代行業者等の第三者に依頼してスキャンやデジタル化することは,たとえ個人や家庭内での利用であっても一切認められておりません。
連絡先：㈱北隆館　著作・出版権管理室
Tel. 03(5720)1162

JCOPY 〈(社)出版者著作権管理機構 委託出版物〉
本書の無断複写は著作権法上での例外を除き禁じられています。複写される場合は,そのつど事前に,(社)出版者著作権管理機構(電話：03-3513-6969,FAX:03-3513-6979,e-mail：info@jcopy.or.jp)の許諾を得てください。